战略性新兴领域"十四五"高等教育系列教材

纳米材料与技术系列教材 　　　总主编　张跃

电化学储能电源及应用

赵海雷　王　捷　王欣然　张翠娟　李兆麟　相佳媛　张　浩　编

机 械 工 业 出 版 社

电化学储能技术是实现"双碳"目标、构建清洁低碳、安全高效的现代能源体系的关键技术之一。掌握电化学储能电源涉及的基础知识和关键挑战对电化学储能的基础研究和应用推广具有重要意义。本书主要涵盖电化学储能的基础理论和当前不同种类储能电源体系的发展历程、工作原理和性能特点，内容主要包括绪论、电化学储能基础、锂离子电池、钠离子电池、液流电池、铅酸电池、液态金属电池、全固态电池和新型电化学储能电源，力争为读者构建全面的电化学储能电源技术的基础理论和应用前沿知识体系。

本书可作为高等学校材料科学与工程、储能科学与工程等专业的教学参考书，也可作为科研院所和相关企业从事该领域研究的科研人员、生产技术人员和管理工作者的参考用书。

图书在版编目（CIP）数据

电化学储能电源及应用 / 赵海雷等编. -- 北京：
机械工业出版社，2024.12. -- (战略性新兴领域"十四
五"高等教育系列教材)(纳米材料与技术系列教材).
ISBN 978-7-111-77650-5

Ⅰ. TK01
中国国家版本馆 CIP 数据核字第 202449FP87 号

机械工业出版社（北京市百万庄大街22号　邮政编码100037）
策划编辑：丁昕祯　　　　　　责任编辑：丁昕祯　于伟蓉
责任校对：龚思文　张　薇　　封面设计：王　旭
责任印制：张　博
北京新华印刷有限公司印刷
2024年12月第1版第1次印刷
184mm×260mm・20印张・495千字
标准书号：ISBN 978-7-111-77650-5
定价：69.80 元

电话服务　　　　　　　　　　网络服务
客服电话：010-88361066　　机　工　官　网：www.cmpbook.com
　　　　　010-88379833　　机　工　官　博：weibo.com/cmp1952
　　　　　010-68326294　　金　书　网：www.golden-book.com
封底无防伪标均为盗版　机工教育服务网：www.cmpedu.com

编 委 会

序

人才是衡量一个国家综合国力的重要指标。习近平总书记在党的二十大报告中强调："教育、科技、人才是全面建设社会主义现代化国家的基础性、战略性支撑。"在"两个一百年"交汇的关键历史时期，坚持"四个面向"，深入实施新时代人才强国战略，优化高等学校学科设置，创新人才培养模式，提高人才自主培养水平和质量，加快建设世界重要人才中心和创新高地，为 2035 年基本实现社会主义现代化提供人才支撑，为 2050 年全面建成社会主义现代化强国打好人才基础是新时期党和国家赋予高等教育的重要使命。

当前，世界百年未有之大变局加速演进，新一轮科技革命和产业变革深入推进，要在激烈的国际竞争中抢占主动权和制高点，实现科技自立自强，关键在于聚焦国际科技前沿、服务国家战略需求，培养"向极宏观拓展、向极微观深入、向极端条件迈进、向极综合交叉发力"的交叉型、复合型、创新型人才。纳米科学与工程学科具有典型的学科交叉属性，与材料科学、物理学、化学、生物学、信息科学、集成电路、能源环境等多个学科深入交叉融合，不断探索各个领域的四"极"认知边界，产生对人类发展具有重大影响的科技创新成果。

经过数十年的建设和发展，我国在纳米科学与工程领域的科学研究和人才培养方面积累了丰富的经验，产出了一批国际领先的科技成果，形成了一支国际知名的高质量人才队伍。为了全面推进我国纳米科学与工程学科的发展，2010 年，教育部将"纳米材料与技术"本科专业纳入战略性新兴产业专业；2022 年，国务院学位委员会把"纳米科学与工程"作为一级学科列入交叉学科门类；2023 年，在教育部战略性新兴领域"十四五"高等教育教材体系建设任务指引下，北京科技大学牵头组织，清华大学、北京大学、浙江大学、北京航空航天大学、国家纳米科学中心等二十余家单位共同参与，编写了我国首套纳米材料与技术系列教材。该系列教材锚定国家重大需求，聚焦世界科技前沿，坚持以战略导向培养学生的体系化思维、以前沿导向鼓励学生探索"无人区"、以市场导向引导学生解决工程应用难题，建立基础研究、应用基础研究、前沿技术融通发展的新体系，为纳米科学与工程领域的人才培养、教育赋能和科技进步提供坚实有力的支撑与保障。

纳米材料与技术系列教材主要包括基础理论课程模块与功能应用课程模块。基础理论课程与功能应用课程循序渐进、紧密关联、环环相扣，培育扎实的专业基础与严谨的科学思维，培养构建多学科交叉的知识体系和解决实际问题的能力。

在基础理论课程模块中，《材料科学基础》深入剖析材料的构成与特性，助力学生掌握材料科学的基本原理；《材料物理性能》聚焦纳米材料物理性能的变化，培养学生对新兴材料物理性质的理解与分析能力；《材料表征基础》与《先进表征方法与技术》详细介绍传统与前沿的材料表征技术，帮助学生掌握材料微观结构与性质的分析方法；《纳米材料制备方法》引入前沿制备技术，让学生了解材料制备的新手段；《纳米材料物理基础》和《纳米材料化学基础》从物理、化学的角度深入探讨纳米材料的前沿问题，启发学生进行深度思考；《材料服役损伤微观机理》结合新兴技术，探究材料在服役过程中的损伤机制。功能应用课程模块涵盖了信息领域的《磁性材料与功能器件》《光电信息功能材料与半导体器件》《纳米功能薄膜》，能源领域的《电化学储能电源及应用》《氢能与燃料电池》《纳米催化材料与电化学应用》《纳米半导体材料与太阳能电池》，生物领域的《生物医用纳米材料》。将前沿科技成果纳入教材内容，学生能够及时接触到学科领域的最前沿知识，激发创新思维与探索欲望，搭建起通往纳米材料与技术领域的知识体系，真正实现学以致用。

希望本系列教材能够助力每一位读者在知识的道路上迈出坚实步伐，为我国纳米科学与工程领域引领国际科技前沿发展、建设创新国家、实现科技强国使命贡献力量。

张跃

北京科技大学

中国科学院院士

前　言

随着全球能源结构的转型，可再生能源关系未来国民经济和社会可持续化发展。然而，可再生能源往往存在随机性、波动性和分布不均匀性的问题，其有效利用对能源存储技术提出了前所未有的要求。电化学储能，作为能源存储技术中的核心技术之一，不仅能在推动绿色能源革命和能源新业态发展方面发挥重要作用，还能在平衡电力供需、提高能源利用效率方面扮演关键角色。本书介绍了电化学储能基础理论知识，并紧密结合当前电化学储能技术及关键材料的最新发展，阐述了锂离子电池、钠离子电池、液流电池、铅酸电池等传统电化学储能系统的特性、工作原理、技术优势和存在的问题，以及新兴电化学储能技术的发展趋势，如液态金属电池、全固态电池、多电子反应储能电源（锂硫电池、钠硫电池、镁离子电池、钙离子电池、锌离子电池、铝二次电池）和金属空气电池（锌/铝空气电池、锂空气电池等），以期为读者提供较为系统的电化学储能电源技术基础知识，帮助涉足该领域的学生和技术人员建立较为完整的知识体系框架。

本书共9章，第1章由北京理工大学王欣然、北京科技大学王捷编写；第2章、第4章和第8章由王捷编写；第3章由北京科技大学李兆麟编写；第5章由天津大学张翠娟编写；第6章由浙江南都电源动力股份有限公司相佳媛和军事科学院防化研究院张浩编写；第7章由北京科技大学赵海雷编写；第9章由王欣然编写，全书由王捷统稿，赵海雷定稿。

本书的编写参考了电化学和电池储能等领域的著作和教材，在此对相关作者和出版机构表示衷心感谢。

我们正处于能源变革的时代，电化学储能技术又处于蓬勃发展之中，并改变着我们的生活。由于编者时间和水平有限，书中难免存在不足与疏漏之处，敬请广大读者批评指正。

编　者

目　录

第 1 章

绪　　论

1.1　新能源的发展

　　自人类首次使用火种开始，能源便成为人类生存的必需资源。早期人类通过收集使用木材来满足基本的生活需求，如取暖、烹饪和照明。随着人类社会的发展，进入工业革命时期，煤炭的大规模使用标志着能源使用的第一次重大转变，煤炭成为推动人类社会工业化和现代化发展的关键能源。随后，石油和天然气的发现和利用进一步推动了能源时代的变迁，特别是在内燃机和电气化时代，石油和天然气成为主导能源。1965 年，油气在一次能源结构中的占比超过了 50%，取代煤炭成为世界第一大能源，完成了煤炭向油气的第二次转换（图 1-1）。

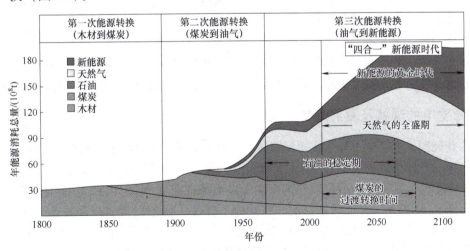

图 1-1　全球能源消耗趋势及预测

　　20 世纪以来，随着全球能源需求的不断增长和人类对绿色生态环境需求的提升，可持续和环境友好的新能源体系的开发和利用成为世界各国共同关注的焦点。传统化石能源向新能源的第三次重大转换将成为必然，新能源不仅能替代传统化石能源，减少对化石燃料的依赖，降低温室气体排放，还能促进能源结构的多样化，保障能源安全。在这一章，我们将介绍新能源的主要发电形式、现状和发展趋势，能源存储的种类和发展趋势，以及电化学储能技术的发展。

1.1.1 新能源的发电形式

新能源的发电形式多种多样，主要包括太阳能发电、风能发电、水能发电、生物质能发电、地热能发电和海洋能发电等。

太阳能发电是将太阳能转换为电能的过程，主要通过太阳能光伏发电和太阳能热发电两种方式实现。太阳能光伏发电是基于光生伏特效应，通过太阳能电池板将太阳光直接转换为电能的过程。太阳能电池板主要分为单晶硅、多晶硅和薄膜电池等几种类型。太阳能热发电则是先将太阳辐射能转换为热能，再进一步转换成电能。目前，太阳能发电技术已经相对成熟，广泛应用于家庭、商业和工业领域。

风能发电是利用风力驱动风力发电机的叶片旋转，将机械能转化为电能的过程。风能资源丰富且分布广泛，风力发电技术相对成熟。风力发电主要分为陆上风电和海上风电两种形式，后者由于风速稳定且没有地形阻碍，具有更高的发电效率。

水能发电是利用水的势能或动能驱动水轮发电机发电。水能发电主要包括水库式、河流式和抽水蓄能式三种类型。水能发电具有较高的效率和稳定的发电能力，是目前全球使用最广的可再生能源发电形式。

生物质能发电是一种利用生物质（植物、农林废弃物、垃圾等有机物质）及其加工转化成的固体、液体、气体为燃料的热力发电技术。生物质能发电不仅可减少废物排放、污染小、清洁卫生，还能实现资源的循环利用。

地热能发电是利用地壳内部的高温热能，通过地热井提取蒸汽或热水，驱动汽轮机，将地热能转换为机械能，再将机械能转换为电能的过程。地热能具有稳定性高、受气候影响小等优点，主要集中在地热资源丰富的地区。

海洋能发电通常包括潮汐能、波浪能、海水温差能和含水盐差能等形式。例如，潮汐能发电是海洋能中技术最成熟和利用规模最大的一种，通过建造潮汐电站，利用潮汐涨落产生的能量来发电。海洋能资源丰富且分布广泛，特别适用于沿海国家和地区的能源开发。

1.1.2 新能源发电的现状及发展趋势

目前，全球新能源发电产业正处于快速发展阶段，各种新能源发电技术不断进步，发电成本逐渐降低，市场规模持续扩大。近年来，太阳能光伏发电装机容量迅速增长，尤其是在中国、美国和欧洲等地。我国是全球最大的太阳能发电市场，截至2023年底，我国的太阳能发电装机容量达到610GW，占全球总量的30%以上。未来，随着政策支持和技术进步，太阳能发电成本将进一步下降，太阳能电池的效率也将不断提高。根据国际可再生能源机构（IRENA）预测，预计到2030年，全球太阳能发电装机容量将突破4000GW。

风能发电已经成为全球增长最快的可再生能源之一。根据全球风能理事会（GWEC）发布的数据，2023年，全球风电装机累计装机容量达到1021GW，陆上风电占主要份额，中国和美国是全球最大的陆上风电新增市场。海上风电技术难度大、建设成本高，但其发电效率更高，未来具有巨大的发展潜力。欧洲国家，如德国、英国和丹麦，在海上风电领域处于领先地位。

水能发电是目前全球使用最广的可再生能源发电形式，全球总装机容量将达到1400GW。2023年，中国、巴西、美国、加拿大和俄罗斯是水电装机容量最大的国家，仅中国占全球新增装机容量的一半。随着环境保护要求的提高，未来水电开发将更加注重生态保护和可持续发展，抽水蓄能电站也将逐步成为电网调峰的重要手段。

生物质能发电在欧洲和北美等地得到广泛应用，主要用于电力生产和供热。随着技术进步和对可再生能源的重视，生物质能发电将在能源结构调整中发挥重要作用。地热能发电主要集中在地热资源丰富的地区，如美国、冰岛和菲律宾等国。未来，随着钻井技术和地热资源勘探技术的进步，地热能发电的应用范围将进一步扩大。

海洋能发电技术仍处于研发和示范阶段，尚未大规模商业化应用。英国、法国和韩国等在海洋能发电领域开展了多项试验项目。随着技术的成熟和成本的降低，海洋能发电有望在未来成为沿海国家重要的清洁能源来源。

总体而言，未来能源类型会呈现由高碳向低碳的发展趋势，即由化石能源走向非化石能源。传统化石能源向新能源发展的过程中，所产生的污染物量和碳排放量将逐渐降低，从而适应和满足未来生态环境绿色发展的需求。因此，新能源发电的发展前景广阔，不过，其发展过程仍面临诸多挑战，包括技术瓶颈、成本高、政策支持不足等。未来，随着技术的不断进步、政策的持续支持和市场需求的增加，新能源发电将逐步取代传统化石能源，成为全球能源结构的重要组成部分。

1.2 能源储存技术概述

1.2.1 储能的分类

储能技术是实现新能源可持续发展的关键，是智能电网、大规模储能、电动汽车、能源互联网等领域的重要组成部分和关键支撑技术。大规模储能技术的应用能够良好解决新能源发电的随机性、波动性问题，从而实现新能源的友好接入和协调控制。除此之外，储能技术也可应用于电能质量和能源管理系统、交通运输等方面。目前，根据储能载体的类型，储能技术一般分为机械类储能、电气类储能、电化学储能、热储能和氢储能五大类（图1-2）。

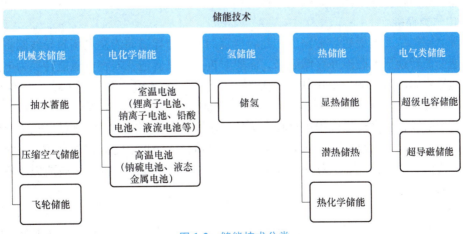

图 1-2 储能技术分类

其中，机械类储能包括抽水蓄能、压缩空气储能、飞轮储能；电气类储能包括超导磁储能和超级电容储能；电化学储能包括铅酸电池、锂离子电池、钠离子电池、钠硫电池、液流电池、液态金属电池等；热储能包括显热储能、潜热储能、热化学储能；氢储能主要指储氢技术。

1.2.2 各类储能技术特点

1. 机械类储能

目前，机械类储能技术主要包括抽水蓄能、压缩空气储能和飞轮储能。抽水蓄能是最古老，也是目前装机容量最大的储能技术，以水为能量载体，基本原理是在用电低谷时将电能以水的形式储存在高处的水库，用电高峰时，开闸放水，驱动水轮机发电。抽水蓄能具有调峰、调频、调相、紧急事故备用和黑起动等功能，在电力系统中应用最为广泛。不过，传统抽水蓄能电站对地质构造与适用区域有较高的要求，理想场所是上下水库落差大、有较高的发电能力和较大的储能能力，且对环境无影响，并靠近输电线路，但是这样的场所通常难以寻找。

压缩空气储能是以压缩空气为载体的一种储能技术，是指利用低谷、风电和太阳能等电能压缩空气，并将高压气体密封在报废矿井、沉降的海底储气罐、山洞、过期油气井或新建储气井中，待用电高峰时，压缩空气被压送至燃烧室与喷入的燃料混合燃烧生成高温高压燃气，进入到汽轮机中膨胀做功，实现气体或液体燃料的化学能部分转化为机械功，并最终输出电能。上述为补燃式压缩空气储能技术。而非补燃式压缩空气储能技术，其最大特点在于不依赖化石燃料，去掉了燃烧装置，充分考虑了压缩热和膨胀后的余能利用，实现了零碳排放。压缩空气储能技术具有容量大、工作时间长、经济性能好、寿命长、安全和可靠性高等优点，可广泛用于电源侧、电网侧和用户侧，发挥调峰、调频、容量备用、无功补偿等作用。

飞轮储能系统是一种转换电能与飞轮机械能的装置，是通过高速运转飞轮将能量从动能转化为电能并存储起来。飞轮储能寿命长、充电时间短、功率密度大、转换效率高、污染低、维护少，但其储能密度低，且自放电率较高。飞轮储能适用于电能质量控制、不间断电源等对储能调节速率要求高、储能时间短的场景。

2. 电气类储能

电气类储能主要包括超导磁储能和超级电容储能。超导磁储能是利用超导线圈将电能通过整流逆变器转换成电磁能并存储起来，需要时再通过整流逆变器将电磁能转换为电能释放出来。超导磁储能具有响应速度快（毫秒级）、比功率大（$10^4 \sim 10^5 \, kW \cdot kg^{-1}$）、储能密度大（$10^8 \, J \cdot m^{-3}$）、转换效率高（$\geqslant 95\%$）、易于控制，且几乎无污染等优点，但目前主要处于示范应用阶段，离大规模应用仍有较大距离。超级电容在储能过程中遵循电化学双电层理论，通过电极与电解液形成的界面双电层来收藏电荷，从而将电能储存于电场。超级电容储能充电速度快、功率密度高、对环境温度适应力强、对环境友好，但其续航能力较差，且依赖新材料的发展。

3. 电化学储能

电化学储能通过电化学反应实现电能与化学能之间的相互转换。根据工作温度不同，电化学储能可分为室温电池和高温电池两类。其中，室温电池主要包括铅酸电池、锂离子电池、液流电池和钠离子电池等；高温电池主要为钠硫电池和液态金属电池。目前，铅酸电池和锂离子电池已实现了大规模产业化，特别是高比能锂离子电池在电动汽车领域得到了广泛应用。

4. 热储能

热储能是利用物质内部能量变化包括显热、潜热、热化学或它们的组合来实现能量存储和释放的储能技术，具有装置简单、设计灵活和管理方便等特点，主要可分为显热储热、潜热储热及热化学储热。其中，显热储热是利用储热材料（如水、土壤、砂石以及岩石等）的热容特性，在物质形态不变的情况下，通过温度的变化储存或释放热量。具有技术简单、成本相对较低的优势，但其储能密度较低、设备体积较大。潜热储热是利用储热材料（如石蜡、盐的水合物、熔盐等）在相变过程中（固体到液体或气体的相变）吸收或放出潜热来进行能量的存储和释放的技术。具有储能密度高、放热过程温度波动范围小等优点。热化学储热是一种基于化学反应过程的能量储存系统，在分子水平上进行储热，利用化学键的断裂或分解反应吸收能量，然后在一个可逆的化学反应中释放能量。具有能量密度高、系统更紧凑、长时无热损失等优点，特别适用于空间有限或空间成本高昂的应用场景。

5. 氢储能

氢储能的基本原理是将水电解得到氢气，并以高压气态、低温液态和固态等形式进行存储。氢气具有燃烧热值高、大规模存储便捷、可转化形式广和环境友好等优点。其缺点是能量转换率相对较低，且目前的氢储能技术的成本仍然比较高。

1.2.3 储能技术发展趋势概述

随着能源储存技术的不断进步，其正逐步成为现代能源体系中不可或缺的组成部分。这一技术领域的发展不仅体现在不断地创新和科技进步上，而且在应用模式的多样化和经济性的提升方面也展现出巨大的潜力。在电化学储能、机械储能和电磁储能等领域，储能技术的突破为共享经济的发展开辟了新的道路。这种发展趋势为共享经济模式下的能源应用提供了新的机遇，使得能源的储存和分配更加高效、灵活，有助于推动能源领域的创新和可持续发展。

储能技术在新一代基础设施建设中扮演着至关重要的角色，不仅能为5G基站的建设提供可靠的能源支持，确保高速通信网络的顺畅运行，而且在特高压输电、城际高速铁路、城市轨道交通等关键领域也发挥着重要作用。此外，在新能源汽车充电桩、大数据中心、人工智能、工业互联网等新兴技术产业中，储能技术的应用前景同样广阔。先进储能技术能助力新能源汽车实现快速充电，显著提升充电桩的使用效率；为大数据中心提供稳定的备用电源，保障数据安全无忧；能够为人工智能和工业互联网领域的智能设备提供持久的能源供应，推动产业升级和创新发展。

新基建的多场景应用也为储能系统赋予了更加丰富的功能和更广阔的发展空间，推动储能技术向更高水平和更广泛的应用领域迈进，这将极大提升能源利用效率，降低能源成本，并促进清洁能源的普及，有助于我国实现能源结构的优化和绿色低碳转型。同时，储能技术的持续创新与发展将为新基建提供更加稳定和高效的能源支持，成为推动我国经济社会持续健康发展的关键力量。

1.3 电化学储能技术发展

1.3.1 电化学储能技术发展历史

电化学储能技术的发展历史可以追溯到 19 世纪初，随着科学技术的不断进步，该领域经历了多个重要的里程碑。意大利科学家亚历山德罗·伏打（Alessandro Volta）发明了世界上第一个化学电池-伏打电堆，这是电化学储能技术的起点。1859 年，铅酸电池成为首个可充电电池，并在工业和交通领域广泛应用。1865 年，乔治·勒克朗谢（Georges Leclanché）发明了以锌和二氧化锰为电极的湿电池，成为干电池的前身。20 世纪，镍镉电池面世，随着镍镉电池的改进，镍氢电池（NiMH）问世，这种电池比镍镉电池具有更高的能量密度和更好的环保性。1991 年，索尼公司首次商业化锂离子电池，标志着电化学储能技术的一个重要转折点。锂离子电池具有高能量密度、长寿命等优点，迅速进入消费类电子市场，并开始在交通领域得到应用。21 世纪以来，电化学储能技术发展突飞猛进，除了蓬勃发展的锂离子电池和铅酸电池外，钠离子电池、氧化还原液流电池、液态金属电池、全固态电池以及一些新型电化学储能技术的发展也被大力推进，并逐步实现从基础研究到工程应用的跨越。

1.3.2 电化学储能技术特点

电化学储能技术的发展是一个不断创新和改进的过程，随着科学研究的深入和技术的进步，未来的电化学储能技术将会在更多领域得到广泛应用，并发挥重要作用。相较于其他储能技术，电化学储能技术主要具有如下特点：

（1）高能量密度 较高的体积能量密度和质量能量密度是电化学储能技术备受关注的主要原因，这令其适用于便携设备和电动汽车等对空间和重量敏感的场景。

（2）可充电和循环寿命 电化学储能具有较长的充放电循环寿命，可以进行数百到数千次的充放电循环；同时，电化学储能进行深度放电也不会显著影响其寿命，这是许多其他储能技术不具备的优点；此外，电化学储能能够长时间储存能量而不需要频繁充电。

（3）模块化设计和维护简单 电化学储能系统可以设计成模块化结构，便于扩展和维护。模块化设计使其可根据具体应用需求调整储能容量。与传统的机械储能系统相比，电化学储能系统通常需要较少的维护，操作更为简便。

（4）快速响应速度 电化学储能系统可以迅速响应电网需求，提供能量或吸收过剩能量，有助于电网的频率调节和负荷平衡。

（5）安全性 电化学储能系统存在安全隐患，如过充、过放、过热等可能引发火灾或爆炸。然而，现代电化学储能系统集成了多种安全措施，如温度控制、过充保护和短路保护，可以确保在各种运行条件下的安全性。

（6）环保、可持续性和多样化应用场景 电化学储能系统可以减少温室气体排放，特别是与可再生能源结合时，采用环保材料，能减少对环境的影响。废旧电池的回收和再利用技术也在不断发展，以实现可持续发展。电化学储能技术应用范围广，包括便携式电子设备、电动交通工具、可再生能源并网、大规模电网储能、家用储能系统等。

电化学储能技术凭借其高能量密度、无地域限制、快速响应和多样化应用等特点，在现代能源系统中发挥着越来越重要的作用。未来，随着技术的不断进步和成本的降低，电化学储能技术将会在更多领域得到广泛应用。

1.3.3 电化学储能技术发展展望

随着全球对可再生能源整合和电网稳定性需求的日益增长，电化学储能技术的市场占比已经从2017年的不到1%快速提升至2022年的20%左右。当前，电化学储能技术的多元化发展趋势明显，除了锂离子电池外，新兴技术如全固态电池、钠离子电池、液流电池等也展现出巨大的潜力。这些新兴技术有望提供更高的能量密度、更低的成本以及更环保的解决方案，成为未来电化学储能的发展方向。针对高安全性、长循环、低成本的电化学储能系统开展关键技术攻关，前瞻部署下一代电池体系研发，以电池技术进步驱动规模化市场应用，推动能源结构转型和可持续发展，电化学储能技术在未来发展中有着巨大的潜力和前景。

(1) 提高能量密度，开发新材料 研发高能量密度的电极材料，如硅基负极、锂金属负极等，以显著提升电池的能量密度。开发如锂硫电池、锂空气电池等新型电池体系，预计能量密度将比传统锂离子电池高出数倍。

(2) 降低成本 寻找和开发低成本且资源丰富的材料，如钠离子电池中通过钠元素代替锂元素，降低材料成本。通过优化生产工艺和规模化生产，进一步降低制造成本，提高市场竞争力。

(3) 增强安全性 使用固体电解质，消除液态电解质泄漏和燃烧的风险，提高电池的安全性。发展先进的电池管理系统，实时监控和管理电池状态，防止过充、过放和过热等问题。

(4) 延长寿命、环保和可持续性 研发稳定的电解质和电极材料，减少电池在充放电过程中的降解，延长电池寿命；通过改进电池封装技术，减少环境因素对电池的影响，提高电池的使用寿命；减少电池生产过程中的环境污染和能耗；开发高效的电池回收技术，提取和再利用废旧电池中的有价值材料，减少资源浪费。

(5) 技术融合和大规模储能系统 开发能够支持高速离子传导的电解质，缩短充电时间，提高充电效率；建设和推广高速充电基础设施，满足电动汽车和便携设备对快速充电的需求；结合物联网和大数据技术，实现电池的智能管理和远程监控，提高系统的可靠性和效率；发展适用于微电网和分布式能源系统的储能解决方案，实现能源的本地生产和消费，减少对集中电网的依赖。

参 考 文 献

[1] ZOU C, ZHAO Q, ZHANG G, et al. Energy revolution：From a fossil energy era to a new energy era [J]. Natural Gas Industry B, 2016, 3 (1)：1-11.

[2] 连芳. 电化学储能器件及关键材料 [M]. 北京：冶金工业出版社, 2019.

[3] RAHMAN M M, ONI A O, GEMECHU E, et al. Assessment of energy storage technologies：A review [J]. Energy Conversion and Management, 2020, 223：113295.

[4] ZHAO H, WU Q, HU S, et al. Review of Energy storage system for wind power integration support [J]. Applied Energy, 2015, 137：545-553.

[5] 李佳琦. 储能技术发展综述 [J]. 电子测试, 2015 (18)：48-52.

第 2 章

电化学储能基础

2.1 电化学储能电源的基本概念

2.1.1 电极电势和电池电动势

1. 电极电势

（1）电极电势的产生 将一金属电极置于含有该金属离子的溶液中，由于离子在金属表面与溶液中的化学势不同，因此，金属离子就会在电极与溶液之间转移。在静电力作用下，这种转移很快达到动态平衡。此时，电极表面与电极表面附近溶液层中的离子所带的电荷数值相等，符号相反，这样就在电极与溶液的界面处形成双电层（图 2-1a），电极和溶液间便产生一定的电势差，称为平衡电极电势，简称电极电势。电极电势的符号和数值取决于金属的种类和溶液中离子的浓度。

电极-溶液界面电势分布情况如图 2-1b 所示。由此可见，实际上电极电势由紧密层电势（$\varphi_M-\varphi_1$）和分散层电势（$\varphi_1-\varphi_s$）组成，电极电势φ_e等于电极导体的电势φ_M与溶液的电势φ_s之差，即$\varphi_e=\varphi_M-\varphi_s$，又称为绝对电势。

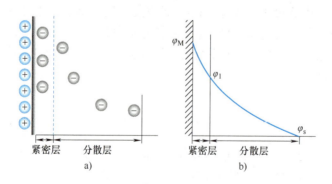

图 2-1 电极与溶液的界面
a）双电层结构 b）界面电势分布

（2）标准电极与标准电极电势 将金属锌插入硫酸锌溶液、金属铜插入硫酸铜溶液，用一个半透性的隔膜（如烧结玻璃或盐桥）将两者隔开，即构成铜-锌电池，又称为丹尼尔电池（图 2-2）。该电池可看成是由金属锌插入硫酸锌溶液构成的"半电池"与金属铜插入硫酸铜溶液构成的"半电池"组合而成的。然而，到目前为止，仍无法用实验方法单独测定"半电池"两端的电势差，仅能测得两个"半电池"组成的电池的总电动势。

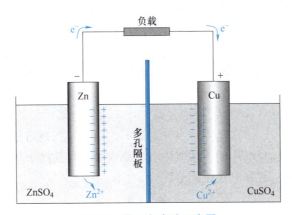

图2-2　丹尼尔电池示意图

电化学中，这些"半电池"有时可简称为"电极"。虽然无法通过实验去获得电极电势的绝对值，但是，很显然我们只要选定一个"电极"（或"半电池"）作为标准，测得其他电极与这一标准电极组成可逆电池的电动势（即相对电极电势），即可确定任意两个电极所组成电池的电动势。根据国际纯粹与应用化学联合会（IUPAC）的规定，以标准氢电极（NHE 或 SHE）作为电极电势的基准，其结构是将镀铂黑（金属铂的极细粉末）的铂片插入含有氢离子的溶液中，并不断用氢气冲打到铂片上（图2-3）。氢电极上所进行的反应为

$$2H^+(aq)+2e^- \longleftrightarrow H_2(g) \tag{2-1}$$

如果构成氢电极的溶液中氢离子的活度为1，氢气的分压为 100kPa，则规定在任何温度下，此电极的电极电势为0。

对于任意给定的电极，使其与标准氢电极组合为可逆电池（具有两种溶液接界时应采用盐桥消除液体接界面的影响），测得此可逆电池的电动势即为该给定待测电极的氢标电极电势，又称为该电极的平衡电极电势（φ_r）。任一给定电极与标准氢电极组合成可逆电池时，若该电极上进行的是还原反应，则平衡电极电势 φ_r 为正值；若该电极上进行的是氧化反应，则平衡电极电势 φ_r 为负值。

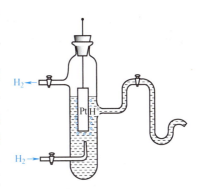

图2-3　氢电极构造图

若待测电极处于标准状态（即组成电极的离子活度为1，气体的分压为 100kPa，液体或固体均为纯净物质），在 298.15K 条件下达到平衡时，所得到的相对于氢标的电势值称为该电极的标准电极电势，用 $\varphi^{\ominus}$ 表示。

标准电极电势是定量描述反应推动力相对大小的基本物理量，其值的大小取决于电极的本性。$\varphi^{\ominus}$ 越正，表示该电对中的氧化态物质越容易得到电子，是较强的氧化剂；$\varphi^{\ominus}$ 越负，则表示该电对中的还原态物质越容易失去电子，是较强的还原剂。

注：正常情况下，以氢电极作为标准电极测定的平衡电极电势的精确度可达 0.01mV。然而，氢电极的使用条件要求非常严格，其制备和纯化也比较复杂。为此，电化学实际测定常采用第二类标准电极/第二类参比电极，如甘汞电极（$Hg \mid Hg_2Cl_2 \mid Cl^-$）、银-氯化银电极（$Ag \mid AgCl \mid Cl^-$）、氧化汞电极（$HgO \mid HgO \mid OH^-$）等。

（3）可逆电极的类型 平衡电极电势和标准电极电势均相对于可逆电池而言，而构成可逆电池的电极本身也必须是可逆的。根据电极反应的性质，可逆电极可分成以下三种类型：

1）第一类可逆电极。该类电极包括金属浸在含有该金属离子的溶液中所构成的金属电极，以及氢电极、氧电极、卤素电极、汞齐电极等。由于气态物质是非导体，气体电极必须借助铂或其他惰性物质起导电作用，才能使氢、氧或卤素与其离子呈平衡状态。第一类可逆电极中的金属电极的表达式和电极反应分别为

$$M^{n+} \mid M$$
$$M^{n+} + ne^- === M \tag{2-2}$$

非金属电极的表达式和电极反应分别为

$$A^{n-} \mid A, Pt$$
$$A + ne^- === A^{n-} \tag{2-3}$$

汞齐电极的表达式和电极反应分别为

$$M^{n+} \mid M, Hg$$
$$M^{n+} + ne^- === M(Hg) \tag{2-4}$$

第一类可逆电极的平衡电极电势可直接用能斯特公式表示。

2）第二类可逆电极。这类电极是由一种金属和该金属的难溶盐浸入含有该难溶盐负离子的溶液中所构成的。这类可逆电极较易制备，一些不能形成第一类可逆电极的负离子（如 SO_4^{2-}、$C_2O_4^{2-}$ 等）的金属盐与其金属常制备成这种电极。最常见的甘汞电极、银-氯化银电极都属于这类可逆电极。第二类可逆电极的表示式和对应的电极反应分别为

$$A^{n-} \mid MA, M$$
$$MA + ne^- === M + A^{n-} \tag{2-5}$$

则平衡电极电势的表达式为

$$\varphi_r = \varphi^\ominus - \frac{RT}{nF}\ln\alpha_{A^{n-}} \tag{2-6}$$

式中，φ_r 为氧化态和还原态物质处于平衡状态的电极电势（V）；$\varphi^\ominus$ 为标准电极电势（V），在给定的温度下为定值；R 为气体常数；T 为热力学温度（K）；F 为法拉第常数；$\alpha_{A^{n-}}$ 为 A^{n-} 离子的活度。

由此可见，第二类可逆电极的平衡电极电势与溶液中金属难溶盐的阴离子活度有关。

3）第三类可逆电极。这类电极是氧化-还原电极，在这类可逆电极中，电极材料只用做导体，电极反应是溶液中某些还原态物质被氧化，或氧化态物质被还原。第三类可逆电极的表示式和对应的电极反应分别为

$$M^{n+}, M^{t+} \mid M$$
$$M^{n+}(氧化态) + (n-t)e^- === M^{t+}(还原态) \tag{2-7}$$

则平衡电极电势可表示为

$$\varphi_r = \varphi^\ominus - \frac{RT}{(n-t)F}\ln\frac{\alpha_{M^{t+}}}{\alpha_{M^{n+}}} \tag{2-8}$$

式中，$\alpha_{M^{n+}}$、$\alpha_{M^{t+}}$ 分别为氧化态和还原态离子的活度。在电对中，若氧化态或还原态物质的系数不是 1，则 $\alpha_{M^{n+}}$ 和 $\alpha_{M^{t+}}$ 需乘以与系数相同的方次。

2. 电池电动势

电池在断路条件下，正负极间的平衡电势之差，即为电池电动势。若电池中所有物质都处于标准状态，则电池电动势就是标准电动势，其值等于正、负极标准电极电势之差。

电池电动势的大小由电池中进行的反应的性质和条件决定，与电池的形状、尺寸无关。电动势是电池产生电能的推动力，电动势越高的电池，理论上输出的能量就越大。按照电化学热力学的方法，电池反应确定后，采用能斯特方程即可计算电池电动势。

（1）电池反应计算电动势　电池是化学能转变成电能的电化学体系，其电能来源于其中的化学反应。这种电化学体系处于平衡态时则称为可逆电池。如果可逆电池的非膨胀功只有电功，其体系反应自由能的减少等于体系在恒温恒压条件下所做的最大电功，即存在如下关系：

$$\Delta G = -W_{max} = -zFE \tag{2-9}$$

$$E = \frac{-\Delta G}{zF} \tag{2-10}$$

式中，z 为电化学反应中的得失电子数；F 为法拉第常数（96485C·mol^{-1}）；E 为可逆电池电动势。当自由能变化值 ΔG 的单位为焦耳（J）、F 的单位为 C·mol^{-1} 时，E 的单位为伏特（V）。

若电池中所有的物质均处于标准状态，则式（2-9）和式（2-10）可写为

$$\Delta G^\ominus = -zFE^\ominus \tag{2-11}$$

$$E^\ominus = \frac{-\Delta G^\ominus}{zF} \tag{2-12}$$

式中，$\Delta G^\ominus$ 为电化学反应体系的标准吉布斯自由能变化。

式（2-9）不仅表示了化学能与电能转变的定量关系，还是联系热力学和电化学的主要桥梁。因为只有在可逆过程中体系的自由能减少才等于体系所做的最大非膨胀功，所以，式（2-9）仅适用于可逆电池。即电池中所进行的过程必须以热力学上的可逆方式进行时才能用式（2-9）处理。根据热力学的可逆条件，一个可逆电池必须满足下面两个条件：

1）电极反应可在正、反两个方向上进行（反应可逆）。

2）电池充、放电的工作电流无限小（能量转换可逆）。

若电池的反应通式为

$$aA + bB \longleftrightarrow cC + dD \tag{2-13}$$

该反应的自由能变化为 ΔG，根据化学反应等温方程式，有

$$\Delta G = \Delta G^\ominus + RT\ln\frac{\alpha_C^c \alpha_D^d}{\alpha_A^a \alpha_B^b} \tag{2-14}$$

则

$$\Delta G^\ominus + RT\ln\frac{\alpha_C^c \alpha_D^d}{\alpha_A^a \alpha_B^b} = -zFE \tag{2-15}$$

由式（2-12）可得

$$E = E^{\ominus} - \frac{RT}{zF} \ln \frac{\alpha_C^c \alpha_D^d}{\alpha_A^a \alpha_B^b} \qquad (2-16)$$

式中，A、B 为反应物，C、D 为生成物；a、b、c、d 为反应系数；α_i 为各组分的活度。对于纯液体和固态纯物质，其活度为 1；涉及气体时，$\alpha = f/p^{\ominus}$，f 为气体的逸度，$p^{\ominus}$ 为标准大气压，若气体可看成理想气体，则 $\alpha = p/p^{\ominus}$。

式（2-16）称为电池反应的能斯特方程。在给定温度下，$E^{\ominus}$ 为定值，因此式（2-16）表明了电动势与参加电池反应的各组分活度之间的关系。

（2）电极电势计算电动势　对于电池正、负极，用能斯特方程可求得电极电势为

$$\varphi_e = \varphi^{\ominus} - \frac{RT}{zF} \ln \frac{\alpha_{Re}}{\alpha_{Ox}} \qquad (2-17)$$

式中，$\varphi^{\ominus}$ 为标准电极电势；α_{Re} 为电极反应还原型物质的活度；α_{Ox} 为电极反应氧化型物质的活度。

据此，电池电动势即为

$$E = \varphi_{+,e} - \varphi_{-,e} \qquad (2-18)$$

式中，$\varphi_{+,e}$ 为正极的平衡电极电势；$\varphi_{-,e}$ 为负极的平衡电极电势。

（3）电动势和温度系数与其反应的 ΔH 和 ΔS 之间的关联　由上面的电池电动势的相关计算公式可知，电动势与电化学反应体系的自由能之间存在内在联系，也可从电化学测量中求得其他的热力学参量。例如，从自由能的温度关系式可得到电池反应中熵的变化（ΔS），即

$$\Delta S = -\left(\frac{\partial \Delta G}{\partial T}\right)_p \qquad (2-19)$$

则得

$$\Delta S = zF\left(\frac{\partial E}{\partial T}\right)_p \qquad (2-20)$$

对于任何可逆电池反应，将式（2-20）带入吉布斯-亥姆霍兹公式，则有

$$\Delta H = \Delta G + T\Delta S = -zFE + zFT\left(\frac{\partial E}{\partial T}\right)_p = zF\left[T\left(\frac{\partial E}{\partial T}\right)_p - E\right] \qquad (2-21)$$

式中，$\left(\dfrac{\partial E}{\partial T}\right)_p$ 称为电池电动势的温度系数，即电池电动势随温度的变化率。

由此可见，测得电池的电动势 E 和电池电动势的温度系数 $\left(\dfrac{\partial E}{\partial T}\right)_p$，即可确定恒压反应的热效应 ΔH。由于可逆电池电动势能够精确测量，因此，由式（2-21）确定的 ΔH 比其他热化学方法更可靠。

若电池是热力学可逆，则可逆电池热效应 Q_r 与电池电动势温度系数的关系为

$$Q_r = zFT\left(\frac{\partial E}{\partial T}\right)_p \qquad (2-22)$$

电池电动势的温度系数 $\left(\dfrac{\partial E}{\partial T}\right)_p$ 数值是正是负，即可确定电池等压可逆工作时是放热还是

吸热：

1）若 $\left(\dfrac{\partial E}{\partial T}\right)_p > 0$，表明电池放电时从环境吸收热量。

2）若 $\left(\dfrac{\partial E}{\partial T}\right)_p < 0$，表明电池放电时向环境放出热量。

3）若 $\left(\dfrac{\partial E}{\partial T}\right)_p = 0$，表明电池与环境无热交换。

由此可见，电池电动势温度系数可在某些条件下反映电池的性能。例如，当 $\left(\dfrac{\partial E}{\partial T}\right)_p < 0$，且数值较大时，意味着反应过程中有较多的热生成。同时，电池工作时，电池内阻及极化引起的电压降均以热的形式释放出来。因此，该电池在工作时，若散热不良，极可能因电池过热而引发热失控，带来安全性风险。

除此之外，基于上述关系式，可以从测得的电池电动势去计算相关的热力学函数，也可依据热力学原理求出电池的电动势，从而判断电池的电化学反应机理（与实测值进行对比）。

2.1.2　电极过程及电极的极化

1. 电极过程

上述电池电动势的讨论前提都是将电池作为热力学可逆电池。可逆电池是指电池的总反应或每个电极上进行的电极化学反应可逆、能量转移可逆以及其他过程可逆。其中，化学反应可逆和能量转移可逆是构成二次电池的前提。化学反应可逆是指电池中两极上进行的电化学反应，放电时必须与充电时完全相反（电池的总反应必须可逆）；能量转移可逆是指将电池放电过程中释放出来的能量全部用来对电池进行充电，电池和环境都能完全恢复到电池放电前的状态。实际上，要想实现能量转移可逆，必须使通过电池的电流无限小，这样电极反应才能在接近电化学平衡的条件下进行。

然而，针对二次电池，电极反应的充放电过程均以一定的速率进行，电极过程为热力学不可逆过程，电极电势会偏离其平衡电极电势，电池电压也将偏离电池电动势。电极过程通常包括以下基本过程和步骤：①电化学反应过程，电极/溶液界面上得到或失去电子生成反应产物，即电荷转移过程；②传质过程，反应物向电极表面或内部传递，或反应产物自电极内部或表面向溶液或向电极内部传递，即迁移和扩散过程；③电极界面处靠近电解液一侧双电层以及靠近电极内一侧空间电荷层的充放电过程；④溶液中离子的电迁移或电子导体、电极内电子的导电过程。此外，伴随电化学反应，还存在溶剂、阴阳离子、电化学反应产物的吸附/脱附过程、新相生长以及其他化学反应过程等。

以锂离子电池为例，电极过程可简化为锂离子电池中离子/电子在材料的体相和两相界面的传输及存储过程，所涉及的典型电极过程及动力学参数主要包括：①离子在电解质中的迁移电阻；②离子在电极表面的吸附电阻和电容；③电化学双电层电容；④空间电荷层电容；⑤离子在电极/电解质界面的传输电阻；⑥离子在表面膜中的输运电阻和电容；⑦电荷转移电阻；⑧电解质中离子的扩散阻抗；⑨电极中离子的扩散阻抗（体相扩散电阻和晶界扩散电阻）；⑩宿主晶格中外来原子/离子的存储电容，相转变反应电容；⑪电子的输运电阻。

上述基本动力学参数涉及不同的电极基本过程，具有不同的时间常数。电化学储能电池中的动力学过程及典型时间常数如图2-4所示，通常情况下，离子在电极、电解质材料内部的扩散以及固相反应是速率控制步骤。

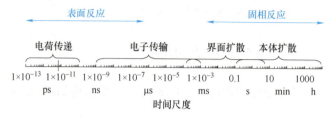

图 2-4　电化学储能电池中的动力学过程及典型时间常数

2. 电极的极化

（1）电极的极化与过电势　电极上无外电流通过时电极处于平衡状态，相应的电极电势为平衡电势φ_e。当施加了外加电场，电极上有电流通过时，电极的电极电势φ会偏离平衡电势φ_e，且电流越大，电极电势偏离平衡值越大，这种现象称为电极的极化。

为了定量表示电极极化的大小，将任一电流密度下的电极电势φ与平衡电势φ_e间的差值表示为过电势η（也有称为超电势）

$$\eta = \left| \varphi - \varphi_e \right| \tag{2-23}$$

式中，过电势始终为正值。实际电极电势偏离平衡值的方向，取决于电极反应是氧化反应还是还原反应。

1）当电极上发生氧化反应（阳极）时，带有负电荷的电子离开电极流向外电路，电极电势随着电流的增大向正的方向变化。电流越大，电势越正。

$$\varphi_{阳} = \varphi_e + \eta_{阳} \tag{2-24}$$

式中，$\eta_{阴}$为阳极过电势。

2）当电极上发生还原反应（阴极）时，电子由外电路流向电极，电极电势随电流的增大向负的方向变化。电流越大，电势越负。

$$\varphi_{阴} = \varphi_e - \eta_{阴} \tag{2-25}$$

式中，$\eta_{阴}$为阴极过电势。

对于电池，电池放电时，正极上得到电子，发生还原反应；负极上失去电子，发生氧化反应。施加了外加电场，正极和负极电势均偏离平衡值，此时

$$\varphi_+ = \varphi_{e(+)} - \eta_{阴} \tag{2-26}$$

$$\varphi_- = \varphi_{e(-)} + \eta_{阳} \tag{2-27}$$

电池的端电压为

$$U = \varphi_+ - \varphi_- = \varphi_{e(+)} - \varphi_{e(-)} - (\eta_{阴} + \eta_{阳}) = E - (\eta_{阴} + \eta_{阳}) \tag{2-28}$$

由此可见，电池放电过程中，电极极化会造成电池端电压下降。

当电池充电时，电流方向和电极上进行的反应与放电时相反。此时

$$\varphi_+ = \varphi_{e(+)} + \eta_{阳} \tag{2-29}$$

$$\varphi_- = \varphi_{e(-)} - \eta_{阴} \tag{2-30}$$

电池的端电压为

$$U = \varphi_+ - \varphi_- = \varphi_{e(+)} - \varphi_{e(-)} + (\eta_{阳} + \eta_{阴}) = E + (\eta_{阳} + \eta_{阴}) \tag{2-31}$$

由此可见，充电过程中，电极极化会造成电池端电压高于开路电压。

综上可知，电池放电时，端电压低于开路电压，意味着一部分电压降损失了；电池充电时，外加端电压高于开路电压，意味着多消耗一部分能量。造成这种现象的原因在于电极极化，极化是电化学反应的阻力。

（2）极化的种类　根据极化产生的原因，通常可将其分为电化学极化、浓差极化和欧姆极化三类。电化学极化是指与电荷转移过程有关的极化，其在电极与溶液界面间进行，由各种类型的电化学反应本身不可逆性引起，极化驱动力是电场梯度。浓差极化是指与参与电化学反应的反应物和产物的扩散过程有关的极化。由于参加电池反应的反应物被消耗，在电极表面得不到及时补充，或某种产物在电极表面积累，不能及时疏散，相当于把电极浸在较稀或较浓的溶液中，因此，电势偏离了通电前按总体浓度计算的平均值。该类极化驱动力是浓度梯度。欧姆极化是指与载流子在电池中各相输运有关的极化，其由电解液、电极材料以及导电材料之间存在的接触电阻引起，极化驱动力为电场梯度。

1）电化学极化。造成电化学极化的原因为电极上电化学反应的速度落后于电极上电子运动的速度，即电化学极化的大小由电化学反应速率决定。例如，针对电池的负极，放电前电极表面带负电荷，而电极表面附近的溶液带正电荷，两者处于平衡状态。放电开始时，电子释放给外电路，电极表面负电荷减少，但电极上的氧化反应（$M - ne^- \longrightarrow M^{n+}$）迟缓，无法及时补充电极表面减少的电子。这种表面负电荷减少的状态可促进电子离开电极，M^{n+}离子进入溶液，加速电极氧化反应的进行。待反应持续一段时间，负极向外电路释放电子的速度与电极氧化补充给电极表面电子的速度相等时，可建立新的平衡稳定状态。然而，与放电前相比，电极表面所带负电荷数目的减少，导致其电极电势变正。同理，针对电池的正极，放电时电极表面正电荷数目减少，电极电势变负。

在一定的电流电压范围内，电化学极化引起的过电势与电流通常符合 Tafel 关系，$\lg i$ 与过电势成正比，即

$$\eta = a \pm b \lg i \tag{2-32}$$

式中，η 为过电势（V）；i 为电流密度（$A \cdot cm^{-2}$）；a、b 均为常数。由此可见，当电流密度为 $1 A \cdot cm^{-2}$ 时，过电势 η 在数值上等于 a。a 值与电流密度无关，因此，可用 a 值比较不同电极反应的本质。b 值为 η-$\lg i$ 直线的斜率，反映了电极反应的机理，如得失电子数等。通过 a、b 值可得出不同电流密度下的过电势值。

电化学极化受多种因素影响，影响过电势的因素包括电极材料（参与电化学反应的电极真实表面积、结晶取向、有序度等）、电极表面状态、电解质的性质和浓度、温度、电极电位、电极电位与电解质电化学势差、反应物与产物的活度以及电化学反应的可逆性等。

注：在很宽的过电势范围内，式（2-32）对许多电化学体系均适用，但在过电势很低的情况下，η-$\lg i$ 曲线会出现弯曲（图2-5）。

2）浓差极化。浓差极化又称浓度极化，与电极反应过程中电极表面处离子浓度的变化相关。针对阴极过程，其表面离子浓度的变化与溶液本体离子向电极表面运动以补充电极反应

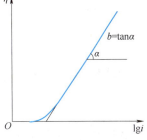

图 2-5　η 与 $\lg i$ 的关系曲线

消耗的程度相关；针对阳极过程，其表面离子浓度的变化与生成物从电极表面附近疏散并进入溶液本体的速度相关。电极反应过程中，电极界面层溶液离子浓度偏离溶液本体离子浓度，出现了浓度梯度，造成电极电位偏离平衡电位，即产生了电极的浓差极化。这种浓差极化与传质离子的扩散系数有关，即与液相传质过程有密切的关系。

液相传质包括离子的扩散、电迁移和对流三种方式。电流通过电极时，三种传质方式总同时存在。但是，在紧靠电极表面处，由于液流的速度很低，主要是扩散和电迁移起主导作用。

① 扩散。涉及扩散的粒子流的流量一般符合 Fick 扩散定律，与扩散系数及浓度梯度有关（Fick 第一定律）。在稳定条件下（主体溶液的浓度不变），x 组分盐垂直于电极表面方向的扩散流量可用电流表示为

$$i = zF j_{x,d} = -zFD_x \left(\frac{c_x^b - c_x^s}{l} \right) \tag{2-33}$$

式中，i 为电流密度（A·cm^{-2}）；$j_{x,d}$ 为 x 组分扩散流量（mol·s^{-1}·cm^{-2}）；D_x 为 x 组分的扩散系数（m^2·s^{-1}）；c_x^b 为 x 组分在主体溶液中的浓度（mol·m^{-3}）；c_x^s 为 x 组分在紧靠电极表面处的浓度（mol·m^{-3}）；l 为 x 组分传递的距离（扩散层厚度，cm）；F 为法拉第常数；z 为电化学反应中的得失电子数。

由于电池是非均相体系，扩散系数与浓度梯度是空间位置的函数，在电化学反应的过程中，会随时间变化。传质的快慢与传质距离的二次方成正比（Fick 第二定律）。

② 电迁移。有电场存在时，在电势梯度作用下，溶液中带正、负电荷的离子会分别向两极运动，这种带电离子在电势梯度作用下的运动称为电迁移。电迁移流量与离子迁移数有关：

$$j_{x,e} = \frac{t_x i}{z_x F} \tag{2-34}$$

式中，$j_{x,e}$ 为 x 组分电迁移的数量（mol·s^{-1}·cm^{-2}）；t_x 为 x 组分离子的迁移数；i 为通过的总电流（A）；z_x 为 x 组分离子所带电荷数；F 为法拉第常数。

③ 对流。反应物粒子（离子）随流动的溶液一起移动而引起的传质过程，称为对流传质。溶液中局部浓度和温度的差别或电极上有气体形成，均对溶液有一定的搅动，引起自然对流，也可能是机械搅拌产生的强制对流。对流流量为

$$j_{x,e} = uc_x \tag{2-35}$$

式中，$j_{x,e}$ 为对流流量（mol·s^{-1}·cm^{-2}）；u 为与电极垂直方向上的液流速度（cm·s^{-1}）；c_x 为 x 组分的浓度（mol·L^{-1}）。

浓差极化过电势 η_{con} 与电流 i、极限扩散电流 i_d 的关系符合对数关系：

$$\eta_{con} = \frac{RT}{zF} \ln\left(1 - \frac{i}{i_d} \right) \tag{2-36}$$

当过电势较小时：

$$\eta_{con} = -\frac{RTi}{zFi_d} \tag{2-37}$$

极限扩散电流是指主体溶液的浓度 c_x^b 不变，电极表面反应离子的浓度 c_x^s 降到 0，浓度梯度达到最大时的扩散电流。

3）欧姆极化。欧姆极化受电池内部涉及电迁移的各类电阻影响，即欧姆电阻决定。欧姆过电势是电极材料、电解液、活性物质与导电材料的接触等造成的电压降，其规律服从欧姆定律，欧姆极化过电势与极化电流密度成正比。

2.1.3　电池的性能参数

1. 电池的电压

（1）开路电压　开路电压指在开路状态下，外电路没有电流通过时电池正负极之间的电势差，用 $V_{开}$ 表示。

$$V_{开} = \varphi_+ - \varphi_- \tag{2-38}$$

电池的开路电压取决于电池正负极材料的本性、电解质和温度条件等，与电池的几何结构与尺寸大小无关。通常情况下，电池的正负极在电解质溶液中建立的电极电势并非平衡电极电势，因此，电池的开路电压一般均小于电池的电动势。

（2）工作电压　工作电压指电池接通负荷后，电流通过外电路时电池正负极之间的电势差，又称放电电压或负荷电压，是电池的实际输出电压。电池初始放电电压称为初始电压。

电池在接通负荷后，由于欧姆电阻和过电势的存在，电池的工作电压总是低于开路电压。

$$V = E - IR_{内} = E - I(R_\Omega + R_f) \tag{2-39}$$

或

$$V = E - \eta_+ - \eta_- - IR_\Omega = \varphi_+ - \varphi_- - IR_\Omega \tag{2-40}$$

式中，η_+ 和 η_- 分别为正极极化和负极极化过电势；φ_+ 和 φ_- 分别为电流流过时正、负极的电极电势；E 为电池的电动势；I 为电池的工作电流；$R_{内}$ 为电池的总内阻；R_Ω 和 R_f 分别为欧姆内阻和极化内阻。很显然，随着放电电流的增加，电极极化增大，欧姆压降也增大，从而电池的工作电压下降。

2. 电池的内阻

电池工作时，电流流过电池内部受到的阻力（电池的电压降低）称为电池的内阻，其为电池的一个极为重要的参数。电池内阻主要包括欧姆内阻（R_Ω）和电极在电化学反应中由极化引起的极化内阻（R_f）两部分，两者之和称为电池的总内阻（$R_{内}$，$R_{内} = R_\Omega + R_f$）。

（1）欧姆内阻　欧姆内阻主要由电极材料、电解液、隔膜以及各部分零件的接触电阻组成，遵循欧姆定律。需要指出的是，电池中的隔膜均为多孔，且电子绝缘。隔膜只有浸入电解液后，才具有导电作用，这种导电作用靠微孔中电解液中的离子传递。因此，针对隔膜，其电阻实质上由隔膜有效微孔中的电解液贡献，故其应满足式（2-41）。

$$R_M = \rho_S J \tag{2-41}$$

式中，R_M 为被测隔膜电阻；ρ_S 为溶液的电阻率；J 为表征隔膜微孔结构的因素。

由此可见，隔膜电阻主要与电解液的电阻率和隔膜的结构因素有关。其中，电解液的电阻率取决于电解液的组成和温度，隔膜的结构因素主要与隔膜厚度、孔隙率、孔径和孔的曲折程度等有关。对于同一种隔膜（J 为定值），其在不同电解液中的电阻，主要是随电解液的电阻率而变化，而在同一种电解液中，不同隔膜的电阻变化则反映了隔膜结构因素的变化。因此，隔膜电阻实际上是表征隔膜的孔隙率、孔径和孔的曲折程度对离子迁移产生的阻力，即电流通过隔膜时微孔中电解液的电阻。

（2）极化内阻　极化内阻是指电池的正极与负极在电化学反应进行时因极化所引起的内阻，主要包括电化学极化和浓差极化所引起的电阻之和。极化内阻与活性物质的本性、电极的结构、电池的制造工艺和电池的工作条件（放电电流、温度等）相关。例如，当电池处于大电流下放电时，电化学极化和浓差极化均增加。因此，极化内阻并非是一个常数，其随放电条件的改变而改变。与此同时，极化内阻也受温度的影响，温度降低对电化学极化、离子的扩散均有不利影响，故低温条件下电池的全内阻增加。

为了降低电池的极化，可提高电极的活性（开发高活性电极材料）和降低真实电流密度（增加电极面积）。绝大多数电极采用多孔电极，真实面积远高于其表观面积，从而显著降低真实电流密度。

3. 电池的容量和比容量

电池在一定的放电条件下所能给出的电量称为电池的容量，以符号 C 表示，单位常用 $A \cdot h$ 或 $mA \cdot h$。

（1）理论容量　理论容量是指假设活性物质全部参加电池反应所能提供的电量，可依据法拉第定律计算求得，即

$$m = \frac{MQ}{zF} \tag{2-42}$$

式中，m 为电极上发生反应的活性物质的质量（g）；M 为活性物质的摩尔质量（$g \cdot mol^{-1}$）；Q 为通过的电量（$A \cdot h$）；z 为电极反应得失电子数；F 为法拉第常数（约 $96500 C \cdot mol^{-1}$ 或 $26.8 A \cdot h \cdot mol^{-1}$）。也可理解为电极上 m 活性物质完全反应所释放的电量 Q。

根据电池理论容量的定义，电量 Q 即为电池的理论容量 C_0，即

$$C_0 = zF\frac{m}{M} = 26.8z\frac{m}{M} = \frac{1}{K}m \tag{2-43}$$

$$K = \frac{M}{26.8z} \tag{2-44}$$

式中，K 为活性物质电化当量（$g \cdot A^{-1} \cdot h^{-1}$），是指获得 $1 A \cdot h$ 电量所需活性物质的质量。

由此可见，当电池的活性物质质量确定后，电池的理论容量与活性物质的电化当量有关。电化当量越小，理论容量越大。活性物质分子量越小、电极反应得失电子数越多（电极反应化合价变化越大），活性物质的电化当量越小，也就意味着产生相同电量所需的活性物质越少。

（2）额定容量　额定容量是指按照国家或有关部门颁布的标准，设计制造尚未使用的成品电池以规定的放电速率放电至终止电压时所放出的电量。

（3）实际容量　实际容量是指在一定的放电条件下，电池实际放出的电量，等于放电电流与放电时间的乘积。

恒电流放电时：
$$C = It \tag{2-45}$$

恒电阻放电时：
$$C = \int_0^t I dt = \frac{1}{R}\int_0^t V dt \tag{2-46}$$

近似计算公式：
$$C = \frac{1}{R}V_a t \tag{2-47}$$

式中，I 为放电电流；R 为放电电阻；t 为放电至终止电压时的时间；V_a 为电池的平均放电电压，即电池放电刚开始的初始工作电压与终止电压的平均值（严格来说，V_a 应为电池整个放电过程中，放电电压的平均值）。

电池的实际容量总是小于理论容量，活性物质的利用率（η）总小于1。

$$\eta = \frac{m_1}{m} \times 100\% \tag{2-48}$$

或

$$\eta = \frac{C}{C_0} \times 100\% \tag{2-49}$$

式中，m 为活性物质的实际质量；m_1 为放出实际容量时所消耗的活性物质的质量。

（4）标称容量 标称容量（或公称容量）用于鉴别电池容量的近似值（$A \cdot h$），只标明电池的容量范围而没有确切值（在未指定放电条件下，电池容量无法确定）。

（5）比容量 比容量是指单位质量或单位体积的电池所提供的电量，称为质量比容量 C_m（$A \cdot h \cdot kg^{-1}$）或体积比容量 C_v（$A \cdot h \cdot L^{-1}$）。

$$C_m = \frac{C}{G} \tag{2-50}$$

$$C_v = \frac{C}{V} \tag{2-51}$$

式中，C 为电池的容量（$A \cdot h$）；G 为电池的质量（kg）；V 为电池的体积（L）。

4. 电池的能量和比能量

电池的能量是指电池在一定的放电制度下，电池所能输出的电能，通常用 $W \cdot h$ 来表示，主要包括理论能量、实际能量和比能量。

（1）理论能量 假设电池在放电过程中始终处于热力学平衡态，放电电压保持电动势（E）数值，且活性物质的利用率为100%，即放电容量达到理论容量 C_0，此时，电池输出能量为理论能量 W_0，即理论能量为可逆电池在恒温恒压下所做的最大非膨胀功，表达式为

$$W_0 = C_0 E \tag{2-52}$$

（2）实际能量 实际能量是指电池放电时实际输出的能量，其在数值上等于电池实际容量与电池平均工作电压的乘积，即

$$W = C V_a \tag{2-53}$$

电池的活性物质利用率不可能为100%，且电池的工作电压总是小于电动势，因此，电池的实际能量总是小于理论能量。

（3）比能量 比能量是指单位质量或单位体积的电池所能输出的能量，也称为能量密度，常用质量比能量 W_m（$W \cdot h \cdot kg^{-1}$）或体积比能量 W_v（$W \cdot h \cdot L^{-1}$）表示。比能量也可分为理论比能量（W_0'）和实际比能量（W_m'）。

电池的理论比能量可以根据正负极活性物质的理论质量比容量和电池的电动势直接计算出来。如果电解质参加电池的成流反应，还需加上电解质的理论用量。设正负极活性物质的电化当量分别为 K_+、K_-（单位：$g \cdot A^{-1} \cdot h^{-1}$），则电池的理论质量比能量为

$$W_0' = \frac{1000E}{K_+ + K_-} \quad (W \cdot h \cdot kg^{-1}) \tag{2-54}$$

式中，E 为电池电动势（V）。

当有电解质参加成流反应：

$$W'_0 = \frac{1000E}{\sum K_i}(\mathrm{W \cdot h \cdot kg^{-1}}) \tag{2-55}$$

式中，$\sum K_i$ 为正负极及参加电池成流反应的电解质的电化当量之和。

示例：以铅酸电池为例，其电池反应为

$$Pb+PbO_2+2H_2SO_4 \longrightarrow 2PbSO_4+2H_2O$$

正极 PbO_2、负极 Pb 和电解质 H_2SO_4 均参与反应，且三种物质的电化当量分别为 $4.463\mathrm{g} \cdot$ $\mathrm{A^{-1} \cdot h^{-1}}$、$3.866\mathrm{g \cdot A^{-1} \cdot h^{-1}}$ 和 $3.659\mathrm{g \cdot A^{-1} \cdot h^{-1}}$，电池的标准电动势 $E^{\ominus} = 2.044\mathrm{V}$。因此，铅酸电池的理论比能量为

$$W'_0 = \frac{1000}{4.463+3.866+3.659} \times 2.044\mathrm{W \cdot h \cdot kg^{-1}} = 170.5\mathrm{W \cdot h \cdot kg^{-1}}$$

电池的实际比能量可由电池实际输出能量与电池质量或电池体积之比来表征，即

$$W'_m = \frac{CV_a}{G} \tag{2-56}$$

或

$$W'_v = \frac{CV_a}{V} \tag{2-57}$$

式中，G 和 V 分别为电池的质量和体积。

需要注意的是，由于各种因素的影响，电池的实际比能量远小于理论比能量，两者之间的关系可表示为

$$W'_m = W'_0 K_E K_R K_m \tag{2-58}$$

式中，W'_0 为理论比能量；K_E 为电压效率；K_R 为反应效率；K_m 为质量效率。

1）电压效率是指电池的工作电压与电池电动势的比值。电池放电时存在电化学极化、浓差极化和欧姆压降，因此，电压效率可表示为

$$K_E = \frac{V_{\text{工作}}}{E} = \frac{E-\eta_+ - \eta_- - IR}{E} = 1 - \frac{\eta_+ + \eta_- + IR}{E} \tag{2-59}$$

式中，E 为电池电动势；η_+ 为正极总极化；η_- 为负极总极化；I 为电池电流；R 为电池内阻。

2）反应效率是指活性物质的利用率。

3）质量效率是指电池中包含的不参加成流反应但又必要的物质，主要包括过剩设计的活性物质、不参加电极反应的电解液、电极添加剂、电极集流体/电极板栅、电池的外壳、支撑骨架等，可表示为

$$K_m = \frac{m_0}{m_0+m_s} = \frac{m_0}{G} \tag{2-60}$$

式中，m_0 为按照电池反应式完全反应时活性物质的质量；m_s 为不参加电池反应的物质质量；G 为电池的总质量。

5. 电池的功率和比功率

电池的功率是指电池在一定的放电制度下，单位时间内电池输出的能量，单位为瓦（W）或千瓦（kW），主要可分为理论功率（P_0）、实际功率（P）和比功率（P_m 或 P_v）。

（1）理论功率 理论功率是指电池在一定的放电制度下，单位时间内电池输出的理论能量，其可表示为

$$P_0 = \frac{W_0}{t} = \frac{C_0 E}{t} = \frac{ItE}{t} = IE \qquad (2\text{-}61)$$

式中，W_0 为电池的理论能量；t 为放电时间；C_0 为电池的理论容量；I 为恒定的放电电流。

（2）实际功率 实际功率是指电池在一定的放电制度下，单位时间内电池输出的实际能量，其可表示为

$$P = IV = I(E - IR_内) = IE - I^2 R_内 \qquad (2\text{-}62)$$

式中，$I^2 R_内$ 为电池总内阻上消耗的功率。

由此可见，电池的内阻越大，其对应的实际功率越小。此外，通过对式（2-62）求导，可求出电池最大功率的条件为

$$\frac{dP}{dI} = E - 2IR_内 = I(R_内 + R_外) - 2IR_内 = 0 \qquad (2\text{-}63)$$

即可得

$$R_内 = R_外$$

$R_内 = R_外$ 是电池功率达到极大的必要条件，也就是说，当负载电阻等于电池的内阻时，电池输出功率最大。

（3）比功率 比功率又称功率密度，是指单位质量或单位体积电池输出的功率，通常用 P_m（$W \cdot kg^{-1}$）或 P_v（$W \cdot L^{-1}$）表示。比功率的大小，表示电池所能承受的工作电流的大小，一个电池的比功率大，说明其可承受大电流放电。

比功率与比能量关系密切，比功率随比能量增加而降低。电池在高倍率放电时，比功率增大，但由于极化增强（包括内阻引起的压降），电池的输出电压下降明显，电池的比能量降低。

6. 电池的性能参数其他描述术语

（1）循环寿命 循环寿命是衡量电池性能的一个重要参数。电池经历一次充电和放电，称为一次循环。循环寿命是指在一定充放电制度下，电池经历充放电循环，放电比容量降至规定值时电池所能耐受的循环次数。各种电池的循环寿命都有差异，影响电池循环寿命的因素除了正确使用和维护外，主要包括：①充放电过程中，电极活性表面积不断减小，工作电流密度上升，极化增大；②电极上活性物质脱落或转移；③活性物质晶型改变或发生腐蚀，活性降低；④循环过程中，电极上生成枝晶，电池内部短路；⑤隔离物的损坏等。

（2）自放电 自放电是指电池在开路状态下，电池在一定条件下贮存时，电池容量下降的现象。自放电速率是单位时间内容量降低的百分数。

（3）库仑效率 库仑效率是指充放电效率，为电池放电容量与充电容量的百分比。

（4）能量效率 能量效率是指电池放电能量与充电能量的比值，为一个 0~1 的无量纲数字，有时也会用百分比表示。

（5）充放电速率 充放电速率常用"时率"或"倍率"表示。时率是以放电时间表示放电速率，是指以一定的放电电流放完额定容量所需的时间，用 C/I 表示，其中，C 为额定容量，I 为一定的放电电流。例如，电池容量为 $60A \cdot h$，以 $3A$ 电流放电，则时率为 $60A \cdot h/3A = 20h$，称电池以 $20h$ 率放电。由此可见，放电率表示的时间越短，所用的放电

电流越大；反之，所用放电电流越小。

倍率是指电池在规定时间内放出额定容量所输出的电流值，数值上等于额定容量的倍数。例如，2倍率放电（2C），表示放电电流数值为额定容量的2倍，若电池额定容量为10A·h，放电电流为2×10A=20A，换算成时率则为10A·h/20A=0.5h。

（6）终止电压 终止电压又叫截止电压，是指电池在充电或放电时所规定的最高充电电压（上限截止电压）或最低放电电压（下限截止电压）。

（7）荷电状态 荷电状态（state of charge，SOC）是指当电池使用一段时间或长期搁置不用后，剩余容量与初始充电状态容量的比值，常用百分比表示。例如，SOC=100%，表示电池处于满充状态。

（8）放电深度 放电深度（depth of discharge，DOD）是指电池放电容量与额定放电容量的百分比，反映电池的放电程度。

2.2 电化学储能电源电化学表征技术

2.2.1 充放电性能测试

电池电化学性能表征最基本的手段为充放电性能测试，常用技术是恒电流充放电（galvanostatic charge/discharge）。恒电流充放电是指在电池两端施加恒定的电流，对电池进行充电/放电的过程，同时记录充放电过程中电压随时间的变化。在恒电流充放电过程中，可以设置测试终止条件（如电压、容量等）。例如，在充放电循环过程中，充电或放电达到设定的终止电压时，充电或放电过程结束；在充电过程中，如需后续恒电压保持，可设置终止电流值，当充电电流小于该数值时，充电过程结束（恒压充电）；在充放电过程中，当充电或放电达到容量截止条件时，终止充电或放电过程。

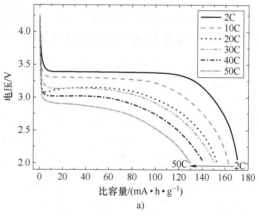

a)

通常情况下，恒电流充放电的电流按照电池的理论容量设定，工业界常用倍率电流值，即C值。恒电流充放电测试结果通常用电压-容量/比容量或者容量/比容量-循环次数的形式表示（图2-6）。

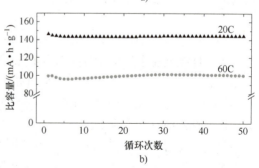

b)

图2-6 恒电流充放电测试结果

a）电压-比容量曲线图 b）比容量-循环次数曲线图

2.2.2 线性电势扫描伏安法

线性电势扫描法属于控制电势技术的一种，是在电极上施加一个连续线性变化的电压，获得电极响应电流随电压变化的曲线，进而分析电极过程的一种方法，主要包括**线性电势扫描法（linear sweep voltammetry，LSV）**和**循环伏安法（cyclic voltammetry，CV）**。LSV 和 CV 的区别在于使用的电势扫描波形不同，LSV 采用单程线性电势波，CV 采用连续三角波。

线性电势扫描法常用于判断电极体系中可能发生的电化学反应、电极过程的可逆性以及研究电极活性物质的吸脱附过程等。在电池研究领域，CV 测试应用更为广泛，而 LSV 测试一般用于测定电解质的电化学窗口。

传统电化学中，**循环伏安法常用于研究电极反应的可逆性、电极反应机理及电极反应动力学等。**典型的循环伏安曲线如图 2-7 所示，当电势向阴极方向扫描时（电势由高变低），活性物质在电极上被还原，出现还原峰；当电势向阳极方向扫描时（电势由低变高），还原产物在电极上被氧化，出现氧化峰。还原峰和氧化峰位置对应的峰电势/峰电流分别用 E_{pc}/i_{pc} 和 E_{pa}/i_{pa} 表示。通过循环伏安曲线的氧化峰和还原峰的峰高（即 i_{pc} 和 i_{pa} 值）和对称性可判断活性物质在电极表面反应的可逆程度，测量表观化学扩散系数等；通过峰间距离（即 E_{pc} 和 E_{pa} 的差值）可判断活性物质在电极表面反应的极化程度。

1. 电极反应可逆性

若电极反应可逆，则曲线上下对称，若电极反应不可逆，则曲线上下不对称。严格来说，若反应可逆，且完全由液相传质速度控制，则有

$$\frac{|i_{pc}|}{|i_{pa}|} = 1 \tag{2-64}$$

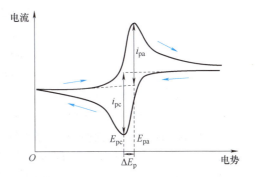

图 2-7　循环伏安测试电流响应曲线

i_{pc} 与 i_{pa} 的比值越接近于 1，表明该体系的可逆程度越高；改变扫速时，峰电势差值 ΔE_p 越接近定值，表明该体系可逆程度越高。通常，在氧化与还原反应的过电位差别不大的情况下，可将一对氧化-还原峰之间的中点值近似作为该电极反应的热力学平衡电位值。

2. 表观化学扩散系数

对于扩散控制的可逆体系，采用 CV 法测量表观化学扩散系数。

$$i_p = 0.4463zFA\left[\frac{zF}{RT}\right]^{1/2}\Delta C_0 D^{1/2}v^{1/2} \tag{2-65}$$

室温时有

$$i_p = 2.69\times10^5 n^{3/2}A\Delta C_0 D^{1/2}v^{1/2} \tag{2-66}$$

式中，i_p 为峰电流；n 为参与反应的电子数；A 为电极真实面积；F 为法拉第常数；D 为表观扩散系数；v 为扫描速率；ΔC_0 为反应前后待测浓度的变化。

因此，在实际研究中，通过测量电极材料在不同扫描速率下的循环伏安曲线，将不同扫描速率下的峰值电流对扫描速率的平方根作图以及对峰值电流进行积分，测量样品中离子浓度变化，依据式（2-66）即可求出表观化学扩散系数。

注：需要指出的是，实际的电池电极反应过程多数会涉及固体电极内部的电荷转移，且伴随着离子在电极材料中的脱出/嵌入，因此，测得的表观扩散系数包括了电极内部和液相电解液的扩散。循环伏安法测到的化学扩散系数并非电极材料内部本征的离子扩散系数，而

是平均的表观化学扩散系数，仅适用于半定量比较，而不适用于定量分析。

2.2.3 电化学阻抗谱技术

电化学阻抗谱（electrochemical impedance spectroscopy，EIS）是对处于平衡状态（开路状态）或者在某一稳定的直流极化条件下的电池体系，按照正弦规律施加小振幅交流激励电信号（电势或者电流），研究电极或电池体系交流阻抗随频率的变化关系，从而获得电池界面的动力学和界面结构信息的一种测试方法，这种方法也称为频率域阻抗分析方法。

在交流电系统中，阻抗 Z 可以用变量为频率 f 或其角频率 ω 的复变函数表示，即

$$Z = Z' + jZ'' \tag{2-67}$$

式中，j 为复数中虚数的单位，表示为 $j = \sqrt{-1}$ 或 $j^2 = -1$；Z' 为阻抗的实部；Z'' 为阻抗的虚部。

通常情况下，电化学阻抗谱的数据需假设一个合理的模型，建立一个等效电路来对电化学系统进行分析。该等效电路由电阻（R）、电容（C）和电感（L）等基本元件按串联或并联等不同方式组合而成。对于电阻、电容和电感，分别有

$$Z_R = R = Z'_R, \quad Z''_R = 0 \tag{2-68}$$

$$Z_C = -j\frac{1}{\omega C}, \quad Z'_C = 0, \quad Z''_C = -\frac{1}{\omega C} \tag{2-69}$$

$$Z_L = -j\omega L, \quad Z'_L = 0, \quad Z''_L = \omega L \tag{2-70}$$

通过定量测定这些元件参数的大小，并利用这些元件的电化学含义可分析电化学系统的结构和电极过程的性质。常用的电化学阻抗图以奈奎斯特图（Nyquist plot）形式表示，横坐标为体系阻抗的实部，纵坐标为虚部的负数，图中的每个点对应不同的频率。电化学阻抗图也可以用伯德图（Bode plot）形式表示，该图由两条曲线组成，其中一条曲线描述阻抗模量 $|Z|$ 随频率的变换关系（Bode 模量图）；另一条曲线描述阻抗的相位角随频率的变换关系（Bode 相位图）。

在奈奎斯特图上，电阻是横轴（实部）上一个点；电容为与纵轴（虚部）重合的一条直线；纯电容 C 和电阻 R 串联时，奈奎斯特图中呈现与横轴交于 R、与纵轴平行的直线；纯电容 C 和电阻 R 并联时，奈奎斯特图中呈现半径为 $R/2$ 的半圆弧（图 2-8），复阻抗为

$$Z = \frac{R}{1 + R^2 \omega^2 C^2} - j\frac{\omega R^2 C}{1 + R^2 \omega^2 C^2} \tag{2-71}$$

式中，极低频时，ω 趋于 0，$\omega RC \ll 1$，$|Z| = R$；极高频时，$\omega RC \gg 1$，$|Z| = \frac{1}{\omega C}$，电路阻抗相当于电容 C 的阻抗。

在实际固体电极的测量中，曲线并不是理想的半圆，而是表现为一段圆弧（容抗弧），这种现象通常认为与电极表面的不均匀性、电极表面的吸附层及溶液导电性差有关。反映了电极双电层偏离理想电容的性质，即将电极界面双电层简单等效为一个物理纯电容并不够准确。

通过奈奎斯特图可直接得出欧姆电阻和电荷转移电阻，并由半圆顶点所对应的频率（ω）可算出界面双电层电容。这里的欧姆电阻涵盖了溶液电阻以及电池体系中可能存在的其他欧姆电阻，如电池隔膜的欧姆电阻、电极材料自身欧姆电阻以及电极表面膜的欧姆电阻等。

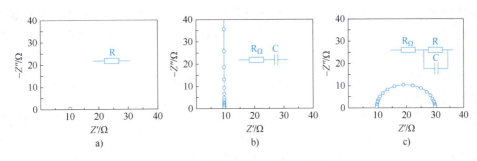

图 2-8 几个典型组件的复阻抗图

a) 纯电阻 b) R、C 串联 c) R、C 并联

需要注意的是，实际电池体系的电化学阻抗谱更为复杂，如果电荷转移动力学不是很快，电化学反应过程由电荷转移过程和扩散过程共同控制，则在电化学系统的等效电路中，需要再引入一个由扩散过程引起的阻抗，称之为沃伯格阻抗（Warburg impedance，Z_W）。沃伯格阻抗可以看作是由一个扩散电阻 R_W 和一个假（扩散）电容 C_W 串联组成，其随频率的变化关系为

$$Z_W = B\omega^{-0.5} - jB\omega^{-0.5} \tag{2-72}$$

$$B = \frac{V_m(dE/dx)}{\sqrt{2}\,nFAD^{1/2}} \quad \omega \gg \frac{2D}{L^2} \tag{2-73}$$

式中，V_m 为活性物质的摩尔体积；B 为 Warburg 系数；dE/dx 为电极库仑滴定曲线上某点的斜率；F 为法拉第常数；n 为电荷转移数目；A 为电极真实面积；D 为表观扩散系数；L 为电极厚度。

式（2-72）适用的条件是在相对中高频的范围，即在较厚的电极、较小的扩散系数条件下（半无限大扩散假设）。满足这些条件，在奈奎斯特图中会表现为倾斜角为 45°的直线（图 2-9）。将直线部分阻抗的实部或者虚部对 $\omega^{-0.5}$ 作图，基于直线斜率求出 B 值，再根据式（2-73）即可得到表观扩散系数。

注：①式（2-73）中，dE/dx 很难精确获得，且电极真实面积存在差异，故通过交流阻抗谱测试计算得到的表观化学扩散系数的绝对值往往重现性低，可靠性较差；②针对同一个电极，充放电过程中，其表面积未出现明显变化，基于交流阻抗谱测试方法，比较其在不同充放电状态下表观扩散系数的变化是合理的。

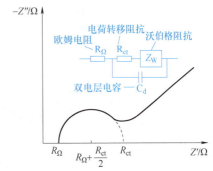

图 2-9 电荷转移和扩散过程混合控制的 EIS 谱图及等效电路图

2.2.4 恒电流间歇滴定和恒电势间歇滴定技术

1. 恒电流间歇滴定技术

恒电流间歇滴定技术（galvanostatic intermittent titration technique，GITT）由德国科学家 W. Weppner 提出，是一种结合稳态技术和暂态技术优点的一种方法，它通过施加一系列恒

电流脉冲和弛豫，测量电压的变化情况。GITT 基本原理为：在某一特定环境下对测量体系施加一恒定电流并持续一段时间后切断该电流，观察施加电流段体系电位随时间的变化以及弛豫后达到平衡的电压，通过分析电位随时间的变化可得出电极过程过电位的弛豫信息，进而推测和计算反应动力学信息〔弛豫过程：指在这段时间内无电流通过电池，相当于只测量开路电压（OCV）〕。

GITT 有两个重要参数：电流强度（i）和时间参数（τ）。在时间间隔 τ 下，电流被中断时，电极材料的组成发生微弱变化，在弛豫时间内，假设体系达到平衡，材料中离子活度发生了相应的变化，即通过计算活性材料中离子的活度变化，考察离子的扩散过程。因此，GITT 在提出时就是为了解决充放电过程中离子表观扩散系数的测定问题（图 2-10）。采用 GITT 方法计算离子表观扩散系数，相应电极体系需满足如下条件：①电极体系为等温绝热体系；②电极体系在施加电流时无体积变化与相变；③电极响应完全由离子在电极内部的扩散控制；④$\tau \ll L^2/D$，L 为离子扩散长度，D 为离子扩散系数；⑤电极材料的电子电导远大于离子电导等。基本过程和原理如下：

1）初始状态下，电池处于热力学平衡状态，相应电势为 E_0。

2）t_0 时刻开始，向体系施加一个恒电流 I_0，在 $t_0+\tau$ 时刻切断。在此阶段，接入电流的瞬间，欧姆电阻的存在导致一段 IR 降台阶的形成；体系中恒电流 I_0 接入后，相界面处会形成一个固定的浓度梯度，为了保持浓度梯度，电极电势会相应地上升或下降（取决于电流的方向）；$t_0+\tau$ 时刻断开电流瞬间，欧姆电阻引起的电势差消失。

3）断开电流后，体系进入弛豫阶段。在此阶段，电极材料中离子的扩散使材料组分更加均匀，电势缓慢变化，直到达到新的平衡稳态电势 E_1，对应于迁移离子在电极材料中含量的变化。

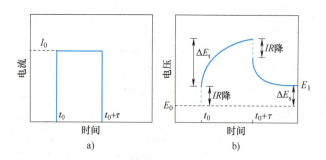

图 2-10　GITT 测定电池材料动力学参数方法

a）电流阶跃波形　b）电压响应曲线图

以锂插层材料为例，其发生如下反应：

$$\text{Li}_x\text{A} + \delta\text{Li} \longrightarrow \text{Li}_{x+\delta}\text{A} \tag{2-74}$$

$$\Delta\delta = \frac{I_0\tau M_\text{A}}{zm_\text{A}F} \tag{2-75}$$

式中，$\Delta\delta$ 表示在时间间隔 τ 内，嵌入电极材料中锂离子的数量；I_0 为阶跃电流的大小；M_A 为 A 的原子量；m_A 为 A 组分的质量；z 为离子的电荷数。

通过求解简单的平面扩散方程，表观扩散系数 D 为

$$D = \frac{4}{\pi} \left(\frac{I_0 V_m}{zFS} \right)^2 \left(\frac{dE/d\delta}{dE/d\sqrt{t}} \right)^2 \tag{2-76}$$

式中，I_0 为电流（mA）；V_m 为活性物质的摩尔体积（$cm^3 \cdot mol^{-1}$）；z 为离子的电荷数；F 为法拉第常数；S 为电极与电解液间界面的表面积（cm^2）。

当外加电流 I_0 很小、弛豫时间 τ 很短时，$dE/d\sqrt{t}$ 呈线性关系，上式可简化为

$$D = \frac{4}{\pi\tau} \left(\frac{m_A V_m}{M_A S} \right)^2 \left(\frac{\Delta E_s}{\Delta E_t} \right)^2 \qquad (\tau \ll L^2/D) \tag{2-77}$$

式中，ΔE_s 为单个恒电流脉冲作用前后"拟平衡"状态下电势的变化；ΔE_t 为整个脉冲电流作用条件下扣除欧姆压降（IR）的总电压变化。

2. 恒电位间歇滴定技术

恒电位间歇滴定技术（potentiostatic intermittent titration technique，PITT）是通过瞬时改变电极电位，并恒定该电位值保持一段时间，记录电流随时间的变化，通过分析电流随时间的变化，进而获得电极动力学信息的一种测试方法。

恒电位间歇滴定技术计算表观扩散系数的公式为

$$i = \frac{2\Delta QD}{d^2} \exp\left(-\frac{\pi^2 Dt}{4d^2} \right) \tag{2-78}$$

式中，i 为电流值；ΔQ 为嵌入电极的电量，可由 i-t 曲线的面积得到；D 为表观扩散系数；d 为离子扩散的长度（近似为活性物质的厚度）。

对式（2-78）两边取对数，作出 $\ln i$-t 曲线，并截取曲线中线性部分数据，求出斜率值，即可得电极中离子表观化学扩散系数

$$D = \frac{d\ln i}{dt} \frac{4d^2}{\pi^2} \tag{2-79}$$

参 考 文 献

[1] 查全性，等. 电极过程动力学导论［M］. 3 版. 北京：科学出版社，2002.

[2] 陈军，陶占良. 化学电源：原理、技术与应用［M］. 2 版. 北京：化学工业出版社，2022.

[3] 邓远富，叶建山，崔志明，等. 电化学与电池储能［M］. 北京：科学出版社，2023.

[4] 李泓. 锂电池基础科学［M］. 北京：化学工业出版社，2021.

[5] 张会刚. 电化学储能材料与原理［M］. 北京：科学出版社，2020.

[6] 吴浩青，李永舫. 电化学动力学［M］. 北京：高等教育出版社，1998.

[7] 田昭武. 电化学研究方法［M］. 北京：科学出版社，1984.

[8] KANG B，CEDER G. Battery materials for ultrafast charging and discharging［J］. Nature，2009，458（7235）：190-193.

[9] 黄孝瑛. 电子显微镜图像分析原理与应用［M］. 北京：宇航出版社，1989.

第 3 章

锂离子电池

3.1 锂离子电池的发展历程

自 20 世纪 70 年代初诞生以来，锂离子电池已经成为现代社会中不可或缺的一部分。从便携式电子设备到电动汽车，再到大规模的储能系统，锂离子电池的广泛应用不仅是一项单纯的科技进步，更是一场涉及材料科学、化学工程、物理学及电子技术等多学科交叉的革命。从早期的实验室研究到商业化的广泛应用，锂离子电池的发展历程充满了创新与挑战。本章将探讨锂离子电池的发展历程，从其最初的理论概念到实验室研究，再到商业化和广泛应用。我们将追溯早期的科学实验，介绍那些为现代锂电池技术奠定基础的重要发现，以及随后对材料、设计和生产工艺的持续创新。同时，本章也将讨论与锂离子电池相关的环境和社会影响，以及这一技术面临的未来挑战和机遇。

锂离子电池的发展历史是一段充满创新和技术突破的历程。自 20 世纪 70 年代初，锂离子电池开始进入研究者的视线，并逐渐成为今天广泛使用的能源存储解决方案。总的来说，锂离子电池的发展分为探索与实验阶段、关键技术突破阶段、商业化与优化阶段、大规模应用阶段。

1. 探索与实验阶段（20 世纪 70 年代）

锂电池的研究起始于 1912 年，由 Lewis 发起，但有所突破是在 1976 年。当时在美国埃克森公司工作的英国化学家 Whittingham 提出，采用二硫化钛作为电池的正极材料，金属锂片作为负极材料，高氯酸锂/二恶茂烷为电解液，这构成了最初的金属电池，标志着金属锂二次电池的诞生。该电池能稳定循环 1000 次，但在使用的过程中，金属锂表面会有枝晶状的晶体出现，该枝晶有可能刺破隔膜，引发正负极短路，最终有可能使电池爆炸。1989 年，金属锂与硫化铝电池体系的起火事故，导致了大众对该电池体系失去信任，虽然后来金属锂二次电池的研究也在缓慢开展，但是因为枝晶的生长和隔膜材料的选择受限于当时的技术等原因，金属锂电池的研发基本处于停滞状态，仅局限于军工应用。

2. 关键技术突破阶段（20 世纪 80 年代）

鉴于金属锂负极电池的各种问题，研究人员最终抛弃了以金属锂作负极的电池组成方式，转而开发无金属锂负极的新型锂离子电池体系。在此阶段，技术的进步尤为关键，尤其是正极材料的发现和改良。1980 年，美国物理学家 Goodenough 在得克萨斯大学奥斯汀分校进行的研究成为锂离子电池技术发展的转折点。Goodenough 和他的团队发现了 $LiCoO_2$ 作为正极材料的潜力，这是一个具有层状结构的化合物，能有效地脱出/嵌入锂离子，并保持良好的结构稳定性；同时，$LiCoO_2$ 的工作电压较高（接近 4V）。上述优点令 $LiCoO_2$ 材料表现出良好的循环稳定性和较高的能量密度。

1985 年，日本化学家 Yoshino 采用了 Goodenough 发现的 $LiCoO_2$ 正极材料，并将其与石墨负极结合，开发出了第一个商业化的锂离子电池原型。Yoshino 的设计避免了使用反应性极强的锂金属，转而使用锂离子在石墨间层中的嵌入和脱嵌来存储和释放电能。这种设计不仅提高了电池的安全性，还有效解决了早期锂金属电池中出现的锂枝晶问题。石墨负极的引入是锂离子电池发展史上的一个重要里程碑，因为它为电池提供了一个稳定、可逆的锂离子存储宿体。石墨层状结构能够在不破坏材料结构的情况下，高效率地嵌入和释放锂离子。

Goodenough 和 Yoshino 的发现与创新推动了锂离子电池技术的商业化。这些关键技术的突破不仅极大地提高了锂离子电池的性能和安全性，也为全球能源存储技术的发展开辟了新的道路，奠定了现代移动设备和电动汽车依赖的能源基础。

3. 商业化与优化阶段（20 世纪 90 年代）

锂离子电池的商业化和技术优化是一个不断进步的过程，特别是在 1990—2000 年这一关键时期。

（1）锂离子电池商业化　1991 年，索尼公司成功地将锂离子电池商业化，推出了全球第一款锂离子电池。这一里程碑事件不仅标志着锂离子电池技术从实验室走向市场，而且开启了便携式电子设备电池性能革命的序幕。索尼的这一创新基于 Yoshino 的石墨负极和 Goodenough 的 $LiCoO_2$ 正极技术。这种电池比之前的镍镉电池和镍氢电池更轻、容量更大，很快就广泛应用于便携式电子设备中。

（2）电池管理系统（BMS）　随着锂离子电池在便携设备中的广泛应用，对电池性能的管理变得越来越重要。20 世纪 90 年代中期，BMS 开始得到开发和应用。电池管理是指对电池进行监测和控制，以确保其性能和寿命的最大化。它涉及电池的充电、放电、温度控制、电流保护等方面。电池管理系统通常由硬件和软件两部分组成，硬件部分包括电池管理芯片、电池保护电路等，软件部分包括电池管理算法、电池状态估计等。BMS 的具体功能包括：电池物理参数（电压、电流、温度等）实时监测、电池状态估计、在线诊断与预警、充放电与预充控制、均衡管理和热管理等。其目的是提高电池的利用率，防止电池出现过充电和过放电，延长电池的使用寿命和监控电池的状态等。BMS 是连接电池和用电器的重要纽带。

（3）电极材料的发展　1991 年，锂离子电池首次商业化时，$LiCoO_2$ 成为首选的正极材料。这种材料以其良好的循环稳定性和适中的容量密度赢得了初期市场。然而，高成本和有毒的钴元素限制了其更广泛的市场应用。为应对 $LiCoO_2$ 的缺点，研究者探索了其他替代材料。1996 年，锂锰氧化物作为一种具有较高安全性的正极材料被引入市场。其优点在于成本低廉且环境友好，但较差的循环寿命限制了其应用范围。1997 年，美国 Goodenough 和他的团队发明了磷酸铁锂材料并初步尝试用于锂离子电池。磷酸铁锂具有较高的安全性和较好的循环稳定性，使其今后成为电动汽车和大规模储能应用的重要选择。另一种重要的正极材料三元层状氧化物的研究始于 20 世纪 90 年代初期。1992 年，得益于 $LiNO_2$ 的高理论容量（约 $275mA \cdot h \cdot g^{-1}$）及其在使用过程中表现出来的较高的实际比容量，日本科学家开始研究 $LiNiO_2$ 作为正极材料。然而，纯 $LiNiO_2$ 在高电荷状态下结构不稳定，并容易释放氧气，因此实际应用受限。为了克服 $LiNiO_2$ 的不稳定性，人们引入 Co 和 Mn，形成 $Li(NiCoMn)O_2$（NCM）三元正极材料，通过调节三种过渡元素的比例，可获得在比容量和循环稳定性方面有不同表现的正极材料。

对于负极材料，自 1991 年锂离子电池商业化以来，石墨就被广泛作为负极材料使用。石墨的层状结构能有效地嵌入和脱出锂离子，使其成为理想的负极材料。尽管石墨负极提供了良好的电化学稳定性和较高的电导率，但其理论容量上限（$372mA \cdot h \cdot g^{-1}$）限制了电池能量密度的进一步提升。为了提高电池的能量密度，研究人员于 20 世纪 90 年代末开始探索合金型负极材料，如锡（Sn）、硅（Si）和铝（Al）。这些材料的理论容量远高于石墨，例如硅的理论容量高达 $4200mA \cdot h \cdot g^{-1}$。

4. 大规模应用阶段（2000 年至今）

自 2000 年以来，锂离子电池技术经历了显著的发展，成为当今移动设备和电动汽车不可或缺的能源存储解决方案。2000 年初，研究人员开始大规模研究具有出色热稳定性和循环特性的磷酸铁锂（$LiFePO_4$，LFP）正极材料，且市场上开始出现使用磷酸铁锂的商业电池，其特别适合需要高安全性的应用。2010 年初，三元材料（尤其是高镍含量的 $LiNi_{0.8}Co_{0.1}Mn_{0.1}O_2$ 和 $LiNi_{0.8}Co_{0.15}Al_{0.05}O_2$）获得市场青睐，因为它们提供了更高的能量密度，适合用于对能量密度要求更高的终端应用，如电动汽车。2012 年，特斯拉推出 Model S，这是首款广泛使用高容量镍钴铝正极电池的电动汽车，凸显锂离子电池在电动汽车中的重要地位。2015 年，随着可再生能源应用的增加，大规模储能系统开始采用锂离子电池，特别是在太阳能和风能项目中。2020 年，科学家开始更多地关注电池回收和二次利用问题，以应对原材料供应链的挑战和环境影响。2022 年，市场上开始出现固态电池的商业化尝试，这种具有更高安全性和能量密度的新型电池技术被认为是未来锂离子电池的重要发展方向。

3.2 锂离子电池的工作原理与特点

3.2.1 锂离子电池的结构

锂离子电池主要由正极、负极、电解液、隔膜组成。此外，电池还有黏结剂、导电剂、集流体、极耳、封装材料等辅材部分。各主要组分有以下特点：

正极的主要作用是在电池放电过程中提供锂离子，以及在充电过程中接受锂离子。正极材料的选择对电池的总体电压、能量密度、稳定性和安全性有极大影响。正极材料一般应满足比容量高、工作电压高、安全性能好等特点。负极的主要功能是在充电时存储锂离子、放电时释放锂离子，应具有较高的可逆比容量、较低的氧化还原电位和良好的结构稳定性。电解液一般由非水有机溶剂和电解质锂盐两部分组成，其作用是使电池内部正负极之间形成良好的离子导电通道。电解液应具有较高的离子电导率、热稳定性、化学稳定性和较宽的电化学工作窗口。此外，电解液应与电池其他部分，如电极材料、电极集流体和隔膜等有良好的相容性。隔膜是一种具有微孔结构的薄膜，是锂离子电池产业链中最具技术壁垒的关键内层组件。隔膜的主要作用是防止正负极直接接触，从而避免电池短路。同时，隔膜还能起传递离子的作用，使得电池能够正常工作。尽管隔膜不参与电池中的电化学反应，但电池的容量、循环性能和倍率性能等关键性能都与隔膜有直接的关系。对隔膜的主要要求为具有电子绝缘性、一定的孔径和孔隙率、良好的耐电解液腐蚀能力和优秀的力学稳定性等。

3.2.2　锂离子电池的特点

锂离子电池自20世纪90年代商业化以来，已成为便携式电子设备和电动汽车等领域的首选电源。相比于其他二次电池体系，其特点和优势主要包括：

（1）**高能量密度**　能量密度是指电池单位体积或单位质量所储存的能量。与传统的铅酸电池或镍镉电池相比，锂离子电池的能量密度更高（图3-1）。这意味着锂离子电池能够存储更多的能量，在相同体积或质量下，提供更长的使用时间。

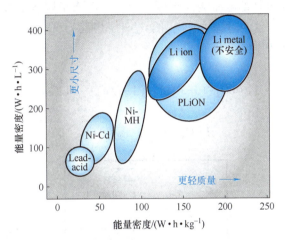

图3-1　不同二次电池的质量和体积能量密度
Lead-acid—铅酸电池　Ni-Cd—镍镉电池　Ni-MH—镍氢电池　PLiON—聚合物
锂离子电池　Li ion—锂离子电池　Li metal—锂金属电池

（2）**长循环寿命**　相较于其他化学电池，锂离子电池具有更长的循环寿命，这意味着它可以长时间地提供稳定的功率输出，具有更长的使用寿命。

（3）**无记忆效应**　不同于镍镉电池和镍氢电池，锂离子电池没有记忆效应，这意味着充电时不需要等电池完全放电。用户可以在电池任何电量状态下充电，而不会降低其充电容量。

（4）**低自放电率**　自放电率低意味着它可以更长时间地保持电荷，月自放电率仅为约2%，这使得锂离子电池更加方便和易于使用。

（5）**环境适应性**　锂离子电池能够在较宽的温度范围内工作，尽管在极端条件下性能会受到影响，但其表现通常优于其他类型的电池。

3.2.3　锂离子电池的工作原理

锂离子电池的工作原理是通过锂离子在电池正极和负极之间的移动来存储和释放能量。下面对锂离子电池充放电机制进行详细解释。

1. 充电过程

充电过程中，外部电源施加电压，使得电子从正极流向负极，而锂离子则从正极材料中脱离出来，通过电解液向负极移动。当锂离子到达负极时，它们会嵌入负极材料的晶格结构中，发生负极的嵌锂反应。该过程伴随着电能向化学能的转化，从而实现能量的存储。以钴酸锂/石墨电池体系为例（图3-2），正负极电极反应如下：

正极反应：

$$LiCoO_2 \longrightarrow Li_xCoO_2 + (1-x)Li^+ + (1-x)e^- \tag{3-1}$$

负极反应：

$$xLi^+ + xe^- + 6C \longrightarrow Li_xC_6 \tag{3-2}$$

2. 放电过程

放电过程是充电的逆过程。当电池连接到外部负载（如汽车、手机、计算机等电子设备）时，电子从负极通过外部电路流向正极，同时，锂离子则从负极材料中释放出来，通过电解液回到正极材料。这一过程中，电子通过外部电路的移动产生电流，伴随着化学能向电能的转变，从而为设备供电。

正极反应：

$$Li_xCoO_2 + (1-x)Li^+ + (1-x)e^- \longrightarrow LiCoO_2 \tag{3-3}$$

负极反应：

$$Li_xC_6 \longrightarrow xLi^+ + xe^- + 6C \tag{3-4}$$

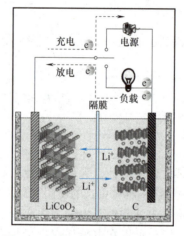

图 3-2　锂离子电池工作原理示意图

3.3　正　极　材　料

提高锂离子电池正极材料的综合性能以满足人们对电池能量密度日益增大的使用需求，一直是锂离子电池领域最重要的研究方向之一。1980 年，Armand 等提出了"摇椅式电池"概念，即在充放电过程中，Li^+ 在正负极层状化合物之间来回穿梭。鉴于在空气中含锂负极材料一般存在稳定性和安全性差的问题，不便于稳定存储和使用，目前开发的正极材料均为含锂化合物材料，而负极材料普遍采用稳定性较高且成本较低的石墨材料，其理论比容量普遍约为目前正极材料的 2~3 倍，因此锂离子电池的电化学性能和造价成本很大程度上取决于正极材料，正极材料成为锂离子电池研究开发的关键。

理想正极材料通常满足以下几点要求：

1）**高比容量**。正极材料作为电池的锂源，不仅要提供在正、负极之间来回穿梭的活性 Li^+，还要提供首次充电过程中在负极表面形成固体电解质界面（SEI）膜时消耗的 Li^+。高比容量特性可使有限质量或体积的正极材料能够提供更多容量。

2）**高工作电压**。在负极电极电势一定的情况下，正极材料较高的工作电压有利于提高电池的输出电压和能量密度。

3）**稳定的电压平台**。整个电极反应过程中电压平台稳定，以保证电极输出电位平稳。

4）**优良的锂离子和电子传导性能**。较高的锂离子扩散系数和电子电导率，能够促进电极反应动力学过程，保证电池具有较高的功率密度，以满足动力型电源的需求。

5）**良好结构稳定性**。正极材料在充放电过程中保持良好的结构稳定性是实现电池优良循环稳定性的关键。

6）**良好的空气稳定性**。正极材料在空气中储存时，其相结构稳定，避免存放导致材料电化学性能恶化。

7）**化学稳定性好、安全无毒、资源丰富、制备成本低**。

锂离子电池正极材料的研究已有 40 多年的历史，截至目前，已经商品化或热点在研的正极材料主要包括三类：①层状结构的 $LiMO_2$（M＝Co、Ni、Mn），如钴酸锂（$LiCoO_2$）、三元复合材料（NCM、NCA）；②尖晶石结构的锰酸锂（$LiMn_2O_4$）；③橄榄石结构的磷酸铁锂和一些其他正极材料。表 3-1 是几种主要正极材料的相关信息。

表 3-1 主要正极材料的相关信息

正极材料	$LiCoO_2$	$LiNiO_2$	$LiNi_{1/3}Co_{1/3}Mn_{1/3}O_2$	$LiMn_2O_4$	$LiFePO_4$
晶体类型	层状	层状	层状	尖晶石型	橄榄石型
理论比容量/$(mA \cdot h \cdot g^{-1})$	274	280	278	148	170
实际比容量/$(mA \cdot h \cdot g^{-1})$	150~180	约215	约160	100~120	130~140
平均电压/V	3.8	3.7	3.6	3.8	3.4
放电曲线形状	平缓	倾斜	倾斜	平缓	平缓
安全性	差	差	中	良	好
成本	高	中	高	低	低

3.3.1 层状结构正极材料

理想的 $LiMO_2$（M＝Co、Ni、Mn）层状正极材料的晶体结构是具有 $R3m$ 空间群对称性的六方结构，氧原子按 ABCABC 周期进行立方密堆积排列，氧的八面体间隙被 Li^+ 和过渡金属离子占据（Li 占据 $3a$ 位置，氧占据 $6c$ 位置），MO_2 层层间形成 Li^+ 的二维传输通道。常用"O3"代表这种面心立方堆积的晶体结构，"O"（Octahedron，八面体）代表碱性阳离子的 Li 配位环境，数字"3"代表单个晶胞中 MO_2 板片的数量。

随着锂离子在充、放电过程中的脱出和嵌入，$LiMO_2$ 材料的晶体结构发生改变，出现单

斜的 $C2/m$ 结构的 O′3 相，ABAB 堆积的 O1 相以及 O1、O3 混合的 H1-3 相，但这些结构中 O3 堆积仍为主要结构（图 3-3）。在这个前提下，采用新的标记符号来描述充放电过程中发生的相变，即 H1、H2、H3、M1。字母表示单个晶胞的对称性信息（H 表示六方，M 表示单斜），数字表示充电过程中观察到的相顺序。

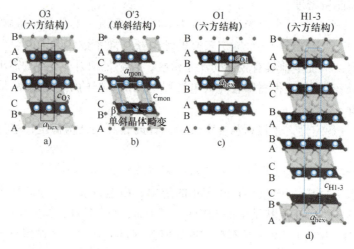

图 3-3　高镍正极材料充放电过程中不同相的晶体结构图
a) O3 相　b) O′3 相　c) O1 相　d) H1-3 相

层状结构化合物是目前最理想的正极材料之一，主要有 $LiCoO_2$、$LiMnO_2$、$LiNiO_2$、三元材料等。

1. 钴酸锂

相比于其他正极材料，$LiCoO_2$ 具有理论比容量高（274mA·h·g^{-1}）、输出电压高（AC4V）、循环寿命长、倍率性能好、合成工艺简单等优点。然而，Co 资源有限、价格昂贵、毒性较大等因素也严重限制了它的广泛应用，特别是在大型动力电池和规模化储能应用时，其成本和安全性问题较为突出。

层状结构 $LiCoO_2$ 为六方晶系 α-$NaFeO_2$ 构造类型（图 3-4），空间群为 $R3m$，Co 原子与最近的 O 原子以共价键的形式形成 CoO_6 八面体，其中二维 Co—O 层由 CoO_6 八面体以共用侧棱的方式排列而成，Li 与最近的 O 原子以离子键结合成 LiO_6 八面体，Li 离子与 Co 离子交替排布在氧负离子构成的骨架中。充放电过程中，CoO_2 层之间伴随 Li 离子的脱离和嵌入，$LiCoO_2$ 仍能保持原来的层状结构稳定而不发生坍塌，这是 $LiCoO_2$ 得到广泛应有的关键。

$LiCoO_2$ 充放电过程伴随锂离子的脱出和嵌入，空间结构逐步发生变化，反应式为

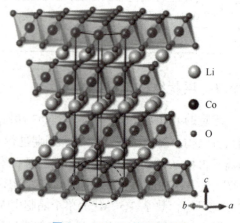

图 3-4　$LiCoO_2$ 的晶体结构

$$LiCoO_2 \longrightarrow Li_xCoO_2 + (1-x)Li^+ + (1-x)e^- \tag{3-5}$$

$LiCoO_2$ 脱 Li^+ 后的状态可表示为 Li_xCoO_2（$1-x$ 为 Li^+ 的脱出量）。从 Li_xCoO_2 中脱出 Li^+ 的过程，其结构演变大致分为两个不同的阶段，包括 $0.45 \leqslant x \leqslant 1$ 和 $x < 0.45$，具体如图 3-5 所示。$0.45 \leqslant x \leqslant 1$ 阶段的结构变化包含一个固溶反应过程和三个一级相变。$x = 0.93 \sim 0.75$ 的第一次相变通常归因于 Li_xCoO_2 的电子离域，此时的结构仍为六方结构，但随着锂浓度的降低，其电子性质由半导体变为金属；其他两个相变出现在接近 $x = 0.5$ 处，依次经历六方相、单斜相和六方相的转变。此时随着 Li^+ 的大量脱出，对 Co—O 层的束缚减弱，造成层间距增大（材料晶胞沿 c 轴膨胀了 2.3%），容易造成材料结构的破坏和容量的不可逆损失。当 Li_xCoO_2 中的 Li^+ 进一步脱出（$x < 0.45$）时，结构从 O3 相到 H1-3 相和 O1 相的相变。随着结构从 O3 相向 H1-3 相转变（>4.5V），O—Co—O 层发生偏移，导致内应力产生和层状结构破坏。当充电电压达到 4.6V 时，$LiCoO_2$ 处于完全脱锂的状态时，此时 CoO_2 层发生严重结构畸变，使得层状结构完全倒塌而形成 O1 结构。这个时候，正极材料逐渐析氧，Co 溶出，材料在较大的结构应力下逐渐破裂，同时金属的溶出会加速电解液的副反应，造成不可逆转的反应。

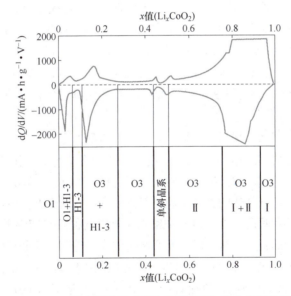

图 3-5 $LiCoO_2$ 的容量微分曲线和不同的 Li_xCoO_2 相结构变化

为了提高 $LiCoO_2$ 在充放电过程中的结构稳定性，进而提升材料的电化学性能，主要通过元素掺杂方法进行改性。在高电压下，$LiCoO_2$ 由于过度脱锂，结构发生剧烈变化，伴随着相变及应力的产生，过度的应力会使颗粒开裂，破坏体相结构，使得循环性能变差。而体相掺杂能稳定材料结构，抑制不可逆相变，提高材料循环性能。体相掺杂包括低价阳离子掺杂、高价阳离子掺杂和共掺杂三种形式。低价阳离子通常指价态不高于 +3 价的离子，主要有镁离子、铝离子、铁离子、锰离子等。理论计算预测及实验结果表明，Al^{3+} 能够有效提高 $LiCoO_2$ 在高压下的循环性能，并降低成本。Al^{3+} 半径与 Co^{3+} 相近，使得 Al^{3+} 更容易均匀掺杂到 Co 层，且不影响离子传输，同时 Al^{3+} 不参与反应，起到稳定骨架的作用。高价阳离子掺杂为价态高于 +3 价的离子掺杂。研究表明 Ti 掺杂能引起 $LiCoO_2$ 的晶格畸变，有利于阻止

H1-3 到 O1 相的相变，提高材料在高充电电压下的结构稳定性。共掺杂则为采用多种阳离子同时进行掺杂改性，兼顾材料的结构稳定性和循环比容量，从而获得优异电化学性能的 $LiCoO_2$ 材料。

虽然在高电压下 $LiCoO_2$ 可脱出更多的活性锂，但同时容易伴随电解液的氧化分解副反应，造成材料循环性能恶化。针对该问题，对 $LiCoO_2$ 进行表面包覆，能够避免 $LiCoO_2$ 与电解液的直接接触，从而抑制表面元素溶解，稳定表面结构，提升电化学性能。此外，通过选取具有优良导电特性的表面包覆物，可同时提高材料的离子或电子导电特性，加快材料的电极反应动力学过程。表面包覆包括：

1）电子导体包覆。碳元素是一种优良电子导体材料，能有效提高 $LiCoO_2$ 的循环性能、倍率性能及高温存储性能。

2）离子导体包覆。离子导体包覆可有效提高 $LiCoO_2$ 材料的离子传导速率，如将 NASICON 型离子导体 LATP 材料包覆在 $LiCoO_2$ 表面，可提高 $LiCoO_2$ 在 4.5V 的循环及倍率性能。

3）电子/离子双导体包覆。一些离子/电子的双功能导体可同时提高材料的载流子传输，如 AlW_xF_y 是一种良好的电子离子导体，可提高材料在 4.5V 下的电化学性能。

除了掺杂和包覆，高压电解液及隔膜的配套使用，也是提高材料循环稳定性的一种有效手段。由于 3C 及其他领域对电池能量密度的要求越来越高，$LiCoO_2$ 必然朝着更高工作电压和更大倍率方向发展。目前高电压 $LiCoO_2$ 产品主要有 4.35V 和 4.4V 两种规格，比容量则可提高到 $155\sim160 mA \cdot h \cdot g^{-1}$；未来产品电压有可能提高至 4.6V，比容量可达 $215 mA \cdot h \cdot g^{-1}$。正是由于高电压 $LiCoO_2$ 材料的发展延缓了 $LiCoO_2$ 被其他材料代替的速度。

2. 镍酸锂

作为商业化使用最早的正极材料，$LiCoO_2$ 在过去的数十年得到了成功的应用，特别在消费类电子产品上有着广泛应用。但是 $LiCoO_2$ 所用的钴资源在全世界范围内储存量有限且价格昂贵，使其广泛应用受到限制。镍酸锂（$LiNiO_2$）具有和 $LiCoO_2$ 一样的层状结构和较高的理论比容量，它既克服了目前已商品化的钴系正极材料价格贵、资源匮乏、污染大、难以成为动力电源材料的缺点，又弥补了目前正处于研究中锰系正极材料循环稳定性差、放电容量低的不足，是一种有较大发展前景的正极材料。但目前 $LiNiO_2$ 的充放电容量和循环稳定性都没有达到预期的要求，因此，对 $LiNiO_2$ 进行深入研究成为了世界范围内锂离子电池正极材料开发的研究热点。$LiNiO_2$ 具有和 $LiCoO_2$ 相似的理论比容量，但实际比容量可达 $180\sim210 mA \cdot h \cdot g^{-1}$，且具有较高的工作电压（$3.5\sim4.0V$），因此其高比容量和丰富的自然资源使其成为高比能锂离子电池的候选正极材料之一。

与 $LiCoO_2$ 材料相似，$LiNiO_2$ 是一种层状结构的材料，Li^+ 占据晶格中的 $3a$ 位置，而 Ni^{3+} 占据 $3b$ 位置，毗邻的 NiO_2^- 层被 Li^+ 层分隔开。然而，由于合成过程中未被完全氧化的 Ni^{2+}（0.068nm）与 Li^+（0.076nm）的半径相近，导致 Ni^{2+} 容易占据原本 Li^+ 所在的位置，形成锂镍混排现象。这些占据 Li^+ 位的 Ni^{2+} 在充放电过程中形成半径更小的 Ni^{3+} 和 Ni^{4+}，并导致局部结构收缩，增加放电过程中 Li^+ 离子嵌入的难度，造成放电容量的下降，使循环性能变差。$LiNiO_2$ 充放电过程伴随锂离子的脱出和嵌入，空间结构逐步发生变化，脱嵌锂反应如下：

$$LiNiO_2 \longleftrightarrow Li_{1-x}NiO_2 + xLi^+ + xe^- \tag{3-6}$$

充电过程中，随着锂离子的脱出，$Li_{1-x}NiO_2$会发生一系列相变。随着 x 值的增大，脱锂相 $Li_{1-x}NiO_2$ 会依次经历六方相 H1、单斜相 M、六方相 H2、六方相 H3 的一系列相变（图 3-6a~c），其中 H1→M→H2 的相变可逆性较高，对材料的结构稳定性和循环性能影响不大。但由于脱锂程度较大导致 Li 空位增加，从而使得 H2→H3 相变过程中，Ni 较容易迁移到 Li 层，引起层状-尖晶石/岩盐的结构相变，导致材料结构的破坏和性能的衰减。图 3-6d、e 表明在更高的充电截止电压下，$LiNiO_2$ 电极的可逆比容量更高，但循环稳定性出现明显下降，这归咎于 H2 向 H3 结构的不可逆转变导致材料结构破坏。因此，为了防止电池过充，提高 H2→H3 相转变过程中材料的结构稳定性，是改善 $LiNiO_2$ 循环性能的关键。此外，因为材料的脱锂相在受热时容易发生相变和分解，所以 $LiNiO_2$ 的热稳定性和安全性较差，进而造成性能快速衰减。

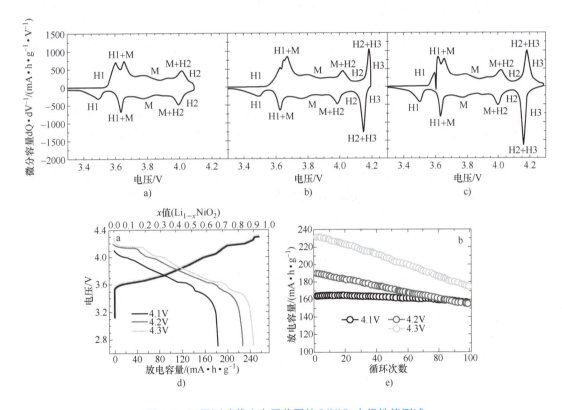

图 3-6　不同测试截止电压范围的 $LiNiO_2$ 电极性能测试

a）3.5~4.1V 电压范围的循环-伏安曲线　b）3.5~4.2V 电压范围的循环-伏安曲线　c）3.5~4.3V 电压范围的循环-伏安曲线　d）不同截止电压下的充放电曲线　e）不同电压范围电极的循环性能

为了提高 $LiNiO_2$ 的结构稳定性和安全性，研究者们尝试采用多种元素取代 Ni，获得 $LiNi_{1-x}M_xO_2$（M=Co、Mn、Fe、Cr 等），其中，通过 Co 掺杂可以抑制锂镍混排，而掺杂 Al 可以改善热稳定性和循环性能，形成三元正极材料，这一类材料在后续章节中进一步阐述。除了掺杂外，还可通过对 $LiNiO_2$ 进行表面包覆，减轻相变应力，提高材料的结构稳定性。

3. 富锂锰基材料

与 Co、Ni 相比，Mn 成本更低且环境友好，因此层状锰基正极材料具有良好的应用前景。常见的有亚锰酸锂（$LiMnO_2$）和锰酸锂（Li_2MnO_3）两种层状含锰材料。$LiMnO_2$ 正极材料实际放电比容量可超过 $270mA \cdot h \cdot g^{-1}$，达到理论值的 95%，但其并未实现商业化，主要原因在于：①热力学不稳定性，层状结构的 $LiMnO_2$ 很难合成；②$LiMnO_2$ 材料容易在充放电循环过程中发生相转变（由层状转变为尖晶石结构），材料循环稳定性较差。Li_2MnO_3 也可表示成 $Li[Li_{1/3}Mn_{2/3}]O_2$，其由单独锂层、1/3 锂和 2/3 锰混合层及氧层构成。因为在脱锂过程中，Mn^{4+} 不能被氧化成更高的氧化态，因此 Li_2MnO_3 是非活性物质。当 Li_2MnO_3 和 $LiMO_2$（M＝Mn、Ni、Co、Fe、Cr）合成固溶体时，形成 $xLi_2MnO_3 \cdot (1-x)LiMO_2$（常称为富锂锰基正极材料），可以稳定 $LiMO_2$ 的结构，具有较理想的电化学性能。富锂锰基材料因其高工作电压和高比容量等优点成为当下研究热点，被视为下一代高比能电池正极材料之一。

$xLi_2MnO_3 \cdot (1-x)LiMO_2$（M＝Mn、Ni、Co、Fe、Cr）中，$LiMO_2$ 组分的晶体结构与 $LiCoO_2$ 相同，为 α-$NaFeO_2$ 型层状结构，属六方晶系（空间群：$R3m$）；Li_2MnO_3 组分属于单斜晶系（空间群：$C2/m$），其结构可看作是 $LiMO_2$ 的特殊情况，TM 层由 1 个 Li 和 2 个 Mn 原子周期有序排列组成，显示为 Li 原子被 6 个 Mn 原子包围而形成蜂窝状图案。因此，Li_2MnO_3 和 $LiMO_2$ 都可以被认为是层状 α-$NaFeO_2$ 型结构，其中氧呈立方密堆积，如图 3-7 所示。目前，关于富锂锰基正极材料的确切结构还存在一定争议，主要有以下两种观点：①Li_2MnO_3 和 $LiMO_2$ 两相复合材料；②两相的均匀固溶体。但通常认为富锂锰基正极材料的电化学过程是 Li_2MnO_3 和 $LiMO_2$ 两部分结合而成。

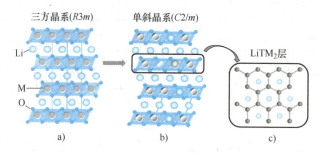

图 3-7　富锂锰基正极材料的晶胞结构

a）$LiMO_2$ 晶体结构（M＝Ni，Co，Mn，Fe，Cr 等）　b）Li_2MnO_3 晶体结构

c）Li_2MnO_3 晶体结构中 TM 层状

相比于传统锂离子电池正极材料，富锂锰基正极材料具有较高的充放电比容量，普遍能实现大于 $200mA \cdot h \cdot g^{-1}$，其中一些甚至能达到 $400mA \cdot h \cdot g^{-1}$ 的超高比容量。然而这种超高比容量无法用常规的锂离子脱嵌机理解释，而且材料的循环伏安曲线显示出不对称的氧化还原峰（图 3-8），因此富锂锰基材料具有其特有的反应机理。首次充电过程中，当充电电压在 4.5V 以下时，Li^+ 首先从 $LiMO_2$ 组分脱出，伴随过渡金属离子被氧化至高价态，$LiMO_2$ 转变为 MO_2。反应式可表示为

$$xLi_2MnO_3 \cdot (1-x)LiMO_2 \longrightarrow xLi_2MnO_3 \cdot (1-x)MO_2 + (1-x)Li^+ + (1-x)e^- \qquad (3-7)$$

同时 Li_2MnO_3 的锰层中八面体位置的锂离子会迁移到 $LiMO_2$ 中锂层的四面体位置，补充消耗

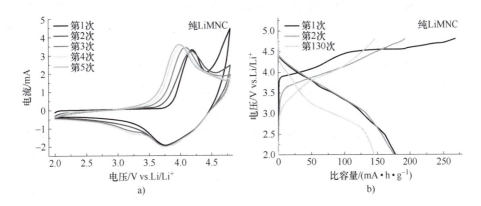

图 3-8 富锂锰基正极材料的电化学性能

a）前五次循环的充放电曲线　b）第 1、2、130 次循环的充放电曲线

的锂离子，并稳定晶体结构。当充电电压高于 4.5V 时，充电曲线会呈现出一个很长的平台，对应着 Li_2MnO_3 的活化过程，锂离子从 Li_2MnO_3 结构中脱出，且伴随晶格氧的释放。此阶段过渡金属离子均处于高价态，很难继续氧化至更高价态，因此，为了保持电荷平衡，氧（负）离子会从表面逸出，并以 O_2 形式释放，从而促进了 Li_2MnO_3 向 MnO_2 的转化，发生的反应式可表示为

$$xLi_2MnO_3 \cdot (1-x)MO_2 \longrightarrow xMnO_2 \cdot (1-x)MO_2 + 2xLi^+ + xO^{2-} \tag{3-8}$$

首轮放电过程中，锂离子重新插入到 MO_2 和活性 MnO_2 组分中。但由于为首次充电过程，锂离子的脱出和晶格氧的流失造成材料结构重排，因此，在放电过程中部分锂离子不能嵌入到材料的晶格中，导致材料首次不可逆容量较大。

针对传统的过渡金属电荷补偿机理无法解释该材料具有的高容量特性，研究者们提出该材料可能存在晶格氧的可逆氧化还原活性。可逆晶格氧氧化还原反应机理是指在充/放电过程中，O^{2-}/O^- 存在可逆的氧化还原反应。南京大学研究团队通过表面增强原位拉曼光谱技术，直接观察到在 $Li_{1.2}Ni_{0.2}Mn_{0.6}O_2$ 正极中存在可逆的 O^{2-}/O^- 氧化还原过程，通过原位 X 射线衍射推演了过氧键的形成机制，最终通过第一性原理计算验证了沿 c 轴方向 O—O 键的可逆氧化还原行为。即在充电初期，过渡金属变价进行电荷补偿，这一阶段没有晶格氧的活化行为。当充电电位到 4.5V 左右时，晶格氧开始活化，过渡金属层间相邻的晶格氧相互靠近，并最终生成过氧键。这一重大发现证实了富锂锰基正极材料中的确存在 O^{2-} 和 O^- 的可逆转化，充分证实了氧（阴）离子参与电化学反应是富锂锰基正极材料高比容量的来源。实际上，晶格氧的氧化过程可看作是由"晶格氧的可逆氧化"和"晶格氧的不可逆析出"两个分过程组成。

由于晶格氧的不可逆析出（$O^{2-} \rightarrow O_2$）而引起的低电位氧化还原反应（Mn^{3+}/Mn^{4+}、Co^{2+}/Co^{3+} 等氧化还原），导致富锂锰基材料在循环过程中存在较严重的容量和电压衰减，不仅导致电池能量密度不断降低，而且使电池难以和电池管理系统适配，严重阻碍了其进一步商业化应用。此外，富锂锰基材料在充放电过程中因阳离子迁移而引起不可逆结构转变（层状结构向尖晶石结构和无序岩盐相结构转变），以及锂离子脱/嵌过程中的晶格应变累积使得材料结构遭受破坏，也是造成富锂锰基正极材料电压和容量不断衰减的原因。

为了维持富锂锰基正极材料的结构稳定性，降低容量衰减和电压降，杂原子掺杂是最常用的策略之一。富锂锰基正极材料的容量和电压稳定性与其层状结构的稳定性有密切关系。通过在富锂锰基正极材料的晶格中引入电化学惰性离子，可以抑制过渡金属的不可逆迁移与相变，从而有效维持富锂锰基正极材料的结构稳定性以及缓解电压降和容量衰减。根据电荷性质的不同，掺杂元素可分为阳离子掺杂和阴离子掺杂。根据掺杂位置的不同，阳离子掺杂可分为过渡金属位点掺杂（Al、Ce、La、Cr、Zr、Sn、Nb、Ta 和 Te 等）和锂位点掺杂（Na、K 和 Mg 等）。过渡金属位点的掺杂可以有效抑制过渡金属迁移，从而抑制不可逆相变和缓解晶格氧流失，进而提高富锂锰基正极材料的容量和电压保持率；锂位点的阳离子掺杂可通过"钉扎"效应来提高锂离子扩散能力和结构稳定性。阴离子掺杂可分为低价阴离子掺杂（F、Cl、S 和 Se 等）和聚阴离子掺杂（SO_4^{2-} 和 PO_4^{3-} 等）。阴离子掺杂可增强过渡金属-氧的杂化能力，从而提高晶格氧流失的形成能，进而提高富锂锰基材料的结构和循环稳定性。

表面包覆是改善富锂锰基材料结构稳定性、提高循环性能的另一主要策略。表面包覆层可以有效避免活性物质与电解液之间的直接接触，阻止电解液对电极材料表面的腐蚀以及抑制电极/电解液界面副反应的发生，从而提高电极材料的循环稳定性。根据包覆层性质的差异，通常可以将包覆层分为电化学惰性包覆层、锂离子/电子导体包覆层、残锂反应产物包覆层、人工固态电解质包覆层等。电化学惰性包覆层一般包括金属氧化物、氟化物和磷酸盐等，其对抑制电极/电解液界面副反应有比较显著的效果。然而，惰性包覆层的厚度会对锂离子在电极/电解液界面的扩散行为产生重要影响。惰性包覆层过厚会抑制锂离子在电极/电解液界面的扩散，降低电极材料的倍率性能。锂离子导体包覆层可以有效促进锂离子在电极/电解液界面的扩散和抑制电极/电解液界面副反应，改善材料循环性能。此外，部分离子导体包覆层还可以改善富锂锰基材料的结构稳定性。北京科技大学团队研究了 $LiCeO_2$ 外延包覆层对 $Li_{1.2}Mn_{0.54}Ni_{0.13}Co_{0.13}O_2$ 正极材料循环过程中微观结构变化以及综合电化学性能的影响。结果表明，富氧空位的外延包覆层 $LiCeO_2$ 可以为 O^{2-} 的迁移提供通道，从而抑制晶格氧的流失，进而显著提高富锂锰基正极材料的结构和界面稳定性。

4. 三元正极材料

（1）镍钴锰酸锂（NCM）三元材料　由上述相关内容可知，Co 的储量有限且价格较贵，Ni 和 Mn 的价格相对较低且对环境的影响比 Co 小，结合 Co、Ni、Mn 三者的优点，合成具有三元 Ni-Co-Mn 复合正极材料（NCM）。类似于 $LiCoO_2$，在过渡金属层中，处于 $3b$ 位置的 Co 元素可以被 Ni、Mn 部分取代，形成三元材料，该材料具有多种组合，只要其所占位置的平均电荷为 +3 即可（图 3-9）。

$LiNi_{1-x-y}Co_xMn_yO_2$ 与 $LiCoO_2$ 一样，具有相似的基于六方晶系的 α-$NaFeO_2$ 型层状岩盐结构（$R3m$ 空间群），理论比容量为 274mA·h·g^{-1}。$LiNi_{1-x-y}Co_xMn_yO_2$ 三元材料中，过渡金属离子的平均价态为 +3 价，其中，Co 以 +3 价存在，Ni 以 +2 价及 +3 价存在，Mn 则以 +4 价及 +3 价存在，其

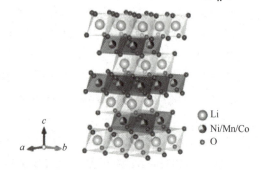

○ Li
● Ni/Mn/Co
· O

图 3-9　NCM 正极材料晶体结构

中，+2 价的 Ni 和+4 价的 Mn 数量相等。充放电过程可用下式表示：

$$LiNi_{1-x-y}Co_xMn_yO_2 \longleftrightarrow Li_{1-z}Ni_{1-x-y}Co_xMn_yO_2 + zLi^+ + ze^- \tag{3-9}$$

NCM 材料综合了 $LiCoO_2$、$LiNiO_2$ 和 $LiMnO_2$ 三种锂离子电池正极材料的优点，三种过渡金属元素存在明显的协同效应。该体系中，材料的电化学性能及物理性能随着这三种过渡金属元素的比例改变而不同。引入 Ni 有助于提高材料的容量，但是 Ni^{2+} 含量过高时，与 Li^+ 的混排使循环性能恶化。引入 Co 能够减少阳离子混合占位，有效稳定材料的层状结构，降低阻抗值，提高电导率，但是 Co 的比例增大到一定范围时会导致晶胞结构畸变，从而循环寿命降低。引入 Mn 不仅可以降低材料成本，而且还可以提高材料的稳定性和安全性，但是当 Mn 含量过高时会使比容量降低，破坏材料的层状结构。因此，该材料的一个研究重点就是优化和调整 $LiNi_{1-x-y}Co_xMn_yO_2$ 体系中 Ni、Co 和 Mn 三种元素的比例。

目前，研究热点主要集中在以下几种材料，如 $LiNi_{1/3}Co_{1/3}Mn_{1/3}O_2$（NCM111）、$LiNi_{0.5}Co_{0.2}Mn_{0.3}O_2$（NCM523）、$LiNi_{0.6}Co_{0.2}Mn_{0.2}O_2$（NCM622）和 $LiNi_{0.8}Co_{0.1}Mn_{0.1}O_2$（NCM811），以及近年来出现的超高镍 NCM 材料。NCM 材料中 Ni 的比例已经达到 90% 以上，可逆比容量达到 $210mA \cdot h \cdot g^{-1}$，是目前为止能量密度最高的体系之一。然而，随着 Ni 含量的提升，材料也面临着更严重的挑战。Ni 含量越高，出现 Li^+/Ni^{2+} 混排程度越高，在充放电过程中更容易导致晶体结构坍塌，材料结构稳定性越差。另外，高镍 NCM 材料在充放电过程中，结构相变（H2-H3）引起的晶胞参数各向异性变化较为严重，导致颗粒内部晶界应力积聚，产生微裂纹，材料循环稳定性下降。而在低镍型材料中则没有发生这种不可逆的相变，循环过程中晶胞的体积变化小，因此该类材料的晶体结构比较稳定，能够表现出较好的循环性能。

NCM 层状材料在高电压下深度充电时，Li/O 空位将导致被氧化的 Ni^{3+}/Ni^{4+} 离子不稳定，阳离子发生迁移，并在电极表面形成由尖晶石相和 NiO 相组成的表面重建层。表面重建层的出现将增大 Li^+ 的扩散动力学阻力，导致容量下降。高镍 NCM 层状材料还存在高温性能差和振实密度低等缺点，这些缺点制约着材料的商业化应用。掺杂和表面包覆改性被认为是有效减少副反应、提高材料电化学性能和热稳定性的两种手段。

针对高镍 NCM 结构稳定性问题，可通过元素掺杂进行性能优化。改进机理大致分为三类：①减少材料中不稳定元素，如 Li、Ni 的比例，并使用一些电化学和结构稳定的元素代替；②通过稳定离子空位或者形成静电排斥来阻止 Ni^{2+} 由金属离子层向锂层迁移；③增强氧和过渡金属离子之间的键合强度，从而稳定结构并减少氧的释放。常用的掺杂元素有 Al、Mg、Ti、Gr、Ga 等。通常情况下，材料的结构稳定性会随着掺杂浓度的提高而增强，但其放电容量会随着掺杂元素浓度的提高而下降。因此，研究人员通常会优化掺杂比例，在尽可能提升材料稳定性的基础上来减小掺杂对放电比容量的影响。

另外，在充放电循环的过程中，高镍 NCM 颗粒与电解液的接触界面处会发生一系列的副反应并生成对电池性能有害的物质，因此在材料表面包覆一层能够阻隔材料与有机电解液直接接触的物质也是一种可以改善高镍正极材料电化学性能的重要手段。同时，包覆层作为导电介质可以促进颗粒表面的 Li^+ 扩散，因此表面包覆改性是改善循环稳定性、倍率性能和热稳定性的有效手段。常见的包覆材料通常包括无机盐、氧化物和氟化物等。一些包覆层不仅自身结构稳定，还具有一定的电化学活性，有利于提高材料比容量。

此外，材料表面残碱是降低三元正极材料电化学性能的另一主要原因。三元材料合成过程中，锂盐不可避免要过量，多余的锂盐煅烧后（700℃左右）主要以锂氧化物形式存在，锂氧化物进一步与空气中的水和 CO_2 反应再次生成 $LiOH$ 和 Li_2CO_3，残留在三元材料表面。此外，随着 Ni 含量的提高，材料中 Ni^{3+} 的比例随之提高，而 Ni^{3+} 非常不稳定，暴露在空气中非常容易与空气中的水分和 CO_2 反应生成表面残碱，因此，高镍三元材料的残碱问题更为严重。三元材料表面的残碱在匀浆和涂布过程中容易吸收水分造成浆料呈果冻状，使加工性能变差，并影响材料的性能发挥。另外，Li_2CO_3 在高压下的分解导致电池充放电过程中电池的产气现象。目前主要通过水洗结合二次烧结的方法去除三元材料的表面残碱，或者采用表面包覆方法避免残碱与电解液直接接触，抑制副反应发生。

（2）镍钴铝酸锂（NCA）三元材料　与 NCM 类似，NCA 材料同样是在 $LiNiO_2$ 材料基础上演化而来，$LiNi_{1-x-y}Co_xAl_yO_2$（$x+y \leqslant 0.5$）是 Co-Al 共掺杂的 $LiNiO_2$ 正极材料。$LiNi_{1-x-y}Co_xAl_yO_2$ 作为 $LiNiO_2$、$LiCoO_2$ 和 $LiAlO_2$ 三者的类质同相固溶体，同时具备了比容量高和热稳定性良好的特点，认为是能够取代 $LiCoO_2$ 的第二代绿色锂离子电池正极材料。

NCA 正极材料的晶体结构同样为 α-$NaFeO_2$ 型层状结构，氧离子在三维空间紧密堆积，占据晶格的 $6c$ 位，锂离子和镍离子填充于氧离子围成的八面体孔隙中，二者相互交替隔层排列，分别占据 $3a$ 位和 $3b$ 位。在 [111] 立方晶向上，Li^+ 层位于 MO_2（$Ni_{1-x-y}Co_xAl_yO_2$）层之间形成夹层化合物。在充放电过程中，锂离子沿着层状结构中的二维（2D）晶胞间隙迁移。在 NCA 中，Al 为惰性元素，电化学惰性 Al^{3+} 稳定，且不易氧化电解液，可提高材料结构稳定性和热稳定性。Al^{3+} 在四面体环境下非常稳定，在结构中会优先于镍离子由主晶层的八面体位迁移到四面体位，可以有效抑制阳离子重排形成类尖晶石相，降低无序的尖晶石相形成动力学。随着 Al^{3+} 的增加，相转变温度随之升高，因此 NCA 材料具有较好的稳定性。正因为以上原因，$LiNi_{1-x-y}Co_xAl_yO_2$ 成为正极材料研究的重点之一。美国特斯拉纯电动汽车成功使用日本松下制造的 NCA 圆柱电池，成为高镍材料应用于电动汽车动力电池的典范。目前，国内外许多大型企业都已经实现 $LiNi_{0.8}Co_{0.15}Al_{0.05}O_2$ 材料的产业化。与 NCM 类似，随着 Ni 含量越高，出现 Li^+/Ni^{2+} 混排程度越高，导致材料循环过程的结构稳定性越差。

针对 NCA 存在循环性能和热稳定性差的缺点，与 NCM 类似，目前主要采取体相离子掺杂手段降低材料的阳离子混排程度，以避免充放电过程中尖晶石相表面重建层的形成，提高材料的结构稳定性和循环寿命；此外，采用表面包覆改性手段阻止与电解液的直接接触，进而避免表面副反应的发生，同时还可减少正极材料与空气的接触，延长存储寿命。

3.3.2　尖晶石结构正极材料

在锂离子电池正极材料研究中，另外一个受到重视并且已经商业化的正极材料是 Thackeray 等在 1983 年提出的尖晶石 $LiMn_2O_4$ 正极材料。作为极具发展前景的正极材料，尖晶石型 $LiMn_2O_4$ 已经在汽车动力电源领域占据着一定的市场份额。虽然现有的尖晶石型 $LiMn_2O_4$ 具有循环稳定性能不够理想和高温性能较差的缺点，但是其工作电压平台高、生产成本低、安全性能好且无污染，加之 Mn 资源丰富，故使得尖晶石型 $LiMn_2O_4$ 正极材料具有极为广阔的发展情景，具有相当大的研究价值和开发潜力。

尖晶石型 $LiMn_2O_4$ 具有典型的立方尖晶石结构，空间群属于 $Fd3m$ 类型，氧离子呈现出面心立方密堆积状态，相应的氧八面体通过共棱相连的方式连接。Li^+ 和 Mn^{3+}/Mn^{4+} 分别占据着氧四面体的 $8a$ 位和氧八面体的 $16d$ 位（图 3-10）。尖晶石结构中的 [Mn_2O_4] 骨架能够形成一个三维隧道结构，这种特殊通道更有利于充放电过程中 Li^+ 在晶格结构中自由活动，

使得 $LiMn_2O_4$ 具有比较好的充放电循环性能。此外，由于这种结构中 Mn^{3+} 存在于每一层，所以，Li^+ 从晶格结构中脱出时不会造成结构崩塌，因此保持了材料结构的完整性。

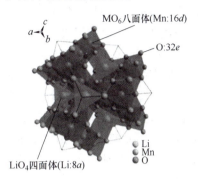

尖晶石型 $LiMn_2O_4$ 材料理论比容量为 $148mA \cdot h \cdot g^{-1}$，实际比容量约 $120mA \cdot h \cdot g^{-1}$，并且具有较高的工作电压平台。充电时，$Li^+$ 会从晶体结构中脱出，直到充电状态结束，Li^+ 全部脱出。充放电反应式如下：

$$LiMn_2O_4 \rightleftharpoons Li_{1-x}Mn_2O_4 + xLi^+ + xe^- \qquad (3\text{-}10)$$

此时，材料中的锰离子也从三价和四价共存状态变成了单一 Mn^{4+} 状态。当尖晶石型 $LiMn_2O_4$ 处于放电状态时，Li^+ 又会重新嵌入晶体结构中，Mn^{4+} 也会被逐渐还原为 Mn^{3+}。在放电初期，重新嵌入晶格的 Li^+ 先占据晶体结构 $[Mn_2O_4]$ 中氧四面体的 $8a$ 位处，表现出第一个工作

图 3-10 $LiMn_2O_4$ 的晶体结构

平台，电压约为 4.10V。当重新嵌入晶格的 Li^+ 达到甚至超过一半时，材料的晶体结构会出现两个立方相 $Li_{0.5}Mn_2O_4$ 和 $\lambda\text{-}MnO_2$ 共存的现象。随着 Li^+ 的进一步嵌入，该材料会表现出第二个工作平台，电压约为 3.95V。当 Li^+ 完全嵌入尖晶石晶格的氧四面体的 $8a$ 位时，材料又可逆变成 $LiMn_2O_4$。

值得注意的是，如果尖晶石型 $LiMn_2O_4$ 进一步放电，尖晶石晶格中会有过量的 Li^+ 嵌入氧八面体的 $16d$ 位，此时晶体结构中的 Mn^{4+} 就会被进一步还原成 Mn^{3+}，对应的电压平台约为 3V，材料体系中锰离子的平均价态就会小于 $+3.5$，材料表现出严重的 Jahn-Teller 效应（Jahn-Teller 效应具体解释可见本书 4.3.1 节），使得晶体结构中的氧八面体发生畸变，从而使材料的晶体结构由立方相向四方相转变，阻碍 Li^+ 的迁移和扩散，影响材料电化学性能的发挥。

尖晶石型 $LiMn_2O_4$ 具有诸多优点，发展前景极其广阔，未来可成为一种较为理想的动力锂离子电池正极材料。但该材料的循环稳定性和高倍率放电性能均不够理想。导致 $LiMn_2O_4$ 材料循环稳定性不理想的因素除了以上提到的深度放电过程中由 Jahn-Teller 效应引起的结构坍塌外，还有由电解液中痕量水与锂盐发生化学反应生成的氢氟酸（HF）对尖晶石型 $LiMn_2O_4$ 材料造成的侵蚀，侵蚀会导致 Mn 的溶解，使得材料晶体结构遭受破坏，容量快速衰减。在高温工况下上述两种对结构不稳定的影响会进一步加剧。此外，在高温工况下，材料中的 Mn^{3+} 易发生歧化反应生成 Mn^{2+} 和 Mn^{4+}，Mn^{2+} 溶于电解液后沉积到负极，堵塞石墨的锂离子脱嵌通道，导致负极失效，电池容量快速衰减。为了克服这些问题，国内外科研工作者进行了大量研究，常用的改性手段主要包括体相掺杂、表面包覆和表面形貌调控等。

（1）体相掺杂改性 元素掺杂是提高 $LiMn_2O_4$ 材料循环性能非常有效的方法。一般分为阳离子掺杂和阴离子掺杂。采用离子半径较小的阳离子掺杂可以使 $LiMn_2O_4$ 的晶胞尺寸收缩，进一步稳定材料的尖晶石结构。如采用 Al^{3+} 进行体相掺杂，由于 Al—O 键键能远高于 Mn—O 键，因此，Al^{3+} 掺杂可有效抑制材料在充放电过程中的晶胞体积变化。此外，低价阳离子掺杂（如 Li^+、Mg^{2+}、Al^{3+} 等）可以提高 $LiMn_2O_4$ 中 Mn 的平均价态，减少 Mn^{3+} 的绝对含量，从而减少 Mn^{2+} 的溶解，改善材料的高温循环性能。阴离子掺杂，如 F^-、Cl^-、S^{2-} 等，利用其助熔作用，可显著增大 $LiMn_2O_4$ 的一次晶粒尺寸，减小比表面积，抑制 Mn^{2+} 的溶解，从而改善材料的高温循环性能。

（2）**表面包覆改性**　材料的表面包覆可减少活性材料与电解液的直接接触，减少二者之间副反应，抑制 Mn^{2+} 的溶解，可大大改善 $LiMn_2O_4$ 材料的高温循环性能。常见包覆物如氧化物（MgO、Al_2O_3、ZnO 等），氟化物（AlF_3、SrF_2、MgF_2 等），磷酸盐（$AlPO_4$ 等）和含 Li 快离子导体（$LiAlO_2$、Li_2ZrO_3 等）。部分氧化物具有 Lewis 碱性质，可以吸收电解液中残存的痕量 HF（如 SiO_2、Al_2O_3 等），从而有效缓解 HF 对 $LiMn_2O_4$ 材料的侵蚀，同时反应产物 SiF_4 能继续保持在活性材料表面起物理阻隔作用，进而提高材料的循环性能。

（3）**表面微观形貌调控**　研究表明，$LiMn_2O_4$ 材料的部分晶面上的 Mn^{2+} 具有更高的活性，更容易发生溶解。Kang 等人报道在高温储存实验中，具有多面体晶型的尖晶石结构在电解液中 Mn^{2+} 的溶解量比八面体晶型的 $LiMn_2O_4$ 低 40% 左右。因此，通过材料合成过程中对 $LiMn_2O_4$ 材料晶体表面取向结构行优化调控，可有效减少 Mn^{2+} 的溶解，提高材料高温循环性能。

除了 $LiMn_2O_4$ 材料，另一种具有高工作电压的镍锰酸锂（$LiNi_{0.5}Mn_{1.5}O_4$）尖晶石结构正极材料获得研究者们的广泛关注。在用 Ni 取代 $LiMn_2O_4$ 中 25% 的 Mn，获得理论比容量为 146mA·h·g^{-1}，且具有高达 5V 电压上限和约 4.7V 电压平台的正极材料，该材料可使电池单体能量密度增加约 20%，因此被视为新一代高比容量正极材料之一，备受研究者们的广泛关注。在该材料中，锰均为 +4 价，因而受到晶格扭曲的影响更少，且 Mn^{4+} 在充电过程中不会发生氧化反应，起稳定晶体结构的作用；镍均为 +2 价，为材料中的电化学活性金属离子。除此之外，Fe 和 Co 也用作掺杂，形成 $LiFe_{0.5}Mn_{1.5}O_4$ 和 $LiCo_{0.5}Mn_{1.5}O_4$ 材料，但这两种材料的首周放电容量均不及 $LiNi_{0.5}Mn_{1.5}O_4$，且随着充放电循环的进行，容量迅速衰减。

3.3.3　橄榄石结构正极材料

1. 磷酸铁锂

铁是一种地壳储量丰富的金属，与 Co、Ni、Mn 相比，其较低的成本和无毒性使铁基正极材料受到青睐。层状 $LiFeO_2$ 由于较差的电化学性能和不稳定的结构难以应用到锂离子电池中，后来发现可将 $LiFeO_2$ 中的氧用 PO_4^{3-} 取代，从得到橄榄石结构的磷酸铁锂（$LiFePO_4$），其充电电压可达到 3.4V。1997 年，由 Goodenough 研究团队提出橄榄石结构的 $LiFePO_4$（LFP）材料可以用作锂离子电池正极材料，其与碳负极组装成的全电池，展现出了良好的电化学性能。与过渡金属氧化物正极材料相比，橄榄石结构的 $LiFePO_4$ 有如下优点：

1）稳定性能好。在橄榄石结构中，所有氧离子与 P^{5+} 通过强的共价键结合形成 PO_4^{3-}，橄榄石晶体结构经循环充放电后基本不发生变化，在完全脱锂状态下，橄榄石结构不会发生坍塌，体积收缩率仅为 6.8%，刚好弥补了碳负极的体积膨胀，循环性能优越，一般可达 2000 次以上。

2）安全性好。由于其氧化还原电对为 Fe^{3+}/Fe^{2+}，当电池处于充满电时，与有机电解液的反应活性低，且充放电平台 3.4~3.5V（vs. Li^+/Li）低于大多数电解液的分解电压。

$LiFePO_4$ 晶体具有规整的橄榄石型结构，属于正交晶系，*Pnma* 空间群。每个晶胞中有 4 个 $LiFePO_4$ 单元，其晶胞参数为 $a=1.0324nm$、$b=0.6008nm$ 和 $c=0.4694nm$。在 $LiFePO_4$ 晶体结构中，氧原子以稍微扭曲的六方密堆方式排列。磷原子在氧四面体的 4c 位，铁和锂原子分别在氧八面体的 4c 位和 4a 位。在 b-c 平面上 FeO_6 八面体通过共点连接。一个 FeO_6 八面

体与两个 LiO_6 八面体和一个 PO_4 四面体共棱，而一个 PO_4 四面体则与一个 FeO_6 八面体和两个 LiO_6 八面体共棱，构成锂离子的一维迁移通道。Li^+ 在 $4a$ 位形成共棱的连续直线链并平行于 c 轴，使之在充放电过程中可以脱出和嵌入。$LiFePO_4$ 的晶体结构如图 3-11 所示。

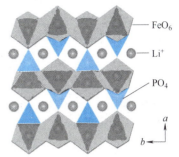

PO_4 聚合四面体稳定了整个三维结构，PO_4 之间彼此没有任何连接，强的 P—O 共价键形成离域的三维化学键，使 $LiFePO_4$ 具有很强的热力学和动力学稳定性。O^{2-} 中的电子对 P^{5+} 的强极化作用，产生的诱导效应使 P—O 化学键增强，进而使 Fe—O 化学键削弱。P—O—Fe 诱导效应使氧化还原电子对的能量降低，Fe^{3+}/Fe^{2+} 氧化还原对的工作电压升高，使 $LiFePO_4$ 成为十分理想的锂离子电池正极材料。充

图 3-11　$LiFePO_4$ 的晶体结构

放电时，材料在磷酸铁锂和磷酸铁两相之间相互转化，为两相反应的脱嵌锂反应机制，具体反应式如下：

$$LiFePO_4 \longleftrightarrow xFePO_4 + (1-x)LiFePO_4 + xLi^+ + xe^- \tag{3-11}$$

$FePO_4$ 的晶胞参数：$a = 0.5792nm$，$b = 0.9821nm$，$c = 0.4788nm$。相对于 $LiFePO_4$ 的晶胞参数变化较小，体积变化只有 6.81%，因此具有较好的结构稳定性。然而，虽然 FeO_6 过渡金属层能传导电子，但 FeO_6 八面体被 PO_4 的分离使 $LiFePO_4$ 材料的导电性降低，电子电导率仅为 $10^{-9}S \cdot cm^{-1}$。此外，由于氧原子三维方向的六方密堆积，导致供给锂离子的通道有限，从而限制了室温下锂离子的迁移速率，本身的晶体结构使锂离子的扩散性能与电导性受到局限，进而影响倍率性能。针对 $LiFePO_4$ 倍率性能差的问题，研究者们的性能改善研究主要包括：表面包覆改性提高材料导电能力以及细化一次颗粒尺寸提高电化学活性等。

（1）表面包覆　主要包括以下四种：

1）碳包覆 $LiFePO_4/C$ 复合材料。碳包括无定形碳、碳纳米管、石墨烯等，碳包覆是提升材料性能的有效方法，但其只能促进电荷在颗粒表面上的传输，无法改善内部 Li^+ 的运动特性。

2）包覆具有金属导电能力的磷化物，如 Fe_2P、NiP 和 Co_2P 等。这类磷化物的存在提高了电导率，但其生成和存在的条件比较苛刻。

3）包覆高导电聚合物，可有效提高材料的电极反应动力学，改善材料的倍率性能。

4）包覆离子导体，如 $LiNbO_3$、$LiLaTiO_3$、$LiPON$、Li_3PO_4 等，可改善颗粒界面离子传输特性以及界面稳定性。

（2）减小颗粒尺寸　细化一次颗粒尺寸使电子和离子的扩散距离缩小，利于电子和离子传导。对此，能否有效控制 $LiFePO_4$ 的粒子大小是改善电化学性能的关键。目前主要通过机械破碎法和液相合成法等方法细化颗粒尺寸。

2. 磷酸锰铁锂

磷酸锰铁锂（$LiMn_xFe_{1-x}PO_4$，LMFP）是 $LiFePO_4$ 升级后的产品，其与 $LiFePO_4$ 和 $LiMnPO_4$ 的性质相似。相较于 LFP，LMFP 拥有更高的工作电压平台。两者有着相同的理论比容量，但 LMFP 的电压更高，因此，在相同条件下 LMFP 理论能量密度比 LFP 高 15%~20%。在成本方面，LMFP 的成本与 LFP 相当，具有较好的经济性。与三元材料相比，LMFP 的安全性更高且成本更低；相较于三元材料的层状结构，磷酸盐系材料的橄榄石型结构在充放电过程

时，锂离子的嵌入和脱出不容易引发结构崩塌。同时，LMFP 中的 P 原子通过 P—O 强共价键形成 PO_4 四面体，O 原子很难从结构中脱出，这使得 LMFP 具备热稳定性好、安全性高、使用寿命长的优点。

LMFP 材料中的锰铁比例决定了材料的电化学性能。锰铁比例的不同导致了材料的物理形态和电化学性能的差异。随着锰离子比例的提升，电池的电压和能量密度能得到相应的提升；另一方面，铁含量的提升能够带动锂电池导电性和倍率性能的提高，然而过多的铁元素掺杂会使 LMFP 电压提升效果有限从而导致能量密度较 LFP 优势不明显。目前对于最佳的锰铁比没有统一的定论，锰铁比为 4:6 左右时具有较为理想的能量密度。当锰含量增加至 $0.8 \sim 1.0$ 时，虽然放电中压能接近 4.0V，但是放电比容量会出现大幅衰减，反而导致实际能量密度下降。当锰含量为 0.4 时，尽管放电中压仅为 3.48V，但是比容量不会出现明显衰减。

尽管 LMFP 展现出良好的应用前景，但仍存在较大的应用问题。与 LFP 类似，LMFP 晶体结构为橄榄石结构，结构如图 3-12 所示。然而，LMFP 没有连续的 FeO_6（MnO_6）共棱八面体网络，而是通过 PO_4 四面体连接，因此电子电导率较低（约为 $10^{-13} S \cdot cm^{-1}$，LFP 约为 $10^{-9} S \cdot cm^{-1}$）。此外，LMFP 结构中的 Li 原子沿［010］轴一维方向迁移，这种一维的离子通道导致锂离子只能有序地以单一方式脱出或者嵌入，严重影响了锂离子在该材料中的扩散能力。因此，LMFP 材料的电子和锂离子的传导速率均较低，表现出较差的倍率性能。同时，LMFP 充放电存在两个电压平台，分别对应锰与铁的氧化还原，在 3.5V 附近的平台为 Fe^{2+} 转化为 Fe^{3+}，在 4.1V 附近对应 Mn^{2+} 转化为 Mn^{3+}（充放电曲线见图 3-13a）。针对 LMFP 材料脱嵌锂机制的研究表明，材料在脱锂过程中，依次经历 Fe^{2+}/Fe^{3+} 转换的两相反应、Fe^{2+}/Fe^{3+} 转换的单相（固溶）反应、Mn^{2+}/Mn^{3+} 转换的单相（固溶）反应和 Mn^{2+}/Mn^{3+} 转换的两相反应机制，其中，Fe^{2+}/Fe^{3+} 和 Mn^{2+}/Mn^{3+} 的转换反应分别对应 3.5 和 4.1V 的脱锂平台，单相反应则对应两个电压平台之间的电压范围。此外，不同锰铁比的 LMFP 材料在各个嵌脱锂反应机制下所贡献的容量比例也不相同，如图 3-13b 所示。

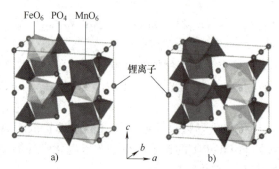

图 3-12　$LiMn_xFe_{1-x}PO_4$ 晶体结构示意图
a）左视图　b）正视图

此外，锰离子的 Jahn-Teller 效应会促进过渡金属锰离子的溶出（相应解释见本书 4.3.1 节），降低电池的循环寿命。由于 Jahn-Teller 效应的存在，晶格畸变和结构稳定性降低，而影响稳定性和循环性。与此同时，溶解的锰离子会在负极发生还原反应而析出，对 SEI 膜造成破坏，致使更多的活性锂在 SEI 膜修复的过程中被消耗，从而影响电池的循环寿命。

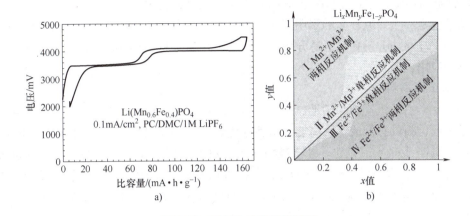

图 3-13　LMFP 的嵌脱锂机制

a）LiMn$_{0.6}$Fe$_{0.4}$PO$_4$的充放电曲线　b）不同锰铁比的 LMFP 材料在不同
嵌锂态下对应脱嵌锂反应机制的第一性原理计算结果

　　针对 LMFP 存在的问题，与其他正极材料的改性措施类似，主要是碳包覆、离子掺杂和纳米化。碳包覆能有效提升材料导电性能和循环性能。将导电材料包覆在 LMFP 材料表面能够构建导电网络，增加材料的导电性能和电池的倍率性能。离子掺杂可抑制 Jahn-Teller 效应或提高材料的结构稳定性，从而提高材料性能。纳米化即通过减小材料晶体粒径来改善倍率性能和其他电化学性能。这主要是通过机械球磨、控制煅烧温度等方法来减小材料晶体粒径，从而缩短锂离子扩散路径，提升锂离子迁移的效率，进而提高材料的倍率性能。

3.3.4　其他正极材料

1. 聚阴离子型正极材料

聚阴离子型正极材料由四面体和八面体的阴离子结构单元构成。根据阴离子不同，主要分为磷酸盐类、硼酸盐类（LiMBO$_3$）、硅酸盐类（Li$_2$MSiO$_4$）及硫酸盐类等。从典型磷酸盐材料 LiFePO$_4$，可以总结出这一类型正极材料的优点是结构稳定性好、耐过充、安全性好，共同缺点是电导率偏低，不利于大电流充放电。除了上述的 LiFePO$_4$，磷酸盐类聚阴离子型正极材料还包括 LiMPO$_4$（M = Mn、Co、Ni），这些材料的工作电压均比 LFP 的高，因此相应的能量密度也比 LFP 高，其中 LiNiPO$_4$的充放电电压高达 5.2V，超出了绝大部分电解液的工作电压窗口，因此报道较少。LiMnPO$_4$和 LiCoPO$_4$的充放电电压分别为 4.0V 和 4.8V，是具有较大潜力的高比能正极材料。然而，LiMPO$_4$材料共同的缺点是本征电子和离子电导率都较低，倍率性能较差。

　　与 LiFePO$_4$相比，BO$_3^{3-}$的分子量远小于 PO$_4^{3-}$，因此，LiMBO$_3$（M = Fe、Mn、Co）有可能具有比磷酸盐类正极材料更高的比容量。如果其中的锂能够全部可逆嵌脱，LiFeBO$_3$的比容量将达到 220mA·h·g^{-1}。在此基础上，人们又发展了 LiMnBO$_3$、LiMn$_x$Fe$_{1-x}$BO$_3$等硼酸盐材料。

　　与 LiFePO$_4$相比，硅酸盐材料 Li$_2$FeSiO$_4$中含有两个 Li，且具有二维离子扩散特性，理论比容量高达 332mA·h·g^{-1}，工作电压为 4.5V；同时，Li$_2$FeSiO$_4$中的 Si—O 键比 LiFePO$_4$中

的 P—O 键更加稳定，这意味着 Li_2FeSiO_4 具有更高的结构稳定性。

硫酸盐也是一类研究较多的聚阴离子型正极材料，主要有 $Li_2Fe_2(SO_4)_3$ 和 $LiFeSO_4F$。其中，$LiFeSO_4F$ 中的 SO_4 在高温下易分解，与水反应分解为 $FeOOH$ 和 LiF，一定程度上限制了其发展和应用。

2. 钒基正极材料

我国拥有丰富的钒资源，储量位居世界第一。钒具有丰富的价态（+2、+3、+4、+5），因此钒基正极材料具有低成本、高能量密度等优势，是一类具有良好应用前景的正极材料。其中，磷酸钒锂 $[Li_3V_2(PO_4)_3]$ 具有较 $LiFePO_4$ 更高的离子导电性、理论充放电容量及充放电电压平台，被认为是继 $LiFePO_4$ 之后具备市场潜力的锂离子电池正极材料之一。$Li_3V_2(PO_4)_3$ 的理论比容量为 $332mA \cdot h \cdot g^{-1}$，且安全性良好。但 $Li_3V_2(PO_4)_3$ 的本征电子和离子电导率较低，这是 $Li_3V_2(PO_4)_3$ 材料的主要问题。$Li_3V_2(PO_4)_3$ 的改性方法与 LFP 相似，一般采用表面包覆、离子掺杂和纳米化等手段来提高其电化学性能。

3. 有机正极材料

1969 年，Williams 等报道了以羰基化合物二氯异氰尿酸（DCA）为正极的锂离子电池，尽管其是一次电池，但为人们寻找合适的锂离子电池正极材料提供了方向。有机正极材料具有理论比容量高、成本较低、容易设计加工和体系安全等优点。有机正极材料可分为导电聚合物（包括聚乙炔、聚苯胺、聚吡咯、聚噻吩等）、有机硫化物（一些有机硫聚合物）、氮氧自由基化合物 $[2,2,6,6-$四甲基哌啶-氧化物（TEMPO）$]$ 和羰基化合物（蒽醌及其聚合物、含共轭结构的酸酐等）等。目前国内外有很多研究在有机物作为锂离子电池正极材料方面进行了大量卓有成效的工作，特别是在含氧有机共轭化合物方面，一些电化学活性高的含氧官能团及其分子结构对有机正极化合物的设计具有重要的指导和借鉴意义。目前开发的有机正极材料在循环性、有效能量密度、功率特性方面与现有无机材料相比还有差距，而且也不能作为锂源正极材料，这些缺点没有明确的解决办法，目前此类材料的研究也仅限于基础研究。

3.4 负极材料

锂离子电池负极材料是锂离子电池的关键材料之一，也是锂离子电池的重要研究内容，目前研究者们广泛关注的负极材料的电势和比容量关系如图 3-14 所示。

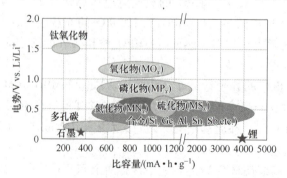

图 3-14 锂离子电池电极材料的电势和比容量关系图

理想负极材料应满足以下条件：①嵌脱锂反应具有低的氧化还原电位，从而保证电池有较高的输出电压；②Li⁺嵌入脱出的过程中，电极电位变化较小，有利于电池获得稳定的工作电压；③可逆容量大，以满足锂离子电池具有高的能量密度；④嵌脱锂过程中具有良好的结构稳定性，从而保证材料良好的循环稳定性；⑤较高的电子和锂离子导电性，促进电极反应动力学，从而获得较高的充放电倍率和低温充放电性能；⑥充放电后材料的化学稳定性好，以提高电池的安全性、循环性、降低自放电率；⑦环境友好，制造过程及电池废弃的过程不对环境造成严重的污染和毒害；⑧制备工艺简单，易于规模化，制造和使用成本低；⑨资源丰富。

按照材料种类划分，负极材料可分为碳基材料和非碳基材料。下面就各类负极材料进行详述。

3.4.1　碳基负极材料

碳是自然界中广泛存在的元素，存在多种同素异形体，根据碳原子排列方式不同，性能千差万别。在这些碳材料中，能应用在锂离子电池中充当负极材料的有石墨、无定形碳、碳纳米管、石墨烯、富勒烯等。其中富勒烯（主要是 C_{60}）结构稳定且硬度高，具有超导性、磁性等性能，应用广泛，是富有潜力的锂离子电池负极材料；但其比容量不高，且价格昂贵，在这方面研究比较少。因此，下面将主要介绍其他几类碳基负极材料。

1. 石墨

石墨材料由平面六角网石墨烯片层组成，从严格的结晶学观点来看，石墨又可以分为六方石墨和棱形石墨，六方石墨更为常见。一般情况下，这两种结构的石墨是并存的。石墨晶体层间距为 0.3354nm，密度为 2.2g·cm⁻³，同层碳原子采取 sp^2 杂化形成共价键，通过共价键结合，层与层之间通过范德华力结合（图 3-15）。

放电反应过程中，嵌入的锂插在石墨层间可形成不同的"阶"结构，这种结构可认为是相邻两个嵌入 Li 的石墨层间所间隔的石墨层的个数，如"1 阶"意味着相邻的两个 Li 嵌入层之间只有一个石墨层，即-Li-C-Li-的顺序。通过化学合成的方法，锂与石墨可以形成一系列的插层化合物，如 LiC_6、LiC_9、LiC_{24} 等，通常称为石墨层间化合物，这种结构的研究早在 20 世纪 50 年代中期就开始了。按照 LiC_6 比例计算，石墨具有 372mA·h·g⁻¹ 的理论比容量，嵌脱锂反应式如下：

$$Li^+ + e^- + 6C \longrightarrow LiC_6 \tag{3-12}$$

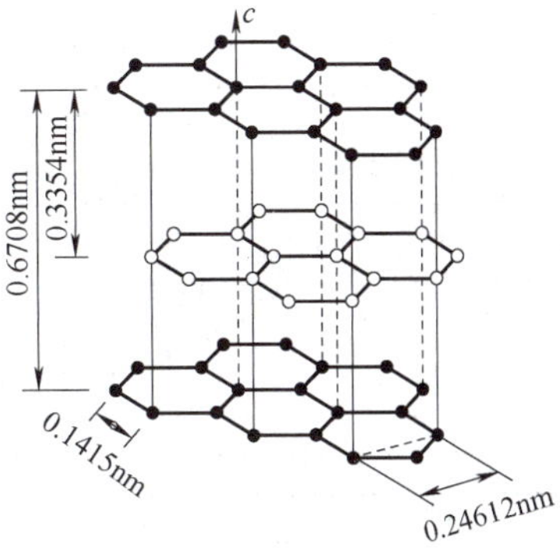

图 3-15　石墨的晶体结构

与其他碳材料相比，石墨类材料具有电子电导率高与嵌锂电位低等优点，且石墨材料来源广、价格便宜，是较早应用的负极材料，也是目前主流的锂离子电池负极材料。

石墨可分为人造石墨和天然石墨。2023 年，全球人造石墨与天然石墨在负极材料市场的渗透率合计约为 96.6%，其中天然石墨占比 14.1%，人造石墨占比达 82.5%。天然石墨主要源于自然界中的石墨，没有经过后处理的碳含量一般为 60%~80%（质量分数），部分高品质石墨矿高达 90% 以上，主要分为无定形石墨和鳞片石墨两种。无定形石墨纯度低，石墨晶面间距为 0.336nm，主要为六面体石墨晶面排序结构，即石墨层按 ABABAB 顺序排，单个微晶之间的取向呈各向异性，但经过加工，微晶颗粒相互之间有一定的交互作用，形成块状或颗粒状的粒子时具有各向同性性质。无定形石墨的比石墨化程度较低，可逆比容量仅为 $260mA \cdot h \cdot g^{-1}$。鳞片石墨的结晶度较高，片层结构单元化大，具有明显的各向异性，可逆比容量可达 $350mA \cdot h \cdot g^{-1}$，且电化学性能比无定形石墨好。但天然石墨作为电极材料在电解液中存在溶剂共嵌入现象，即锂离子与电解液中的有机溶剂共同嵌入石墨层间，导致石墨层膨胀剥落，进而导致锂离子电池循环稳定性降低。

人造石墨是将易石墨化碳（如沥青焦炭）在氮气中经 1900~2800℃ 的高温石墨化处理转化成石墨的产品，相对于天然石墨，工序流程较长。虽然同档次人造石墨的成本和销售价格要高于天然石墨，而且人造石墨理论能量密度及导电性也低于天然石墨，但是其循环性、安全性能、大倍率充放电效率、与电解液的相容性等均优于天然石墨（表 3-2）。同时，人造石墨价格区间和容量区间根据石墨材料的质量不同有较宽的区间。因此，人造石墨具备天然石墨所不可取代的地位，是负极材料的主流方向，主要应用于动力电池和中高端电子产品。

表 3-2　天然石墨和人造石墨对比

性能指标	天然石墨	人造石墨
比容量（$mA \cdot h \cdot g^{-1}$）	340~370	310~360
首次库仑效率（%）	90	93
循环寿命（次）	>1000	>1500
工作电压/V	0.2	0.2
快充性能	一般	一般
倍率性能	差	一般
安全性	良好	良好
优点	技术及配套工艺成熟，成本低	技术及配套工艺成熟，循环性能好
缺点	比容量已到极限，循环性能及倍率性能较差，安全性较差	比容量低，倍率性能差
发展方向	低成本化，改善循环	提高容量，低成本化，降低内阻

中间相炭微球（MCMB）是人造石墨中的一种重要材料，指沥青类化合物热处理时，发生热缩聚反应而生成的具有各向异性的中间相微米级球形碳材料。20 世纪 90 年代，大阪煤气公司开发的经历 2800℃ 石墨化处理的 MCMB 逐步应用于锂离子电池的负极成功实现产业化，并逐步替代了 Sony 开发的第一代锂离子电池中的针状焦。由于 MCMB 的颗粒外表面均为石墨结构的边缘面，反应活性均匀，容易形成稳定的 SEI 膜，更利于 Li 的嵌入脱出。因此，MCMB 具有首次库仑效率高以及倍率性能优异等优点，但同时也存在制作成本高等问题。为此，研究人员一般通过化学改性、包覆、与合金复合等手段进行改性以降低负极材料成本。

2. 无定形碳

无定形碳，又称非石墨化碳，按照石墨化能力的不同，可以分为易石墨化碳和难石墨化碳。易石墨化碳通常比难石墨化碳硬度小，因此又被称为"软碳"，而难石墨化碳则称为"硬碳"。

软碳即易石墨化碳，是指在 2500℃ 以上的高温下能石墨化的无定形碳。软碳的结晶度（即石墨化度）低，晶粒尺寸小，晶面间距 $d_{(002)}$ 较大，与电解液的相容性好，但首次充放电的不可逆容量较高，输出电压较低且无明显的充放电平台电位。常见的软碳有石油焦、针状焦、碳纤维、碳微球等。

硬碳是一种接近无定型结构的碳材料，即使经过很高的温度处理也很难将其石墨化，常见的硬碳有树脂碳（如酚醛树脂、环氧树脂、聚糠醇 PFA-C 等）、有机聚合物热解碳（PVA，PVC，PVDF，PAN 等）、炭黑（乙炔黑）。硬碳材料均具有很高的可逆比容量（一般为 $500 \sim 700 \mathrm{mA \cdot h \cdot g^{-1}}$），远远超出石墨的理论嵌锂容量。这类材料的结构主要是单层碳原子无序紧密地排列在一起，锂离子可以嵌入到这些单层碳原子结合的结构中，也可以在其间形成原子组成的锂原子层或锂原子簇，使其嵌锂容量大大提高，从而使其具有远高于石墨类材料的比容量。其次，硬碳结构层间距一般大于 0.38nm，嵌锂过程基本上不会引起体积的变化，因而该类材料也具有优良的循环寿命。但是该类材料作为锂电负极材料，首次库仑效率低，仅达到80%左右，且成本高、加工和高温性能差限制了其发展，目前仅限于小规模产业化阶段，综合性能考虑尚不能代替石墨类材料。

3. 碳纳米管

1991 年，日本科学家 Sumio Lijima 在用石墨电弧法制备观察富勒烯产物时，发现了碳的另一种晶体——碳纳米管（carbon nanotube，CNT）。1992 年，Ebbesn 等在实验室发展出可规模化合成 CNT 的方法，自此拉开了全世界合成 CNT 的序幕。CNT 是一种主要由碳六边形（弯曲处和末端为碳五边形和碳七边形）组成的单层或多层纳米级管状材料，具有非常高的强度（理论上是钢的 100 多倍，碳纤维的 20 多倍），还具有很强的韧性、硬度和导电能力。2005 年，Lee 又发现碳纳米管具有较好的储锂性能。因此，CNT 自发现以来就吸引了来自世界各地的、各个领域的科学家极大的关注，并取得了很多重要成果。

CNT 中的碳原子以 sp^2 杂化成键为主，六角形网格结构微弱地弯曲形成了空间拓扑结构，导致一定数量的碳原子以 sp^3 杂化成键。CNT 晶体结构为密排六方，同一层碳管上的原子间有更强的键合力和极高的同轴向性。CNT 可以看成是石墨层状结构弯曲成的一维无整缝的中空型管道，它有着微米级的长度、几纳米至几十纳米的管径。按照石墨片层数不同，分为单壁碳纳米管（SWCNT）和多壁碳纳米管（MWCNT）两种类型（图3-16）。

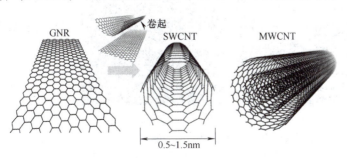

图 3-16　SWCNT 和 MWCNT 结构示意图

SWCNT 仅由一层石墨片卷曲而成，MWCNT 由多层石墨片共轴卷曲而成，每层保持固定的间距，约为 0.36nm，便于 Li 的嵌脱，而且管与管之间能够储存一部分 Li，这极大地提高了比容量。但相对来说，MWCNT 的结构较为复杂，生长过程中产生的缺陷较多，具有不确定性，而 SWCNT 的直径范围分布窄，其表面缺陷比 MWCNT 少，因此均一性更好，被看成较理想的一维材料。然而 Li$^+$ 在 SWCNT 中嵌脱，Li 上的部分电荷会转移至碳管上形成双电层，导致可逆比容量降低，因此两种 CNT 作为负极材料各具优势。针对 CNT 存在的首效低和循环差的问题，普遍通过与其他负极复合的方式进行改进。然而，受制于 CNT 制备成本高的问题，目前主要是作为导电添加剂少量应用于锂离子电池中，单独作为负极材料的研究相对较少。

4. 石墨烯

石墨烯是一种仅由碳原子以杂化轨道组成六角型晶格的平面薄膜，也就是只有一个碳原子厚度的二维材料。通过电子显微镜对石墨烯片层进行观测可发现材料的薄层结构（图 3-17）。作为一种新型纳米材料，石墨烯以其优异的电化学性能而备受关注。石墨烯的制备方法较多，主要有化学剥离法、氧化石墨还原法、化学气相沉积法、微机械剥离法、外延生长法等。石墨烯呈独特的二维蜂窝状结构、具有较大的比表面积。此外，由于石墨烯的电导率高，且层与层之间的距离要显著大于石墨材料，更容易快速进行嵌锂和脱锂，这使得石墨烯负极材料有着较好的倍率性能。然而，石墨烯材料也存在一些缺陷而影响其发展，如不可逆容量较大、电压滞后、库仑效率偏低。目前主要通过对石墨烯进行掺杂、将石墨烯与金属/金属氧化物组成复合材料等方法对石墨烯材料进行改性。但是目前技术和经验都尚不成熟，不能完全实现下游应用。与 CNT 类似，石墨烯目前主要充当导电添加剂使用。

a) b) c) d)

图 3-17 石墨烯的宏观和微观形貌

a）粉末 b）扫描电子显微镜图 c）透射电镜图 d）高分辨透射电镜图

3.4.2　非碳基负极材料

非碳基负极材料主要包括硅基材料、锡基材料、钛基材料、金属化合物等，下面分别对其进行介绍。

1. 硅基材料

硅（Si）元素是地壳中含量第二丰富的元素，仅次于 O 元素，但是它极少以单质形式存在，主要以复杂的硅酸盐以及二氧化硅的形式存在于砂石、岩石或尘土中。理论上，一个 Si 原子可以和 4.4 个 Li 原子发生合金化反应，形成 $Li_{4.4}Si$ 合金材料，因此，Si 具有非常高的理论比容量（约为 $4200mA \cdot h \cdot g^{-1}$）。此外，Si 的嵌锂电位（约 0.4V）略高于石墨负极的电位，在低温充电或者快速充电（嵌锂）时引起析锂的可能性小，体现出更好的安全性。晶体 Si 为金刚石结构，每个 Si 原子周围都有 4 个最近邻 Si 原子，与之形成共价键。一个 Si 原子处于正四面体中心，其他四个位于四面体顶点，其结构如图 3-18 所示。

Si 负极为合金储锂机制，在 450℃ 的高温下发生电化学合金化反应时，锂硅合金经历了多相转变，分别形成了 $Li_{12}Si_7$、Li_7Si_3、$Li_{13}Si_4$、$Li_{22}Si_5$ 四个相，其充放电曲线对应着多个电压平台。在室温下，硅的最高嵌锂态为 $Li_{15}Si_4$ 且首次放电（嵌锂）曲线并没有显示多个电压平台，而是呈现一个较低的长平台（图 3-19），对应于晶态硅变成无定形态的锂硅合金。在放电电压降至 0.05V 以下时，会出现晶态的 $Li_{15}Si_4$ 相，充电时又部分转化为无定形态。硅的充放电电化学反应表达式见式（3-13）~式（3-15），式中的 c 表示结晶态，a 表示无定形态。

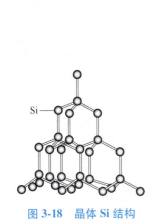

图 3-18　晶体 Si 结构

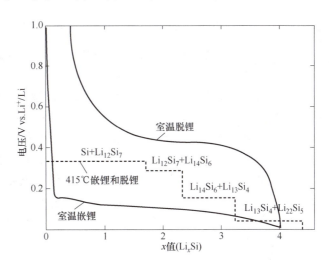

图 3-19　硅与锂在常温下的电化学合金化曲线

放电过程：

$$Si(c) + xLi^+ + xe^- \longrightarrow Li_xSi(a) \tag{3-13}$$

$$Li_xSi(a) + (3.75-x)Li^+ + (3.75-x)e^- \longrightarrow Li_{3.75}Si(c) \tag{3-14}$$

充电过程：

$$Li_{3.75}Si(c) \longrightarrow Si(a) + 3.75Li^+ + 3.75e^- \tag{3-15}$$

然而，Si 负极较差的循环稳定性严重影响其商业化进程。Si 在嵌锂过程中伴随着约 300% 的体积膨胀，巨大的体积效应导致 Si 颗粒内部产生较大的机械应力，使得颗粒发生粉化并从集流体上剥落而失去电接触,导致容量出现快速衰减。此外,单质 Si 较低的本征电子电导率(约 $6.7 \times 10^{-3} S \cdot cm^{-1}$)和锂离子导电能力严重降低材料的电化学反应动力学,限制了材料的容量和倍率性能发挥。针对 Si 负极存在循环寿命差的缺点,目前常用的改性方法为纳米化、复合化、镂空化和制备氧化亚硅。

(1)纳米化 降低 Si 颗粒的颗粒尺寸是提升 Si 负极循环稳定性最直接有效的措施之一。较小的颗粒尺寸不仅能缓解颗粒内部的机械应力,保持颗粒结构完整性,还能有效缩短锂离子的传输路径,提升 Si 的倍率性能。研究者们发现 Si 纳米颗粒存在临界尺寸值,即当 Si 颗粒尺寸低于该临界尺寸时,颗粒在首次嵌锂过程中不会出现开裂或粉化。Si 颗粒在嵌锂过程中,颗粒内部的机械应力来源于原始 Si 内核和无定形 Li-Si 合金外层之间的一个两相界面的移动。该两相界面产生于原始 Si 颗粒表面,并导致颗粒表面开裂;两相界面在向颗粒内部逐渐移动的过程中,会使颗粒开裂并粉化。当颗粒尺寸在临界尺寸 150nm 以下时,颗粒晶界储存的能量不足以驱使开裂延伸,因此颗粒能维持良好的结构稳定性(图 3-20)。

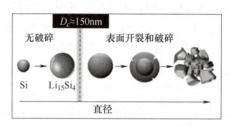

图 3-20 纳米颗粒临界尺寸前后 Si 纳米颗粒膨胀示意图

(2)复合化 针对 Si 材料循环性能差的缺点,目前的研究主要将单质 Si 材料与具有高导电率的物质复合,制备出硅/高导电相复合物。碳类材料作为最常见的具有高电子导电能力的材料,其与 Si 材料进行复合,制备成硅碳复合材料,而成为研究的热点。在众多碳类材料中,石墨作为廉价且最常用的碳类材料,广泛应用于硅碳复合材料的制备。此外,许多其他碳类材料,如硬碳、碳纳米管、碳纳米片和石墨烯等也被用于制备硅碳复合材料,其电化学性能,包括循环稳定性和倍率性能等均有明显提升。近年来,一种多孔碳复合纳米 Si 材料同时获得了学术界和产业界的普遍关注,该材料因其高首效和出色的循环性能被视为新一代硅基负极材料。该材料的制备方法是使甲硅烷(SiH_4)气体在多孔碳材料内部的纳米孔中热解形成纳米 Si,最后对多孔碳进行表面碳包覆,从而获得多孔硅碳材料。碳内部的多孔结构能有效防止身在其中纳米 Si 颗粒粉化并维持材料的电接触,保证材料在循环过程中出色的结构稳定性。

除碳类材料,金属材料因其高电子导电性,也被用于制备硅基复合材料以提高硅的电化学性能。如将 Si 与 Cu、Al、Fe、Ni、Co、Mn、Ti、Cr、Mo、Sb 等金属进行复合,利用金属的高电子导电性提高 Si 材料的电极反应动力学特性。除此之外,部分金属除了有金属的高导电性的通性外,还有自身的特殊性质,这些功能性质也在近年被应用于高循环稳定性 Si 基材料的制备。如将 Si 和 GaInSn 合金进行复合,利用金属 Ga 的低熔点特性(29.8℃),其液态性质能保证 Si 颗粒与导电相在反复循环过程中保持接触,防止 Si 颗粒失去电接触,从而提高材料的循环稳定性。

(3)镂空结构 在 Si 颗粒内部预留一定空间以缓冲材料嵌锂过程中的体积膨胀,降低颗粒内应力，维持颗粒结构稳定以提升材料的循环稳定性。常见的镂空结构包括多孔结构、中空结构、"蛋黄"结构等（图 3-21）。常用的造孔技术包括酸腐蚀、模板法、水热法等。例如，将 SiO 加热至 1000℃ 以上后，使其发生歧化反应形成 Si/SiO₂ 材料，后用 HF 对材料进行腐蚀，获得多孔 Si 材料；将 Si 颗粒在空气气氛下进行加热，使其表面形成 SiO₂ 氧化层，对 Si/SiO₂ 材料进行表面碳包覆，用 HF 进行腐蚀，获得中空结构的 Si/C 负极材料。然而，材料中过多的孔隙结构不仅消耗更多的电解液，增加电池的成本和降低能量密度，而且容易导致与电解液的副反应增多，进而使电极库仑效率降低。此外，材料的孔结构容易在电极辊压过程中被坍塌破坏，无法发挥其结构优势，因此在实际使用过程中，需要对镂空结构 Si 材料的孔隙率进行优化，以期获得最好的电池性能。

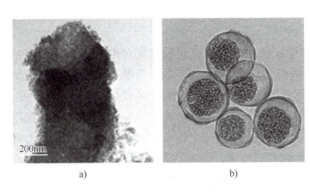

a)　　　　　　　　　　　　b)

图 3-21　镂空结构 Si 负极材料微观形貌图

a）多孔 Si 材料的透射电镜图　　b）中空结构 Si 材料的透射电镜图

（4）氧化亚硅　制备 SiO_x（SiO_x，$0<x<2$）材料是改善硅基材料循环寿命的重要手段之一。在首次嵌锂反应过程中形成惰性的锂化产物 $Li_2Si_nO_{2n+1}$（$n\geqslant0$）（硅酸锂或氧化锂），能缓冲材料充放电时的体积膨胀，改善材料的循环稳定性（图 3-22）。相较于单质 Si，SiO_x 的循环稳定性有大幅提升。关于 SiO_x 的储锂机制，目前主要的观点是 SiO_x 与锂离子在首次嵌锂过程中生成电化学惰性成分锂硅酸盐或氧化锂，以及活性 Si 纳米微晶。在随后的反应中，惰性成分维持稳定而活性 Si 则发生反复的嵌脱锂反应，其嵌脱锂反应式如下：

$$SiO_x+\frac{2x}{2n+1}Li^++\frac{2x}{2n+1}e^-\longrightarrow\frac{x}{2n+1}Li_2Si_nO_{2n+1}+\left(1-\frac{nx}{2n+1}\right)Si \tag{3-16}$$

$$Si+yLi^++ye^-\longrightarrow Li_ySi \tag{3-17}$$

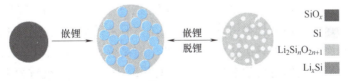

图 3-22　SiO_x 负极材料在嵌脱锂过程中结构变化的示意图

一些研究报道提出，SiO_x 在首次嵌锂过程中会生成某些可逆的硅酸盐，如 $Li_6Si_2O_7$ 和 $Li_2Si_2O_5$，这类硅酸盐在随后的充放电中会发生可逆的脱嵌锂反应。总的来说，目前关于 SiO_x 的嵌脱锂机制尚未有明确的定论，其在脱嵌锂过程中的产物种类及对应的反应可逆性均不确定。如 Li_2O，由于 Li_2O 为无定形态，因此从 HRTEM（透射电镜）中无法直接观测其存在，只能通过光谱测试结果进行拟合，推测其存在与否。

尽管 SiO_x 以其出色的循环稳定性获得产业界的广泛关注并已在消费电子、电动工具和新能源汽车领域中有小批量应用，但 SiO_x 材料在充放电过程中仍存在一定的体积膨胀，且 SiO_x 的电导性较差；上述缺点使 SiO_x 的循环稳定性和倍率性能较差。此外，由于 SiO_x 在首次嵌锂过程中消耗了部分锂源用以生成锂硅酸盐和 Li_2O 等不可逆相，使得其首次库仑效率较低，严重延缓了其规模化应用的进程。针对 SiO_x 存在的循环稳定性与倍率性能较差的问题，与单质 Si 类似，主要采取镂空结构设计、与导电相复合、纳米化等方法进行改性研究；针对 SiO_x 较低的首次库仑效率，采用预嵌锂手段、化学反应固定氧等方法减少在充放电过程中不可逆锂的形成。

2. 锡基材料

金属 Sn 具有较高的理论储锂容量和低的锂离子脱嵌平台电压等优点，是一种极具发展潜力的非碳负极材料。Sn 基负极材料认为是理想的商用石墨类碳材料的替代物之一，可满足下一代高容量锂离子电池的需求。与 Si 类似，Sn 的嵌脱锂反应为合金化反应，理论比容量可达 $994mA \cdot h \cdot g^{-1}$，嵌脱锂反应见式（3-18）。然而，Sn 作为负极材料存在较大问题。与硅基材料类似，Sn 负极在充放电过程中发生巨大的体积膨胀，体积膨胀产生的内应力会使电极材料粉化、剥落，从而导致容量下降，循环性能快速衰减。

$$Sn+4.4Li^{+}+4.4e^{-}\longrightarrow Li_{4.4}Sn \tag{3-18}$$

由于上述问题的存在，将纯 Sn 用作负极材料仍面临着巨大的挑战。在没有缓冲基质的情况下，将 Sn 粒径减小到纳米级或构建多孔 Sn 结构是减轻体积膨胀效应的有效方法。这些方法在增大材料与电解液接触面积的同时也能够有效地缩短离子传输路径。与此同时，制备 Sn 基合金材料可提高材料的循环稳定性。研究人员开发了几种用来合成 Sn 基合金型负极材料的方法，例如电镀、电解沉积、化学反应和机械球磨等。Sn 基合金型负极材料一般由活性相（Sn）和惰性相（M）组成。在充放电过程中，Sn 作为活性位点与 Li 反应，而惰性相（M）可作为缓冲基质来缓解 Sn 合金化过程中引起的体积变化。除此之外，构建纳米微结构的 Sn 合金材料是提高电化学性能的主要策略。

自 2000 年以来，Sn 基氧化物已经成为 Sn 基负极材料的重要分支并受到广泛关注。二氧化锡（SnO_2）作为 Sn 基氧化物最典型的代表之一，具有 n 型宽带隙半导体的相关特征，已经应用于气体传感和生物技术等领域。同时，SnO_2 具有储量丰富且绿色环保等优点，被认为是最有前景的锂离子电池负极材料之一。与 SnO_2 相似，其他锡基氧化物也可作为锂离子电池负极材料。据计算，$SnSO_4$ 和 $Sn_2P_2O_7$ 的理论比容量分别为 $799mA \cdot h \cdot g^{-1}$ 和 $834mA \cdot h \cdot g^{-1}$。高的理论比容量使得这些锡基氧化物引发人们的关注，但是锡基氧化物固有的低电导率和充放电过程中大的体积膨胀阻碍了其实际应用。因此，构建纳米结构并辅以缓冲基质等方法可以改善锡基氧化物负极材料的电化学性能。自 2010 年以来，研究人员致力于合成空心纳米结构，制备出了多种空心 SnO_2 纳米材料作为锂离子电池负极材料，它们均具有良好的电化学性能。

与 Sn 基合金和 Sn 基氧化物负极材料相比，锡碳复合材料的起源相对较晚。碳材料在能源领域的广泛应用和纳米技术的飞速发展，促使锡碳复合材料进入快速发展阶段。其中，石墨烯、碳纳米管和无定形碳是主要的碳质材料，被广泛用作减轻 Sn 基材料体积变化的碳基质。

将纳米结构的 Sn 基材料分布在碳基质上或碳基质中是获得锡碳复合材料的两种主流策略。

3. 钛基材料

钛基氧化物负极材料，主要包括钛酸锂（$Li_4Ti_5O_{12}$）、二氧化钛（TiO_2）等，是典型的嵌入型负极材料。钛基氧化物是一类具有较好应用潜力的负极材料，这得益于它的一些优势，主要包括以下四个方面：①高的脱嵌锂电位（$1.2 \sim 1.7V$ vs. Li^+/Li），具有高安全性；②脱嵌锂过程中具有稳定的晶体结构；③相对于商业化的石墨负极，具有更好的倍率性能；④材料来源丰富，成本较低。由于这些优势，钛基氧化物负极材料被认为是最有前途的锂离子电池负极材料之一。然而，钛基氧化物材料仍然存在一些缺陷，例如低的实际锂离子扩散系数（$10^{-16} \sim 10^{-9} cm^2 \cdot s^{-1}$）和差的导电性（约 $10^{-13} S \cdot cm^{-1}$），降低了材料的电化学性能。为了克服这些缺陷，有研究通过一系列的改性手段对其进行改性，从而更好地体现它们的优势。下面分别对 $Li_4Ti_5O_{12}$ 和 TiO_2 进行介绍。

（1）钛酸锂 $Li_4Ti_5O_{12}$ 是一种具有高首次效率、优异的循环稳定性和低温充放电特性的负极材料，目前已逐步应用于公共客车、太阳能电池储能系统、电动工具、通信基站等领域。其理论比容量为 $175mA \cdot h \cdot g^{-1}$，充放电电压为 $1.55V$ 左右。$Li_4Ti_5O_{12}$ 材料具有立方尖晶石结构，空间点阵群为 $Fd3m$，可为锂离子提供三维扩散通道。在 $Li_4Ti_5O_{12}$ 中，Li、Ti 和 O 元素分别以 +1、+4 和 −2 价形式存在。如图 3-23 所示，三个锂离子占据 $8a$ 的四面体间隙，剩下的一个锂离子和所有的钛离子占据了 $16d$ 的八面体间隙，其结构式可表示为 $[Li_3]_{8a}[LiTi_5]_{16d}O_{12}$。

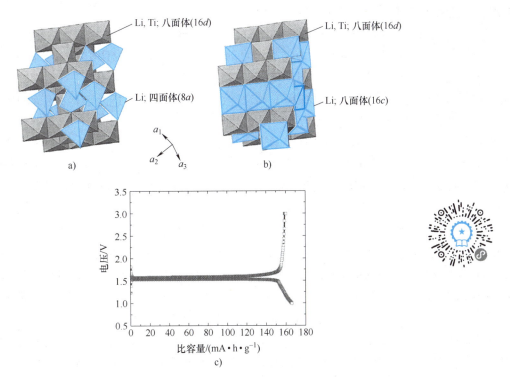

图 3-23 $Li_4Ti_5O_{12}$ 嵌锂前后的晶体结构和电化学性能

a）$Li_4Ti_5O_{12}$ 晶体结构示意图　b）$Li_7Ti_5O_{12}$ 晶体结构示意图　c）$Li_4Ti_5O_{12}$ 充放电曲线图

嵌锂过程中,3 个锂离子嵌入到空位的 16c 位置,同时,8a 中的 3 个锂离子也全部转移到 16c 位置,导致晶体结构转化为岩盐态的 $[Li_6]_{16c}[LiTi_5]_{16d}O_{12}(Li_7Ti_5O_{12})$。这个脱嵌锂过程可以表示为

$$Li_4Ti_5O_{12}+3Li^++3e^-\Longleftrightarrow Li_7Ti_5O_{12} \tag{3-19}$$

嵌锂过程从 $Li_4Ti_5O_{12}$ 到 $Li_7Ti_5O_{12}$ 结构,晶胞参数 a 从 8.3595Å 增加到 8.3598Å,单位晶胞体积仅增大 0.2%,所以 $Li_4Ti_5O_{12}$ 通常被称为"零应变"材料,这赋予了 $Li_4Ti_5O_{12}$ 嵌脱锂过程中良好的结构稳定性,令 $Li_4Ti_5O_{12}$ 材料具有优异的长循环稳定性。此外,$Li_4Ti_5O_{12}$ 的充放电曲线平坦,能够提供平稳的电压输出;$Li_4Ti_5O_{12}$ 充放电电压平台较高(1.55V),可有效避免嵌锂过程中锂枝晶的产生,具有高的安全性。由于具有较高的电压平台,$Li_4Ti_5O_{12}$ 通常会与高电压的正极材料匹配,如 $LiCoO_2$、$LiMn_2O_4$ 或 $LiNi_{0.5}Mn_{1.5}O_4$ 材料等,组成 2.2V 或 3.2V 的全电池,这些已得到商业化应用。

然而,$Li_4Ti_5O_{12}$ 负极在充放电循环过程中有严重的胀气现象,高温时更为严重。$Li_4Ti_5O_{12}$ 无法像石墨负极体系电池一样,在其表面形成 SEI 膜,抑制其与电解液的反应,因此,在充放电过程中电解液始终与 $Li_4Ti_5O_{12}$ 表面直接接触,从而造成电解液在 $Li_4Ti_5O_{12}$ 材料表面持续还原分解,产生 H_2、CO_2、CO、CH_4、C_2H_6、C_2H_4、C_3H_8 等气体产物,使电池发生鼓包甚至爆炸。针对产气问题的主要改性措施包括提高原材料纯度、表面包覆、电解液配方优化等。另外,针对 $Li_4Ti_5O_{12}$ 较低的电子和离子导电能力,主要有微纳米形貌结构的调控、表面包覆、第二相复合与元素掺杂四个改性措施。经过研究者们的不懈努力,$Li_4Ti_5O_{12}$ 的电化学性能获得较大突破,已实现较广的商业化应用。

(2)二氧化钛 TiO_2 因其自身晶格结构的不同,可分为以下四种主要晶相:锐钛矿、金红石、板钛矿、TiO_2(B)。相比热力学更稳定的金红石型 TiO_2,锐钛矿相 TiO_2 表现出了更为优异的电化学活性。Li^+ 在板钛矿 TiO_2 晶格内部的扩散受空间结构限制,不利于其用作负极材料。而 TiO_2(B)虽然具备更有利于 Li^+ 扩散的空间结构,但是由于其自身的亚稳定特性决定了其在合成过程中的不稳定存在,导致其制备过程复杂。

锐钛矿相 TiO_2 属四方晶系,以 TiO_6 八面体为晶胞单元,通过共用四条边和共顶点联结而成。空间群 $I4_1/amd$,晶胞参数 $a=37.9nm$,$b=95.1nm$,密度为 3.79$g\cdot cm^{-3}$。锐钛矿 TiO_2 具有双向孔隙通道,分别沿 a 轴和 b 轴,嵌锂容量较高。TiO_2 嵌锂机理可表示为

$$TiO_2+xLi^++xe^-\Longleftrightarrow Li_xTiO_2 \tag{3-20}$$

式中,x 为可逆锂离子嵌锂系数,最大值为 1,表明一个 TiO_2 最多能嵌入一个锂离子,所以 TiO_2 的理论比容量为 336$mA\cdot h\cdot g^{-1}$。在不同的晶型结构中,脱嵌锂的数量不同,所以不同晶型的 TiO_2 表现出不同的电化学性能。一般地,锐钛矿相 TiO_2 中,$x=0.5$,对应的实际可逆容量为 168$mA\cdot h\cdot g^{-1}$。然而 TiO_2 的电子导电率($10^{-12}\sim10^{-7}S\cdot cm^{-1}$)和锂离子扩散系数($10^{-15}\sim10^{-9}cm^2\cdot s^{-1}$)较低,且充放电电压接近 2V,较差的电极反应动力学和较低的能量密度严重制约了其实际应用。改性措施主要有两方面,①通过表面包覆高导电相(如碳包覆,金属包覆等)或者离子掺杂等方法提高材料电子电导率;②通过制备纳米材料,缩短锂离子的传输路径,加快电极反应动力学。

4. 金属化合物

金属化合物作负极材料的一般有过渡金属氧化物、硫化物、磷化物和氮化物(M_xN_y,M 代

表 Fe、Co、Ni 等过渡金属元素，N 代表 O、S、P、N 元素）。它们的氧化还原反应有多个电子参与，多为转换反应机制，因此，它们的可逆比容量可达 $1000mA \cdot h \cdot g^{-1}$ 左右，其嵌脱锂反应式为

$$M_xN_y+zLi^++ze^- \longleftrightarrow xM+Li_zN_y \tag{3-21}$$

自 2000 年 Tarascon 等在 Nature 上发表了一篇关于纳米过渡金属氧化物作为锂离子电池负极材料的文章后，金属氧化物负极材料逐渐引起人们的关注。但是由于过渡金属氧化物首次库仑效率低，倍率性能较差，循环稳定性较差，其商业化应用受到了限制。目前采取以下几个方面的改性来提高储锂性能：①将其制备成特殊的形貌，如空心、多孔或核壳结构等；②将其与其他金属结合，形成二元或多元金属氧化物纳米材料；③与其他材料如石墨烯等碳材料复合，形成碳负载的复合材料。复合纳米材料可以提高活性物质的导电性，抑制活性物质充放电过程中的体积膨胀。

过渡金属硫化物可作为各种能量系统的优良电极材料。近十年来，具有独特物理和化学性质的不同形貌和结构的金属硫化物，被大量开发作为锂离子电池负极材料。过渡金属硫化物由于其高比容量而引起极大的关注。例如，镍和钴的硫化物（NiS_x、CoS_x）的比容量是其对应物氧化物的两倍。然而它们在循环过程中也存在不可忽略的体积膨胀问题，阻碍了其作为电极材料的应用。通过与金属氧化物类似的改性方法，性能会有所改善。

相比于过渡金属氧化物，过渡金属磷化物的体积与质量的比容量值均较高，且自然丰度高、热稳定性良好，这些优点使其备受研究者关注。但是其制备普遍较苛刻，比如合成的条件苛刻或者使用的化学试剂昂贵等，这严重制约其进一步应用。根据金属的特性以及金属-磷键与锂反应时的稳定性，常见的金属磷化物（MP_y，其中 M 代表 Mn、V、Ni、Cu、Fe、Co、Zn、Mo 元素，y 相应取值有 1、2、3、4）的电化学反应机理，可分为"插层反应+转换反应"机制和转换反应机制。其中，转换反应机制的磷化物研究较多，特别是磷化镍、磷化铁等。与其他金属化合物类似，金属磷化物在循环过程中同样伴随较大的体积膨胀，使循环性能较差。目前利用多种碳材料开发不同的金属磷化物或金属磷碳复合材料已经成为金属磷化物复合改性的一大趋势。这些合理的、创造性的设计有助于解决磷基负极的电子和离子输运能力差、体积膨胀的问题，从而显著提高金属磷化物负极的比容量、循环稳定性和倍率性能。

（过渡）金属氮化物是一种兼具共价化合物、离子晶体和过渡金属性质的化合物，具有低而平的充放电电位平台、可逆性能好与容量大等特点，成为当前锂离子电池负极材料研究的热点之一。过渡金属氮化物的化学式主要有 Li_3N 结构和类萤石结构。Li_3N 结构主要有 $Li_{3-x}MN$（M 为 Mn、Cu、Ni、Co、Fe）。1984 年，过渡金属氮化物 $Li_{1-x}CuN$ 制备成功，并对其离子电导性能进行了研究。随后，Li_7FeN_2、Li_7MnN_4、$Li_{2.6}Co_{0.4}N$ 等过渡金属氮化物引起了研究者的广泛关注。类萤石结构主要有 $Li_{2n-1}MN_n$（M 为 Sc、Ti、V、Cr 等）。电化学研究证明，除 Co 金属三元氮化物，Cu、Ni、和 Fe 的金属三元氮化物作为负极材料通过多次充放电循环也表现出极高的效率。

5. 其他材料

除了上述提到的石墨、单质硅和锡外，铝、硼、磷、锗、锑、硒等单质材料均可作为锂离子电池负极材料，它们的嵌脱锂机制大多为合金/去合金化机制，具有较高的理论比容量，但充放电过程中伴随着较大的体积膨胀，因此循环稳定性较差。针对循环稳定性问题，普遍

通过纳米化和合金化措施来缓冲材料体积膨胀，提高结构稳定性。

近年来出现的金属-有机骨架（metal organic frameworks，MOFs）材料由于具有多孔、大的比表面积和结构可控的优点，发展极为迅速，已在气体吸附、催化和电化学等领域得到了广泛的应用研究。MOFs及其衍生物的金属中心和有机配体都具有较好的电荷负载能力，不仅有利于Li的迁移提高容量，而且可保证锂离子电池循环过程中的性能更为稳定。因此，MOFs及其衍生物也是一种非常有潜力的锂离子电池负极材料，但性能有待提升。常见的MOFs主要有MIL系列、MOF系列、ZIF系列和普鲁士蓝系列。共价有机框架（covalent organic frameworks，COFs）作为锂离子电池负极材料，具有广阔的应用前景。COFs是一种由轻元素（如碳、氮、氧、硼等）通过共价键连接形成的多孔有机晶体材料。由于其高比表面积、多孔结构和良好的导电性，COFs在提高锂离子电池的容量和循环寿命方面表现出色。此外，COFs的结构可调性使其能够通过功能化改性进一步优化电化学性能，从而在高性能储能材料领域展现出独特的优势。但COFs作为新储能材料的研究仍处于起步阶段，关注度不高。

除以上介绍的一些负极材料，近年来不断发现许多材料被应用于锂离子电池负极上。不过由于在碳材料中插入锂元素的安全性能比较好，电极电位也较低，且循环寿命出色，因此在电池商业应用中，碳材料仍然为负极材料的第一选择。

3.5 电 解 液

电解液作为锂离子电池中连接正负极的"桥梁"，被誉为锂电池的"血液"，是必不可少的组成部分。在电池充放电过程中，为锂离子在正负极之间的传递提供传输通道，其性能直接影响到电池的安全性、寿命和工作温度范围。自20世纪90年代锂离子电池商业化以来，有机液态电解液一直是电池的标准配置。最初的电解液主要是基于碳酸酯类化合物，如碳酸乙烯酯、碳酸二甲酯和碳酸丙烯酯，这些溶剂混合使用能够提供良好的电化学稳定性和适度的锂离子传导能力。然而，这些电解液的低燃点和对水的敏感性使得它们在安全性方面存在缺陷。为了提高电池的性能和安全性，科学家们开始向电解液中加入各种添加剂。例如，使用磷酸盐和硼酸盐作为阻燃剂，以减少电解液的燃烧风险。此外，引入锂盐，如六氟磷酸锂作为溶质，其因优异的电化学稳定性和较高的锂离子导电性，成为广泛使用的标准。碳酸亚乙烯酯和氟代碳酸乙烯酯等添加剂也被广泛研究，其能在电极表面形成稳定的固体电解质界面，从而提高电池的循环性和安全性。

锂离子电池电解液通常由锂盐、溶剂以及添加剂组成，三者共同决定电解液的性质，从而决定着电池的性能。通常，理想状态下的电解液需具备如下要求：①低黏度及高离子电导率；②高锂离子迁移数；③与电池体系匹配的电化学窗口；④高热稳定性及低闪点；⑤可以在正负极生成稳定的电极/电解液界面膜；⑥无毒、无污染且成本低。以下为各组成部分的详细叙述。

3.5.1 锂盐

锂盐作为电解液中的溶质，在电池充放电过程中起传导锂离子的作用。锂盐的种类众多，但商业化锂离子电池的锂盐却很少。理想的锂盐需具有如下性质：①有较小的缔合度，易于溶解于有机溶剂，保证电解液高离子电导率；②阴离子有抗氧化性及抗还原性，还原产物利于形成稳定的低阻抗 SEI 膜；③化学稳定性好，不与电极材料、电解液、隔膜等发生有害副反应；④制备工艺简单，成本低，无毒无污染。

按物质种类划分，锂盐可分为无机锂盐和有机锂盐，具体如下：

1. 无机锂盐

无机锂盐普遍具有价格低、不易分解、耐受电位高、合成简单的优点，常见的无机锂盐包括六氟磷酸锂（$LiPF_6$）、六氟硼酸锂（$LiBF_4$）、六氟砷酸锂（$LiAsF_6$）、高氯酸锂（$LiClO_4$）等（图 3-24）。其中，$LiPF_6$ 以其较高的离子电导率、优异的氧化稳定性和较低的环境污染性等优势，在多种锂盐中脱颖而出，并最终实现商业化。

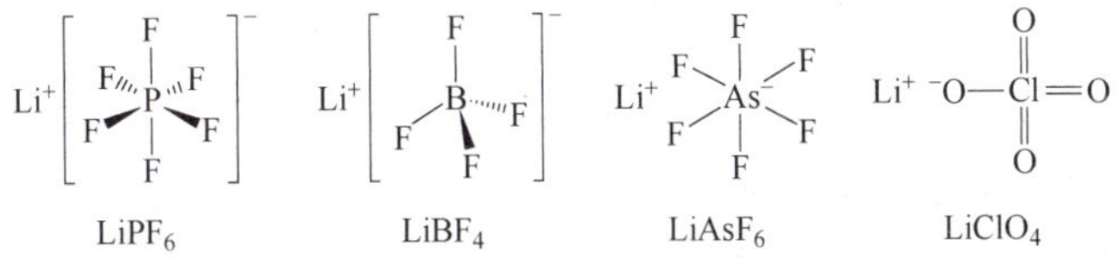

图 3-24　常见无机锂盐的化学式

$LiPF_6$ 为白色结晶性粉末，易溶于水、溶于低浓度甲醇、乙醇、丙酮、碳酸酯类等有机溶剂，其单一性质并不是最突出，但在碳酸酯混合溶剂电解液中具有相对最优的综合性能。$LiPF_6$ 有以下突出优点：①在非水溶剂中具有合适的溶解度和较高的离子电导率；②能在 Al 箔集流体表面形成一层稳定的电解质界面钝化膜；③协同碳酸酯溶剂在石墨电极表面生成一层稳定的 SEI 膜。然而，$LiPF_6$ 的热分解温度仅为 125℃，热稳定性较差，易发生分解反应，且分解产物会破坏电极表面 SEI 膜及溶解正极活性组分，使循环容量衰减。

$LiBF_4$ 的热分解温度为 175℃，热稳定性相对较高。$LiBF_4$ 具有相对较小的阴离子半径（0.227nm）和较强的负电性，与 Li^+ 结合更为紧密，使 $LiBF_4$ 难以解离，从而导致锂离子电导率相对较低，因此 $LiBF_4$ 极少用于常温锂电池。但是，$LiBF_4$ 具有相对较高的热稳定性，高温下不易分解，因此常用于高温锂离子电池中。与此同时，在低温条件下，$LiBF_4$ 电解液表现出更小的界面阻抗，因此低温性能较为出色。因此，$LiBF_4$ 作为传统锂离子电池电解液 $LiPF_6$ 的优秀替代品，未来发展前景广阔。

$LiClO_4$ 的热分解温度高达 450℃，具有良好的热稳定性；$LiClO_4$ 的溶解度相对较高，因而表现出相对较高的离子电导率。以 $LiClO_4$ 作为电解质锂盐，电解液的电化学稳定窗口能够达到 5.1V vs. Li^+/Li，具有相对较好的抗氧化稳定性，这一性质也使得该电解质能够匹配一些高电压正极材料，从而发挥出更高的能量密度。此外，$LiClO_4$ 具有制备简单、成本低、稳定性好等优点，在实验室基础研究中应用广泛。然而，由于 $LiClO_4$ 中的 Cl 处于最高价态+7，因此，极易与电解液中的有机溶剂发生氧化还原反应，造成电池燃烧、爆炸等安全问题，因此，$LiClO_4$ 极少用在商用锂离子电池中。

$LiAsF_6$ 是另一种性能优良的锂盐，它与醚类有机溶剂构成的电解液具有非常高的电导率。另外，$LiAsF_6$ 电解液与适当电极组装的电池具有优良的电化学性能。同 $LiClO_4$ 一样，$LiAsF_6$ 也具有非常高的稳定性，曾经用于商品化的锂一次电池，但 $LiAsF_6$ 的还原产物含有剧毒 As，具有致癌作用，环境污染严重且价格偏高，现在已不再使用。

2. 有机锂盐

相对于无机锂盐，锂离子电池常用的有机锂盐可认为是在无机锂盐的阴离子上增加吸电子基团调控而成，常见的电解质有机锂盐主要包括双草酸硼酸锂（LiBOB）、二氟草酸硼酸锂（LiDFOB）、双二氟磺酰亚胺锂（LiFSI）及双三氟甲基磺酰亚胺锂（LiTFSI）等（图3-25）。

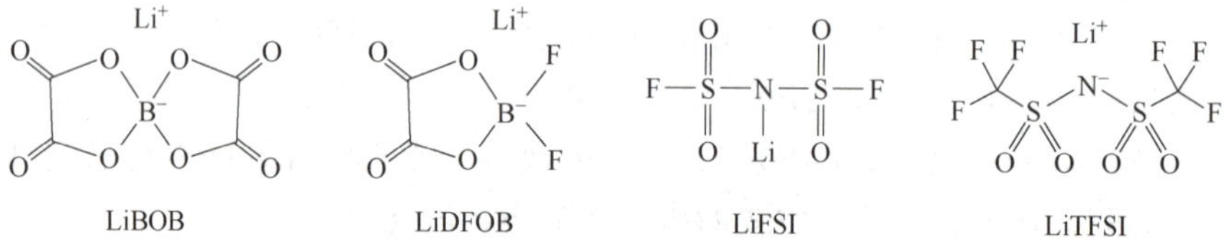

图3-25　常见有机锂盐的化学式

LiBOB 具有离子电导率高、电化学稳定窗口宽、热稳定性好、循环稳定性较好等优点，且能够与集流体 Al 形成稳定的钝化膜，保护 Al 免受电解液的腐蚀。但是，LiBOB 在非质子型溶剂中的溶解度较低，导致由其构成的电解液的电导率较低，从而限制了基于该盐电池的倍率性能。

为了克服 LiBOB 溶解度差、离子电导率低的缺点，人们合成另外一种新型的电解质锂盐 LiDFOB，其在线性碳酸酯溶剂中的溶解度较大，因此电解液有较高的离子电导率。LiDFOB 分子结构可看作是 LiBOB 及 LiBF$_4$ 各一半结构的结合，因此其既拥有使用 LiBOB 电解质的电池在高温下的良好循环和倍率性能，又拥有使用 LiBF$_4$ 电解质的电池在低温下的良好循环稳定性，其高温、低温性能均优于 LiPF$_6$。另外，LiDFOB 具有很好的电化学稳定性，与正极、负极具有较好的兼容性。基于上述优点，LiDFOB 被视为取代 LiPF$_6$ 的一类新型有机锂盐。LiDFOB 技术壁垒较高，目前我国是全球主产国，未来随着本土企业不断提升技术水平与加大产品创新，具备技术与成本优势的本土企业有望在国内 LiDFOB 市场优先受益，行业发展趋势向好。

LiFSI 是一种新型有机锂盐，相较于传统 LiPF$_6$，其综合性能更优异。首先，LiFSI 的阴离子半径更大，且 LiFSI 分子中的氟原子有很强的电吸性，能使 N 上的负电荷离域，离子缔合配对效果较弱，因此，Li 更容易解离，电导率高。其次，其分解温度高于 200℃，具有更好的热稳定性，可提高电解液的耐高温性能。但是，LiFSI 对集流体 Al 箔有很强的腐蚀性，因此，在一定程度上限制了其在锂离子电池中的应用。

LiTFSI 是由 Michel Armand 研发的另一款有机锂盐，其负离子由电负性强的氮原子和两个连有强吸电子团（CF$_3$）的硫原子构成，这种结构分散了负电荷，正负离子更易解离，从而显著提高了其溶解度和离子电导率。此外，LiTFSI 还具有热分解温度高、不易水解的优点。然而，LiTFSI 在 3.7V 的电位下会对集流体 Al 箔造成腐蚀，影响了该电解质在锂离子电池中的应用。在 LiTFSI 加入不腐蚀集流体的其他锂盐、引入长链的全氟基团、在 LiTFSI 中加入添加剂等方法可以显著提高 LiTFSI 对集流体的腐蚀电位，延缓其对 Al 箔的腐蚀作用。

虽然 LiFSI 和 LiTFSI 两种锂盐具有腐蚀集流体 Al 的特点，但是由于具有离子电导率高、热稳定性好、电化学稳定性好等优点，已在锂离子电池、全固态聚合物锂电池、锂-硫电池中得到广泛应用。

3.5.2 溶剂

有机溶剂作为锂离子电池电解液的一部分，在充放电过程中能够提供离子传输的通道。此外，有机溶剂还可以影响电池的安全性能，因为一些有机溶剂可能会导致电池的热失控，从而引发安全隐患。理想锂离子电池溶剂至少需满足如下要求：①具有较高的介电常数，以充分溶解锂盐；②具有低黏度，便于离子传输；③化学稳定性好，与电极材料相容性好；④液态温度范围宽，即熔点低、沸点高；⑤安全（高闪点），无毒，经济。

有机溶剂的介电常数直接影响锂盐的溶解和离解过程，介电常数越高，锂盐越容易溶解和解离；有机溶剂的黏度对离子的移动速度有重要影响，黏度越小，离子移动速度越快。因此，锂离子电池的电解液倾向于选择介电常数高、黏度低的有机溶剂。在实际应用中，一般将介电常数较大的有机溶剂与黏度较小的有机溶剂混合，制成介电常数较大、黏度较小的混合溶剂。因此，通过优化有机溶剂的组成，可以获得电导率尽可能高的电解液。常见的溶剂可分为碳酸酯类溶剂、醚类溶剂、砜类溶剂、腈类溶剂及离子液体等。

1. 碳酸酯类溶剂

碳酸酯类溶剂为目前商业化锂离子电池中应用最广的电解液溶剂。表 3-3 为常见碳酸酯类溶剂的主要物理性质。常见的碳酸酯类溶剂的主要由环状碳酸酯以及线性碳酸酯组成。

表 3-3 常见碳酸酯类溶剂的主要物理性质

中文名	熔点	沸点	黏度	介电常数	密度
	T_m/℃	T_b/℃	η/cP	ε	ρ/(g·cm^{-3})
碳酸乙烯酯（EC）	36.4	248	1.9	89.78	1.321
碳酸丙烯酯（PC）	−48.8	242	2.53	64.92	1.2
碳酸二甲酯（DMC）	4.6	91	0.59	3.107	0.76
碳酸二乙酯（DEC）	−74.3	126	0.75	2.805	0.969
碳酸甲乙酯（EMC）	−53	110	0.65	2.958	1.006
乙酸乙酯（EA）	−84	77	0.45	6.02	0.902

环状碳酸酯中，代表性的为碳酸丙烯酯（PC）和碳酸乙烯酯（EC）。PC 在常温常压下为无色透明微芳香液体，闪点 128℃，燃点 133℃。PC 的熔点低（−48.8℃），含有它的电解液即使在低温下也具有高导电性。然而，在 PC 基电解质中，锂离子嵌入石墨中伴随着 PC 的共嵌入，造成石墨的片层剥落，导致石墨负极的电化学性能衰减。针对该问题，常通过添加添加剂或助溶剂，在石墨电极表面形成稳定的 SEI 膜来抑制 PC 共嵌入对材料的破坏。EC 的结构与 PC 非常相似，是 PC 的同系物。EC 在室温下为无色晶体，熔点为 36.4℃，闪点 160℃。与 PC 相比，EC 在负极上的成膜电位比较高，充电时，负极电位不断下降，还原电位较高的 EC 优先析出并参与 SEI 膜的形成，形成的界面膜利于稳定负极并且阻抗适中，因此电池性能表现更好。EC 可以完全溶解或电离锂盐，这对增加电解质的导电性非常有利。与 PC 相比，EC 热稳定性高，加热至 200℃时仅发生少量分解，表现出较好的热稳定性。然而，EC 的熔点和黏度较高，因此其低温和倍率性能较差。此外，EC 的产气问题较为

突出，特别在高镍三元正极中，四价镍可氧化 EC 分解生成 CO_2，导致电池内阻增大，并出现电池鼓胀的安全隐患。

与环状碳酸酯相比，链状碳酸酯普遍具有低熔点、低黏度和低介电常数的特征，不能单独作为锂离子电池电解液的溶剂，必须和环状碳酸酯配合使用。常见的线性碳酸酯包括碳酸二甲酯（DMC）、碳酸二乙酯（DEC）、碳酸甲乙酯（EMC）以及乙酸乙酯（EA）等。DMC 在室温下为无色液体，闪点为 18℃。它是一种无毒或微毒的产品，可与水或酒精形成共沸物。DMC 具有独特的分子结构，其分子结构中含有羧基、甲基、甲氧基等官能团，具有多种反应性。DEC 的结构与 DMC 类似，常温下为无色液体，闪点 33℃，略高于 DMC，但毒性也强于 DMC。DEC 溶于酮类、醇类、醚类、酯类等，但不溶于水，具有与醚类相似的气味。EMC 和 MPC 是不对称线性碳酸酯，其熔点、沸点和闪点与 DMC 和 DEC 接近，但其热稳定性较差，在碱性条件下易受热或发生酯交换反应生成 DMC 和 DEC。

2. 醚类溶剂

相较于碳酸酯类溶剂，醚类溶剂有着更低的熔点和黏度，以及更强的锂离子溶剂化能力，因此拥有更高的电导率，并且醚类溶剂固有的高还原稳定性减少了电解液在负极侧的不可逆还原分解，显著提高了电池的循环库仑效率，这使得醚类溶剂与具有更低电势的锂金属负极表现出优异的适配性，因此醚基电解液在金属锂电池中得到了广泛的应用。但是，醚类溶剂无法单独应用于锂离子电池体系中。一方面醚类溶剂与锂离子的强相互作用使其很容易随锂离子共嵌入石墨负极，导致严重的石墨不可逆剥离；另一方面由于醚类溶剂的氧化稳定性差，其在匹配高压正极的电池体系中容易发生氧化分解，导致循环性能下降，因此只能和较低电压的正极，如 LFP 匹配使用，严重限制了电池的实际能量密度。这些都限制了醚类溶剂在锂离子电池体系中的应用。因此，提高醚类溶剂的氧化稳定性，离域醚键氧上富集的电子云以降低醚类分子的失电子能力，是后续低温醚基电解液设计的关键。

3. 砜类溶剂和腈类溶剂

砜类溶剂具有高介电常数，且在抗氧化能力方面的优势较为明显，在高电压电解液的开发中发挥出优异的性能。将环丁砜（TMS）和 EMC 或 DEC 配置成电解液的混合溶剂，可用于 $LiNi_{0.5}Mn_{1.5}O_4$ 和富锂锰基等高压正极材料，并依然发挥出优异的性能。此外，由砜类溶剂和碳酸酯类溶剂组成的混合溶液可大幅提升电化学窗口上限，使电池性能更加稳定。

腈类溶剂拥有一系列的优点，如热稳定性高、阳极稳定性好、液态温度范围宽等。单腈类抗氧化稳定性可达到 7V，在通常 5V 级高电压锂离子电池中很难发生分解。不仅如此，腈类溶剂在低温下的性能比碳酸酯类溶剂更出色，但与石墨或金属锂等负极的兼容性不良，会在负极处聚合且生成的聚合物阻碍锂离子的脱嵌，从而降低电极反应动力学。

4. 离子液体

离子液体又称室温熔盐、液态有机盐等，是一种在室温或接近室温的条件下呈液态的离子化合物，一般认为由有机阳离子与无机或有机阴离子组成。第一个离子液体——硝酸乙基铵（$C_2H_5NH_3NO_3$）在 1914 年被合成出来，但到了 20 世纪 80 年代才对离子液体开展实质性的研究。离子液体中只有阴、阳离子，没有中性分子，离子间作用力主要为库仑引力。室温离子液体作为下一代锂离子电池的电解质溶剂，具有不易挥发、不易燃、高电导率、高化学和电化学稳定性、宽的电化学稳定窗口等特性，其性能还可通过阴阳离子的设计来调节，因此又被称为"可设计溶剂"。离子液体这类与传统电解液完全不同的新型物质群，引起学术界的广泛兴趣和产业界的高度关注。

离子液体数量和种类很多，按照阴、阳离子不同排列组合，可达 10^{18} 种之多。常见的阳离子有季铵盐离子、季鏻盐离子、咪唑盐离子等，其中咪唑盐离子液体熔点普遍较低，可选取代基较多，绝大多数常温下为液体，其他种类离子液体熔点则普遍较高，多以固体形式存在。阴离子有卤素离子、四氟硼酸根离子、六氟磷酸根离子等。目前所研究的离子液体中，阳离子主要以咪唑阳离子为主，阴离子主要以卤素离子和其他无机酸离子为主。根据离子液体中有机阳离子母体的不同，可以将离子液体分为咪唑盐类、吡啶盐类、季铵盐类和季鏻盐类等；根据离子液体在水中溶解性的不同，也可将离子液体分为亲水性离子液体和疏水性离子液体。

相比于碳酸酯类有机溶剂的易燃、易爆、易挥发等缺点，离子液体因具有无可燃性、无蒸汽压、热稳定性能好、液态范围较宽、电化学窗口宽等优点，被称为 21 世纪的绿色溶剂。许多研究者将目光聚集在离子液体上，经过一系列的研究，离子液体逐渐应用到电化学领域。然而，离子液体的高成本等问题使其在商业化应用中仍然受限。

3.5.3　添加剂

为了开发出可以满足人类社会需求的高性能锂离子电池电解液，除了对电解液的溶剂以及锂盐进行开发研究，通常会通过向电解液中添加电解液添加剂这种有效且简单的方法来提升电池的性能。添加剂在电解液中的添加量一般都不超过 10%，但往往通过少量添加就可以极大地改善电池的某些性能，具有明显的经济效益。

按添加剂的功能划分，电解液添加剂可分为：成膜添加剂、防过充添加剂、阻燃添加剂、控制水和 HF 含量添加剂、改善低温性能添加剂等。

1. 成膜添加剂

不同功能性添加剂中，成膜添加剂是改善电极与电解液界面性质，生成稳定界面膜的关键组分，对锂离子电池性能的提升起关键作用。成膜添加剂分子拥有的活性基团具有较强的吸收电子的能力，能够提高还原的电势，在锂离子嵌入负极之前进行还原反应，形成钝化膜，抑制电解液再度分解，改善 SEI 膜的性能。按成膜添加剂种类的不同，可分为有机化合物添加剂和无机化合物添加剂。

有机化合物添加剂是成膜添加剂的主要构成部分，其中，不饱和碳化物碳酸亚乙酯（VC）具有的双键结构使其具有更低的能量，更容易被还原；亚硫酸丙烯酯（PS）、亚硫酸乙烯酯（ES）也能较好地提升锂离子电池的性能。含有卤素的有机化合物添加剂对锂离子电池性能的提升也有较大的帮助。在硅负极锂离子电池中加入氟代碳酸乙烯酯（FEC），发现其能够促进 LiF 和聚碳酸酯类化合物的形成，并减小硅表面 SEI 膜的阻抗，从而改善锂离子电池的循环性能。

研究无机化合物添加剂时，发现 CO_2、SO_2、CS_2、N_2O 等能够与电解液发生反应，生成 Li_2CO_3、Li_2S、Li_2SO_4 和 Li_2O 等，也能改善锂离子电池的电化学性能，但是这些气体化合物难溶解于有机溶剂，不利于生产实践，因此，选择用无机盐来代替，比如 Li_2CO_3、K_2CO_3、$NaClO_4$、$AgPF_6$ 等。无机化合物添加剂跟有机化合物添加剂相比，不具可燃性，提高了锂离子电池的安全性。

2. 防过充添加剂

防过充添加剂主要功能是在电池过度充电时通过一定的方式阻断电流，从而提高电池的安全性。其按照功能可分为氧化还原对添加剂和聚合单体添加剂两种。

在电解液中添加合适的氧化还原对，当充电电压超过电池的正常充放电电压时，添加剂在正极上氧化，氧化产物扩散到负极被还原，还原产物扩散到正极被氧化，整个过程循环进行，直到电池的过充电结束，反应表达式为式（3-22）和式（3-23）。目前氧化还原对添加剂主要是苯甲醚系列，其氧化还原电位较高，溶解度很好。

$$正极：\qquad R \longrightarrow O + ne^- \qquad\qquad (3-22)$$

$$负极：\qquad O + ne^- \longrightarrow R \qquad\qquad (3-23)$$

聚合单体添加剂在过充电时会在正极表面氧化聚合，氧化产物覆盖在正极表面，导致电阻增加，电流下降，从而实现安全保护。聚合单体添加剂主要包括二甲苯、苯基环己烷等芳香族化合物。

3. 阻燃添加剂

锂离子电池电解液为有机易燃物，若使用不当，电池会发生危险甚至爆炸。因此，改善电解液的稳定性是改善锂离子电池安全性的一个重要方法。在电池中添加一些高沸点、高闪点和不易燃的阻燃添加剂，可改善电池的安全性。阻燃添加剂的作用是通过提高电解液的着火点或终止燃烧的自由基链式反应来阻止燃烧。添加阻燃剂是降低电解液易燃性，拓宽锂离子电池使用温度范围，提高性能的重要途径之一。

阻燃添加剂的作用机理主要有两种：①通过在气相和凝聚相之间产生隔绝层，阻止凝聚相和气相的燃烧；②捕捉燃烧反应过程中的自由基，终止燃烧的自由基链式反应，阻止气相间的燃烧反应。常见的阻燃添加剂包括有机磷化物、有机氟代化合物、卤代烷基磷酸酯等。

4. 控制水和 HF 含量添加剂

有机电解液中存在的痕量水和酸（HF）可与电解液中的锂盐作用，形成 LiF 等沉积在负极表面，对 SEI 膜的形成具有重要的作用；但过高的水和酸含量不仅会导致 $LiPF_6$ 分解，而且会破坏 SEI 膜。将 Al_2O_3、MgO、BaO 和锂或钙的碳酸盐等作为添加剂加入到电解液中，它们将与电解液中微量的 HF 发生反应，降低电解液中的 HF 含量，阻止其对电极的破坏和对 $LiPF_6$ 分解的催化作用，提高电解液的稳定性，从而改善电池性能。但这些物质去除 HF 的速度较慢，因此很难做到阻止 HF 对电池性能的破坏。

一些酸酐类化合物虽然能较快地去除 HF，但会同时产生破坏电池性能的其他酸性物质。烷烃二亚胺类化合物能通过分子中的氢原子与水分子形成较弱的氢键，从而阻止水与 $LiPF_6$ 反应产生 HF。

5. 改善低温性能添加剂

锂离子电池的性能在低温条件下会迅速恶化，这是当下锂离子电池不能工业化地应用于航空、军事等精密领域的主要障碍之一。因此，研究具有良好低温性能的锂离子电池势在必行。采用合适的电解液添加剂是提高锂电池在低温下的性能的一种重要途径。目前，提高电解液低温性能添加剂主要有砜类、有机亚硫酸酯类、FEC、VC 等。

3.6　隔膜和其他辅材

3.6.1　隔膜

隔膜在电池中有"第三电极"之称，它是一种由绝缘性聚合物材料加工成型的微孔膜。隔膜位于电池的正负极之间，其作用是将正极与负极隔离，防止电子通过，但是允许锂离子借助微孔结构自由传输。处于电池内部的隔膜虽然不会参与任何电化学反应，但它的结构和性能却是锂离子电池充放电倍率、循环寿命及安全性能等的重要影响因素。为了满足锂离子电池各种性能不断提升的需求，隔膜相关产业也必须加大研发力度，积极寻求技术突破。

1. 隔膜性能指标

隔膜在锂离子电池中具有重要的作用包括：①防止正负极接触短路或被毛刺、颗粒、枝晶刺穿而出现的短路，因此，隔膜需具有一定的拉伸、穿刺强度，不易撕裂，并在突发的高温条件下基本保持尺寸稳定，不会熔缩导致电池的大面积短路和热失控；②给锂离子电池提供实现充放电功能、倍率性能的微孔通道，因此，隔膜必须是具有较高孔隙率、而且微孔分布均匀的薄膜。理想的隔膜材料一般具备良好的稳定性、一致性和安全性，具体如下：

（1）稳定性　隔膜的稳定性主要受基体材料的影响，包括电子绝缘性、化学稳定性和强度三方面。

1）电子绝缘性。隔膜应具有良好的电子绝缘性，能有效隔离正极和负极从而防止电池内部短路。

2）化学、电化学稳定性。隔膜对于有机溶剂要具备化学稳定性，避免隔膜在使用过程中与溶剂发生反应而降解，使隔膜失效；锂离子电池正负极材料具有强氧化还原的特性，而且电池工作电压较高，因此，隔膜应具有较宽的电化学窗口，以保证其在高电压下不产生分解。

3）强度。隔膜强度主要考察拉伸强度和穿刺强度。前者是因为隔膜在出厂时需进行卷绕，并且在组装电池的过程中，需要将隔膜进行反复叠层或者卷绕，而且在电池的使用中，可能会发生一些碰撞、挤压。在这些情况下，需要隔膜具有一定的拉伸性能，确保隔膜不轻易损坏以保证正常使用。而对于隔膜穿刺强度的要求是因为在锂离子电池使用期间，负极表面容易生成锂枝晶，可能会刺穿隔膜引发电池短路。

（2）一致性　隔膜的一致性主要取决于隔膜的制备工艺，包括厚度、孔径大小及分布、孔隙率和润湿性。

1）厚度。虽然隔膜本身不参与电池的反应，但隔膜存在于电池内就会占用一定的重量和空间。较薄的隔膜在提供与电极片足够接触面积的前提下，可以减小电池重量从而增加电池中活性物质的量，进而提高电池的能量密度。但厚度太薄也有一定的弊端，可能导致隔膜的力学性能降低导致物理破坏及电压击穿，给电池带来安全隐患。根据电池不同的应用场景，对隔膜厚度的要求也会有所不同，比如便携式锂离子电池通常使用 $9 \sim 25\mu m$ 的隔膜，而在动力电池中使用的隔膜厚度一般为 $25 \sim 40\mu m$。

2）孔径大小及分布。隔膜材料的微孔结构起吸收电解液以及让锂离子自由通过的作用，因此电池的性能与隔膜的微孔结构密切相关。孔隙过大，会导致正极和负极产生机械接触而导致短路；孔径太小，锂离子不能顺利的通过隔膜传输，从而使得电池内阻增大，影响电池的性能；如果隔膜上微孔分布不均，将会导致电池局部锂沉积不均匀而产生锂枝晶，影响电池的性能及安全。

3）孔隙率。孔隙率的大小会影响锂离子在隔膜中的传输性能和电解液的吸液率。一般隔膜的孔隙率为 40%～50%，过低的孔隙率会导致隔膜的吸液率低，内阻增大，锂离子电导率低；较高的孔隙率则会降低隔膜的力学性能。

4）润湿性。润湿性是指所用电解液对电池隔膜的浸润程度。隔膜应该具备吸收并保留尽量多电解液的能力，确保锂离子在隔膜中的正常穿梭，得到更高的离子电导率，从而提升电池的电化学性能。

（3）安全性 安全性由基体材料和制备工艺两者共同决定，包括熔融温度、自闭孔性能和热收缩率。

1）熔融温度。实际使用过程中，锂离子电池容易出现温度上升的情况，所以隔膜应该具备较高的熔融温度，防止因隔膜收缩熔化而导致电池内部短路。

2）自闭孔性能。自闭孔性能是指在电池温度达到热失控之前，隔膜的微孔结构能够自动闭合而形成绝缘层，从而终止电化学反应，避免电池因热失控造成火灾、爆炸等事故。

3）热收缩率。温度升高时，隔膜应当可以保持原来尺寸形貌的完整性，不能出现明显的收缩或者起皱，这样才能继续起到隔离正负极的作用。对于锂离子电池隔膜，在 90℃ 下静置 1h 的热收缩率不能高于 5%。

2. 隔膜类型及制备技术

目前隔膜主要分为聚烯烃类隔膜和无纺布隔膜。

（1）聚烯烃类隔膜 聚烯烃类隔膜是目前主要的商业化隔膜，主要包括聚乙烯（PE）隔膜、聚丙烯（PP）隔膜，以及聚烯烃复合隔膜。这类隔膜大部分厚度为 20～30μm，微孔尺寸为亚微米级别，孔隙率高于 40%。具有优良的力学性能，耐电解液腐蚀性强，有良好的化学和电化学稳定性。但其电解液浸润性差，吸液率低，锂离子电导率低，影响电池的循环性能及倍率性能；此外，其熔点仅为 130℃ 左右，热稳定性较差，当电池温度较高时，会发生热收缩，严重时可以导致电池短路，发生燃烧甚至爆炸。

传统聚烯烃隔膜的制备工艺可分为干法和湿法工艺。干法工艺是最常用的方法，利用挤压、吹膜的方法，将熔融的聚烯烃树脂制成片状结晶薄膜，并通过单向拉伸或双向拉伸在高温下形成狭缝状多孔结构（图 3-26）。单向拉伸工艺制备的薄膜微孔结构扁长且相互贯通，导通性好；生产过程中不使用溶剂，工艺环境友好；薄膜的纵向强度优于横向，且横向基本没有热收缩。中国科学院化学研究所在 20 世纪 90 年代发展出具有自主知识产权的双向拉伸工艺法，即在 PP 中加入具有成核作用的 β 晶型改进剂，利用 PP 不同相态间密度的差异，在拉伸过程中发生晶型转变形成微孔。双向拉伸工艺制备的薄膜纵横向均具有一定的强度、微孔尺寸及分布均匀。

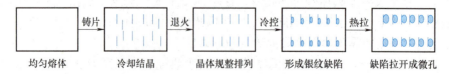

均匀熔体　　　　冷却结晶　　　　晶体规整排列　　　形成银纹缺陷　　　缺陷拉开成微孔

图 3-26　干法制备工艺流程

湿法工艺又被称为热致相分离法，在成膜过程中（图3-27），首先将高聚物与某种增塑剂（如石蜡）混合熔融形成均匀的混合物，降低温度使其发生相分离，同步双向拉伸后，再利用易挥发的溶剂（如己烷）将增塑剂萃取出来，从而制备出微孔膜。使用湿法工艺制备的隔膜三维结构更复杂，微孔屈曲度更高，孔隙率易于调控且强度较高，但有机溶剂的使用会增加隔膜的成本，而且不利于环保。

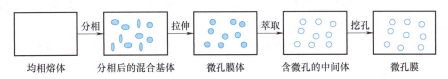

均相熔体　　分相后的混合基体　　微孔膜体　　含微孔的中间体　　微孔膜

图3-27　湿法制备工艺流程

（2）无纺布隔膜　与聚烯烃隔膜相比，无纺布隔膜的最大优势是其高孔隙率和高热稳定性。无纺布隔膜通常由随机取向的纤维通过化学、高温或机械方法粘接在一起制成的。天然材料和合成材料已被用于制备无纺布隔膜纤维。无纺布隔膜独特的三维堆积结构、较高的孔隙率可以提供更好的吸液率和电解液保有量，有利于降低电池的内阻，提升锂离子电导率，进而提高电池的性能。无纺布隔膜材料可选择性较广。针对聚烯烃较差的热稳定性，无纺布隔膜可选择高熔点的聚合物材料，如天然的纤维素等和人工合成高分子材料聚酰亚胺（PI）、聚丙烯腈（PAN）、聚偏氟乙烯（PVDF）、芳纶纤维、聚对苯二甲酸乙二醇酯（PET），部分熔点高达400℃，分解温度达到600℃，热稳定性远大于聚烯烃隔膜。

静电纺丝工艺主要用于无纺布隔膜制备，其首先利用外加的高压静电力促使纺丝液在成功克服液滴表面张力后形成喷射长丝，然后落在特定的接收装置上，待溶剂蒸发或固化之后便可形成由纳米纤维堆积而成的网状膜。该方法制备的隔膜普遍具有较高的孔隙率和离子电导率，缺点是生产效率低、纤维之间的作用力比较弱、隔膜的强度难以达到使用标准。

（3）研究进展　作为锂离子电池的核心组件之一，隔膜的性能直接影响着电池的能量密度、循环寿命、倍率性能和安全性，因此开发高性能隔膜技术是隔膜研究的一大热点，对提升电池整体性能有重要的意义。此外，隔膜的成本占电池总成本的25%以上，因此寻求价廉质优的原材料以及开发高效低耗的生产技术一直是隔膜研究领域的另一热点。

隔膜的研究与发展主要集中在以下几个方面：

1）隔膜的材料选择。隔膜应具备较高的离子传输性能，以实现高能量密度和高功率密度的要求。目前主流的隔膜材料为聚烯烃类，如PP、PE等。这些材料具有良好的力学性能和化学稳定性，但其热稳定性和耐电解液的性能有待提高。

2）隔膜的离子传输性能。锂离子在电池中的传输速率、传输效率和传输容量都与隔膜的性能密切相关。目前研究主要集中在提高隔膜离子通道的导电性能、提高离子的扩散速率、减少离子阻抗以及降低离子迁移的极化等方面。一些新型材料的引入，如含离子液体的复合材料等，可以有效提高隔膜的离子传输性能。

3）隔膜的热稳定性和耐电解液性能。隔膜在高温下应具备较好的热稳定性能，以减少因高温引起的隔膜熔化、变形等问题，同时能够耐受电解液中含有的溶剂、盐和添加剂。为此，研究人员通过添加聚合物抗氧化剂、热稳定剂和表面改性等方式提高隔膜的热稳定性和耐电解液性能。

4）**隔膜的安全性**。隔膜在电池过充、过放以及外力挤压等极端条件下应具备较好的安全性能，以避免发生内部短路、热失控和火灾等事故。目前的研究主要聚焦在设计具有自愈性质的隔膜，以及引入阻燃材料和耐火材料等，以提高隔膜的安全性能。

目前隔膜的发展趋势主要包括以下几个方面。

1）**高导电隔膜**。提高隔膜的离子传输速率，实现高功率密度的需求。

2）**超薄隔膜**。随着电池技术的发展，对电池体积和重量的要求越来越高，因此研发出更薄、更轻的隔膜是一种发展趋势。

3）**热稳定隔膜**。研究新型隔膜材料，提高热稳定性和耐电解液性能，以满足高温工况下的需求。

4）**安全隔膜**。通过改良隔膜的结构和引入新材料，提高隔膜的安全性能，以提高电池的安全性。

5）**低成本隔膜**。发展以可再生生物质为原料制备的电池隔膜材料，不仅可以有效降低隔膜材料成本，还可推动绿色能源的发展，减少对化石资源的依赖，实现可持续发展。

综上所述，隔膜作为锂离子电池的关键组成部分，其研究和发展一直是锂离子电池领域的热点问题。隔膜的材料选择、离子传输性能、热稳定性、安全性和成本等方面的改进，将为锂离子电池的性能和安全性提供更好的保障，并推动锂离子电池技术的进一步发展。

3.6.2 其他辅材

在锂离子电池的正负极材料中，导电剂、黏结剂和集流体是三个重要的组成部分，它们有助于提高电极的导电性和结构稳定性。下面将对三者分别进行阐述。

1. 导电剂

导电剂在锂离子电池中的用量很少且在材料成本中占比一般小于5%，但却是锂离子电池生产中不可缺少的组成之一，特别是在动力型锂离子电池的大电流充放电过程中具有十分重要的作用。导电剂的作用是增加活性物质间的导电接触，以提高电子电导率，即在活性物质之间、活性物质与集流体之间收集微电流，以减小电极的接触电阻、加速电子的移动速度。常见的导电剂包括碳系导电剂、导电聚合物和金属导电剂等，其中碳系导电剂因成本较低且耐蚀性强受到广泛关注，并成为目前普遍使用的导电剂材料。

碳系导电剂从类型上可分为导电石墨、导电炭黑、导电碳纤维和石墨烯。常用的锂电池导电剂可分为传统导电剂（如导电炭黑、导电石墨、碳纤维等）和新型导电剂（如碳纳米管、石墨烯及其混合导电浆料等）。

（1）**导电炭黑** 炭黑是小颗粒碳和烃热分解的生成物在气相状态下形成的熔融聚合物的总称，是一种由球形纳米级颗粒，呈多簇状和纤维状的团聚物结构，粒径几乎是导电石墨粒径的1/10。根据导电能力大小，可分为导电炭黑、超导电炭黑和特导电炭黑。导电炭黑的粒径一般在30nm以下，比表面积大，导电性能好，吸液、保液性能强，但具有较强的吸油性，分散性能差。实际生产中，需通过改善活性物质、导电剂的混料工艺来提高其分散性。炭黑含量需控制在一定范围内，通常质量分数小于1.5%，可与导电石墨搭配使用起到更好的功效。

（2）**导电石墨** 石墨导电剂基本为人造石墨，与负极材料人造石墨相比，作为导电剂的人造石墨具有更小的颗粒度，一般为 $3\sim6\mu m$，且孔隙和比表面积更高，也具有较好的导电性。其优点包括：①本身颗粒较接近活物质颗粒粒径，颗粒与颗粒之间呈点接触，可以构成一定规模的导电网络结构，有利于提高极片的压实和电子导电；②导电石墨具有更好的压缩性和分散性，可提高电池的体积能量密度和改善极片的工艺特性，一般配合炭黑使用。

（3）纤维状导电剂　纤维状导电剂主要包括碳纤维及碳纳米管（CNT）。导电碳纤维具有线性结构，直径一般为100nm左右，长度一般达到1μm至数十微米，长径比较大，具有较高的弯曲模量和较低的热胀系数，添加到电极材料中可以提高极片的柔韧性和机械稳定性。碳纤维在电极中容易形成良好的导电网络，表现出较好的导电性，因而能够减小电极极化，降低电池内阻及改善电池性能。在碳纤维作为导电剂的电池内部，活性物质与导电剂接触形式为点线接触，相比于导电炭黑与导电石墨的点点接触形式，其不仅有利于提高电极导电性，更能降低导电剂用量，提高电池容量。另外，添加纳米碳纤维也能提高正负极的导热性，利于电池充放电过程的散热，所以导电碳纤维适合用作需要长寿命、高功率特性的汽车用锂离子电池等的辅助材料。

碳纳米管可分为单壁碳纳米管（SWCNT）和多壁碳纳米管（MWCNT）。SWCNT的管径为$0.75 \sim 3$nm，长度为$1 \sim 50$μm。MWCNT的管径为$2 \sim 30$nm，长度为$0.1 \sim 50$μm，层数$2 \sim 50$层。一维结构的CNT与纤维类似，呈长柱状，内部中空。碳纳米管具有良好的电子导电性。添加CNT后，极片有较高的韧性，能改善充放电过程中材料体积变化而引起的剥落，提高循环寿命。碳纳米管也可大幅提高电解液在电极材料中的渗透能力。但由于CNT直径小、长径比大，在范德华力的作用下，极易发生团聚，影响其导电效果。因此，CNT作为锂离子电池导电剂，需要解决的主要问题是CNT的分散性，要求其在浆料中分散良好。

（4）石墨烯　石墨烯既轻又薄，作为新型导电添加剂，能够完美解决添加量与高能量密度之间的矛盾。由于石墨烯具有独特的片状结构，与活性物质的接触为点面接触而不是常规的点点接触或点线接触，可以最大化发挥导电添加剂的作用，还能减少导电添加剂的用量，从而提升活性物质的用量，提升电池容量。石墨烯具有很高的电子导电性能，有利于提高电池导电性能，从而提高循环性能和倍率性能。而且石墨烯有良好的导热性能，有利于改善电池内部的热传导，提升电池的安全性能。此外其优秀的力学性能，非常有利于提升电极的压实密度。然而，石墨烯作为导电添加剂也有几个问题需要解决：①离子位阻效应，石墨烯的片层结构对离子运输具有阻碍作用，即锂离子无法在垂直于石墨片层方向上传导，材料的电极反应动力学受限，尤其在大电流充放电过程中体现得更加明显；②在活性物质中分散困难，易沉降；③成本较高，不利于降低电池生产成本。

（5）复合导电添加剂　复合导电添加剂是将导电炭黑、导电石墨、碳纤维、碳纳米管、石墨烯这几种导电添加剂按性能互补原则组合，形成二元、三元或多元的复合添加剂。由前述可知，没有任何一种导电添加剂能够完美满足锂离子电池性能的全部要求，因此，将不同种类的导电添加剂按一定比例混合，有望起到"1+1>2"的效果。比如，在硅碳电池体系中加入导电炭黑与碳纳米管的复合导电添加剂，导电炭黑在很好地发挥了吸液、保液效能的同时，碳纳米管很好地提升导电性的效能，从而提升了电池的循环性能。

综上可见，不同的导电添加剂有各自不同的形态和性能特点，选择导电添加剂时，需综合考虑电池的化学体系、能量密度、倍率性能、循环性能、生产成本等需求因素。同时，采用合理的匀浆工艺，确保浆料稳定性以及导电添加剂均匀分布在电极活性物质表面，从而最大程度发挥出导电添加剂对锂离子电池性能的改善并优化效能。

2. 黏结剂

锂离子电池黏结剂的主要作用是将活性物质粉体黏结起来。黏结剂可以将活性物质和导电剂紧密附着在集流体上，形成完整的电极，防止活性物质在充放电过程中脱落、剥离，并能均匀分散活性物质和导电剂，从而形成良好的电子和离子传输网络，实现电子和锂离子的高效传输。

理想的锂离子电池黏结剂应具备以下优点：

1) **高黏结性能**：黏结剂须提供足够的黏结强度，确保在电池生产、使用（存储、循环）过程中，不会出现活性材料在反复膨胀和收缩过程中从极片上脱落失效的现象。

2) **良好化学稳定性和电化学稳定性**：长期处于高电位（正极黏结剂）或低电位（负极黏结剂）条件下，正极黏结剂需要在高压条件下不被氧化，负极黏结剂需要在低压条件下不被还原；在存储和循环（电池充放电）过程中，黏结剂不与活性材料、Li 及其他物质发生副反应。

3) **良好电解液相容性**：不溶于电解溶液或溶胀系数小，不与电解液发生化学反应，在电解液中保持形状、结构和性质的稳定。

4) **出色加工性能**：在浆料介质中分散性好，有利于将活性物质均匀地黏结在集流体上，能提供良好的浆料、极片、电池加工性能。

5) **优秀动力学特性**：对电极中的电子、离子在电极中传导的阻碍小。

按黏结剂按照所用溶解溶剂的不同，可分为油系黏结剂和水系黏结剂。油系黏结剂是指采用有机物为溶剂的黏结剂，对应形成的浆料为油体系浆料。采用此体系形成的浆料各个组分具有较好的分散性，不易沉降，极片黏结性能较好。目前产业化锂离子电池普遍使用的油系黏结剂为聚偏氟乙烯（PVDF），配合使用的油性溶剂为 N-甲基吡咯烷酮（NMP）。PVDF 是一种非极性链状高分子聚合物（图 3-28），其分子量一般大于 30 万，是一种绝缘体。其黏结机理是通过长链上的 F 原子和极片中的其他组分颗粒形成氢键，氢键的作用使得各个组分颗粒相互结合。PVDF 具有诸多优点：它具有较宽的电化学稳定窗口，在 $0 \sim 5V$ vs. Li/Li^+ 时，电化学性能稳定；同时，PVDF 具有较好的抗氧化能力和化学反应惰性，不易变质；此外，PVDF 具有很好溶胀性能，采用 PVDF 作为黏结剂的极片电解液润湿性较好。随着锂离子电池产业的发展，PVDF 黏结剂的缺点也渐渐凸显出来。PVDF 是一种半结晶性的聚合物，虽然有优异的电化学和化学稳定性，但是其本身电子和离子导电性较弱。同时，PVDF 黏结剂的黏结作用一般来自分子间的范德华力、主链上 C—F 键和电极其他物质形成的氢键，特别是当 PVDF 黏结剂应用于大体积膨胀的硅负极时，容易造成容量损失以及导电网络断裂。另外，PVDF 吸水后分子量下降，黏性变差，因此对环境的湿度要求比较高；PVDF 需使用 NMP 作溶剂，这种溶剂的挥发温度较高，有一定的环境污染且价格贵。

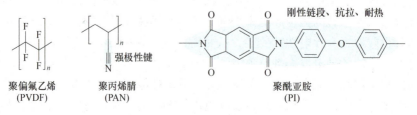

图 3-28　常见油性黏结剂的分子结构式

除了常用的 PVDF 黏结剂，其他的油溶类黏结剂通过独有的优势也受到了许多关注。非 PVDF 类油性黏结剂主要包括：聚丙烯腈类（PAN）、聚酰亚胺类（PI）、全氟磺酸离聚体（Nafion）类。PAN 是一种半结晶性聚合物，主要官能团腈基具有很强的极性，一般通过氢键、范德华力和永久偶极-偶极相互作用连接活性物质和集流体。同时，PAN 能很好地浸润电解液，腈基的强极性也能促进电极中锂离子的运动。PI 类黏结剂一般具有好的力学性能和耐热性能，常应用于大体积膨胀的硅负极和高压层状正极材料中。Nafion 具有出色的离子导电性、合适的黏结强度，Nafion 上的磺酸基可以和电解质中的 Li^+ 产生静电作用，而使 Li^+ 在高分子主链上蠕动、迁移，提升电极的离子导电性。

为了克服油性黏结剂对环境污染和使用成本高的问题，水溶性黏结剂逐渐发展起来，并成为电池工作者普遍关注的方向。产业化锂离子电池中广泛使用的水系黏结剂有羧甲基纤维素钠（CMC）配合丁苯橡胶（SBR）、聚丙烯酸（PAA 系列）等（图 3-29）。SBR 是由 1,3-丁二烯和苯乙烯共聚制得的弹性体，是应用最广的水性黏结剂，极易溶于水和极性溶剂中，具有很高的黏结强度以及良好的机械稳定性和可操作性。其乳液用作黏结剂时弹性好，伸长率高，主要用于增加电极片的柔韧性。这种复合黏结剂不仅对碳电极，对硅电极和硅碳复合材料电极都表现了良好的电化学性能。SBR 的主要问题是自身的电化学稳定性差，即高压抗氧化性和低压抗还原性不好，使用这种黏结剂制备的电极片的低温性能（−10℃）不如使用 PVDF 黏结剂，此外，这种黏结剂的分散性差，制浆时需要合适的分散剂。

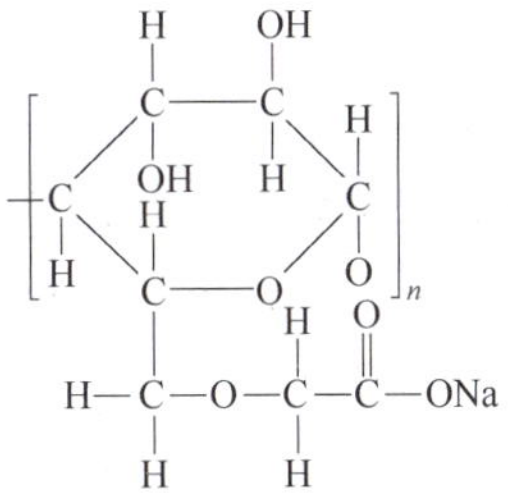

羧甲基纤维素钠
(CMC Na)

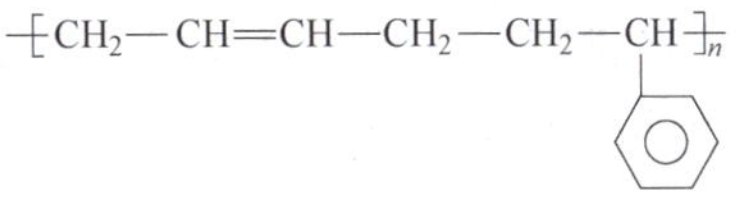

丁苯橡胶(SBR)

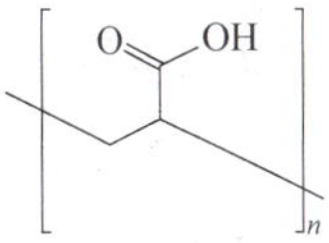

聚丙烯酸(PAA)

图 3-29　常见水性黏结剂的分子结构式

羧甲基纤维素钠（CMC-Na）是当今世界上使用范围最广、用量最大的纤维素种类，其外形为白色纤维状或颗粒状粉末，有吸湿性，不溶于有机溶剂。CMC 目前普遍用于高比容量硅基负极，其羧基官能团与硅表面的 SiO_x 和硅醇（—Si—OH）基团产生氢键或共价键作用力，能增强硅颗粒以及硅颗粒与集流体之间的黏结。CMC 作为聚合物还可以在硅颗粒表面形成类似 SEI 膜的包覆层，抑制电解液在硅负极表面的分解，从而提高硅负极循环寿命。但是 CMC 的脆性大及柔顺性差，容易导致辊压过程中极片结构的坍塌，出现掉粉和漏箔等现象。为了增加电极片的柔韧性，CMC 通常与高弹性的 SBR 混用，除了良好的黏结性，CMC 还有分散 SBR 的作用。SBR 有效降低了薄膜的杨氏模量，增加了膜的柔韧性。CMC 用作锂离子电池碳负极黏结剂时用量较少，一般为 2%~5%，使用这种黏结剂制造的电极首次不可逆容量损失小，目前已广泛应用于商业化石墨基负极中。

聚丙烯酸（PAA）是由丙烯酸单体聚合而成的水溶性高分子聚合物，由于其结构上存在大量的羧酸基团，可以与活性物质以及铝箔形成强相互作用，因而具有较好的黏结性能，是 LIBs 电极潜在的高性能黏结剂。PAA 在电解液碳酸酯溶剂中几乎不会发生溶胀，充放电过程中电极片结构稳定；此外，PAA 具有优良的抗拉强度，利于机械加工。由于 PAA 基黏结剂的优秀特性，其正逐步推广应用于硅基负极，提高电极的循环性能。

近年来，人们对锂离子电池的能量密度、循环寿命、低温充放电等电化学性能有着更高的需求，促使研究者们开发和设计出具有更多功能的新型黏结剂。近年来开发出的新型黏结剂可以被分为交联网络黏结剂、自修复型黏结剂、导电聚合物黏结剂。

相比于线性和支链聚合物黏结剂，交联网络黏结剂能提供更多的分子链间连接，有利于增强强度，以承受硅等电极材料在循环过程中产生的巨大应力。交联网络结构可通过共价交联以及非共价交联（如由氢键和静电相互作用形成）。如利用含有羧基和羟基的黏结剂之间进行的脱水缩合反应形成酯键，是构建交联网络结构的途径之一。

自愈合型黏结剂通常可以在黏结剂与活性材料之间和/或聚合物链之间形成大量的动态键（如氢键、静电相互作用、金属离子配位等），这些动态键可进行可逆的解离和结合，因此能够修复黏结剂电极体积膨胀导致的键的断裂，使黏结剂保持良好的黏结性能，增强对活性颗粒膨胀的缓冲，改善其电化学性能。

针对导电性较差的电极材料，研究者们开发出具有良好电子导电特性的聚合物黏结剂。该黏结剂具有黏结剂和导电剂的双重功能，不仅可以为活性颗粒和集流体提供黏结性，还可以充当导电剂的作用，与活性颗粒形成良好的导电网络，加速电极反应的进程，改善倍率性能并提高能量密度。

3. 集流体

集流体是一个至关重要的组成部分，其在电池性能中发挥着关键作用。集流体不仅承载活性物质，而且将电极活性物质产生的电流汇集并输出，有利于降低锂离子电池的内阻，提高电池的库仑效率、循环稳定性和倍率性能。

理想的锂离子电池集流体应具备以下优点：

1）良好的导电性。良好的导电性能够有效促进电子在电池内部的快速传输，从而提高电池的功率密度。在充放电过程中，电子流动顺畅，电阻降低，有助于降低电池的内部损耗，提高电池的能量转换效率。

2）良好的化学稳定性。在电池运行过程中，集流体直接与电解液和活性物质接触，因此需具备良好的化学稳定性，以抵抗化学腐蚀和氧化反应。稳定的化学性能可以有效延长电池的使用寿命，并保持电池的稳定性和可靠性。

3）足够的强度。电池在充放电过程中，正、负极材料会发生体积变化，因此集流体需要具备足够的强度来支撑电极材料的结构，防止发生变形、断裂或脱落，以确保电池组件的稳定性和可靠性。

锂离子电池集流体通常采用铝箔和铜箔。铝箔在低电位时腐蚀较为严重，主要用于正极集流体，厚度通常为 $10 \sim 16 \mu m$；铜箔在较高电位时易被氧化，主要用于电位较低的负极，厚度通常为 $6 \sim 12 \mu m$。作为锂离子电池的重要辅材之一，集流体性质对电池性能的影响不可忽视。薄型化、功能化是目前集流体的主要发展方向，研究对象包括复合集流体和优化几何形状。

复合集流体是一种"三明治"结构的电池材料，内层为聚合物高分子层（如 PET、PP

或 PI），两侧为金属导电层（如 Al 或 Cu）。目前工业量产的复合集流体中，复合铜箔采用 4.5μm 的 PP/PET 作为基材，先在基材两面磁控溅射各 50nm 的铜层，再在铜层表面电镀，加厚铜层至 1μm 左右（图 3-30）。而复合铝箔通常采用 6μm 的 PET 作为基材，然后在基材两面蒸镀各 1μm 的铝层。复合集流体的高分子绝缘中间层不容易断裂且具备较强的抗穿刺性，能够有效规避电池内的短路情况及其导致的发热失控与电池自燃；同时，由于阻燃配方的加入，复合集流体兼具阻燃功能，能大幅提高电池的安全性。因此，复合集流体电池既具有高能量密度和良好的循环寿命，又能提供足够的过充电保护、稳定的大电流放电能力和优良的安全性能，被认为是实现高能量密度电池的最佳解决方案之一。

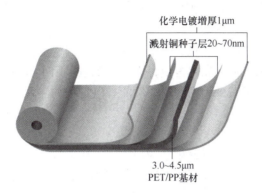

图 3-30　复合 Cu 箔结构示意图

集流体的几何形状也是设计中需考虑的因素。设计集流体时，需确保其与极片的匹配度。同时，还需要保证整个电池的均衡性和重量分布的合理性。泡沫状集流体具有较好的导电性能和导热性能，在电池工作时能够更快速地将电能传送出去，从而提高电池的功率特性。此外，泡沫集流体还具有较好的强度和可塑性，能够制造更复杂的形状，满足电池的自身需求。

随着对集流体材料性能的不断优化和提升，锂离子电池的性能也将不断改善，为其在电动汽车、储能系统等领域的广泛应用打下更加坚实的基础。

3.7　锂离子电池的制造技术与应用

3.7.1　电池制造技术

锂离子电池制造过程是一个复杂且精密的流程，涉及多个关键步骤和技术。制造过程包括电极材料的制备、电极片的涂覆、电池的组装和化成过程。这些步骤不仅决定了电池的最终性能，还影响了生产效率和成本。先进的制造技术能够提高电池的一致性和可靠性，确保其在各种应用场景中的优异表现。

1. 电极材料的制备

正、负极材料是锂离子电池的核心组成。常用的正极材料包括 $LiCoO_2$、$LiFePO_4$ 和三元材料（NMC 和 NCA）。这些材料的制备涉及混合、研磨、烧结等步骤，目的是获得具有高比容量和良好循环稳定性的材料。对于正极材料，目前发展趋势为高比容量正极材料，主要包括高镍三元（Ni 质量分数高于 80%）和富锂锰基材料，但它们普遍存在导电性差和表面性质不稳定等缺点，普遍通过表面包覆和元素掺杂进行性能改进。对于负极材料，主要是石墨和硅基材料。石墨具有良好的循环性能和稳定性，而硅基材料则由于其高比容量成为研究热点。然而，硅的体积变化问题需通过纳米化和复合材料等方式加以解决。

2. 电极片的制备

电极片的制备包括调浆、涂覆、干燥和辊压。涂覆过程即将活性浆料（活性材料、导电剂、黏结剂、溶剂）涂覆在金属箔（如铝箔或铜箔）表面。涂覆的均匀性和厚度对电池性能有直接影响，先进的涂覆技术，如滚涂和喷涂能提高涂层的一致性。涂覆后的电极片需经过干燥和辊压，以去除溶剂并压实材料，提高电极的能量密度和稳定性。

3. 电池的组装

电池的组装主要包括卷绕、叠片、注液和封装。锂离子电池的组装通常采用卷绕或叠片工艺。卷绕工艺适用于圆柱形和软包电池，而叠片工艺多用于方形电池。组装过程中，需保持电极片的整齐和紧密，以减少内阻和提高性能。电解液的注入和电池的封装则是组装过程的最后步骤。

4. 电池的化成

锂离子电池的化成，就是对制造出来的锂离子电池进行第一次小电流的充电，它的目的是在负极表面形成一层钝化层，即固体电解质界面膜（SEI 膜）。这个过程称为电池的"激活"，对电池的循环寿命和安全性有重要影响。电池化成是电池制造过程中非常重要的一环，也是保证电池品质的关键步骤之一。通过电池化成，能够使电池内部的各种材料和组件达到更加稳定和均匀的状态，避免出现不必要的安全问题，同时也能提高电池的容量、循环寿命和性能稳定性。电池化成包括多个步骤，如初始充电、恒定电流充电、恒定电压充电等。其中，初始充电的目的是让电池内部的化学反应体系快速形成，并激活电池正负极材料的化学性能。恒定电流充电和恒定电压充电则是为了让电池内部的化学反应体系更稳定，从而保证电池在以后的使用中有更加优秀的性能表现。经历化成后的电池需经过严格的性能检测和分选，确保其符合设计规范和质量要求。

5. 关键技术的应用

锂离子电池技术的发展高度依赖新材料技术的突破。通过研发高能量密度材料，如高容量正极材料（如高镍三元、富锂锰基材料）和负极材料（如硅基材料），可以显著提高电池的能量密度，从而延长电池的使用时间，满足更高能量需求的应用场景。同时，新材料技术能够改善电池的循环寿命和安全性。例如，使用固态电解质材料可以减少电解液泄漏和短路的风险；使用更稳定的材料能够提高电池的可靠性，减少电池的热失控风险。此外，通过研发环境友好的材料，可以减少电池制造和回收过程中的环境污染；采用可回收利用的电极材料和无毒无害的电解质，可进一步推动绿色电池技术的发展。

自动化生产线的应用大幅提高了电池的生产效率和一致性，减少了人工成本和人为操作带来的误差。高度自动化的生产过程可实现 24h 连续生产，显著提升产能；自动化设备确保生产过程的高度一致性，通过精确控制生产工艺参数，提升了电池的一致性和可靠性。智能化管理系统的集成，实现了生产过程的实时监控和优化；通过大数据分析和机器学习算法，持续改进生产工艺，进一步提升生产效率和产品质量。这种智能化、自动化的生产方式，不仅提高了生产效率，也提高了产品的一致性和可靠性。

先进的质量控制技术确保了电池生产的各个环节都受到全面检测和监控。利用 X 射线检测、声波检测和红外成像等技术，可以及时发现和排除生产过程中的缺陷。通过高精度的测量仪器和分析工具，精确评估电池的性能指标，如容量、内阻和充放电效率等，确保电池符合设计要求和质量标准，减少不合格产品的出现。质量控制技术还建立了完善的质量追溯系统，记录每一批次电池的生产和检测数据，快速定位和解决质量问题，提升生产过程的透明度和可追溯性。

综合来看，这些技术的协同发展显著提升了锂离子电池的性能和质量，推动了技术创新和市场需求的满足，增强了产品的市场竞争力。

3.7.2　锂离子电池的应用

1. 便携式电子设备

锂离子电池在便携式电子设备中的广泛应用是现代科技进步的重要标志之一，以其轻便和高能量密度的特性成为手机、平板电脑、笔记本计算机等设备的首选能源来源（图 3-31）。它们的高能量密度意味着设备可以在更小的体积内容纳更多的电能，从而延长续航时间，让用户享受更长时间的使用。与传统的镍镉电池相比，锂离子电池还具有更好的充放电性能、更轻便的重量，以及更低的自放电率，使其成为移动设备的理想选择。

图 3-31　锂离子电池在消费类电子中的应用

然而，锂离子电池在保持和提升便携式电子设备性能方面也面临着一些挑战。其中一个主要挑战是电池寿命问题。随着设备使用时间的增加，锂离子电池的容量和性能会逐渐下降，最终需要更换。为了解决这个问题，科研人员正在研究开发更加耐用的电池材料和结构，以延长电池的使用寿命。另一个挑战是快速充电技术的发展。虽然锂离子电池已经能够提供相对较快的充电速度，但是用户仍希望能够在短时间内快速充满电池。因此，科研人员正在努力改进充电技术，以实现更快速、更安全的充电体验。此外，锂离子电池的安全性问题也备受关注。由于其化学特性，锂离子电池受到外部冲击或过度充电时可能会发生短路或过热，导致安全事故发生。因此，研究人员正在致力于开发更安全的电池设计和管理系统，以降低安全风险。

综上所述，锂离子电池在便携式电子设备中的应用为现代移动生活带来了便利，但也需要不断进行研究和创新，以解决其面临的挑战，提升其性能和安全性，更好地满足人们对移动设备的需求。

2. 电动汽车

锂离子电池因其高能量密度和长寿命特性，成为电动汽车的主要动力源（图 3-32）。随着电动汽车市场的快速增长，锂离子电池技术也在不断发展，以满足更高的续航里程和性能需求。

图 3-32　新能源汽车及其电池包

电动汽车对电池的能量密度有极高的要求。高能量密度的电池能够减少充电频率、提供更长的续航里程，提升用户体验。通过优化电极材料和电池结构，提高正负极的比容量，锂离子电池的能量密度不断提高。此外，通过改进电极材料、优化电解液配方和强化电池管理系统，锂离子电池的循环寿命得以延长，确保其在长时间使用后的性能稳定，这对于频繁充放电的电动汽车来说至关重要。

然而，电动汽车应用中的锂离子电池也面临诸多挑战。用户希望能够在短时间内完成充电，这对电池的快速充电能力提出了挑战。先进的充电技术，如高倍率充电和快充电池的研发，有望缩短充电时间，但也需要解决快速充电带来的热管理和安全问题。快速充电会产生大量热量，若处理不当可能会影响电池寿命甚至引发安全事故。因此，需要在充电技术上进行更多创新和改进，以实现高效、安全的快速充电。

此外，电动汽车的普及需要进一步降低电池成本。通过提高生产效率、规模化生产和降低材料成本，锂离子电池的成本不断降低。然而，原材料价格波动和技术升级仍然是成本控制的主要挑战，需要从供应链管理和技术创新等方面综合解决。

锂离子电池的安全性一直是关注的焦点，尤其在高能量密度下的电动汽车电池组。电池安全性不仅影响车辆性能，还关系到用户的生命安全。通过改进电池结构、采用防火材料和优化电池管理系统，可以有效提高电池的安全性。例如，在电池设计中引入多层保护机制，使用高温隔离材料，能显著减少因过热、短路等原因而引发的安全事故。同时，先进的电池管理系统（BMS）能够实时监控电池状态，及时预警和处理异常情况，确保电池的安全运行。

虽然锂离子电池在能量密度、寿命和性能方面都有显著进步，但在快速充电、成本控制和安全性等方面仍需继续努力，以满足电动汽车市场的不断增长和需求。通过持续的技术研发和创新，锂离子电池有望在未来更好地支持电动汽车的发展，推动绿色交通的普及。

3. 可再生能源储存

锂离子电池在现代可再生能源储存系统中扮演着至关重要的角色。通过高效存储太阳能和风能等间歇性能源，平衡电网的供需关系，提高能源利用效率（图 3-33）。具体而言，太阳能和风能的发电特点是波动性和不可预测性，这给电力系统的稳定性带来了巨大的挑战。

锂离子电池凭借其高能量密度、长寿命和快速响应能力，能够在电力需求高峰期提供电力支持，在发电过剩时储存多余的能量，从而实现对间歇性可再生能源的平滑输出。这种储能方式不仅可以降低电网对化石燃料的依赖，还能提高电网的稳定性和可靠性。

图 3-33　可再生能源与锂离子电池储能

在可再生能源的广泛应用和能源转型过程中，锂离子电池也面临着技术挑战和发展机遇。一是成本问题。尽管近年来锂离子电池的成本显著下降，但其制造成本仍然较高，特别是在大规模储能应用中。二是原材料供应链的问题。锂离子电池的制造依赖于锂、钴等稀有金属，而这些资源的供应受地缘政治和市场需求波动的影响。三是锂离子电池长时间使用后会出现容量衰减和安全性问题，这需通过技术创新来不断改进电池的性能和可靠性。尽管如此，随着技术的不断进步和规模效应的提升，锂离子电池的成本将继续下降，性能将进一步提升，为可再生能源的储存和利用提供更加经济高效的解决方案。

锂离子电池的广泛应用不仅推动了能源转型，还为降低碳排放做出了重要贡献。通过在电动汽车、家庭储能系统和大规模电网储能中的应用，锂离子电池正成为减少温室气体排放的重要工具。例如，电动汽车的普及可以大幅减少交通领域的碳排放，而家庭和商业储能系统则可以优化电力消耗模式，减少对化石燃料发电的依赖。在未来，随着智能电网技术的发展和可再生能源发电比例的提高，锂离子电池将发挥更大的作用，帮助实现全球能源系统的绿色转型。通过持续的研发和技术突破，锂离子电池有望在实现零碳未来的道路上发挥不可或缺的作用。

参 考 文 献

[1] DENG D. Li-ion batteries: basics, progress, and challenges [J]. Energy Science & Engineering, 2015, 3 (5): 385-418.

[2] 张超博，高筠，田然. 锂离子电池钴酸锂正极材料的改性研究进展 [J]. 化学工程师，2024, 38 (4): 69-75.

[3] ZHANG J C, LIU Z D, ZENG C H, et al. High-voltage $LiCoO_2$ cathodes for high-energy-density lithium-ion battery [J]. Rare Metals, 2022, 41 (12): 3946-3956.

[4] YOON C S, JUN D W, MYUNG S T, et al. Structural stability of $LiNiO_2$ cycled above 4.2V [J]. ACS Energy Letters, 2017, 2 (5): 1150-1155.

[5] DENG Y, YANG C, ZOU K, et al. Recent advances of Mn-Rich $LiFe_{1-y}Mn_yPO_4$ ($0.5 \leqslant y < 1.0$) cathode materials for high energy density lithium ion batteries [J]. Advanced Energy Materials, 2017, 7 (13): 1601958.

［6］ WU H, CUI Y. Designing nanostructured Si anodes for high energy lithium ion batteries ［J］. Nano Today, 2012, 7 (5)：414-429.

［7］ LIU X H, ZHONG L, HUANG S, et al. Size-dependent fracture of silicon nanoparticles during lithiation ［J］. ACS Nano, 2012, 6 (2)：1522-1531.

［8］ GUO S, HU X, HOU Y, et al. Tunable synthesis of yolk-shell porous silicon@ carbon for optimizing Si/C-based anode of lithium-ion batteries ［J］. ACS Applied Materials & Interfaces, 2017, 9 (48)：42084-42092.

［9］ GU Y J, GUO Z, LIU H Q. Structure and electrochemical properties of $Li_4Ti_5O_{12}$ with Li excess as an anode electrode material for Li-ion batteries ［J］. Electrochimica Acta, 2014, 123：576-581.

［10］ YAN H, ZHANG D, DUO X, et al. A review of spinel lithium titanate ($Li_4Ti_5O_{12}$) as electrode material for advanced energy storage devices ［J］. Ceramics International, 2021, 47 (5)：5870-5895.

［11］ WHITTINGHAM M S. The role of ternary phases in cathode reactions ［J］. Journal of The Electrochemical Society, 1976, 123 (3)：315.

［12］ MIZUSHIMA K, JONES P C, WISEMAN P J, et al. Li_xCoO_2 ($0<x<1$)：A new cathode material for batteries of high energy density ［J］. Materials Research Bulletin, 1980, 15 (6)：783-789.

［13］ YOSHINO A. Development of lithium ion battery ［J］. Molecular crystals and liquid crystals science and technology：Section A. Molecular Crystals and Liquid Crystals, 2000, 340 (1)：425-429.

［14］ OHZUKU T, KOMORI H, NAGAYAMA M, et al. Synthesis and characterization of $LiMeO_2$ (Me = Ni, Ni/Co and Co) for 4-volts secondary nonaqueous lithium cells ［J］. Journal of the Ceramic Society of Japan, 1992, 100 (1159)：346-349.

［15］ SARAVANAN K, BALAYA P, REDDY M V, et al. Morphology controlled synthesis of $LiFePO_4$/C nano-plates for Li-ion batteries ［J］. Energy & Environmental Science, 2010, 3 (4)：457-464.

［16］ TARASCON J M. Key challenges in future Li-battery research ［J］. Philosophical Transactions of the Royal Society A：Mathematical, Physical and Engineering Sciences, 2010, 368 (1923)：3227-3241.

［17］ WAKIHARA M. Recent developments in lithium ion batteries ［J］. Materials Science and Engineering：Reports, 2001, 33 (4)：109-134.

［18］ BALAKRISHNAN P G, RAMESH R, KUMAR T P. Safety mechanisms in lithium-ion batteries ［J］. Journal of Power Sources, 2006, 155 (2)：401-414.

［19］ CAMPION C L, LI W, LUCHT B L. Thermal decomposition of $LiPF_6$-based electrolytes for lithium-ion batteries ［J］. Journal of The Electrochemical Society, 2005, 152 (12)：A2327-A2334.

［20］ YABUUCHI N, OHZUKU T. Novel lithium insertion material of $LiCo_{1/3}Ni_{1/3}Mn_{1/3}O_2$ for advanced lithium-ion batteries ［J］. Journal of Power Sources, 2003, 119-121：171-174.

［21］ FERGUS J W. Ceramic and polymeric solid electrolytes for lithium-ion batteries ［J］. Journal of Power Sources, 2010, 195 (15)：4554-4569.

［22］ KIM T, SONG W, SON D Y, et al. Lithium-ion batteries：outlook on present, future, and hybridized technologies ［J］. Journal of Materials Chemistry, A. Materials for Energy and Sustainability, 2019, 7 (7)：2942-2964.

［23］ ZHAO Y, LI X, YAN B, et al. Recent developments and understanding of novel mixed transition-metal oxides as anodes in lithium ion batteries ［J］. Advanced Energy Materials, 2016, 6 (8)：1502175.

［24］ HU L H, WU F Y, LIN C T, et al. Graphene-modified $LiFePO_4$ cathode for lithium ion battery beyond theoretical capacity ［J］. Nature Communications, 2013, 4 (1)：1687.

［25］ JIN Y, ZHU B, LU Z, et al. Challenges and recent progress in the development of Si anodes for lithium-ion battery ［J］. Advanced Energy Materials, 2017, 7 (23)：1700715.

［26］ AN S J, LI J, DANIEL C, et al. The state of understanding of the lithium-ion-battery graphite solid electrolyte interphase (SEI) and its relationship to formation cycling ［J］. Carbon, 2016, 105：52-76.

［27］ HE C, WU S, ZHAO N, et al. Carbon-encapsulated Fe_3O_4 nanoparticles as a high-rate lithium ion battery anode material ［J］. ACS Nano, 2013, 7 (5)：4459-4469.

［28］ TABERNA P L, MITRA S, POIZOT P, et al. High rate capabilities Fe_3O_4-based Cu nano-architectured electrodes for lithium-ion battery applications ［J］. Nature Materials, 2006, 5 (7)：567-573.

［29］ YU H, ZHOU H. High-energy cathode materials (Li_2MnO_3-$LiMO_2$) for lithium-ion batteries ［J］. The Journal of Physical Chemistry Letters, 2013, 4 (8)：1268-1280.

［30］ WANG H, YANG Y, LIANG Y, et al. $LiMn_{1-x}Fe_xPO_4$ nanorods grown on graphene sheets for ultrahigh-rate-performance lithium ion batteries ［J］. Angewandte Chemie International Edition, 2011, 50 (32)：7364-7368.

［31］ LI P, ZHAO G, ZHENG X, et al. Recent progress on silicon-based anode materials for practical lithium-ion battery applications ［J］. Energy Storage Materials, 2018, 15：422-446.

［32］ DIEDERICHSEN K M, MCSHANE E J, MCCLOSKEY B D. Promising routes to a high Li^+ transference number electrolyte for lithium ion batteries ［J］. ACS Energy Letters, 2017, 2 (11)：2563-2575.

［33］ ZHANG C, SONG H, LIU C, et al. Fast and reversible Li ion insertion in carbon-encapsulated Li_3VO_4 as anode for lithium-ion battery ［J］. Advanced Functional Materials, 2015, 25 (23)：3497-3504.

［34］ XU Q, LI J Y, SUN J K, et al. Watermelon-inspired Si/C microspheres with hierarchical buffer structures for densely compacted lithium-ion battery anodes ［J］. Advanced Energy Materials, 2017, 7 (3)：1601481.

［35］ NZEREOGU P U, OMAH A D, EZEMA F I, et al. Anode materials for lithium-ion batteries：A review ［J］. Applied Surface Science Advances, 2022, 9：100233.

［36］ YUAN T X, TANG R H, XIAO F M, et al. Modifying SiO as a ternary composite anode material ((SiO_x/ G/SnO_2) @ C) for Lithium battery with high Li-ion diffusion and lower volume expansion ［J］. Electrochimica Acta, 2023, 439：141655.

［37］ XIN M Y, LIAN X, GAO X J, et al. Enabling high-capacity Li metal battery with PVDF sandwiched type polymer electrolyte ［J］. Journal of Colloid and Interface Science, 2023, 629：980-988.

［38］ XU Z, YU Y, HUANG Y, et al. Recent advances in protecting Li-anode via establishing nitrides as stable solid electrolyte interphases ［J］. Journal of Power Sources, 2023, 579：233274.

［39］ BRIDEL J S, AZAIS T, MORCRETTE M, et al. Key parameters governing the reversibility of Si/carbon/ CMC electrodes for Li-ion batteries ［J］. Chemistry of Materials, 2009, 22 (3)：1229-1241.

［40］ LI M L, SHENG L, XU R, et al. Enhanced the mechanical strength of polyimide (PI) nanofiber separator via PAALi binder for lithium ion battery ［J］. Composites Communications, 2021, 24：100607.

［41］ HAWLEY W B, MEYER Ⅲ H M, LI J L. Enabling aqueous processing for $LiNi_{0.8}Co_{0.15}Al_{0.05}O_2$ (NCA)-based lithium-ion battery cathodes using polyacrylic acid ［J］. Electrochimica Acta, 2021, 380 (1)：138203.

［42］ PENDER J P, XIAO H, DONG Z Y, et al. Compact lithium-ion battery electrodes with lightweight reduced graphene oxide/poly (acrylic acid) current collectors ［J］. ACS Applied Energy Materials, 2019, 2 (1)：905-912.

［43］ YANG M, CHEN P, LI J P, et al. Poly (acrylic acid) locally enriched in slurry enhances the electrochemical performance of the SiO_x lithium-ion battery anode ［J］. Journal of Materials Chemistry, A. Materials for Energy and Sustainability, 2023, 11 (12)：6205-6216.

［44］ CIEZ R E, WHITACRE J F. Examining different recycling processes for lithium-ion batteries ［J］. Nature Sustainability, 2019, 2 (2)：148-156.

［45］ ZHAO Y, LI X F, YAN B, et al. Recent developments and understanding of novel mixed transition-metal oxides as anodes in lithium ion batteries ［J］. Advanced Energy Materials, 2016, 6（8）：1502175.

［46］ LEPLEY N D, HOLZWARTH N A W. Modeling interfaces between solids：Application to Li battery materials ［J］. Physical Review, B. Condensed Matter and Materials Physics, 2015, 92（21）：214201.

［47］ LI S, ZHANG H, LIU Y, et al. Comprehensive understanding of structure transition in $LiMn_yFe_{1-y}PO_4$ during delithiation/lithiation ［J］. Advanced Functional Materials, 2024, 34（4）：2310057.

第 4 章

钠离子电池

4.1　钠离子电池的发展

1. 发展背景

锂离子电池自商业化以来，因其能量密度高、能量效率高、循环寿命长、无记忆效应等特点，广泛应用于便携式电子设备以及电动汽车等领域，并逐步进入规模化储能领域。电池领域是全球锂需求增量的主要来源，其对锂原料的需求形式主要为碳酸锂和氢氧化锂。近些年来，得益于电动汽车的飞速发展，锂资源需求量处于持续快速增长状态，预计 2025 年全球锂需求将达到 150 万 t 碳酸锂当量。其中，电池领域锂需求占比约 70%，成为锂需求结构中最重要的组成部分。据锂矿企业美国雅保公司预计，2030 年全球锂需求量将达到 330 万 t 碳酸锂当量。

然而，需要注意的是，锂在地壳中的储量有限（地壳中的丰度仅为 0.0017%），且分布不均匀（主要分布在南美）。据美国地质调查局（USGS）2022 年数据显示，全球锂储量达到 2600 万 t 金属锂，折合约 1.3 亿 t 碳酸锂当量，全球探明锂资源量约为 9800 万 t 金属锂，主要分布在智利（36%）、澳大利亚（24%）、阿根廷（10%）、中国（8%）和美国（4%）等国，合计占比达 81% 以上（图 4-1）。考虑到锂资源消费的复合增长率及可开采量，锂资源将会成为储能锂电池在智能电网和可再生能源规模化储存领域中发展的一个关键瓶颈，有限的锂资源难以同时支撑电动汽车与规模储能的发展。因此，从能源发展和利用的长远需求看，利用地球储量丰富的元素，发展低成本、高安全和长寿命的储能电池技术是促进储能电池市场健康可持续化发展，保障国家能源安全的一个重要任务。

与锂相比，地球上钠元素资源丰富（图 4-2），且广泛分布于海洋中。同时，钠具有与锂相似的物理化学性质。具有与锂离子电池相似电池构件的钠离子电

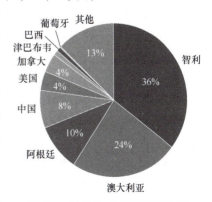

图 4-1　2022 年全球锂储量构成

池能够满足新能源领域对储能电池低成本、长寿命和高安全性能等要求，可在一定程度上缓解锂资源短缺引发的储能电池发展受限的问题。钠离子电池可作为锂离子电池的有益补充，

可逐步替代铅酸电池，有望在新型储能应用中扮演重要角色。

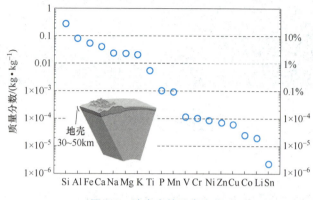

图4-2 地壳中的元素丰度

2. 发展历程

钠离子电池并非一种新型的化学电源体系，早在20世纪70年代末，钠离子电池和锂离子电池几乎同时得到研究（注：1976年，美国Whittingham等开展了对Li^+嵌入TiS_2插层行为的研究；1980年，Newman等报道室温下Na^+可逆地嵌入层状化合物TiS_2中；1979年，法国Armand在北大西洋公约组织会议上提出了"摇椅式电池"的概念，开启了锂离子和钠离子电池的研究），但是，与锂离子电池相比，由于电荷载体的差异（Na原子比锂原子重，标准电极电势比锂约高0.3V），钠离子电池在体积能量密度和质量能量密度方面并没有优势。与此同时，钠离子在碳材料中的可逆插层并不成功。因此，随着锂离子电池的成功商业化及快速发展，钠离子电池的研究曾一度处于缓慢甚至停滞状态。近年来，随着对可再生能源利用的大量需求和对环境污染问题的日益关注，加上迫切需要发展高效便捷的大规模储能技术，锂离子电池在资源和使用成本上受到很大的限制，具有资源丰富和综合性能较优的钠离子电池再次获得广泛关注，相应研究逐渐兴起。

不过，虽然钠离子电池与锂离子电池的工作原理、材料体系和电池构件相似，但电荷载体的差异性使钠离子电池的研究虽然可以借鉴锂离子电池的研究经验，却无法完全移植。在钠离子电池的商业化发展进程中，核心在于寻找适合钠离子电池的关键材料，可以说室温钠离子电池的发展可以归纳于材料体系的发展，具体的代表性工作如下：

（1）初始阶段（20世纪末）　代表性的工作有：①1981年，法国Delmas等首次报道了Na_xCoO_2层状氧化物正极材料的电化学性质，并提出了层状氧化物材料晶体结构的分类方法；②多种含钠过渡金属层状氧化物Na_xMO_2（M＝Ni、Ti、Mn、Cr、Nb）材料的电化学性质被报道；③Delmas发现NASICON结构的固体电解质$Na_3M_2(PO_4)_3$（M＝Ti、V、Cr、Fe等）也可作为电极材料，使磷酸盐首次成为钠离子电池正极材料。

（2）缓慢发展阶段（2000—2010年）　代表性的工作有：①2000年，加拿大Stevens和Dahn首次通过热解葡萄糖获得比容量为300mA·h·g^{-1}的硬碳负极材料；②日本Okada等报道在$NaFeO_2$中，Fe^{4+}/Fe^{3+}氧化还原电对可以可逆转变，具有电化学活性；③加拿大Nazar等报道Na_2FePO_4F材料在脱嵌钠过程中仅表现出3.7%的体积形变，低于橄榄石型$NaFePO_4$材料15%的体积形变。

（3）快速发展阶段（2010 年至今）　代表性的工作有：①2011 年，日本 Komaba 等首次报道了 $NaNi_{0.5}Mn_{0.5}O_2$/硬碳全电池性能；②2013 年，美国 Goodenough 等提出了具有较高电压和优良倍率性能的普鲁士白正极材料；③2014 年，胡勇胜等首次在层状氧化物中发现了 Cu^{3+}/Cu^{2+} 氧化还原电对的电化学活性，并设计制备出一系列低成本的 Cu 基正极材料；④2016 年，胡勇胜等提出使用低成本无烟煤制备钠离子电池无定形碳负极材料。

在钠离子电池实用化进程中，2011 年，全球首家钠离子电池公司——英国 FARADION 成立；2017 年，中国首家钠离子电池研发与生产的公司——中科海钠科技有限责任公司成立。截至 2020 年，全球有二十多家企业（国内的有传统锂电池厂商——宁德时代、比亚迪、鹏辉能源等，钠电创新型企业——中科海钠、钠创新能源、众钠能源、传艺科技、珈钠能源等；国外的有美国 Natron Energy、英国 FARADION、法国 Tiamat 和日本岸田化学公司等）致力于钠离子电池的研发。2023 年 12 月 28 日，孚能科技与江铃集团新能源汽车合作的搭载钠离子电池的纯电 A00 级车正式下线；2024 年 1 月 4 日，比亚迪（徐州）钠离子电池项目正式开工；2024 年 1 月 5 日，江淮钇为正式交付全球首款钠电池量产车型；2024 年 5 月 11 日，我国首个大容量钠离子电池储能电站——伏林钠离子电池储能电站在南宁建成投运；2024 年 6 月 30 日，大唐湖北 100 MW/200MW·h 钠离子新型储能电站科技创新示范项目一期工程建成投运。与此同时，为了发展更加安全的大规模储能用钠离子电池，采用水系电解液或固体电解质替换有机电解液的水系钠离子电池和固态钠离子电池的研发也在同步进行。

4.2　钠离子电池的工作原理与特点

4.2.1　钠离子电池工作原理

与锂离子电池相同，钠离子电池主要由正极、负极、隔膜、电解液和集流体构成，其工作原理与锂离子电池类似（图 4-3），都是通过离子在正负极间的定向迁移，并在正负极间完成可逆的嵌入和脱出，实现其储能过程（"摇椅式电池"）。正负极之间由隔膜隔开以防止短路，电解液浸润正负极以确保离子导通，集流体则起收集和传输电子的作用。充电时，Na^+ 从正极材料的结构中脱出，经电解液穿过隔膜嵌入负极，使正极处于高电势的贫钠状态，负极处于低电势的富钠状态。为保持电荷的平衡，电子则由外电路从正极流向负极，放电过程则与之相反。

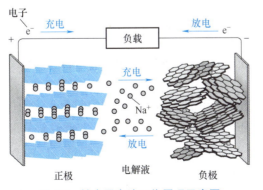

图 4-3　钠离子电池工作原理示意图

以 Na_xMO_2 为正极材料，硬碳为负极材料，充放电过程中的电极反应和电池反应式可表示为

正极反应：

$$Na_xMO_2 \longleftrightarrow Na_{x-y}MO_2 + yNa^+ + ye^- \tag{4-1}$$

负极反应：

$$nC + yNa^+ + ye^- \longleftrightarrow Na_xC_n \tag{4-2}$$

电池反应：

$$Na_xMO_2 + nC \longleftrightarrow Na_{x-y}MO_2 + Na_xC_n \tag{4-3}$$

4.2.2 钠离子电池的特点

钠离子与锂离子各种性质对比见表4-1。

表4-1 钠离子与锂离子性质对比

参数	Na^+	Li^+
相对原子质量	23.00	6.94
质荷比	23.00	6.94
熔点/℃	97.7	180.5
Shannon's 半径/Å	1.02	0.76
$E^{\ominus}$/V vs. SHE	−2.71	−3.04
去溶剂化能（PC）/kJ·mol^{-1}	157.3	218
斯托克斯半径（H_2O）/Å	1.84	2.38
斯托克斯半径（PC）/Å	4.6	4.8
A—O 配位	八面体或三棱柱	八面体或四面体

钠离子电池具有的相应特点如下：

1）钠资源储量丰富、分布广泛、成本低廉、易于获取，广泛存在于海洋和矿物中。规模化生产不受地理因素限制，有利于实现大规模储能可持续发展。

2）钠离子电池与锂离子电池的工作原理相似，可兼容现有锂离子电池生产设备，降低电池制造成本，并加速电池产业化进程。

3）钠与铝不发生合金化反应，正/负极集流体均可使用廉价铝箔，不仅可以降低成本，还可构造双极性钠离子电池，节约非活性材料，提高电池能量密度。

4）电解液中钠离子的溶剂化能比锂离子的更低，具有更好界面去溶剂化能力。

5）钠离子的斯托克斯直径比锂离子的小，低浓度的钠盐电解液具有较高的离子电导率。

6）钠基电解液的高离子导电性有利于提高电池的性能。对 $NaClO_4$ 和 $LiClO_4$ 摩尔电导率的比较研究表明，与 $LiClO_4$ 溶液相比，$NaClO_4$ 与非质子溶剂形成的溶液的黏度相对较低，电导率也较高。

7）拥有相对较宽的电压窗口（4.2V，以锂离子电池4.5V的电压窗口为基准），可得到较高的能量密度。

8）与锂离子相比，钠离子的质荷比较大（大约是锂离子的33倍），使得钠离子电池在能量密度上无法与锂离子电池相媲美。

9）与锂离子相比，钠离子的离子半径较大，造成电极材料在离子输运、体相结构演变和界面性质等方面存在差异。通常情况下，会导致电极材料内部离子扩散速度慢和材料相结构稳定性差，不利于材料的倍率性能和循环稳定性。

4.3 钠离子电池正极材料

正极材料是钠离子电池的关键材料之一，直接影响电池的工作电压和比容量。理想的正极材料应具备的特点与锂离子电池正极材料相似，通常要求具有较高的氧化还原电势、较高的质量比容量和体积比容量、较高的对电解液稳定性和循环过程中的结构稳定性、较高的电子和离子电导率、良好的空气稳定性、安全无毒、原料成本低廉和容易制备等特点。目前，钠离子电池正极材料主要包括过渡金属氧化物、聚阴离子型化合物、普鲁士蓝类化合物以及有机类正极材料，下面分别对其进行介绍。

4.3.1 过渡金属氧化物

1. 层状氧化物正极材料

（1）晶体结构 过渡金属氧化物结构中钠含量较高时，一般以层状结构为主。层状氧化物的结构通式为 Na_xMO_2（M 为 Fe、Co、Mn、Cr、V 等过渡金属元素中的一种或多种），晶体结构特点如图4-4所示。通常层状氧化物由 MO_6 八面体共边连接形成过渡金属层，钠离子位于 MO_6 八面体层间，形成 MO_6 多面体层与 NaO_6 碱金属层交替排布的层状结构。根据结构中钠离子的配位环境和氧的堆垛方式不同，一般可将层状氧化物分为 On 型和 Pn 型（$n = 2、3$），O、P 分别代表钠离子的配位构型（O 表示八面体配位，octahedral；P 表示棱柱体配位，prismatic），n 为氧最少重复单元的堆垛层数。这种分类方式并没有体现具体的空间群和原子占位信息，因此，文献中一般默认 O3、P2 和 P3 结构对应的空间群分别为 $R\bar{3}m$、$P6_3/mmc$ 和 $R3m$。在材料充放电过程中，晶格钠离子脱嵌常引起结构畸变或扭曲，这时通常在配位多面体类型上面加符号" ′ "来表示结构的变化（如 O′3、P′2 和 P′3 空间群分别为 $C2/m$、$Cmcm$ 和 $P2_1/m$）。

钠离子电池层状氧化物正极材料最常见的结构是 O3 型和 P2 型（特定合成条件下也可得到 P3 结构）。O3 型层状氧化物由 3 种不同的 MO_2 层（AB、CA、BC）组成，其结构中 Na^+ 只有一种占位（NaO_6），NaO_6 八面体与过渡金属 MO_6 八面体共棱连接。当 MO_2 层滑移时，可形成新的堆垛形式（AB、AC、AB），结构中存在 2 种不同的 MO_2 层，形成 O2 型。P2 型层状氧化物结构为 ABBA 堆垛形式，结构中 NaO_6 三棱柱分为两种，一种是三棱柱上下两侧均与过渡金属 MO_6 八面体以共棱形式连接（Na_e，2d 位），另一种是上下两侧均与过渡金属 MO_6 八面体以共面形式连接（Na_f，2b 位）。在 P3 结构中（ABBCCA 堆垛形式），仅包含一种 NaO_6 三棱柱占位（一侧与 MO_6 八面体共棱连接，另一侧共面连接）。对于 O3 型层状氧化物，Na⁺在相邻八面体位之间迁移时需经过中间的四面体空位，扩散势垒较高，而P2结构层状氧化物的Na⁺扩散路径则较为开放，Na⁺迁移时仅需通过相邻的三棱柱位置，并不像O3结构一样需穿过四面体位置，扩散势垒较低。因此，P2或者P3结构材料一般具有比O3或O2结构更加快速的晶格离子迁移速率和良好的倍率性能。

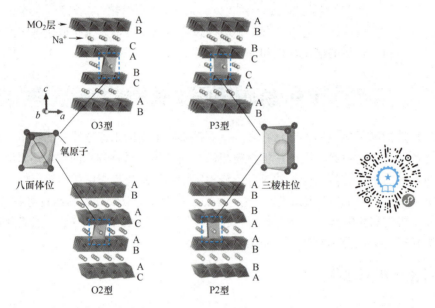

图4-4 常见钠离子层状氧化物O型和P型晶体结构示意图

（2）典型材料种类

1）P2层状氧化物。常见的P2层状氧化物的典型材料按照结构中过渡金属元素种类分可分以下三种：

① 一元正极材料，如P2-$Na_{0.7}CoO_{1.96}$、P2-$Na_{0.6}MnO_2$、P2-$Na_{0.71}VO_2$。

② 二元正极材料，如P2-$Na_{2/3}[Fe_{1/2}Mn_{1/2}]O_2$、P2-$Na_{2/3}[Mn_{1/3}Co_{2/3}]O_2$、P2-$Na_{2/3}[Ni_{1/3}Mn_{2/3}]O_2$、P2-$Na_{2/3}[Cu_{1/3}Mn_{2/3}]O_2$、P2-$Na_{2/3}[Ni_{1/3}Ti_{2/3}]O_2$、P2-$Na_{0.6}[Cr_{0.6}Ti_{0.4}]O_2$等。

③ 多元正极材料，如P2-$Na_{2/3}[Ni_{1/3}Mn_{1/2}Ti_{1/6}]O_2$、P2-$Na_{7/9}[Cu_{2/9}Fe_{1/9}Mn_{2/3}]O_2$等。

2）O3层状氧化物。按照结构中过渡金属元素种类，常见的O3层状氧化物典型材料可分为以下三种：

① 一元正极材料，如O3-$NaCrO_2$、O'3-$NaMnO_2$、O3-$NaFeO_2$、O3-$NaCoO_2$、O'3-$NaNiO_2$、O3-$NaTiO_2$。

② 二元正极材料，如O3-$Na[Ni_{0.6}Co_{0.4}]O_2$、O3-$Na[Ni_{0.5}Fe_{0.5}]O_2$、O3-$Na[Ni_{0.5}Ti_{0.5}]O_2$、O3-$Na[Ni_{0.5}Mn_{0.5}]O_2$、O3-$Na[Fe_{0.5}Co_{0.5}]O_2$、O3-$Na[Fe_{0.5}Mn_{0.5}]O_2$等。

③ 多元正极材料，如O3-$Na[Ni_{0.3}Mn_{0.3}Fe_{0.4}]O_2$、O3-$Na[Ni_{1/3}Mn_{1/3}Fe_{1/3}]O_2$、O3-$Na_{0.9}[Ni_{0.4}Mn_xTi_{0.6-x}]O_2$、O3-$Na[Fe_{1/3}Co_{1/3}Ni_{1/3}]O_2$、O3-$Na[Fe_{1/3}Mn_{1/3}Cr_{1/3}]O_2$、O3-$Na_{0.9}[Cu_{0.22}Fe_{0.3}Mn_{0.48}]O_2$、O3-$Na[Ni_{1/3}Co_{1/3}Mn_{1/3}]O_2$、O3-$Na[Ni_{0.6}Fe_{0.25}Mn_{0.15}]O_2$、O3-$Na[Fe_{1/4}Co_{1/4}Ni_{1/4}Mn_{1/4}]O_2$、O3-$Na[Ni_{0.4}Fe_{0.2}Mn_{0.2}Ti_{0.2}]O_2$、高熵材料O3-$Na[Ni_{0.12}Cu_{0.12}Mg_{0.12}Fe_{0.15}Co_{0.15}Mn_{0.10}Ti_{0.10}Sn_{0.10}Sb_{0.04}]O_2$等。

3）P3层状氧化物。在脱嵌钠过程中，伴随着结构中钠含量的降低，大部分O3正极材料均会发生 O3→P3 的相转变，往往 P3 材料结构中的钠含量较少。同时，P3 层状氧化物正极为亚稳相，也可通过简单低温法直接煅烧合成，具有代表性的材料种类包括 P3-$Na_{0.67}CoO_2$、P3-$Na_{1/2}VO_2$、P3-$Na_{2/3}[Ni_{1/3}Mn_{2/3}]O_2$、P3-$Na_{0.9}[Ni_{0.5}Mn_{0.5}]O_2$、P3-$Na_{0.58}[Cr_{0.58}Ti_{0.42}]O_2$ 等。总体而言，当前有关 P3 型层状氧化物材料的报道相对较少，相应材料的研发还在持续进行。

（3）存在的主要问题及解决策略

1）晶体结构演变。层状氧化物正极材料在脱嵌钠过程中，当结构中少量 Na^+ 从层间脱出后，相邻层间的原子之间会失去钠离子的屏蔽效应，在静电斥力的作用下，c 轴会膨胀但尚且不足以发生相变。然而，当 Na^+ 脱出量足够大时，氧原子之间的静电斥力将会促使相邻层发生滑移，且碱金属层会出现 Na^+ 空位，Na^+ 和 Na^+ 空位间易出现不同的有序排列方式，本质上是形成新的超晶格相，造成脱嵌钠过程中出现多个单相和两相的电化学反应区域，在充放电曲线上表现为多个斜坡和平台。

P2 和 O3 层状材料脱嵌钠过程中的这种相变过程往往会带来：①较大的体积变化，导致颗粒的破碎或与极片的脱离；②不可逆的相变，导致晶格 Na^+ 不能完全可逆地脱出/嵌入；③长期循环过程中材料结构变化，导致材料放电电压持续衰减；④钠离子扩散的动力学性能变差，影响材料的电极反应动力学，进而引起电压滞后，电极充放电极化增加。

例如，针对典型的 P2 相正极材料（如 P2-$Na_{2/3}[Ni_{1/3}Mn_{2/3}]O_2$），在脱嵌钠过程中，材料会出现 P2→O2 相变过程。Na^+ 脱出过程中，MO_2 层的滑移使得结构中剩余的 Na^+ 倾向于排列在更为稳定的八面体位置，这种相变往往伴随不可逆的结构坍塌，充放电前后体积变化较大，恶化材料循环稳定性（图 4-5）。

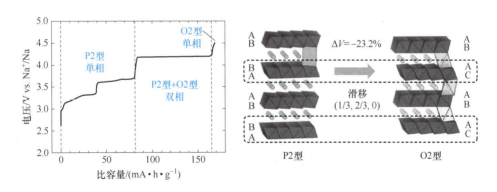

图 4-5 P2-$Na_{2/3}[Ni_{1/3}Mn_{2/3}]O_2$ 充电曲线及相结构转变示意图

针对 O3 相 Na_xMO_2 正极材料（x 接近于 1），以 O3-$Na[Ni_{0.5}Mn_{0.5}]O_2$ 为例，在脱嵌钠过程中，由于 MO_6 层的滑移，O3 结构会经历非常复杂的结构演变过程，表现为：O3（六方晶系）↔O′3（单斜晶系）↔P3（六方晶系）↔P′3（单斜晶系）→O3（六方晶系）的结构变化。当 Na^+ 从结构中部分脱出时，能量上有利于棱柱体配位形成。虽然结构再次转变为六方晶系的 O3 型结构，但晶胞参数与最初相比已经发生了大的变化。

因此，为了避免以上问题，应尽量避免相变的发生，比如对于 P2 结构要尽可能抑制 P2→O2 相变的发生，对于 O3 结构，一般很难避免 O3→P3 转变，但应尽量避免向 P′3 和

O′3等扭曲结构的转变，或者在首周过后的后期循环过程中材料能保持P3结构不再转变，进而保证材料的循环稳定性，这在一定程度上还可提高材料的倍率性能。

目前，抑制相变主要可通过两种方法来实现：①控制充放电电压区间；②掺杂改性。例如，针对P2-$Na_{2/3}[Ni_{1/3}Mn_{2/3}]O_2$正极材料，通过结构中部分Ni、Mn被Fe取代（P2-$Na_{2/3}[Ni_{1/6}Fe_{1/3}Mn_{1/2}]O_2$），可避免脱钠过程中材料P2→O2的结构转变（图4-6），且该材料充电过程中P2→"Z"相之间的结构转变，减少了脱钠过程中较大的层间距变化，从而降低了材料的体积变化（"Z"相可理解为O2和P2的堆叠层错结构，结构中存在P类型结构，是P2→O2的不完全转变）。又如，针对O3-$Na[Ni_{0.5}Mn_{0.5}]O_2$正极材料，Wang等通过晶格Ti掺杂（O3-$Na[Ni_{0.5}Mn_{0.5-x}Ti_x]O_2$，$0<x<0.5$）抑制了充放电过程中复杂的相转变，优化的O3-$Na[Ni_{0.5}Mn_{0.2}Ti_{0.3}]O_2$材料在首次脱钠和嵌钠过程中分别出现O3→P3和P3→O3的相结构转变，并未出现O′3结构（图4-7）。O3-$Na[Ni_{0.5}Mn_{0.2}Ti_{0.3}]O_2$材料表现出明显改善的循环稳定性，在1C电流密度下200次循环，容量保持率可达85%。

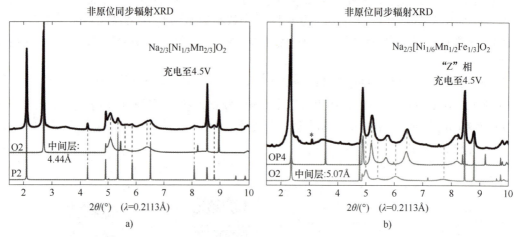

图4-6　材料充电至4.5V后的XRD对比

a）P2-$Na_{2/3}[Ni_{1/3}Mn_{2/3}]O_2$　b）P2-$Na_{2/3}[Ni_{1/6}Fe_{1/3}Mn_{1/2}]O_2$

2）Jahn-Teller效应。在晶体场中，络合物的中心原子（或离子）和周围配体之间的相互作用是纯粹的静电作用，这种化学键类似于离子晶体中正、负离子间的静电作用，不具有共价键的性质。在自由的过渡金属离子中，5个d轨道是能量简并的，但在空间的取向不同。在电场作用下，原子轨道的能量升高。若是球形对称的电场，各个d轨道能量升高的幅度一致；若是非球形对称的电场，由于5个d轨道的空间取向不同，电场的对称性不同可能导致各轨道能量升高的幅度不同，即原来简并的d轨道将发生能级分裂，分裂成几组能量不同的d轨道。配体形成的静电场是非球形对称的，在配体的作用下，中心原子（或离子）的简并的d轨道能级将产生分裂（配体场效应）。

针对正八面体场中的d轨道，六个配体沿x、y、z轴的正负6个方向分布，形成电场。配体的孤对电子的负电荷与中心原子d轨道中的电子排斥，导致d轨道能量升高。如果将配体的静电排斥作用进行球形平均，则在球形场中，d轨道能量升高的幅度相同。然而，实际上，各个轨道所受的电场作用不同，$d_{x^2-y^2}$和d_{z^2}与六个配体正对，受电场的作用大，轨道能量升高幅度较大，高能量$d_{x^2-y^2}$和d_{z^2}轨道统称为e_g轨道（二重简并）；d_{xy}、d_{xz}和d_{yz}不与配体相对，轨道能量升高幅度相对较小，低能量d_{xy}、d_{xz}和d_{yz}轨道统称为t_{2g}轨道（三重简并）。e_g轨道与t_{2g}轨道的能量差，或者电子从低能级 d 轨道进入高能级 d 轨道所需要的能量，成为分裂能。

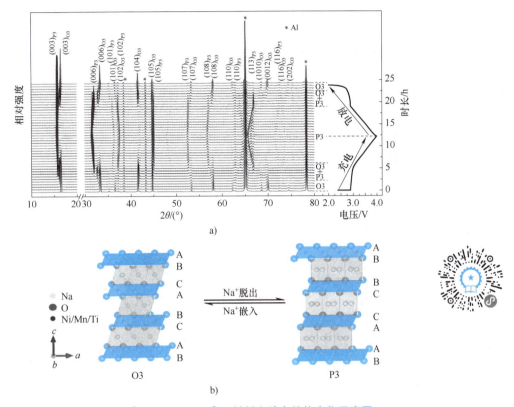

图 4-7　O3-Na$[Ni_{0.5}Mn_{0.2}Ti_{0.3}]O_2$材料充放电结构变化示意图

根据晶体场理论，Jahn-Teller 效应主要与过渡金属元素 d 电子在能级t_{2g}和e_g的分布排列有关。d 电子的排布取决于成对能和分裂能的大小关系。依据洪特规则，电子分占不同轨道且自旋平行时能量较低。如果使本来自旋平行分占不同轨道的两个电子挤到同一轨道上，必使能量升高，升高的能量为电子成对能。在八面体配合物中，低自旋态配合物电子倾向成对，t_{2g}轨道被占满后电子才会去占据e_g轨道；而对于高自旋态配合物，由于配体场分裂参数（能量差）比电子成对能小，在t_{2g}轨道中的任一个占满 2 个电子之前e_g的每个轨道将分别占据一个电子。假设e_g轨道上电子数为 2 或 4，分别占据$d_{x^2-y^2}$和d_{z^2}两个简并轨道，当e_g轨道：$d_{x^2-y^2}$上少了一个电子时（电子占据不对称），会减小对 x、y 轴配体的斥力，造成$\pm x$、$\pm y$上四个配体内移，形成四个较短的键，$d_{x^2-y^2}$能级上升，d_{z^2}能级下降；d_{z^2}上少了一个电子时，会减小对 z 轴配体的斥力，造成$\pm z$上两个配体内移，形成两个较短的键，d_{z^2}能级上升，$d_{x^2-y^2}$能级下降，两种形式均表现出八面体结构的扭曲，即MO_6八面体中原本 6 个等长的 M—O 键变为 2 长 4 短（拉长型 Jahn-Teller 畸变）或 2 短 4 长（压缩型 Jahn-Teller 畸变）。

例如，低自旋配合物中轨道上的电子为 7 或 9（d^7和d^9，如Ni^{3+}属于d^7低自旋态，Cu^{2+}为d^9低自旋态），或有一个单电子的高自旋配合物d^4（Mn^{3+}：d^4高自旋态）时，会产生 Jahn-

Teller 畸变（图 4-8）。多数情况认为，这种 Jahn-Teller 畸变会不利于结构稳定性或者会促进过渡金属的溶解（见下文介绍）等，进而恶化材料的循环稳定性。因此，在材料设计时一般会尽量避免引入有 Jahn-Teller 效应的元素或者价态，或通过材料组成结构调控来抑制充放电过程中的 Jahn-Teller 畸变，以提高材料的电化学循环稳定性。例如，针对 O3-NaMn$_{0.5}$Ni$_{0.2}$Fe$_{0.3}$O$_2$ 正极材料，Zhang 等采用低价 Mg 掺杂（O3-NaMn$_{0.48}$Ni$_{0.2}$Fe$_{0.3}$Mg$_{0.02}$O$_2$），降低了结构中 Mn^{3+} 离子的含量，使得 Jahn-Teller 效应最小化；同时，Mg 的引入抑制了脱嵌钠过程中结构的不可逆相变，综合提高了材料的电化学性能。

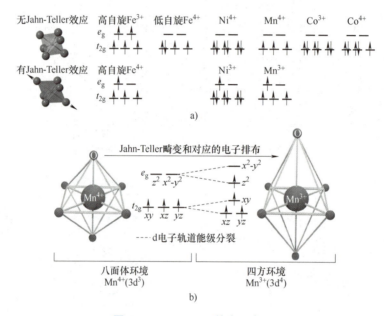

图 4-8　Jahn-Teller 效应示意图

a）部分元素的电子结构以及示意图　b）Mn^{3+} 离子 Jahn-Teller 效应示意图

3）过渡金属离子迁移与溶解。过渡金属离子迁移是指在充电过程中，随着结构中钠离子的不断脱出，在较高工作电位下，过渡金属离子（如 Fe^{4+}、Cr^{4+}）向钠层迁移。这种不可逆的迁移不仅会造成材料的相转变，还会影响钠离子嵌入时在晶格中的扩散能力，从而导致材料电化学性能恶化（容量衰减、电压滞后等）。这种现象最早在层状氧化物正极材料 Na$_x$FeO$_2$ 以及 Na$_x$CrO$_2$ 的研究中发现（图 4-9）。

过渡金属离子溶解是钠离子电池中常见的问题之一，一般具有 Jahn-Teller 效应的过渡金属离子更容易溶解。长轴向的 M—O 键的电子离域特性比较明显，相较于平面的 M—O 键表现出相对更强的路易斯碱性，从而会提高其与电解液中酸性物质的反应活性，令其更易发生溶解反应。一般而言，电解液中的酸性物质（强路易斯酸：HF）来自于残留的水分对 NaPF$_6$ 盐的水解作用：

$$NaPF_6 + H_2O \longrightarrow HF + PF_5 + NaOH \tag{4-4}$$

其中，H$^+$ 在正极和电解液界面处与轴向的 O 反应，并生成 H$_2$O。由于 M—O 上的 O 的实际电子数不足以形成 H—O，需要从 M—O 中汲取电子，从而造成 M 离子价态的升高。高价态 M 离子具有较强的氧化性，往往会与电解液溶剂发生反应，使 M 离子被还原至低价稳定

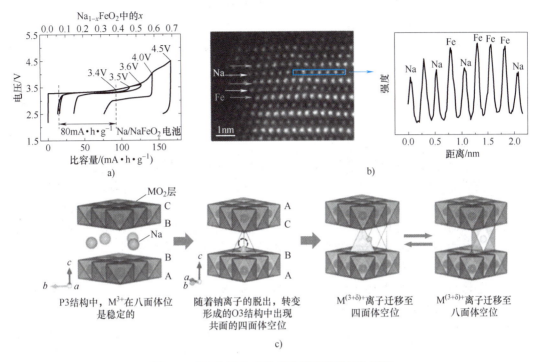

图4-9　O3-NaFeO₂电化学性能及微观结构解析

a) 不同截止电压下的充放电曲线　b) 通过 STEM 观察到的 NaFeO₂ 表面结构的 HAADF 图及衬度分析图　c) 过渡金属离子迁移过程示意图

无 Jahn-Teller 效应状态（如 Mn^{4+} 会变成 Mn^{2+}、Ni^{3+} 变为 Ni^{2+}），而较低价态离子的氧化物或氟化物易溶解于电解液中。生成的 H_2O 会继续和 $NaPF_6$ 反应生成 HF，从而持续引起过渡金属离子的溶解。

　　溶解后的过渡金属离子会迁移到负极并在负极侧沉积，不但会造成负极侧 SEI 膜厚度增加，减少活性 Na^+，而且增大电池内阻，还会持续催化电解液分解，降低电池的循环寿命。通常情况下，可通过以下措施降低过渡金属离子溶解：①引入除水添加剂，阻断 HF 的反应生成路径；②表面包覆，避免电解液与活性材料反应；③元素掺杂，降低结构中具有 Jahn-Teller 畸变的过渡金属离子或抑制结构中的 Jahn-Teller 畸变；④改变钠盐，使用不易水解形成强路易斯酸的钠盐；⑤限制充电电压或提高电解液耐高压性质，避免电解液溶剂的分解。

　　4）空气稳定性。绝大多数层状含钠氧化物在潮湿空气中易吸水或不稳定，令颗粒表面呈现较强的碱性，这不仅造成材料内部活性钠离子的损失和材料结构相变，还会导致电极制备过程中电极制膜特性变差（OH^- 与黏结剂 PVDF 发生反应，造成 PVDF 脱 F，黏结性能变差）和铝箔集流体的腐蚀。因此，层状钠离子电池正极材料在保存和极片制备过程中需严格注意空气的干燥处理。目前，关于钠离子层状氧化物空气稳定性机理尚不完全明了，具有代表性的观点包括：

　　① 层间的 Na^+ 与空气中 H_2O 的 H^+ 发生了离子交换。

$$NaMO_2 + xH_2O \longrightarrow Na_{1-x}H_xMO_2 + xNaOH \tag{4-5}$$

② 潮湿空气中的水和二氧化碳反应生成的 CO_3^{2-} 进入过渡金属层四面体间隙位，伴随着过渡金属元素价态提升以保持电荷守恒。

$$CO_2 + H_2O \longrightarrow 2H^+ + CO_3^{2-} \tag{4-6}$$

$$2H^+ + \frac{1}{2}O_2 + 2e^- \longrightarrow H_2O \quad (Mn^{3+} \longrightarrow Mn^{4+} + e^-) \tag{4-7}$$

式（4-6）和式（4-7）相加可得

$$CO_2 + \frac{1}{2}O_2 + 2e^- \longrightarrow CO_3^{2-} \quad (Mn^{3+} \longrightarrow Mn^{4+} + e^-) \tag{4-8}$$

针对层状氧化物正极材料，如何提高空气稳定性也是该类材料实用化发展中需要解决的问题。当前研究中可通过以下几个措施改善材料的空气稳定性：①成分调控，即通过晶格掺杂，缩小 Na—O 层间距，阻碍 H_2O 和 CO_2 的嵌入，抑制 Na^+ 的自发提取，提高材料的空气稳定性；②表面改性，即通过金属氧化物、碳和聚合物等惰性层（如 Al_2O_3、ZrO_2、聚吡咯等）包覆，减少表面活性物质与空气的直接接触，提高表面结构稳定性。

2. 隧道型氧化物正极材料

（1）晶体结构　缺钠或无钠过渡金属氧化物，如 $Na_xMnO_2(x<0.5)$、$\alpha\text{-}V_2O_5$、$\beta\text{-}Na_xV_2O_5$ 等，通常具有开放结构，其结构相比层状氧化物更复杂，允许钠离子的可逆脱嵌。针对 Na-Mn-O 正极材料（低 Na/Mn 比），以 $Na_{0.44}MnO_2$ 为例（图 4-10），其属于正交晶系，空间群为 $Pbam$，结构中全部的 Mn^{4+} 和一半的 Mn^{3+} 占据八面体位置（MnO_6），另一半 Mn^{3+} 占据四方锥形多面体位置（MnO_5），通过角共享形成两种类型的隧道结构：包含带有 4 个 Na 位点的大的 S 形通道和两个与之毗邻的六边形隧道。S 形通道由 12 个过渡金属原子 Mn 围成，包含 5 个独立晶格位置，分别为 Mn1、Mn2、Mn3、Mn4 和 Mn5。其中，Mn1、Mn3 和 Mn4 位由 Mn^{4+} 占据，而 Mn2 和 Mn5 位由 Mn^{3+} 占据；其内部占据 4 列钠离子，靠近通道中心的为 Na3 位，靠近通道边缘的为 Na2 位。毗邻的六边形通道中的 Na 为 Na1 位。

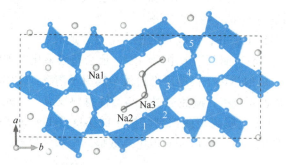

图 4-10　隧道型 $Na_{0.44}MnO_2$ 结构示意图
1—Mn1　2—Mn2　3—Mn3　4—Mn4　5—Mn5

（2）基本特性　隧道型过渡金属氧化物正极材料（$Na_{0.44}MnO_2$）结构稳定，在空气中可以稳定存在；同时，其特殊的结构确保钠离子可在其结构中快速嵌入/脱出，使其具有优异的倍率性能，展现出功率型钠离子电池正极材料应用潜力。然而，该类材料中初始钠含量较低，导致其可逆比容量较低。研究中通常通过材料组成调控来提高材料的可逆比容量，例如，采用 Ti 掺杂，构建 $Na_{0.44}[Mn_{1-x}Ti_x]O_2$ 正极材料。以 $Na_{0.44}[Mn_{0.61}Ti_{0.39}]O_2$ 为例，该材料首次放电后，结构中可以再嵌入 0.17 个 Na^+（$Na_{0.61}[Mn_{0.61}Ti_{0.39}]O_2$），有效提高了材料的可逆比容量。与此同时，晶格 Ti 掺杂改变了材料充放电过程中的电荷补偿机制，调节了材料中 Mn^{3+}/Mn^{4+} 的电荷有序性，优化了脱嵌钠反应的历程和路径，平滑了材料的充放电曲线。

4.3.2　聚阴离子型化合物

1. 聚阴离子型正极材料结构通性

聚阴离子类化合物，通常情况下可表示为 $Na_xM_y(X_aO_b)_z$，其中，M 为过渡金属元素，如 Ti、V、Fe、Mn、Co、Ni 等中的一种或几种；X 为 Si、S、P、As、Mo 和 W 等。这类材料一般由 XO_4 或者其衍生 X_mO_{3m+1} 多面体与过渡金属元素多面体通过共棱或者共角连接形成多面体结构框架，而 Na^+ 则分布于框架空隙。得益于其结构特点，聚阴离子型化合物一般具备以下几个特点：

1）高氧化还原电位。通常认为，聚阴离子型正极材料的高氧化还原电位由独特的诱导效应引起。在聚阴离子型正极材料结构中，引入强电负性元素 X，形成 M—O—X，会削弱 M—O 键的共价性质，从而引起从材料氧化还原电势的上升。在结构中引入电负性更强的基团（如 F^-、OH^-），增强诱导效应，可进一步提高材料的氧化还原电位。

2）较好的结构和热稳定性。聚阴离子正极材料结构中，聚阴离子基团能支撑和稳定材料的晶体结构，同时结构中氧原子通过强共价键连接，相较于层状正极材料，其具有更好的化学稳定性和热稳定性。

3）较低的电子电导率。聚阴离子正极材料结构中，特有的聚阴离子结构单元由很强的共价键紧密连接，且聚阴离子基团将过渡金属离子的价电子隔离开，电子并不能通过 M-O-M 传递，而是遵循 M-O-X-O-M 模式，这种过渡金属离子的孤立电子结构导致该类材料的电子电导率较低，很大程度上制约了该类材料的倍率性能。

2. 聚阴离子型正极材料种类

（1）磷酸盐

1）橄榄石结构 $NaFePO_4$。

① 晶体结构。橄榄石结构 $NaFePO_4$ 晶体结构示意图如图 4-11 所示。属于正交晶系，空间群为 *Pmnb*，结构中 Na 离子和 Fe 离子均处于八面体位，P 位于四面体位，PO_4 与一个 FeO_6 共边连接和四个 FeO_6 共角连接形成结构空间框架。结构中，FeO_6 通过共角连接形成一维平行于 c 轴的长链，NaO_6 八面体通过共边连接形成沿着 b 轴方向的一维可供钠离子迁移的通道。其中一个 FeO_6 八面体与两个 NaO_6 八面体和一个 PO_4 四面体共边，而 PO_4 四面体则与一个 FeO_6 八面体和两个 NaO_6 八面体共边。

注：$NaFePO_4$ 材料具有两种晶体结构，橄榄石型和磷铁钠矿型。在磷铁钠矿型结构中，相邻的 FeO_6 通过共边相连，并以共角的方式与 PO_4 连接。晶格中 Na^+ 占据四面体位，其被 PO_4 四面体隔离开。这种结构缺少 Na^+ 传输通道，通常认为不具有电化学活性。

② 脱嵌钠机理。橄榄石结构 $NaFePO_4$ 充放电过程中的容量电压曲线图如图 4-12 所示。其充放电机理与 $LiFePO_4$ 不同，在充电过程中，当结构中钠含量大于 2/3 时（Na_xFePO_4，$x>2/3$），材料经历固溶反应过程（体积变化 3.62%）；当结构中钠含量小于 2/3 时（$0<x<2/3$），材料表现为 $Na_{2/3}FePO_4$ 和 $FePO_4$ 间的两相反应过程（体积变化 13.48%）。在放电过程中，材料

表现为 $FePO_4$、$Na_{2/3}FePO_4$ 和 $NaFePO_4$ 三相共存的反应，导致 $NaFePO_4$ 在充放电过程中的不对称性。

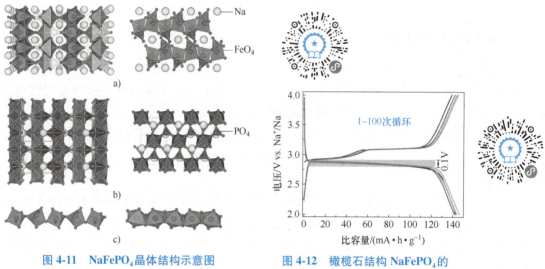

图 4-11　$NaFePO_4$晶体结构示意图

a）橄榄石型　b）磷铁钠矿型　c）近邻 FeO_6 八面体共顶连接及共棱连接

图 4-12　橄榄石结构 $NaFePO_4$ 的 容量电压曲线图

2）NASICON 结构 $Na_3V_2(PO_4)_3$。

① 晶体结构。$Na_3V_2(PO_4)_3$ 的晶体结构如图 4-13 所示，属于六方晶系，空间群为 $R\bar{3}c$。每个原胞由六个 $Na_3V_2(PO_4)_3$ 单胞组成，每个单胞由两个 VO_6 八面体和三个 PO_4 四面体通过共用顶点氧相连，形成 $[V_2(PO_4)_3]^{3-}$ 聚阴离子单元，并沿 c 轴形成 $[V_2(PO_4)_3]_\infty$ 带。相邻的 $[V_2(PO_4)_3]_\infty$ 带沿着 a 轴通过 PO_4 四面体相连，形成具有高度开放的三维空间结构。结构中，Na^+ 存在两种占位形式，分别为 Na1 位（$6b$，6 配位环境，位于 c 轴方向两个近邻的 $[V_2(PO_4)_3]$ 之间）和 Na2 位（$18e$，8 配位环境，位于 $[V_2(PO_4)_3]_\infty$ 带之间，与 P 原子有相同 c 轴坐标的两个 PO_4 四面体之间），且 Na1 位和 Na2 位的占位率分别为 1 和 2/3。然而，实际研究结果显示，Na1 位和 Na2 位的占位率并不是严格意义上的 1 和 2/3（如 0.8430 和 0.7190），说明结构中存在大量的 Na1 和 Na2 位空位，这有利于晶格离子的快速迁移。

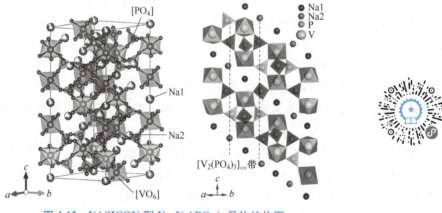

图 4-13　NASICON 型 $Na_3V_2(PO_4)_3$晶体结构图

② 脱嵌钠机理。充放电过程中，$Na_3V_2(PO_4)_3$结构中处于Na2位置的Na^+离子可实现可逆脱嵌，Na1位Na^+离子并未移动，对应理论比容量为117.6mA·h·g^{-1}。脱嵌钠过程中，发生$Na_3V_2(PO_4)_3$和$NaV_2(PO_4)_3$两相反应过程（体积变化率为8.26%，计算结果），对应V^{3+}/V^{4+}的氧化还原反应，容量电压曲线表现为典型的单平台特征（图4-14），充放电电压为3.4V左右。

注：由于高价V离子具有毒性且V元素成本较高，近年来通过非毒性、资源丰富的过渡金属离子（Fe、Ti、Mn、Zr等）取代部分V或全部V，构建了多种NASICON结构新型磷酸盐正极材料，如$Na_3TiV(PO_4)_3$、$Na_3FeV(PO_4)_3$、$Na_4MnV(PO_4)_3$、$Na_3MnTi(PO_4)_3$、$Na_3MnZr(PO_4)_3$、$Na_4MnCr(PO_4)_3$、$Na_3Fe_2(PO_4)_3$以及$Na_3Cr_2(PO_4)_3$等。由于不同过渡金属离子的氧化还原电位的差异性，相应材料的脱嵌钠电位也不同，如Ti^{3+}/Ti^{4+}为2.1V左右，Fe^{2+}/Fe^{3+}为2.5V左右，V^{3+}/V^{4+}为3.4V左右，Mn^{2+}/Mn^{3+}为3.6V左右，V^{4+}/V^{5+}为3.9V左右，Mn^{3+}/Mn^{4+}为4.1V左右，Cr^{3+}/Cr^{4+}为4.5V左右。

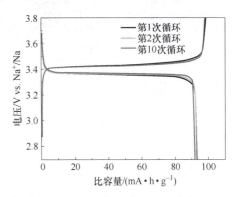

图4-14 $Na_3V_2(PO_4)_3$材料充放电曲线图

3）焦磷酸盐。在高温下，磷酸盐结构中的氧很容易损失，从而形成高温稳定基团焦磷酸根（$PO_4^{3-} \to P_2O_7^{4-}$）。因此，通常认为所形成的焦磷酸盐具有较高的热稳定性。依据结构中阴离子基团的不同，通常可分为焦磷酸盐（$Na_2MP_2O_7$，M=Fe、Mn、Co、Cu等）正极材料和混合焦磷酸盐正极材料［$Na_4M_3(PO_4)_2P_2O_7$，M=Fe、Co等］。

① 焦磷酸盐正极材料。焦磷酸盐中（$Na_2MP_2O_7$，M=Fe、Co、Mn、Cu等），不同的过渡金属元素可能存在不同的配位环境，导致该类化合物通常具有一种或多种不同的晶体结构，主要包括正交结构、三斜结构以及四方结构等。下面分别以$Na_2CoP_2O_7$和$Na_2FeP_2O_7$为例简单介绍其晶体结构。

a. $Na_2CoP_2O_7$。$Na_2CoP_2O_7$结构中，Co既可处于四面体配位环境（CoO_4）也可处于八面体配位环境（CoO_6），这造成其存在三种不同的晶型，即正交晶型（$Pna2_1$）、四方晶型（$P4_2/mnm$）和三斜晶型（$P1$）。其中，四方相和正交相具有相似的结构。

a）在正交相中，$Na_2CoP_2O_7$表现出层状结构特征，CoO_4和PO_4四面体混合排列形成平行于（001）平面的［CoP_2O_7］$^{2-}$层，并与钠层交替堆积形成层状结构。CoO_4配位体中的氧来自于周围的P_2O_7单元，Na^+离子处于扭曲的八面体配位环境中（NaO_6）。这种结构形成了Co通道和一维的钠离子迁移通道。从［010］投影方向上看，4个Na通道围绕着一个Co通道。

b）在三斜相中，$Na_2CoP_2O_7$表现出三维框架结构特征，主要由交错排列的［CoP_2O_7］$_\infty$单元（CoO_6八面体和PO_4四面体共角连接）构成。结构中形成了沿着［001］方向的隧道，且钠离子分布其中。

注：相较于正交相，三斜相$Na_2CoP_2O_7$在热力学上不稳定。

b. $Na_2FeP_2O_7$。$Na_2FeP_2O_7$属于三斜晶系，空间群为$P1$。结构中，Fe_2O_{11}二聚体（两个FeO_6八面体共顶点连接）与P_2O_7（两个PO_4四面体共顶点连接）共棱或共顶点桥接，形成

了沿着 [100]、[110] 和 [011] 方向的三维扭曲的 Zig-Zag 型 Na 离子传输通道,该结构存在 8 个 Na 位点(图 4-15)。

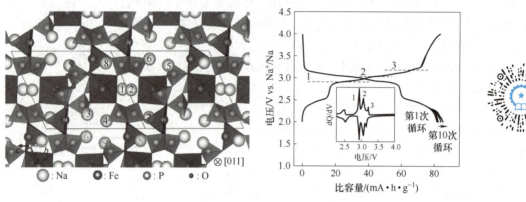

图 4-15　$Na_2FeP_2O_7$ 晶体结构示意图及充放电曲线图

c. 脱嵌钠机理。$P1$-$Na_2MP_2O_7$ 具有 3V 左右的平均脱嵌钠电位,具有单相和两相两种反应机制。以 $Na_2FeP_2O_7$ 为例(图 4-15),在 2.0~4.0V 的截止电压窗口内,材料最多可实现 1 个 Na^+ 的可逆脱嵌,对应发生 Fe^{2+}/Fe^{3+} 的氧化还原反应,理论比容量为 97mA·h·g^{-1}。随着晶格钠离子含量的降低($Na_xFe_2O_7$),当 $1<x<2$ 时,$Na_xFe_2O_7$ 存在三个中间相($x=1.25$、1.5 和 1.75)。脱钠过程中,位于 2.5V 左右的低电压平台为单相反应,位于 3V 左右的高电压平台区则与中间相和脱钠相之间的两相反应有关。

② 混合焦磷酸盐正极材料。在钠离子化合物中,框架结构中同时含有的磷酸根和焦磷酸根离子可稳定存在。通常情况下,其结构式可写为 $Na_4M_3(PO_4)_2P_2O_7$(M = Fe、Co、Mn 和 Ni),均属于正交晶系,空间群为 $Pn2_1a$。其中,$Na_4Fe_3(PO_4)_2P_2O_7$ 是首个含有 Fe^{2+} 的混合磷酸盐化合物,且也是该系列首次被报道的钠离子电池用正极材料。下面分别以 $Na_4Fe_3(PO_4)_2P_2O_7$ 和 $Na_7V_4(P_2O_7)_4(PO_4)$ 为例简单介绍其晶体结构及基本特点。

ⅰ)$Na_4Fe_3(PO_4)_2P_2O_7$。$Na_4Fe_3(PO_4)_2P_2O_7$ 晶体结构如图 4-16 所示。结构由平行于 bc 面 $[Fe_3P_2O_{13}]_\infty$ 构成,其中,层状 $[Fe_3P_2O_{13}]_\infty$ 内部由 FeO_6 八面体和 PO_4 四面体组装,每个 FeO_6 八面体之间共用一个边或四个角,PO_4 四面体通过共享一个边和两个角与这些 FeO_6 八面体相连。这些层状单元在 a 轴方向上通过 P_2O_7 基团连接,从而形成 $Na_4Fe_3(PO_4)_2P_2O_7$ 立体框架结构,所形成的三维网络结构在 a、b、c 三向上都存在钠离子扩散通道,且结构中存在 4 个不同的钠位。$Na_4Fe_3(PO_4)_2P_2O_7$ 材料理论比容量为 129mA·h·g^{-1},放电平均电压约 3.2V。脱嵌钠过程中材料发生固溶反应,伴随局部晶格畸变,材料体积变化小,有利于晶体结构的稳定。

ⅱ)$Na_7V_4(P_2O_7)_4(PO_4)$。$Na_7V_4(P_2O_7)_4(PO_4)$ 是另一种不同组成形式的混合型磷酸盐化合物,结构上属于 3D 框架结构(四方结构)。$[V_2(P_2O_7)_4(PO_4)]_\infty$ 结构中,1 个 PO_4 四面体与相邻的 4 个 VO_6 八面体以共顶点的方式相连,同时 1 个 P_2O_7 基团也以共顶点的方式与相邻的 VO_6 八面体相连(图 4-17)。该材料在充放电过程中存在一个中间相 $Na_5V_4^{3.5+}(P_2O_7)_4(PO_4)$,使其容量电压曲线中存在 2 个电压平台,分别位于 3.5V 左右和 3.87V 左右。

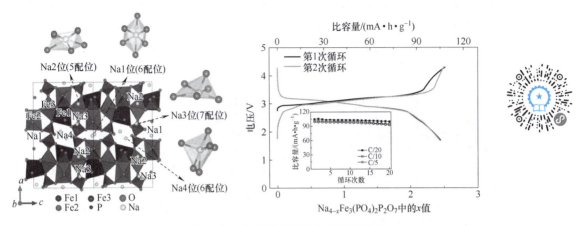

图 4-16　$Na_4Fe_3(PO_4)_2P_2O_7$ 晶体结构及充放电曲线图

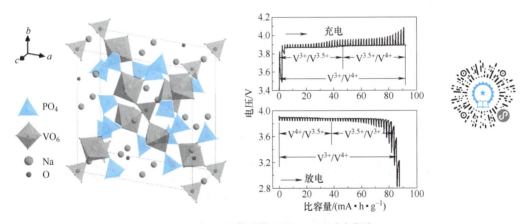

图 4-17　$Na_7V_4(P_2O_7)_4(PO_4)$ 晶体结构图及 GITT 测试曲线

4）氟磷酸盐正极材料。将氟离子引入钠基磷酸盐中可以形成一类新型氟化磷酸盐正极材料。通常情况下，氟化磷酸盐正极材料的工作电压要高于相应的磷酸盐正极材料，这主要与高电负性氟阴离子的强诱导效应有关。截至目前，已经报道的可作为正极材料的钠基氟化磷酸盐化合物主要有 $Na_3V_2(PO_4)_2(O_{2-2x}F_{1+2x})(0 \leqslant x \leqslant 1)$ 和 $Na_2MPO_4F(M=Fe、Mn 等)$。

① $Na_3V_2(PO_4)_2(O_{2-2x}F_{1+2x})(0 \leqslant x \leqslant 1)$ 正极材料。$Na_3V_2(PO_4)_2(O_{2-2x}F_{1+2x})(0 \leqslant x \leqslant 1)$ 材料中，V 的氧化态随结构氟含量的变化而变化。$x=1$ 时，化合物分子式为 $Na_3V_2(PO_4)_2F_3$（V 为+3 价），多数研究认为其属于四方晶系，空间群为 $P4_2/mnm$。结构中，$V_2O_8F_3$ 双八面体与 PO_4 四面体交替地通过共氧连接形成三维网络结构（图 4-18），从而形成了沿 a 轴和 b 轴方向的钠离子传输通道。其中，钠离子占据着 2 种不同的位点，分别为 Na1（占有率为 1）和 Na2（占有率为 0.5）。[注：有报道指出 $Na_3V_2(PO_4)_2F_3$ 空间群为 $Amam$，位于双八面体环境的 V 被 4 个 O 和 2 个 F 包围，Na^+ 存在 3 个不同的位点（$Na1_A$，$Na2_A$，$Na3_A$），其中，$Na1_A$ 位完全占据，其余两个位点部分占据。]

随着结构中 F 含量的降低（O 取代），可形成不同组成的系列化合物。当 $x=0$ 时，化合物分子式为 $Na_3V_2(PO_4)_2O_2F$（V 为+4 价）。从结构上看，$Na_3V_2(PO_4)_2O_2F$ 和 $Na_3V_2(PO_4)_2F_3$ 具

有相似的结构框架（$V_2O_8F_3$双八面体变成$V_2O_{10}F$双八面体），属于四方晶系，空间群为$I4/mmm$（图4-19）。结构中，ab面上$V_2O_{10}F$双八面体与PO_4四面体通过氧原子共顶点相连，c轴方向上通过$V_2O_{10}F$中的F原子连接而成，Na^+分布在间隙位置。

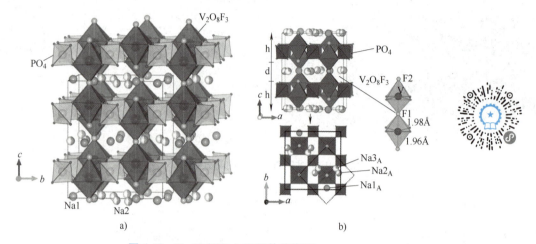

图4-18　$Na_3V_2(PO_4)_2F_3$晶体结构图
a）空间群为$P4_2/mnm$　b）空间群为$Amam$

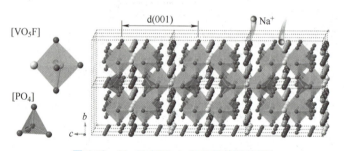

图4-19　$Na_3V_2(PO_4)_2O_2F$晶体结构图

脱嵌钠机理：针对$Na_3V_2(PO_4)_2F_3$正极材料（理论比容量为$128mA \cdot h \cdot g^{-1}$），早期非原位XRD研究结果显示，该材料在脱出/嵌入钠离子过程中表现出单相反应的特点，整个过程中体积形变仅为2%，具有良好的结构稳定性。不过，随后同步辐射原位XRD研究结果表明，其脱嵌钠过程中经历了复杂的相转变过程（图4-20）。在充电过程中，至少存在4个中间相。其中，较低电压下存在3个双相反应过程，涉及2个中间相［$Na_{2.4}V_2(PO_4)_2F_3$、$Na_{2.2}V_2(PO_4)_2F_3$］；当钠离子含量为$1.3 \sim 1.8$时（空间群为$I4/mmm$），材料经历固溶反应过程；x在其他范围内时，发生的是两相反应［最终充电态：$NaV_2(PO_4)_2F_3$，空间群为$Cmc2_1$］。

针对$Na_3V_2(PO_4)_2O_2F$材料（理论比容量为$130mA \cdot h \cdot g^{-1}$），充放电曲线显示2个电压平台（图4-21），分别位于3.6V附近和4.0V附近。同步辐射XRD和XANES研究结果显示，两个电压平台区域分别对应固溶反应过程和两相反应过程。值得注意的是，在$Na_3V_2(PO_4)_2(O_{2-2x}F_{1+2x})$（$0 \leqslant x \leqslant 1$）材料中，伴随着结构中F含量的降低（O/F比增加），

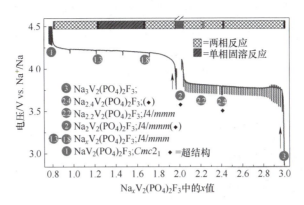

图 4-20 $Na_3V_2(PO_4)_2F_3$ 材料脱钠过程中电压-组成电化学曲线

诱导效应减弱，材料充放电电压降低。然而，弱电负性以及 Na2—F 间相互引力作用的降低，有利于促进晶格 Na^+ 迁移和降低电化学反应极化。

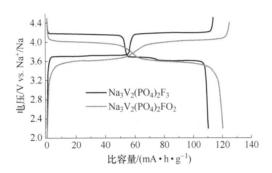

图 4-21 $Na_3V_2(PO_4)_2F_3$ 和 $Na_3V_2(PO_4)_2O_2F$ 的充放电曲线图

注：在脱钠态产物 $NaV_2(PO_4)_2F_3$ 晶体结构中，存在 2 种不同类型的钒的位置，分别对应 V^{3+} 和 V^{5+}，而不全是 V^{4+}。但也有研究认为，2 种钒的位置，只对应 V^{3+} 和 V^{5+}。

② Na_xMPO_4F（M=Fe、Mn、V 等）正极材料。

a. Na_2FePO_4F。Na_2FePO_4F 是正交晶系，空间群为 $Pbcn$，具有二维层状结构特点（[$FePO_4F$] 组成层状框架，Na^+ 位于层内）。结构中，$Fe_2O_7F_2$ 双八面体单元由共面连接的 FeO_4F_2 八面体组成，并与 PO_4 四面体共顶点连接，形成沿 a-c 平面方向的层状单元（图 4-22）。Na_2FePO_4F 材料具有二维离子传输路径，在其结构中，具有 2 个不同的 Na 位点（Na1、Na2），仅 Na2 位点上的 Na^+ 具有电化学活性，Na1 位点的 Na^+ 是惰性的，其理论比容量约为 124mA·h·g^{-1}。采用 Mn 元素取代部分 Fe 后（$Na_2Fe_{1-x}Mn_xPO_4F$），当 $x<0.1$ 时，$Na_2Fe_{1-x}Mn_xPO_4F$ 依旧保持层状结构；当 $0.3<x<1$ 时，三维隧道结构开始出现。

Na_2FePO_4F 只能实现单电子反应，在 3.0V 附近存在 2 个相近的电压平台（图 4-22），这两个平台的交界处存在一个中间相 $Na_{1.5}FePO_4F$，在晶格 Na^+ 脱嵌过程中，Na_2FePO_4F 材料经历着 Na_2FePO_4F（空间群为 $Pbcn$）↔$Na_{1.5}FePO_4F$（空间群为 $P2_1c$）↔$NaFePO_4F$（空间群为 $Pbcn$）间的相变过程。

b. $NaVPO_4F$。$NaVPO_4F$ 是最早用于钠离子电池的氟磷酸盐型正极材料之一，研究报道显示其具有四方相（空间群为 $I4/mmm$）和单斜相（空间群为 $C2/c$）。以四方相为例，VO_4F_2 八面体与 PO_4 四面体连接形成三维框架结构，Na^+ 分布于结构空隙中。根据 $NaVPO_4F$ 晶格可逆脱嵌 1 个 Na^+（V^{3+}/V^{4+} 氧化还原反应）计算，其理论比容量为 $143mA\cdot h\cdot g^{-1}$。由于 PO_4^{3-} 和 F^- 的诱导效应，四方 Na_2VPO_4F 具有 3.7V 左右的高工作电压。

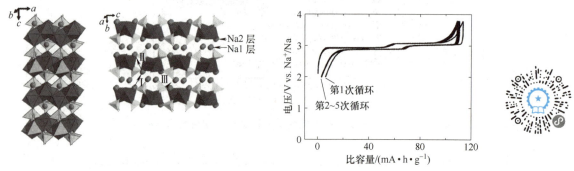

图 4-22　Na_2FePO_4F 晶体结构及充放电曲线图

（2）硫酸盐。钠离子电池用硫酸盐正极材料的通式可写为 $Na_2M(SO_4)_2\cdot 2H_2O$，得益于 SO_4^{2-} 更强的离子性，通常情况下，可实现更高的工作电压，因此，硫酸盐材料在设计高压正极材料时具有重要意义。然而，与其他聚阴离子化合物（PO_4^{3-}、BO_3^{3-}、SiO_4^{4-}）相比，SO_4^{2-} 基团热力学稳定性较差，分解温度低于 400℃（生成 SO_2 气体），因此，硫酸盐正极材料通常采用低温固相法合成。下面主要介绍铁基含水硫酸盐 $Na_2Fe(SO_4)_2\cdot 2H_2O$ 和 $Na_2Fe_2(SO_4)_3$ 的晶体结构和相关性能。

1）$Na_2Fe(SO_4)_2\cdot 2H_2O$ 正极材料。$Na_2Fe(SO_4)_2\cdot 2H_2O$ 属于单斜晶系，空间群 $P2_1/c$，晶体结构如图 4-23 所示。其基本框架由 $Fe(SO_4)_2\cdot 2H_2O$ 单元组成，FeO_6 八面体与 SO_4 四面体交替地桥接，形成平行于 c 轴的长链。FeO_6 八面体中 4 个 O 原子与邻近 SO_4 四面体共享，其余 2 个 O 原子（c 轴方向）组成水分子的一部分。H_2O 和邻近的 SO_4 四面体以氢键键合，从而能固定水分子的取向，并获得化学稳定的结构。Na^+ 沿着 a 轴占据长链之间的间隙位置，形成交替的层状 $Fe(SO_4)_2\cdot 2H_2O$ 单元，$[Fe(SO_4)_2\cdot 2H_2O]_\infty$ 长链通过 Na^+（Na—O 键）和 H^+（氢键）连接形成一个类层状结构框架，沿 b 轴的通道为 Na^+ 的脱嵌提供了扩散通道。$Na_2Fe(SO_4)_2\cdot 2H_2O$ 正极材料具有成本低和相对较高的氧化还原电势（Fe^{2+}/Fe^{3+}：约 3.25V）的优点，不过，该材料的放电比容量较低。

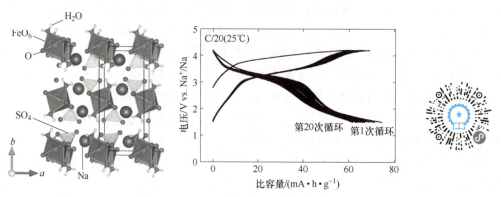

图 4-23　$Na_2Fe(SO_4)_2\cdot 2H_2O$ 晶体结构及充放电曲线图

2）$Na_2Fe_2(SO_4)_3$正极材料。$Na_2Fe_2(SO_4)_3$为磷锰钠铁石结构，具有 $AA'BM_2(XO_4)_3$晶型结构，属于单斜晶系（空间群 $P2_1/c$），其中 A = Na2，A' = Na3，B = Na1，M = Fe，X = S，晶体结构如图 4-24 所示。结构中，Fe^{2+}占据八面体位，2 个 FeO_6八面体共棱连接形成 Fe_2O_{10}二聚单元（晶格 2 个 Fe 位点：Fe1，Fe2）。Fe_2O_{10}二聚体依次与 SO_4四面体共角连接，沿 c 轴形成 Na^+传输的隧道结构。结构中，Na^+占据 3 个不同位点（Na1、Na2 和 Na3），其中，Na1 位全部占有，Na2 和 Na3 位部分占有。$Na_2Fe_2(SO_4)_3$的工作电压约为 3.8V，是目前基于 Fe^{2+}/Fe^{3+}氧化还原电对的最高电势，理论比容量约为 120mA·h·g^{-1}。该结构不仅限于 Fe，还可以扩展到 Ni、Co、V、Mn 等过渡金属元素。

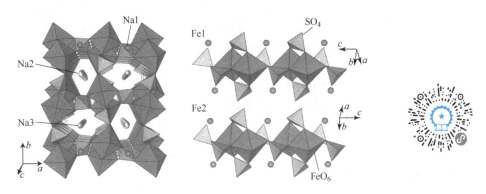

图 4-24　$Na_2Fe_2(SO_4)_3$晶体结构图

$Na_2Fe_2(SO_4)_3$脱嵌钠过程中发生单相转变，在首次充电过程中，Na 的脱出主要发生在 Na3 位点，然后是 Na2 和 Na1 位点。当 Na 从 Na1 位点脱出后，开始诱导 Fe 从 Fe1（8f 位点）迁移到空位 Na1（4e）位点。在放电过程中，Na2 位点的占有率先增加，而 Na1、Na3 和 Fe1 位点几乎不发生变化。进一步放电过程中，Na3 占有率开始增加。直到放电过程的最后阶段，Na^+嵌入 Fe^{3+}占据的空位 Fe1 位置。在整个放电过程中，Fe1 位置的 Fe^{3+}占有率几乎不变，充电过程中，Fe1 位的 Fe^{3+}迁移到 Na1 位置后，在放电过程中保持不动，脱出的 Na^+可逆地脱出/嵌入 Fe1 位置，从而保证该材料的结构可逆性。随后的充电过程，Na^+的脱出依次按照 Na^+占据的 Fe1(Na/Fe1) 位点、Na3 位点和 Na2 位点的顺序发生。

（3）硅酸盐　过渡金属正硅酸盐，化学式为 Na_2MSiO_4（M = Fe、Mn 等），具有资源丰富且对环境无污染的优势。Na_2MSiO_4属于单斜晶系，空间群 Pn，晶胞主要由 NaO_4、MO_4和 SiO_4四面体构成。结构中 MO_4四面体与 SiO_4四面体共角连接，Na^+沿着 c 轴占据其中的间隙位置（图 4-25）。

以 Na_2FeSiO_4为例，其与锂离子电池用 Li_2FeSiO_4正极材料类似，因具有多电子反应的可能而受到广泛关注，其理论比容量（双电子反应）为 276mA·h·g^{-1}。Na_2FeSiO_4首先通过电化学 Li-Na 离子交换从 Li 对应物中获得，研究表明，Na_2FeSiO_4材料可以实现晶格超过 1 个 Na^+的可逆脱嵌，进而实现较高的循环可逆比容量。然而，值得注意的是，Fe^{2+}/Fe^{3+}较低的氧化还原电位（约 1.9V）限制了材料的能量密度。相较于 Na_2FeSiO_4，Na_2MnSiO_4（理论比容量为 278mA·h·g^{-1}，$Mn^{2+}\leftrightarrow Mn^{4+}$）具有更高的氧化还原电位，然而，循环过程中 Mn^{2+}的溶解性会造成材料不可逆的容量衰减。

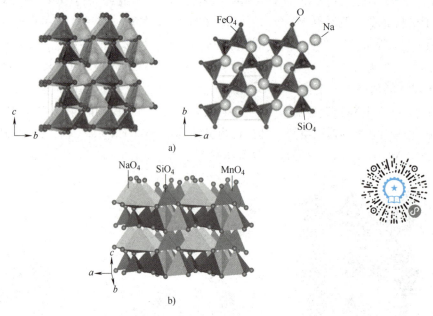

图 4-25 Na₂MSiO₄（M=Fe，Mn）晶体结构图

a）单斜结构 Na₂FeSiO₄ b）单斜结构 Na₂MnSiO₄

（4）硼酸盐 硼原子能通过 sp^2 杂化和 sp^3 杂化形成 $[BO_3]^{3-}$、$[BO_4]^{5-}$、$[B_2O_4]^{4-}$ 等，这些基团通过缩合或多聚，可形成岛状、链状、层状和骨架状基团，进而构筑出多种多样的硼酸盐晶体结构。由于硼酸根较低的摩尔质量，理论上，与磷酸盐、硫酸盐和硅酸盐相比，硼酸盐正极材料具有更高的理论比容量。

$Na_3Fe_5B_5O_{10}$ 属于正交晶系，空间群为 *Pbca*，晶体结构如图 4-26 所示。结构中，FeO_4 四面体的 4 个顶点和 $[B_5O_{10}]^{5-}$ 单元连接形成结构框架（$[B_5O_{10}]^{5-}$ 由 1 个 BO_4 四面体和 4 个 BO_3 平面三角形连接形成），FeO_4-B_5O_{10} 网络在 *ab* 平面聚集成层，并沿 *c* 轴堆叠，钠离子占据层间位置。与磷酸盐和硫酸盐正极材料相比，$Na_3Fe_5B_5O_{10}$ 材料的工作电压较低，这主要与硼酸根较弱的诱导效应有关。与此同时，$Na_3Fe_5B_5O_{10}$ 材料的电子和离子电导率较低，电极反应动力学性能较差，因此该材料电压滞后很大，可逆性较差。

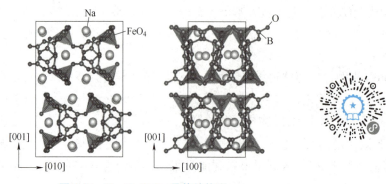

图 4-26 Na₃Fe₅B₅O₁₀ 晶体结构图

3. 聚阴离子型化合物存在的关键问题及解决策略

聚阴离子型正极材料通常面临电子电导率低下的问题，这直接造成电极反应动力学缓慢，限制材料在高倍率下的电化学性能。因此，聚阴离子型正极材料的改性研究通常围绕着提高材料的电子电导率、改善材料的倍率性能展开。

材料的电子电导率可通过两种方式进行提高：①复合导电第二相（石墨烯、碳纳米管等）或碳包覆，构筑材料内部快速的电子传输网络，促进电子在活性材料表面以及颗粒间的输运；②体相掺杂（施主掺杂或受主掺杂），引入电子缺陷（自由电子或电子空穴），降低晶格内电子跃迁禁带宽度，提高材料的本征电子电导。需要注意的是，对于体相掺杂策略，异质元素的引入还可调控聚阴离子化合物结构中离子迁移通道尺寸，从降低晶格 Na^+ 迁移能垒方面提高结构中的离子传输速率，从而综合加速电极反应动力学，改善材料的倍率性能。

除此之外，针对材料缓慢的电极反应动力学，还可通过材料的纳米化来缩短电子/离子迁移传输路径，以改善材料的倍率性能。同时，纳米化还会增大活性物质/电解液接触面积，提高界面电化学反应区域，降低局域电流密度，有利于降低高倍率下电极极化，提高材料倍率性能。

注：虽然上述改性措施均有望实现聚阴离子型正极材料电化学性能的改善，但是每个措施都存在各自的缺点，例如，颗粒纳米化会带来材料振实密度的降低；复合惰性导电第二相会降低材料的整体容量；体相掺杂可能会带来结构钠含量或氧化还原活性位点的损失等。

4.3.3　普鲁士蓝类化合物

普鲁士蓝（Prussian blue，PB）最初是在 Johann Conrad Dippel 的实验室中意外获得的，直到 1724 年，John Woodward 才首度披露其合成过程中的细节。随后，普鲁士蓝在 18 世纪和 19 世纪被用作颜料和染料。近年来，研究者发现了普鲁士蓝在储能领域的潜力，并进行了深入的研究。普鲁士蓝可在不改变其整体框架结构的前提下，通过调节其组成中金属元素的种类，得到一系列新化合物，通常称为普鲁士蓝类化合物（PBAs）。PBAs 具有开放的骨架结构、丰富的氧化还原活性位和良好的结构稳定性，且基于 Fe 和 Mn 的普鲁士蓝类材料具有低成本的特点，展现出良好的商业化应用潜力。

1. 普鲁士蓝及其衍生物的结构及基本特性

（1）晶体结构　普鲁士蓝类化合物的化学通式为 $A_x M1[M2(CN)_6]_{1-y} \cdot \square_y \cdot nH_2O$（$0 \leqslant x \leqslant 2, 0 \leqslant y < 1$），其中，A 为碱金属离子（如 Na、K 等），M1 和 M2 为不同配位过渡金属元素（M1 与 N 配位、M2 与 C 配位），$\square$ 为 $[M2(CN)_6]$ 空位。由于铁氰化物结构稳定、前驱体简单易得，普鲁士蓝的研究多集中于铁氰化物，即 M2 一般为 Fe（少数报道 M2 位 Mn）。这类材料通常具有面心立方结构，当 M2 的金属中心为 Fe 时，晶格中过渡金属元素 M1 与铁氰根按 Fe—C≡N—M1 排列形成三维骨架结构（图 4-27），呈双钙钛矿型，过渡金属元素 Fe 和 M1 位于框架结构的顶点位置，C≡N 位于立方体棱上，A 离子和晶格 H_2O 分子则处于立方体空隙中。其中，M1 和 Fe 分别处于 $M1N_6$ 和 FeC_6 配位环境。

普鲁士蓝化合物作为钠离子电池正极材料时，结构式中的 A 通常为钠离子。根据晶格中钠离子含量的不同，普鲁士蓝化合物的晶体结构也会不同。通常情况下，随着晶格中钠离子含量的增加，晶体结构会逐渐从立方结构（空间群为 $Fm\bar{3}m$）向斜方六面体结构转化（空间群为 $R\bar{3}$），材料晶体的颜色也会呈现<u>柏林绿→普鲁士蓝→普鲁士白</u>的转变，原因在于，氰基阴离子伸展模式频率改变。除此之外，过渡金属元素的种类以及晶格水的含量均会对材料的晶体结构产生影响。

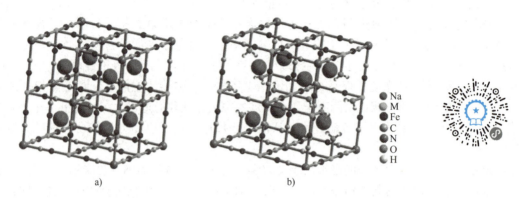

图 4-27　普鲁士蓝类化合物正极材料晶体结构图

a) 无缺陷 $Na_2M[Fe(CN)_6]$　　b) 含有 25% $Fe(CN)_6$ 空位缺陷的 $NaM[Fe(CN)_6]_{0.75}\cdot\square_{0.25}$

（2）基本特性　普鲁士蓝类化合物具有以下基本特点：

1) **较快的离子迁移速率**。普普士蓝类化合物具有开放的三维骨架结构及较为宽敞的钠离子扩散通道，这种大通道结构允许快速、高效的钠离子脱嵌过程。

2) **较高的能量密度**。$Fe—C\equiv N—M1$ 框架独特的电子结构（Fe 对 C 原子存在反馈 π 键，不同的 $M1^{n+}$ 对 $Fe^{3+/2+}$ 存在诱导效应）保证了 Fe^{2+}/Fe^{3+} 氧化还原电对具有较高的工作电势（$2.7\sim3.8V\ vs.\ Na^+/Na$）。同时，普鲁士蓝材料一般包括 2 个氧化还原中心（M1、Fe），最多可实现晶格 2 个 Na^+ 的可逆脱嵌，赋予了材料较高的理论比容量。以 $Na_2Fe[Fe(CN)_6]$ 为例，理论比容量约为 $170mA\cdot h\cdot g^{-1}$。

3) **较好的结构稳定性**。$Fe—CN$ 的配位稳定常数较高（$[Fe(CN)_6]^{4-}$，$\lg K=35$；$[Fe(CN)_6]^{3-}$，$\lg K=42$），可以维持三维框架结构的稳定，且较大的框架结构可以缓解 Na^+ 脱嵌过程中的结构应力，使材料具有较好的循环寿命。

4) **低成本**。普鲁士蓝类化合物合成简便，可通过简单的液相沉淀反应制备，生产成本较低，且原材料成本低廉。

5) **较好的水系钠离子电池适用性**。普鲁士蓝化合物具有较低的溶度积常数，可有效避免在水溶液体系中的溶解流失问题，因此可作为水溶液体系正极材料。

2. 普鲁士蓝正极材料种类

当前，普鲁士蓝类化合物依据结构中钠含量划分，可分为<u>贫钠型（一般情况下，结构钠含量 $x\leqslant1$）</u>和<u>富钠型（一般情况下，结构钠含量 $x>1$）</u>两种。根据过渡金属离子 M1 种类的不同，可分为两种：单氧化还原位点普鲁士蓝材料，如 $Na_xNi[Fe(CN)_6]$、$Na_xCu[Fe(CN)_6]$ 等；双氧化还原位点普鲁士蓝材料，如 $Na_xFe[Fe(CN)_6]$、$Na_xMn[Fe(CN_6)]$、$Na_xCo[Fe(CN)_6]$ 等。

（1）单氧化还原位点普鲁士蓝材料　当 $Na_xM1[Fe(CN)_6]_{1-y}\cdot\square_y\cdot nH_2O$ 中 M1 位置为 Ni、Cu 等元素时，材料通常以立方相形式存在，脱嵌钠过程中过渡金属元素 M1 并不参与电化学反应, 结构中仅有 $[Fe(CN)_6]^{4-}$ 会发生 Fe^{2+}/Fe^{3+} 的氧化还原反应。因此, 针对单氧化还原位点普鲁士蓝材料, 其参与电化学反应的活性位点只有 1 个, 相应材料的理论比容量较低。不过, M1 离子为电化学惰性, 能够起稳定晶格的作用, 从而减少频繁脱嵌钠过程中材料的结构劣化, 使材料具有较好的结构稳定性及循环稳定性。

（2）双氧化还原位点普鲁士蓝材料

1）$Na_xFe[Fe(CN)_6]$ 正极材料。$Na_xFe[Fe(CN)_6]$ 正极材料中, 两个过渡金属元素位置都具有电化学活性。当处于富钠状态时, 材料为单斜或菱方结构（结构含水时为单斜结构, 无水时为菱方结构）; 当处于贫钠状态时, 材料为立方结构。在 $Na_2Fe[Fe(CN)_6]$ 材料结构中, 与 N 相连的 Fe^{2+} 呈高自旋态, 与 C 连接的 Fe^{2+} 呈低自旋态。当电极材料处于充电状态时, Fe^{3+}—C 和 Fe^{3+}—N 中的 Fe^{3+} 外层 3d 轨道电子排布不同（Fe^{3+}—C 为 t_{2g}^5, Fe^{3+}—N 为 $t_{2g}^3e_g^2$）, 与高自旋 Fe^{3+}—N 相比, 电子填充（嵌钠过程）到低自旋的 Fe^{2+}—C 轨道内在能量上占据优势（外层 3d 轨道的 t_{2g} 电子排布中只有一个未占据的轨道）, 导致 FeC_6 还原对应着嵌钠时的第一个电压平台。因此, $Na_2Fe[Fe(CN)_6]$ 的容量电压曲线中, 低电压平台对应着高自旋 Fe 离子的氧化还原反应, 高电压平台对应着低自旋 Fe 离子的氧化还原反应（图 4-28）。以充电为例, 其发生的电化学反应见式（4-9）和式（4-10）, 理论比容量为 $170mA \cdot h \cdot g^{-1}$ 左右。

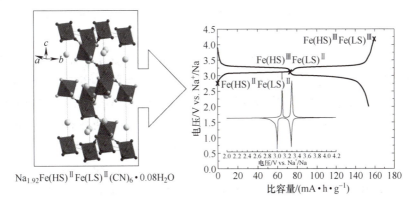

$Na_{1.92}Fe(HS)^{II}Fe(LS)^{II}(CN)_6 \cdot 0.08H_2O$

图 4-28 菱方结构 $Na_{1.92}Fe[Fe(CN)_6] \cdot 0.08H_2O$ 晶体结构
示意图及其首次充放电曲线和对应容量微分曲线

$$Na_2Fe^{II}[Fe^{II}(CN)_6] \longrightarrow NaFe^{III}[Fe^{II}(CN)_6] + Na^+ + e^- \qquad (4-9)$$

$$NaFe^{III}[Fe^{II}(CN)_6] \longrightarrow Fe^{III}[Fe^{III}(CN)_6] + Na^+ + e^- \qquad (4-10)$$

注: Fe 在不同位点上的 3d 电子具有不同自旋态是充放电曲线有两个电压平台的原因。

2）$Na_xMn[Fe(CN)_6]$ 正极材料。Mn 资源丰富, 成本低廉, $Na_xMn[Fe(CN)_6]$ 正极材料同样具有良好的应用前景。结构中, 较高的 Na 含量会诱导材料晶体结构从面心立方（空间群为 $Fm\bar{3}m$）转变为斜方六面体结构（空间群为 $R\bar{3}m$）。以 $Na_{1.89}Mn[Fe(CN)_6]_{0.97}$ 为例, 如图 4-29 所示, 其含水相为单斜结构（$P2_1/n$）, 对其进行除水处理, 可得到结构更加扭曲的菱方结构（$R\bar{3}$）。脱水相中的 Na^+ 沿着 [111] 方向向顶点 Fe^{2+} 位移, 线性的 $(C\equiv N)^-$ 协同旋转使原子向位移轴移动, 并与位移的 Na^+ 接触, Mn—N—C 键角约为 140°。结构中引入间隙水后, 材料由斜方六面体结构转变为单斜结构, 这主要与 $(NaOH_2)^+$ 基团的协同畸变有关。含水相中的 Na^+ 交替地沿着［111］方向和［1$\overline{1}$1］方向向相邻（010）晶面上的顶点 Fe^{2+} 位移，氧原子则和邻近的 Na^+ 桥接，线性的（C≡N）$^-$ 仅发生轻微的旋转（Mn—N—C 键角约为170°）。由于结构不同，除水前后材料的充放电曲线表现出明显的差异（脱水相为单电压平台，3.53V/3.44V，含水相为双电压平台，3.45V/3.17V 和 3.79V/3.49V）。

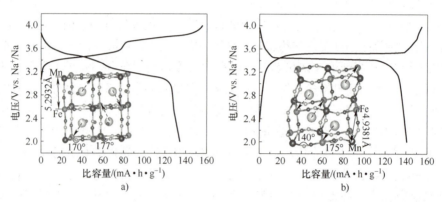

图4-29　$Na_{1.89}Mn[Fe(CN)_6]_{0.97}$材料首次充放电曲线图及相应的晶体结构示意图

a）含水相　b）脱水相

注：含 Mn 普鲁士蓝正极材料在充放电过程中也会存在 Jahn-Teller 畸变效应以及 Mn^{2+} 离子的溶解问题，从而对材料的循环寿命产生不利影响。

（3）其他化合物　$Na_2Mn[Mn(CN)_6]$ 结构中的过渡金属离子全部被锰离子取代。由于 Mn—C≡N—Mn 链发生了明显的弯曲，其晶体结构表现为单斜相（空间群为 $P2_1/n$）。研究显示（图4-30），当将该材料首次嵌钠至较低电位（约1.2V）后，材料单胞中八个亚胞的四个间隙位可以再嵌入1个 Na^+，即 $Na_3Mn^{II}[Mn^I(CN)_6]$，随后的充放电循环过程中可实现晶格3个 Na^+ 的可逆脱嵌，即 $Na_3Mn^{II}[Mn^I(CN)_6]\leftrightarrow Na_0Mn^{III}[Mn^{III}(CN)_6]$：电压1.8V 左右时，为 $Mn^{II}—N≡C—Mn^{II/I}$；电压2.65V 左右时，为 $Mn^{II}—N≡C—Mn^{III/II}$，电压3.55V 左右时，为 $Mn^{III/II}—N≡C—Mn^{III}$。材料的循环可逆比容量显著提高：0.2C 下，循环比容量为209mA·h·g^{-1}，理论比容量为257.7mA·h·g^{-1}。

3. 普鲁士蓝类正极材料存在的问题及解决策略

普鲁士蓝类正极材料虽具有上述优点，然而，实际应用中该类材料普遍存在容量利用率低、效率低、倍率性能差和循环稳定性差等缺点，主要原因可能与结构中的 $[Fe(CN)_6]^{4-}$ 空位和晶格水分子有关。针对 $Na_2M1[Fe(CN)_6]$ 材料，通常在水溶液环境中，通过 $M1^{2+}$ 和 $Na_4[Fe(CN)_6]$ 的简单快速沉淀反应制备，在快速结晶过程中，晶格中极易存在大量的 $[Fe(CN)_6]^{4-}$ 空位和晶格 H_2O 分子，如 $Na_{2-x}M1[Fe(CN)_6]_{1-y}·\square_y·nH_2O$。结构中 $[Fe(CN)_6]^{4-}$ 空位和 H_2O 对材料储钠特性的影响主要表现在：

（1）比容量降低　①$[Fe(CN)_6]^{4-}$ 空位会减少氧化还原活性位点，降低晶格 Na^+ 含量，从而导致材料实际储钠比容量下降；②大量的配位水和结晶水会占据部分 Na^+ 位点，降低材料的实际比容量。

（2）结构稳定性下降　$[Fe(CN)_6]^{4-}$ 空位破坏了晶格完整度，形成畸变有缺陷的晶格，脱嵌钠过程中极易造成晶格扭曲甚至结构坍塌，使材料循环比容量快速衰减。

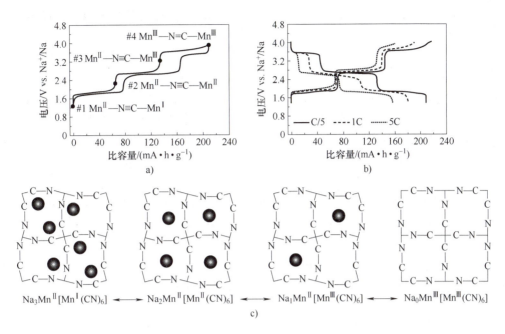

图 4-30 $Na_{1.96}Mn[Mn(CN)_6]_{0.99} \cdot \square_{0.01} \cdot 2H_2O$ 材料电化学性能

a) 充放电曲线 b) 倍率性能 c) 循环过程中结构变化示意图

（3）库仑效率降低 $[Fe(CN)_6]^{4-}$ 空位会增加晶格水含量，且部分水分子会脱出进入电解液，导致材料首次库仑效率和循环效率降低。

除此之外，普鲁士蓝类正极材料还面临电子电导率低、前驱体 $Na_4[Fe(CN)_6]$ 制备过程中涉及剧毒 NaCN 和过渡金属离子溶解损失等问题，这些都制约了该类材料的实用化发展。针对上述问题，通常通过：①控制材料结晶速率，获得低缺陷、富钠态普鲁士蓝正极材料；②包覆或复合导电第二相，提高材料的电子电导率；③掺杂异质非活性元素（部分取代 $M1N_6$ 八面体中的 M1 离子），缓解脱嵌钠过程中晶格结构的变化，提高材料结构稳定性，从而改善材料的电化学性能。

示例 1：①郭玉国等通过单一铁源制备方法，利用 $Na_4[Fe(CN)_6]$ 在酸性条件下裂解释放出 Fe^{2+}，随后与未反应的 $Na_4[Fe(CN)_6]$ 反应形成低缺陷、富钠态的普鲁士蓝正极材料；②杨汉西等通过引入络合剂 L^{n-}（如柠檬酸等），与过渡金属离子 $M1^{2+}$ 作用形成 $M1L_m^{(mn-2)-}$ 配位物，利用配合物缓慢释放出的 $M1^{2+}$ 与 $Na_4[Fe(CN)_6]$ 反应（控制结晶速率），最终形成形貌规整、结晶良好的 $Na_2M1[Fe(CN)_6]$ 化合物。

示例 2：①Luo 等制备了普鲁士蓝/石墨烯复合材料，在 $150mA \cdot g^{-1}$ 电流密度下，比容量为 $110mA \cdot h \cdot g^{-1}$，在 $1500mA \cdot g^{-1}$ 下依旧具有 $95mA \cdot h \cdot g^{-1}$ 左右的循环比容量；②Tang 等使用导电聚吡咯（PPy）包覆铁基普鲁士蓝材料，聚吡咯既作为电子导体增强了导电性能，又作为保护层防止副反应的发生，改性后的材料显示出优异的倍率特性和循环性能。

示例 3：Yang 等在锰基普鲁士蓝的基础上掺入 Ni，如 $Na_{1.76}Ni_{0.12}Mn_{0.88}[Fe(CN)_6]_{0.98}$，非活性 Ni^{2+} 的引入不利于材料容量的发挥，但是，Mn 位 Ni 掺杂缓解了氧化还原反应过程中材料晶体结构的变化，提高了材料循环稳定性（100mA·g⁻¹电流密度下800次循环，容量保持率为83.8%）。

4.3.4 有机类正极材料

有机电极材料具有资源丰富、价格低廉、可回收、结构设计性强等优势。更重要的是，部分有机电极材料可以直接从绿色植物中提取，或经过有机合成方法绿色加工而得，使有机电极材料具有环境友好的优点。

1. 有机类正极材料的特点

与无机电极材料相比，有机电极材料具有如下特点：

（1）反应机理不同　在正负极均为有机材料的二次电池中，电解液中的阴阳离子均可参与电极反应过程，具体反应机理见式（4-11）~式（4-13）。

p 型反应：

$$P+X^- \longleftrightarrow P^+X^- +e^- \tag{4-11}$$

式中，P 为 p 型掺杂有机物；X^- 为 ClO_4^-、PF_6^-、BF_4^-、$TFSI^-$ 等。

n 型反应：

$$N+M^+ +e^- \longleftrightarrow M^+N^- \tag{4-12}$$

式中，N 为 n 型掺杂有机物；M^+ 为 Li^+、Na^+ 等。

电池总反应：

$$P+N+X^- +M^+ \longleftrightarrow P^+X^- +M^+N^- \tag{4-13}$$

1）p 型掺杂有机物在充电过程中失去电子，电解液中的阴离子迁移进入聚合物链段以维持电荷平衡，放电过程与之相反。

2）n 型掺杂有机物在放电过程中得到电子，电解液中的阳离子迁移进入聚合物骨架以保持电极电中性，充电过程则相反。

（2）结构多样化　有机物种类繁多，结构多样，可以通过改变材料的结构调控材料的能量和功率密度，来改善材料的循环稳定性能和加工性能等。例如，

1）降低氧化还原活性基团的质量，在一定程度上可提高材料的比容量。

2）在有机分子上引入给电子基团或拉电子基团，一定程度上可提高或降低材料的氧化还原电势。

3）通过在有机分子上引入长链烷基，可以提高难溶聚合物的加工性能。

2. 有机类正极材料的种类

通常情况下，有机类电极材料的电化学反应发生于共轭体系和含有孤对电子的基团（N、O、S）：共轭结构有利于电子的传输和电荷的离域化，稳定电化学反应后的分子结构；孤对电子或单电子通常具有更高的反应活性。目前，有机正极材料按照氧化还原机理可分为阳离子嵌入型（如玫棕酸二钠盐 $Na_2C_6O_6$、二羟基对苯二甲酸四钠盐 $Na_4C_8H_2O_6$）和阴离子嵌入型（如聚对亚苯基、苯胺-硝基苯胺共聚物）两类；按照活性基团的不同可分为导电聚合物和共轭羰基化合物两类。

（1）导电聚合物　导电聚合物具有大 π 键共轭结构，离域 π 键电子可以在聚合物链上自由移动。该类聚合物本征态时为绝缘体或半导体，掺杂后（p 型掺杂或 n 型掺杂）可显著提高其电子电导率（与金属媲美），因此被称为导电聚合物。导电聚合物作为电极材料时，

其实际比容量与自身的单元分子量和掺杂浓度有关。大部分导电聚合物的掺杂浓度均不高，使其实际比容量远远低于理论比容量。常见的导电聚合物主要有聚乙炔、聚对苯、聚苯胺、聚吡咯、聚噻吩及其衍生物（除聚乙炔外，其余聚合物的导电聚合产物均为掺杂态）。

（2）有机共轭羰基类化合物　有机共轭羰基化合物的典型特征是具有大的共轭体系，同时含有多个羰基官能团（羰基个数≥2，往往为偶数），本质上决定了该类材料具有结构多样性、高的比容量和快速的电化学反应动力学。按照官能团的差异，有机共轭羰基类化合物又可分为醌类、酰亚胺类和共轭羧酸盐类三类（图4-31）。醌类化合物结构中的羰基一般位于共轭芳香环的邻位或对位，理论比容量高。酰亚胺类化合物一般具有较大的芳香共轭平面，有4个羰基，均具有电化学活性（注：若4个C＝O均参与电化学反应，易引起结构的不可逆破坏。通常通过控制氧化还原电位区间，允许2个C＝O的烯醇化反应，保证充放电过程中材料的结构稳定性）。共轭羧酸盐类化合物结构中位于羧基中的C＝O具有电化学活性，可以进行可逆氧化还原反应，但是，由于结构中存在供电子基团OM（M＝Na、K），其一般具有较低的嵌钠电位（低于1V），不适合作为正极，一般可作为负极材料。

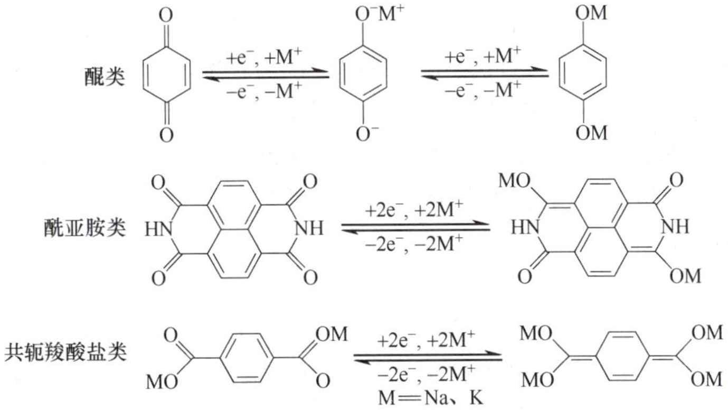

图4-31　三类羰基化合物的典型结构和储钠机理

大多数简单的共轭羰基化合物工业易得，且部分共轭羰基化合物能直接来源于生物质，或者以简单共轭羰基化合物为前驱体，基于分子设计原理，采用现有的有机合成方法制备。

3. 有机类正极材料存在的问题

有机电极材料导电性差，易溶解于有机电解液中（尤其是小分子类材料），导致了较差的电化学性能。通常情况下，在电极材料中添加导电碳，将有机化合物聚合、成盐、纳米化，以及优化电解液等，是提高材料导电性、克服溶解的常用方法，例如：

1）复合有机电极材料（羰基化合物）与导电碳材料（有序介孔碳、还原氧化石墨烯和碳纳米管等），提高活性材料的电子电导率。

2）制备小分子羰基化合物的金属盐，形成"无机-有机"杂化材料，增加羰基化合物的极性，抑制材料在有机电解液中的溶解（如二羟基对苯二甲酸四钠盐 $Na_4C_8H_2O_6$）。

3）具有长链段结构的有机聚合物和具有大的共轭苝环结构的苝四酰亚胺分子均难溶于有机电解液，具有更好的稳定性。

4.4 钠离子电池负极材料

通常情况下，在钠离子电池中负极材料并不提供钠离子，其主要起承载/释放来源于正极中的钠离子的作用。当前，依据材料的储钠特性，负极材料主要包括碳基负极材料、钛基化合物负极材料、合金类负极材料、转化型负极材料和有机类负极材料等。根据脱嵌钠反应机理，负极材料发生的反应可分为嵌入型反应、合金化反应和转化型反应三类。通常情况下，理想的负极材料应满足的要求也与锂离子电池负极材料相似，主要包括：尽可能低的氧化还原电势（需高于金属钠的沉积电势，避免负极析钠）、脱嵌钠过程中良好的结构稳定性、脱嵌钠过程中尽可能小的负极电势变化、较高的电子/离子电导率、高比容量、与电解液间形成良好且稳定的 SEI 膜，以及成本低廉、对环境无污染等。

4.4.1 碳基负极材料

基于晶格结构的有序度，碳基负极材料可划分为石墨化碳和非石墨化碳。与商业化锂离子电池不同，由于热力学原因，钠离子难以嵌入石墨层间，无法与石墨形成稳定的插层化合物，造成储钠容量低，因此，石墨负极难以适用于钠离子电池。虽然通过扩大层间距或者采用醚类电解液等措施，可以有效提升石墨的储钠容量，但是较高的储钠电位、脱嵌钠过程中过大的体积变化和电解液与正极的兼容性等问题，仍制约了石墨类材料在钠离子电池中的实际应用。当前，已成功应用于钠离子电池负极的碳类材料主要是非石墨化碳材料，即硬碳负极材料和软碳负极材料。

1. 硬碳负极材料

（1）结构特点　硬碳又称为难石墨化碳，通常是指在 2800℃ 以上难以完全石墨化的碳，在高温下其无序结构难以消除。按照碳源划分，用于制备硬碳材料的前驱体主要包括生物质、碳水化合物和树脂等（如椰壳、酚醛树脂、PVDF 等）。在无定形碳微观结构中，弯曲的石墨层状结构排列零乱且不规则，石墨碳层的随机平移、旋转和弯曲造成了不同程度的堆垛位错，碳原子层的无规则堆积形成湍层无序结构。在无定形碳材料中，石墨微晶区相对较少，结晶度比较低；同时，石墨微晶片层的组织结构也不像石墨那样规整有序，所以宏观上不呈现晶体的性质。因此，典型的硬碳材料没有长程有序的结构，内部主要包含三个典型区域：随机分布的石墨化微区、扭曲的石墨烯片层（通常在 2~5 层）和在这两个区域之间的纳米空隙。

（2）脱嵌钠机理　迄今为止，关于硬碳的储钠机理还存在一定的争议，这可能与前驱体的种类和不同的合成条件所引起的结构多样性有关，其嵌/脱钠电化学曲线由高电压斜坡段和低电压平台区组成。当前，基于"纸牌屋"结构模型［硬碳由大量无序的微晶碳层随机堆叠而成：石墨微晶区（碳层有序排列）+纳米尺寸微孔区（碳层无序排列），见图 4-32］，研究者提出的硬碳储钠机理模型主要包括以下几种（图 4-33）：

1）"插层-填孔"机理。如图 4-33a 所示，高电压斜坡区对应钠离子在碳层间的嵌入，低电压平台区对应钠离子在石墨微晶乱层堆垛形成的纳米级微孔中的填充。

2）"吸附-插层"机理。如图 4-33b 所示，高电压斜坡区对应钠离子在硬碳缺陷位点和杂原子上的吸附，低电压平台区对应钠离子在石墨层间的嵌入过程（NaC_x，注：需要合适

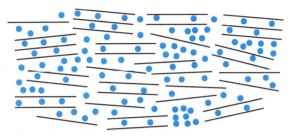

图 4-32　"纸牌屋"结构模型

的层间距）。

3）"吸附-填孔"机理。如图 4-33c 所示，高电压斜坡区对应钠离子在硬碳表面、边缘或缺陷位置的吸附，低电压平台区对应钠离子在硬碳材料纳米孔内的填充。

4）"吸附-插层-填孔"机理。如图 4-33d 所示，高电压斜坡区（1.0~0.2V）对应钠离子在乱层堆垛的石墨微晶边缘和缺陷位置处的吸附，较低电压平台（0.2~0.05V）对应钠离子在石墨微晶层间的嵌入，更低电压平台（<0.05V）对应钠离子在石墨微晶相互交错形成的孔洞中的填充。

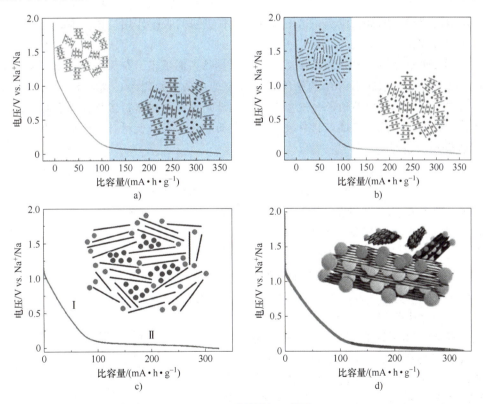

图 4-33　硬碳储钠机理模型

a）"插层-填孔"机理模型　b）"吸附-插层"机理模型　c）"吸附-填孔"机理模型　d）"吸附-插层-填孔"机理模型

（3）硬碳材料的改性措施

1）调控硬碳材料微观结构。从硬碳材料不同的储钠机理角度考虑，构建丰富的孔结构能提高硬碳储钠平台容量（"插层-填孔"机理）；提供合适的碳层间距和完整的碳结构有益于增加平台容量（"吸附-插层"机理）；控制硬碳材料的比表面积和孔径分布会直接影响材料的储钠特性（"吸附-填孔"机理）。因此，充分认识硬碳的储钠机制，对于高性能硬碳材料的设计和开发至关重要。当前，在硬碳材料实用化发展过程中，材料的微观结构设计需考虑材料的综合电化学性能表现（比容量、首次库仑效率、倍率性能等）。通常情况下，在结构中引入更多的缺陷可以提高电化学曲线中的高电压斜坡段容量在总容量中的占比，从而获得较好的倍率特性；提高材料的有序度并减少缺陷，可以增加低电压平台段的容量占比，且提高硬碳材料的首次库仑效率；采用多孔结构设计，构建丰富的闭合孔结构，且减少开孔结构，可获得综合性能优异的硬碳负极材料（提高平台区储钠容量，降低首次不可逆容量）。

2）杂原子（B、N、S和P等）掺杂。杂原子掺杂可以改变碳的微观结构和电子状态，进而影响硬碳材料的缺陷状态、碳层间距和导电性，有利于促进更多的钠离子吸附和电极反应动力学，改善材料的电化学性能。例如，S掺杂主要增加碳材料的层间距；B掺杂主要提升石墨畴的面内缺陷；P掺杂可以提高碳层间距和材料内部缺陷浓度；N掺杂可以产生本征缺陷和改变碳材料的固有电子态。在上述掺杂原子中，N、P掺杂对于碳材料倍率性能的提升最为明显。其中，N元素为碳基材料中最常引入的杂元素。通常情况下，N元素掺杂可以促进更多的电子进入碳的π共轭体系，提高材料的导电性；同时，掺杂N的吡咯氮和吡啶氮构型可以制造更多的缺陷位点，这不仅对Na$^+$有更强的吸附作用，还为Na$^+$提供更多的扩散通道，综合改善硬碳材料的储钠性能。

注：①杂原子掺杂对材料热处理温度具有敏感性，高温下，杂原子会逸出，从而减弱掺杂效果；②杂原子掺杂会引入结构缺陷，通常会造成副反应增加，材料的首次库仑效率降低；③通常情况下，材料的纳米化或多孔结构设计是增加材料储钠活性位点和提高材料电极反应动力学的有效手段。不过，材料较高的比表面积通常会降低材料的首次库仑效率。

2. 软碳负极材料

软碳又称为易石墨化碳，通常是指可以石墨化的无定形碳材料，高温下其无序结构很容易被消除，结构可向石墨化的有序结构转变。用于制备软碳材料的前驱体主要包括石油焦、石墨化中间相碳微球、沥青及无烟煤等。软碳材料具有较强的层状结构特征，与石墨相比，其结晶度降低（可能包括碳层的弯曲、点缺陷和结晶尺寸的减小等），且内部存在部分无序结构。

不同于硬碳材料放电曲线中的高压斜坡区+低电压平台区，软碳材料的放电曲线一般表现为单调变化的斜坡（图4-34），且不会出现低电压的平台段（不容易析钠），相应的储钠机理主要来自钠离子在活性表面和缺陷位置的吸附/脱附，以电容性的容量贡献为主（较好的倍率性能）。软碳的可逆容量取决于钠离子与区域缺陷的可逆结合。为了进一步提高软碳的储钠容量，通常应着眼于增加区域缺陷数量，同时保证材料具有合理的层间距，避免因首次结构膨胀（钠离子插入软碳的石墨层域）而造成不可逆的容量损失。

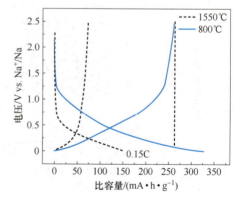

图4-34　不同温度下碳化沥青制备的软碳材料充放电曲线对比图

4.4.2 钛基化合物负极材料

由于钛的氧化还原电势较低，基于 Ti^{4+}/Ti^{3+} 电对的嵌入型钛基负极材料已在锂离子电池中展现出良好的可逆性，并得到了广泛的研究。在钠离子电池领域，代表性的钛基化合物主要包括 TiO_2、$Na_2Ti_3O_7$、$Na_2Ti_6O_{13}$、$Na_4Ti_5O_{12}$、$Li_4Ti_5O_{12}$、$Na_{0.66}[Li_{0.22}Ti_{0.78}]O_2$、$Na_{0.6}[Cr_{0.6}Ti_{0.4}]O_2$ 以及含钛磷酸盐 $[NaTiOPO_4$、$NaTi_2(PO_4)_3]$ 等。下面针对部分代表性材料做简单介绍。

1. $Na_2Ti_3O_7$ 和 $Na_2Ti_6O_{13}$

$Na_2Ti_3O_7$ 和 $Na_2Ti_6O_{13}$ 可以表示为 $Na_2O \cdot nTiO_2$（$n=3$ 和 6）。$Na_2Ti_3O_7$ 为单斜层状结构，空间群为 $P2_1/m$。三个共边连接 TiO_6 八面体组成 1 个结构单元，并与其他相似单元共边连接，沿着 b 轴方向形成 Zig-Zag 型链状结构。链状结构通过八面体顶角链接，在 a 轴方向形成层状结构。钠离子位于层间位置，并可在层间迁移（图 4-35a）。1mol $Na_2Ti_3O_7$ 材料在充放电过程中可实现 2mol Na^+ 的可逆脱嵌，对应的理论比容量约为 $200mA \cdot h \cdot g^{-1}$，平均储钠电位约为 0.3V（图 4-36），是目前具有最低储钠电位的嵌入型氧化物材料。在脱嵌钠过程中，会出现 $Na_{3-x}Ti_3O_7$ 中间相，充放电曲线中的两个嵌钠平台分别对应于 $Na_2Ti_3O_7 \rightarrow Na_{3-x}Ti_3O_7$ 和 $Na_{3-x}Ti_3O_7 \rightarrow Na_4Ti_3O_7$。

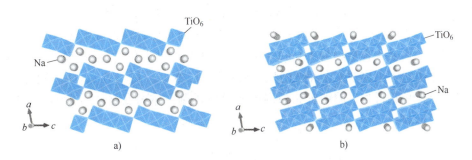

图 4-35 $Na_2Ti_3O_7$ 和 $Na_2Ti_6O_{13}$ 材料晶体结构示意图

a）$Na_2Ti_3O_7$ b）$Na_2Ti_6O_{13}$

与 $Na_2Ti_3O_7$ 材料结构中孤立的 $[Ti_3O_7]^{2-}$ 链不同（$[Ti_3O_7]^{2-}$ 链被钠隔开），$Na_2Ti_6O_{13}$ 材料结构中，$[Ti_3O_7]^{2-}$ 结构单元通过 TiO_6 八面体的角共享，形成隧道结构（图 4-35b）。1mol $Na_2Ti_6O_{13}$ 能提供 0.85mol Na^+ 的存储，放电容量超过 $65mA \cdot h \cdot g^{-1}$，平台电压约 0.8V。

2. $Li_4Ti_5O_{12}$

$Li_4Ti_5O_{12}$ 为尖晶石结构，空间群为 $Fd\bar{3}m$。其中，O^{2-} 位于 $32e$ 位置，部分 Li^+ 位于四面体间隙（$8a$），剩余 Li^+ 和 Ti^{4+} 位于八面体间隙（$16d$），结构式可写为：$[Li]_{8a}[Li_{1/3}Ti_{5/3}]_{16d}[O_4]_{32e}$。$Na^+$ 能在尖晶石结构的 $Li_4Ti_5O_{12}$ 中实现可逆嵌入/脱出，可逆比容量约 $150mA \cdot h \cdot g^{-1}$（0.5~3.0V）（图 4-37），对应 3 个 Na^+ 的嵌入/脱出，平均储钠电位为 0.91V。嵌脱钠过程中，材料会经历三相反应机制：

$$2Li_4Ti_5O_{12} + 6Na^+ + 6e^- \longleftrightarrow Li_7Ti_5O_{12} + Na_6[LiTi_5]O_{12} \tag{4-14}$$

晶格嵌钠过程中，Na^+ 嵌入尖晶石 $Li_4Ti_5O_{12}$ 的 $16c$ 空位，形成的岩盐结构 $Na_6[LiTi_5]O_{12}$。与此同时，由于库仑排斥作用，$8a$ 位置的 Li^+ 迁移至邻近 $Li_4Ti_5O_{12}$ 中的 $16c$ 位置，形成

$Li_7Ti_5O_{12}$。在三相共存区域，$Li_7Ti_5O_{12}$与$Li_4Ti_5O_{12}$晶格失配小（约0.1%），两者之间形成完全共格的界面；$Li_7Ti_5O_{12}$与$Na_6[LiTi_5]O_{12}$存在约12.5%的晶格失配，但两者间的界面仍保持完全共格。

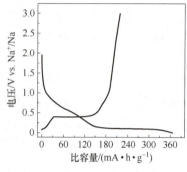

图4-36　$Na_2Ti_3O_7$首次充放电曲线

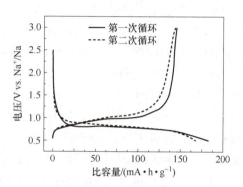

图4-37　$Li_4Ti_5O_{12}$嵌脱钠充放电曲线

3. $Na_{0.66}[Li_{0.22}Ti_{0.78}]O_2$和$Na_{0.6}[Cr_{0.6}Ti_{0.4}]O_2$

$Na_{0.66}[Li_{0.22}Ti_{0.78}]O_2$为新型P2相层状氧化物，空间群为$P6_3/mmc$。Li、Ti共同占据过渡金属层，形成$[Li_{0.22}Ti_{0.78}]O_2^{0.66-}$层，$Na^+$占据碱金属层的2b和2d位置，位于$[Li_{0.22}Ti_{0.78}]O_2^{0.66-}$层中6个氧形成的三棱柱结构中（图4-38）。作为钠离子电池负极材料，可实现0.34个Na^+的可逆存储，材料的可逆比容量约为110mA·h·g^{-1}，平均储钠电位约为0.75V。与传统P2层状材料在充放电过程中出现多个相变的反应机理不同，$Na_{0.66}[Li_{0.22}Ti_{0.78}]O_2$材料在脱嵌钠过程中表现出近似单相行为，储钠机制为准单相反应机制，体积变化率为0.77%，是一种近似零应变的负极材料。

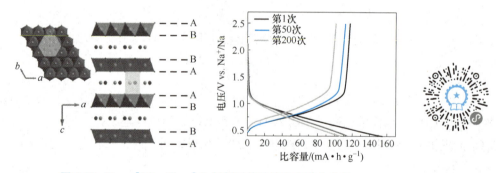

图4-38　$Na_{0.66}[Li_{0.22}Ti_{0.78}]O_2$材料晶体结构及充放电曲线

采用离子半径和Ti^{4+}相似的Cr^{3+}取代，可制备出阳离子无序P2相$Na_{0.6}[Cr_{0.6}Ti_{0.4}]O_2$层状负极材料，平均储钠电位为0.8V左右，可逆比容量为108mA·h·g^{-1}左右，对应0.4个Na^+的可逆脱嵌（Ti^{4+}/Ti^{3+}氧化还原电对）。此外，其他很多P2/O3相钛基层状氧化物也可作为钠离子电池负极材料，且表现出较优异的储钠性能（平均工作电压小于1V，可逆比容量大于100mA·h·g^{-1}，循环稳定性较好）。

4. 磷酸盐负极材料

（1）$NaTiOPO_4$　$NaTiOPO_4$为正交结构，空间群为$Pna2_1$。结构中PO_4四面体和TiO_6八

面体通过共顶点方式相间排列形成隧道结构，在 a 轴方向，Na^+ 占 Na1 和 Na2 两个不同的位置，其中 Na1 位于隧道中心附近，Na2 位于 TiO_6 与 PO_4 交点附近（图 4-39a）。其用作钠离子电池负极材料时，储钠电位为 1.5V，对应 Ti^{4+}/Ti^{3+} 氧化还原电对反应。

（2）$NaTi_2(PO_4)_3$　$NaTi_2(PO_4)_3$ 为 NASICON 型三维骨架结构，PO_4 四面体和 TiO_6 八面体通过共顶连接形成 $Ti_2(PO_4)_3$，每个 PO_4 与 4 个 TiO_6 相连接，每个 TiO_6 与 6 个 PO_4 相连接（图 4-39b）。结构中存在两种不同 Na 位（Na1、Na2），正常情况下，Na1 位被完全填充，而 Na2 都是空位，Na^+ 能够可逆地在 Na2 位进行嵌入与脱出。其理论比容量为 $132.8mA \cdot h \cdot g^{-1}$（2 个 Na^+ 可逆脱嵌），平均储钠电位为 2.1V 左右。

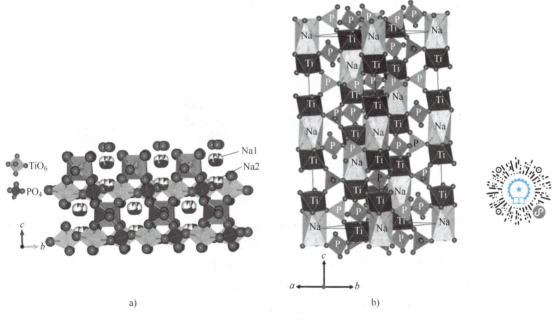

图 4-39　磷酸盐负极材料晶体结构示意图

a）$NaTiOPO_4$　b）$NaTi_2(PO_4)_3$

钛基负极材料具有结构较稳定、循环性能较好、安全性较高等优点。但是，该类材料结构中 Na^+ 存储位点有限（储钠容量低），且工作电位较高，直接导致全电池体系较低的能量密度。此外，该类材料还面临较低电导率的问题，制约其实用化发展。

4.4.3　合金类负极材料

1. 合金类负极材料种类

合金类负极材料具有较高的理论比容量和相对较低的电化学反应电势的优点，是一类有潜力的高比能钠离子电池用负极材料。通常情况下，这类材料嵌脱钠过程中发生的反应方程式为

$$M+xNa^++xe^- \longleftrightarrow Na_xM \tag{4-15}$$

其中，能够与金属钠形成合金或者二元合金化合物的元素 M 主要包括第五主族的 P、As、Sb、Bi，第四主族的 Si、Ge、Sn、Pb 和第三主族的 In。考虑材料的成本、资源和环境等因

素，目前适用于钠离子电池的合金类负极材料主要包括 Sn、Sb、P 和 Bi。

（1）Sn　Sn 具有理论比容量高（$Na_{15}Sn_4$：847mA·h·g^{-1}）、嵌钠电位相对较低并且成本低廉的特点。当前关于 Sn 的钠化机理尚无定论。根据 Na-Sn 合金相图，Sn 的合金化过程会经历 $Sn \rightarrow NaSn_5 \rightarrow NaSn \rightarrow Na_9Sn_4 \rightarrow Na_{15}Sn_4$ 的过程，但实际研究表明，钠化过程与相图并不完全一致。代表性的研究结果主要包括两种机理：①晶态 $Sn \rightarrow$ 无定形 $NaSn_2 \rightarrow$ 富钠无定形 $Na_9Sn_4/Na_3Sn \rightarrow$ 结晶 $Na_{15}Sn_4$；②$Sn \rightarrow NaSn_3^* \rightarrow a\text{-}NaSn \rightarrow Na_9Sn_4^* \rightarrow Na_{15}Sn_4$（a 代表非晶相的形成，* 表示通过库仑法测定、具有近似化学计量的新结晶相）。不过，虽然不同研究者报道的相变过程不一致，但是从容量电压曲线看，通常情况下首次嵌钠过程会包含四个倾斜的电压平台（0.45~0.41V、0.18~0.15V、0.08~0.06V 和 0.03~0.01V）。针对 Sn 负极材料，其嵌钠过程会伴随巨大的体积膨胀率（420%），直接造成其循环稳定性差，这成为限制 Sn 作为钠离子电池用负极材料的主要因素（图 4-40）。

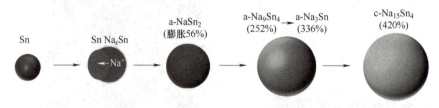

图 4-40　Sn 嵌钠时的体积变化

（2）Sb　Sb 与 Na 可以形成 Na_3Sb 合金，对应理论比容量可达 660mA·h·g^{-1}，平均储钠电位约为 0.52V。在首次嵌钠过程中，c-Sb 会经历 $c\text{-}Sb \rightarrow a\text{-}Na_xSb \rightarrow Na_3Sb_{hex}/c\text{-}Na_3Sb_{cub} \rightarrow Na_3Sb_{hex}$ 的过程。其中，c 代表立方相，a 代表无定形态，cub 代表立方相，hex 代表六方相。随后的脱钠反应过程则为六方合金 Na_3Sb 直接转化为无定形 Sb（a-Sb）。然而，在嵌脱钠过程中，Na_3Sb 的形成引起高达 293% 的体积变化，依旧是制约其实用化发展的关键因素。

（3）P　P 有三种主要的同素异形体，分别为白磷、红磷和黑磷。白磷有毒，易挥发，且不稳定（室温条件下空气中可自然）；黑磷在 550℃ 以下是热力学稳定态（高温转化为红磷），正交相层状结构，电子电导率高（黑磷：约 300S·m^{-1}），但反应活性低且制备方法复杂（黑磷经高温高压或高能球磨制备）；红磷最稳定，且价格低廉，具有无定形和结晶型两种类型，能与钠通过电化学反应生成 Na_3P 化合物，理论比容量高达 2596mA·h·g^{-1}（P 相对原子质量为 30.97），嵌钠电位为 0.4V 左右（图 4-41）。然而，红磷的导电性很差，电导率小于 1×10^{-14}S·cm^{-1}，且充放电过程中会发生巨大的体积变化（约 308%），这严重制约其电化学性能，限制了其在钠离子电池中的实用化发展。

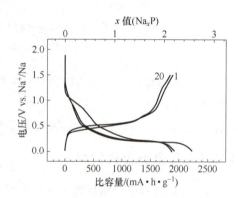

图 4-41　无定形红磷/碳复合材料充放电曲线

（4）Bi　铋具有独特的层状结构，且层间距较大［$d_{(003)} = 0.395nm$］，其与钠可经两步

反应形成 Na_3Bi 合金［式（4-15）、式（4-16）］，嵌钠电位分别为 0.72V 左右和 0.55V 左右，理论比容量为 $385mA \cdot h \cdot g^{-1}$（图 4-42）。

$$Bi+Na^++e^- \Longleftrightarrow NaBi \tag{4-16}$$

$$NaBi+2Na^++2e^- \Longleftrightarrow Na_3Bi \tag{4-17}$$

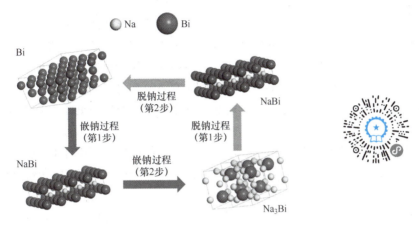

图 4-42　Bi 负极反应机理

2. 合金类负极材料存在的问题及改善策略

在脱嵌钠过程中，合金类负极材料会伴随严重的体积效应，从而极易造成：①活性材料颗粒粉化脱落，与集流体失去电接触；②SEI 膜不稳定，持续的副反应会造成活性 Na^+ 和电解液的不断消耗。因此，当前主要通过颗粒纳米化（颗粒结构设计）、引入缓冲基体材料、构建多元合金体系和开发高效的黏结剂或电解液添加剂等方式来缓解体积膨胀，以提高材料的电化学性能。

（1）颗粒纳米化（颗粒结构设计）　颗粒纳米化（包括零维、一维、二维及三维结构）是提高合金类负极材料电化学性能的有效方法，主要具备以下优点：①颗粒纳米化有利于均化充放电过程中的结构应力，提高脱嵌钠过程的结构稳定性；②颗粒纳米化可以显著缩短离子的迁移距离，加速电极反应动力学，提高材料倍率性能；③颗粒纳米化有利于提供更多的电化学活性位点，获得更高比容量；④三维结构设计（如多孔结构、核壳结构、中空结构等）具有丰富的内部空间，有利于缓解体积膨胀，提高材料结构稳定性。

然而，颗粒纳米化同时会伴随如下缺点：①颗粒纳米化会增大材料比表面积，提高电极材料与电解液接触面积，增大界面副反应，降低材料首次库仑效率；②颗粒纳米化会造成材料压实密度降低，从而降低材料的体积能量密度；③纳米材料之间的界面阻抗较大；④颗粒纳米化（颗粒结构设计）过程中，材料的制造工艺过程复杂，制造成本较高。

（2）复合第二相材料　通过复合稳定、柔韧性好且导电性高的基体材料，可以一方面缓解活性合金类材料的体积膨胀，提高材料循环稳定性；另一方面提高材料的电子电导率，改善材料的倍率性能。除此之外，基体网络还能避免活性材料与电解液的直接接触，减少界面副反应，从而提高材料的首次库仑效率。常见的基体材料主要包括各种形貌特征的三维网络骨架，如碳材料、金属和导电聚合物等。然而，值得注意的是，复合过多的惰性基体材料会导致材料的循环比容量下降，从而降低电极的整体能量密度。

（3）**构建多元合金体系** 通过引入其他金属，形成二元或多元金属间化合物是改善合金类负极材料电化学性能的另一重要方法。其中，金属可以是电化学活性组分，也可以是电化学非活性组分。非活性金属组分的引入能缓解电化学反应过程中的体积膨胀，且改善电极的电导率，综合提高材料的电化学循环稳定性。然而，需要注意的是，非活性组元的引入会直接降低电极材料中活性物质的占比，从而降低材料的比容量。

与非活性金属相比，活性金属可以贡献容量，因此不会显著改变整个电极的比容量和电池的能量密度。除此之外，基于不同活性金属的合金相反应不同步（嵌脱钠电位不同），可改善材料的循环稳定性。即当一相发生相变时，另一相可作为缓冲基底，且不同相之间仍可保持良好的电接触，多种金属之间的协同作用也能有效提高材料的储钠性能。

注：金属之间须均匀紧密地结合，才能起缓解体积膨胀和提高电导率的作用。

（4）**开发高效的黏结剂或电解液添加剂** 合金类负极材料在嵌脱钠过程中体积的反复变化会引起线性聚合物黏结剂链的滑动，从而导致聚合物链的不可逆变形，使电极结构的完整性和电化学性能下降。通过黏结剂的结构优化，使其具备良好的弹性和较高的耐膨胀系数，有利于活性材料颗粒与导电剂形成三维网络结构，缓解体积膨胀。除此之外，选择合适的电解液添加剂，有利于形成薄、致密且稳定的SEI膜，减少副反应，改善材料的电化学性能。

4.4.4 转化型负极材料

转化型负极材料主要包括过渡金属氧化物、过渡金属硫/硒化物和过渡金属磷化物。依据过渡金属元素的不同，脱嵌钠过程中，转化反应往往会伴随嵌入/脱出或合金/去合金化的过程。

1. 过渡金属氧化物

过渡金属氧化物主要包括铁氧化物（Fe_3O_4、Fe_2O_3）、钴氧化物（Co_3O_4）、锡氧化物（SnO_2、SnO）、铜氧化物（CuO）、钼氧化物（MoO_2、MoO_3）、镍氧化物（NiO）和锰氧化物（Mn_3O_4）等。依据过渡金属元素的不同，相应的嵌脱钠机理可分为两类：

1）过渡金属元素为非活性元素（如Fe、Cu、Ni、Co等），主要发生转化反应，即

$$M_xO_y + 2y\,Na^+ + 2ye^- \longleftrightarrow yNa_2O + xM（转化反应）\qquad (4\text{-}18)$$

2）过渡金属元素为活性元素（如Sn和Sb），发生转化反应和合金化反应，即

$$M_xO_y + 2yNa^+ + 2ye^- \longleftrightarrow yNa_2O + xM（转化反应）\qquad (4\text{-}19a)$$

$$M + zNa^+ + ze^- \longleftrightarrow Na_zM（合金化反应）\qquad (4\text{-}19b)$$

2. 过渡金属硫/硒化物

过渡金属硫化物/硒化物主要包括钴硫/硒化物、铁硫/硒化物、钼硫/硒化物、锡硫/硒化物和镍硫/硒化物等。与金属氧化物相比，金属硫化物和硒化物具有更高的电子电导率。值得注意的是，在脱嵌钠过程中，金属硫/硒化物（如MoS_2、SnS_2、FeS_2、$CoSe_2$、$NiSe_2$等）往往伴随结构嵌入反应过程

$$M_aX_b + zNa^+ + ze^- \longleftrightarrow Na_zM_aX_b \quad X = S \text{ 或 } Se \qquad (4\text{-}20)$$

基于过渡金属元素种类的不同，后续发生转化反应（电化学惰性元素）或转化反应+合金化反应（活性元素）。

3. 过渡金属磷化物

相较于单质磷，过渡金属磷化物材料具有以下优势：①惰性过渡金属元素的引入，一定程度上可缓解充放电过程中的体积变化，降低过渡金属磷化物材料的体积膨胀效应；②在嵌钠过程中，原位生成的金属单质会提高材料的电子电导率，加速电极反应动力学；③过渡金属元素的引入，可提高材料的振实密度，提升材料体积能量密度和质量能量密度。

金属磷化物中，按照过渡金属与钠之间是否具有活性，可将金属磷化物分为金属活性磷化物（如 Sn_4P_3、Se_4P_4、GeP_5 等）和金属惰性磷化物（如 Cu_3P/CuP_2、Ni_2P、FeP 等），相应的电化学反应机理也有所差异。

1）金属惰性磷化物，发生转化反应，即

$$M_xP_y+3yNa^++3ye^- \longleftrightarrow yNa_3P+xM \tag{4-21}$$

2）金属活性磷化物，发生转化反应+合金化反应，即

$$M_xP_y+(3y+xz)Na^++(3y+xz)e^- \longleftrightarrow yNa_3P+xNa_zM \tag{4-22}$$

针对转化型负极材料，虽然其具有理论比容量高的优点，但是其依旧存在脱嵌钠过程中材料较大的体积膨胀/收缩的问题，造成材料的循环稳定性欠佳。除此之外，该类材料自身较差的电子电导率也制约了材料倍率性能发挥。为解决上述问题，通常可通过材料纳米化和/或碳包覆、构建新型纳微结构材料等措施，综合改善转化型负极材料的电化学性能。

4.4.5　有机类负极材料

相较于无机材料，有机类负极材料具有种类丰富、结构灵活度高、制备方法简单和成本低的优点。当前，常见的有机类负极材料主要包括共轭羰基化合物（羧酸盐类、醌类等）和席夫碱类化合物等。

1. 共轭羰基化合物

共轭羰基化合物来源丰富，易于制备。同时，该类材料具有结构多样性和理论比容量较高（一般大于 $200mA \cdot h \cdot g^{-1}$）的优点。依据所含官能团角度区分，主要包括羧酸盐类化合物和醌类化合物等。

（1）羧酸盐类化合物　羧酸盐类化合物主要指对苯二甲酸二钠（$Na_2C_8H_4O_4$）及其衍生物（NO_2-Na_2TP、NH_2-Na_2TP、Br-Na_2TP 等）。其中，$Na_2C_8H_4O_4$ 为正交结构，空间群为 $Pbc2_1$，相应的嵌脱钠机制如图 4-43 所示。该材料具有较低的氧化还原电位（$0.2 \sim 0.5V$ vs. Na^+/Na），且能够实现 2 个 Na^+ 的可逆脱嵌，对应的理论比容量为 $255mA \cdot h \cdot g^{-1}$。

（2）醌类化合物　醌是一类具有六角环二酮的两个双键（包含两个羰基）的羰基衍生物，其嵌脱钠机制为羰基的烯醇化反应及其逆反应。储钠电位一般较高（$>1V$），高的嵌钠电位虽可有效避免 SEI 膜的形成，但却会降低全电池的工作电压，降低电池的能量密度。

2. 席夫碱化合物

结构中含有亚胺或（甲）亚胺基团（—R—C＝N—）的有机化合物统称席夫碱化合物（Schiff base），通常可通过胺和活性羰基缩合反应制备。相较于羰基基团，席夫碱化合物中的甲亚胺基团更易被还原。典型的聚合席夫碱化合物的结构式如图 4-44 所示，其结构中不仅含有—C＝N—特性基团，还可引入 O、S 等含孤对电子的杂原子或其他特殊官能团，从而获得具有不同电化学特性（比容量、工作电压等）的席夫碱化合物。例如，引入羰基，席夫碱电极材料的比容量可得到有效提升。聚合的席夫碱具有（N＝CH—Ar—HC＝N）

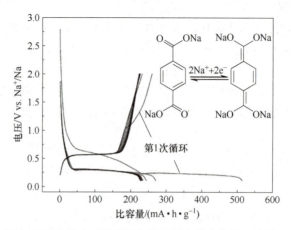

图 4-43　Na$_2$C$_8$H$_4$O$_4$/科琴黑复合材料充放电曲线及储钠机制

重复单元，其在 0.005~1.6V 电压范围内存在两个不同的还原过程（0.59V 和 1.04V），与碳材料复合后，其循环比容量可达 350mA·h·g^{-1}。

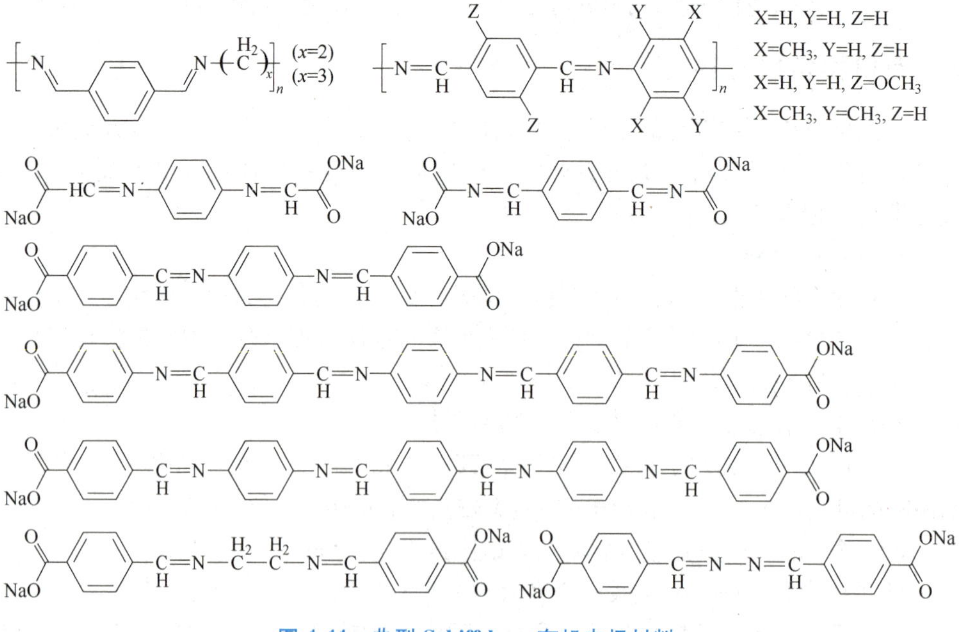

图 4-44　典型 Schiff base 有机电极材料

3. 有机电极材料反应机理

传统的有机电极材料的反应机理主要包括 C═O 反应、C═N 反应和掺杂反应。当结构中含有偶氮基团时，嵌脱钠过程中，相应反应机制会涉及 N═N 双键向 N—N 单键的可逆转化，如图 4-45 所示。

4. 有机电极材料的主要问题与改性策略

在有机小分子羰基化合物负极材料的发展过程中，存在以下挑战：①极低的电子电导率，造成电极反应动力学缓慢；②有机电解液中较高的溶解度，造成材料循环稳定性较

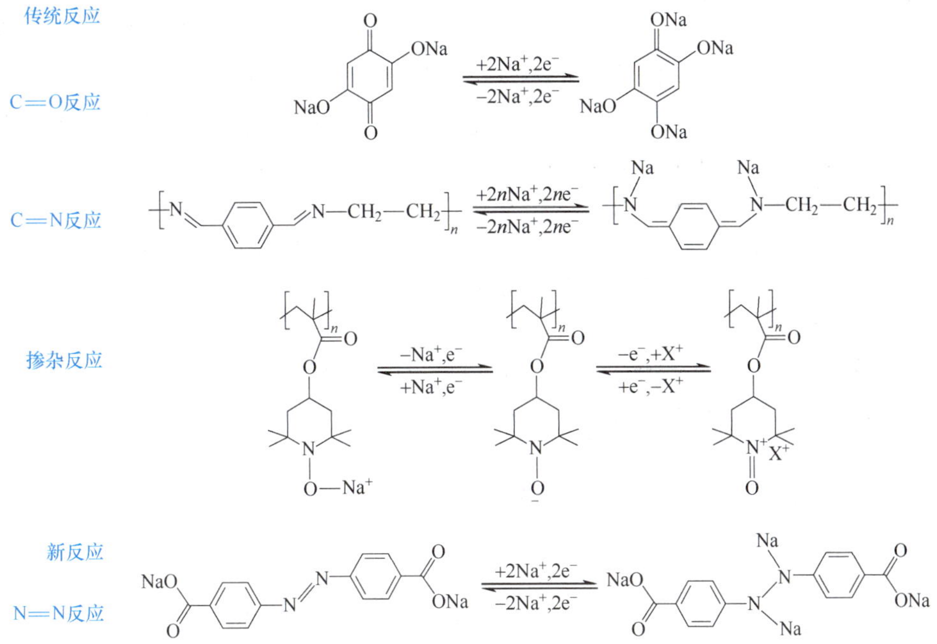

图 4-45 有机电极材料的反应机理

差；③Na^+嵌入/脱出过程中较大的体积变化，导致颗粒粉碎，性能衰减。

针对以上问题，通常可通过复合高导电第二相（科琴黑、石墨烯、碳纳米纤维、碳纳米管、多孔炭等）提高材料电子电导率，或通过材料结构设计，如增加电化学活性中心单元的 π 共轭度（π 共轭体系扩展），提高材料固有电子导电性，改善电极反应动力学；通过构建大分子聚合物或具有较大的共轭结构化合物（活性单体嫁接），抑制缓解羰基化合物在电解液中的溶解，或通过表面包覆（如 Al_2O_3）的手段在一定程度上解决活性材料的溶解问题。与此同时，与其他无机载体（如石墨烯、碳纳米管等）复合也可有效抑制有机材料在充放电循环中的溶解和粉碎问题。

除此之外，从材料分子结构出发，通过引入吸电子（—NO_2、—CN、—F、—Cl、—Br、—SO_3Na、—OCH_3）/给电子基团（—NR_2、—NHR、—NH_2、—OH、—OR、—OCOR 等），可有效降低/增强最低的未占据分子轨道（LUMO）能量，提高/降低材料的工作电压。从材料颗粒形貌结构出发，通过将电极材料纳米化，可带来较短的钠离子迁移距离和较丰富的活性位点，从而提高材料的倍率性能和比容量。

4.5　钠离子电池电解液

4.5.1　概述

电解液作为连接正负极的桥梁，在钠离子电池中承担着在正负极间传输钠离子的作用，对于钠离子电池的电化学性能（倍率、循环寿命、安全性、自放电等）至关重要。目前，常用的电解液体系主要由钠盐、有机溶剂和功能添加剂组成，其共同决定了电解液的性质。

通常情况下，理想的钠离子电池电解液需具备如下要求：

1）适应电池工作的宽温度范围，即具有较宽的液程。理想的电解液应具备熔点低、沸点高的特点，电解液的熔点和沸点应分别低于和高于电池的工作温度。

2）高的离子电导率和低的电子电导率。高的离子电导率可以确保钠离子在正负极间高效快速传输，低的电子电导率则能够保证电池具有较低的自放电率。通常情况下，有机电解液在环境温度下的离子电导率为 $10^{-3} \sim 10^{-2} S \cdot cm^{-1}$。

3）良好的化学稳定性和电化学稳定性。电解液需与电池中的其他材料具有良好的兼容性，与其不发生化学反应。同时，电解液需在一定的电压范围内（电化学窗口）不会发生持续的氧化或还原反应。

4）良好的热稳定性和较低的可燃性。针对有机电解液具有易燃性的特点，从电池的安全性角度考虑，理想的电解液体系应当在较宽的温度范围内具有良好的稳定性，且不易燃易爆。

5）成本低廉且环保。电解液应具备低成本以及低毒、无污染的环保特性。

4.5.2 钠盐

作为钠离子电池电解液用钠盐材料，需具备溶解度高、电化学稳定性好、化学稳定性好、对电池中的其他组分兼容性好、无毒、环境友好、易于制备以及成本低廉等特性。当前，可用的传统的钠盐主要有高氯酸钠（$NaClO_4$）、六氟磷酸钠（$NaPF_6$）、四氟硼酸钠（$NaBF_4$）、三氟甲基磺酸钠（$NaCF_3SO_3$）、双（氟代磺酰基）亚胺钠（NaFSI）和双（三氟甲基磺酰）亚胺钠（NaTFSI）等，以及新型二氟草酸硼酸钠（NaDFOB）和双草酸硼酸钠（NaBOB）等。常见钠盐的物理性质见表4-2。

表4-2 常见钠盐的物理性质

钠盐	分子量/($g \cdot mol^{-1}$)	熔点/℃	电导率/($ms \cdot cm^{-1}$)
$NaClO_4$	122.4	468	6.4
$NaPF_6$	167.9	300	7.98
$NaBF_4$	109.8	384	—
$NaCF_3SO_3$	172.1	248	—
NaFSI	203.3	118	—
NaTFSI	303.1	257	6.2

1）$NaClO_4$：溶解后电导率高，成本低，与电池其他组分兼容性好，但氧化性较强（氯元素处于最高氧化态），存在安全风险。

2）$NaPF_6$：在多组分溶剂中溶解度高，电导率高，与正极材料和碳类负极材料兼容性好，但化学稳定性和热稳定性较差（产生 NaF 和 PF_5），存在安全隐患，且对 H_2O 敏感（易形成 HF，电解液劣化，且破坏界面膜和电极材料结构）。

3）$NaBF_4$：热稳定好（B—F 键较稳定），对溶剂水含量耐受力较强，安全性较好，但溶剂中解离较难，电导率较低。

4）NaCF$_3$SO$_3$：抗氧化性和热稳定性较好，但通常电解液电导率较低，且存在铝集流体腐蚀问题。

5）NaFSI 和 NaTFSI：阴离子半径较大，更易解离，离子电导率较高，但同样存在铝集流体腐蚀问题，当前主要应用于聚合物电解质中。

4.5.3　溶剂

溶剂在电解液中起溶解钠盐并形成溶剂化钠离子的作用，可用于钠离子电池电解液的溶剂通常是极性非质子有机溶剂。理想的适用于钠离子电池电解液有机溶剂需具备高介电常数、低黏度、良好的化学/电化学稳定性和较宽的液程等性质。通常情况下，单一溶剂无法满足电解液的所有需求，因此，一般需要几种溶剂混合，利用共溶剂的协同作用来调控电解液的离子电导率、黏度以及电化学窗口等性质，从而满足钠离子电池更高电化学性能和安全性的要求。

目前应用于钠离子电池电解液的溶剂主要为碳酸酯类［种类多、离子电导率较高（约 10^{-2} mS·cm^{-1}）、电化学窗口较宽等］和醚类溶剂（黏度低、介电常数较低、电化学窗口较窄等），具体包括碳酸丙烯酯（PC）、碳酸乙烯酯（EC）、碳酸二甲酯（DMC）、碳酸二乙酯（DEC）、碳酸甲乙酯（EMC）、碳酸甲丙酯（MPC）、乙二醇二甲醚（DME）及其衍生物、四氢呋喃（THF）和 1,3-二氧杂环戊烷（DOL）等。与酯类电解液相比，尽管醚类电解液较差的抗氧化性限制了其在高电压正极和高电压钠离子电池中的应用，但是其可以适用于某些负极材料（石墨、席夫碱负极、金属钠等）。例如，在醚类电解液中，钠离子可以和醚类溶剂分子配合形成溶剂化 Na$^+$，可逆地在石墨中发生共插层反应，形成稳定的石墨插层化合物，且不破坏石墨结构；能有效地在负极材料表面形成薄且稳定的 SEI 膜，提高材料首次库仑效率。

1. 环状碳酸酯溶剂（PC、EC）

（1）PC　常温下无色透明液体，具有介电常数较高和液程较宽（熔点为-48.8℃，沸点为242℃）的特点。作为钠离子电池电解液溶剂，其不会出现溶剂共嵌入问题，为目前碳基负极材料（硬碳）使用的主要溶剂。然而，单纯使用 PC 溶剂，存在 SEI 膜不稳定、库仑效率较低的问题。同时，PC 也存在一定的吸湿性缺点。

（2）EC　结构与 PC 相似，常温下为无色晶体（熔点为36.4℃），因此，不可直接单独使用，通常需配合其他溶剂共同使用。EC 的介电常数远高于 PC，且具有较高的热稳定性。其用作钠离子电解液溶剂时，与碳基负极具有良好的兼容性，可形成致密且稳定的 SEI 膜。

2. 链状碳酸酯溶剂（DMC、DEC、EMC、MPC）

（1）DMC 和 DEC　一般情况下，链状碳酸酯（DMC）溶剂的熔点和黏度比环状碳酸酯（DEC）低，但其介电常数较低（DEC 的熔点为-73℃，沸点为126℃，介电常数为2.82；DMC 的熔点为4.6℃，沸点为91℃，介电常数为3.087），对钠盐溶解有限，通常配合环状碳酸酯溶剂使用，获得性能优异的电解液体系（较低的黏度、较高的离子电导率）。

（2）EMC 和 MPC　与对称的 DMC 和 DEC 结构不同，EMC（熔点为-55℃，沸点为108℃，介电常数为2.985）和 MPC（熔点为-43℃，沸点为130℃，介电常数为3）为不对称的线性碳酸酯，其具有与 DMC 和 DEC 相似的物理化学性质，但热稳定性较差，易发生酯交换反应形成 DMC 和 DEC。

3. 链状醚溶剂及环状醚溶剂（DME、THF 和 DOL）

（1）DME　链状结构，熔点为−58℃，沸点为85℃，黏度较低且阳离子络合能力较强，但其介电常数较低，通常可与高介电常数溶剂混合使用。然而，其存在易挥发、易被氧化和热稳定性较差的特点。通常情况下，增加结构链长，可提高其抗氧化性能。

（2）THF 和 DOL　THF 和 DOL 为环状醚结构。其中，THF 的熔点为−108℃，沸点为65℃，黏度较低且阳离子络合能力较强，可提高电解液电导率，但电池循环稳定性较差；DOL 的熔点为−95℃，沸点为78℃，具有较强的阳离子络合能力，但易开环聚合，电化学稳定性较差。

4.5.4　功能添加剂

添加剂被认为是调控电解液特定性能最简单有效的方法，其在电解液中含量较少（一般在 5% 以下），具有针对性强的特点。一般情况下，根据功能可将添加剂分为成膜添加剂、阻燃添加剂以及过充保护添加剂等。选择添加剂时，通常需考虑以下几个因素：①添加剂制备工艺简单，成本相对较低；②添加剂对电解液其他性质影响较小；③不同添加剂间最好有协同效应；④环境友好。

1. 成膜添加剂

成膜添加剂是指在正极/负极表面建立稳定的电解液/电极界面的添加剂，其会优先于电解液中其他组分（溶剂、电解质盐）发生还原或氧化反应，在负极或正极表面构建 SEI 膜或 CEI 膜。这就要求，负极成膜添加剂的 LUMO 能应低于电解液的 LUMO 能，正极成膜添加剂应具有比电解液更高的 HUMO 能。当前，典型的成膜添加剂包括：碳酸亚乙烯酯（VC）、氟代碳酸乙烯酯（FEC）、1,3-丙烷磺酸内酯（1,3-PS）、丙烯基-1,3-磺酸内酯（PST）、硫酸乙烯酯（DTD）和二氟草酸硼酸钠（$NaC_2O_4BF_2$）。

2. 阻燃添加剂

阻燃添加剂，顾名思义是指用于降低非水电解质可燃性的添加剂。电解液的燃烧主要基于自由基链式反应机理。阻燃添加剂的作用在于去除电解液热分解过程中形成的高活性自由基，从而减缓或阻碍持续不断的链式反应。当前研究涉及的添加剂主要为有机磷系阻燃添加剂［磷酸三甲酯（TMP）、磷酸三乙酯（TEP）、甲基磷酸二甲酯（DMMP）、三（2,2,2-三氟乙基）亚磷酸酯（TFEP）、五氟乙氧基环三磷腈（EFPN）等］和氟代醚等高氟或全氟物质［甲基九氟丁醚（MFE）、全氟（2-甲基-3-戊酮）（PFMP）、1,1,2,2-四氟乙基-2,2,3,3-四氟丙级醚（HFE）等］。

3. 过充保护添加剂

过充保护添加剂可以有效抑制或减缓电压升高，防止电池过充条件下因电压持续升高、温度升高所带来的安全风险。依据作用机理不同，过充保护添加剂可分为氧化还原穿梭添加剂（可逆保护）和电化学聚合添加剂（不可逆保护，触发即终止电池寿命）两种。其中，氧化还原穿梭添加剂是指在电压超过电池截止电压时，添加剂在正极表面被氧化，形成自由基阳离子，氧化产物扩散迁移至负极表面被还原，还原产物再扩散至正极表面被氧化。伴随自由基在正负极间不断穿梭，可将电池电压稳定在氧化还原梭的氧化电位，稳定电池电压［如高氯酸三氨基环丙烷（TAC·ClO_4），可允许 $Na_3V_2(PO_4)_3$ 过充 400%］；电化学聚合添加剂是指在特定电位下其在正极上发生聚合反应形成绝缘层，耗尽多余电荷且增加电池内阻，从而防止过充，有效减缓/阻止电解液的进一步分解［如联苯（BP），可允许

$Na_{0.44}MnO_2$正极在电压超过 4.3V 下耐受 800% 的过充量〕。

4.5.5 典型的有机电解液体系

目前使用较多的有机电解液溶剂体系主要包括（一般电解质盐的浓度为 $0.5\sim1mol\cdot L^{-1}$）：

1）二元溶剂体系：EC+PC、EC+DEC、EC+DMC、PC+FEC。

2）三元溶剂体系：EC+DEC+PC、EC+DEC+FEC、EC+PC+FEC、EC+DMC+FEC、EC+PC+DMC。

4.6 钠离子电池其他材料

4.6.1 黏结剂和导电剂

1. 黏结剂

黏结剂为电极片的重要组成成分之一，主要起将活性材料、导电剂和集流体相互黏接起来的作用，需具备较好的热稳定性、电解液中适中的溶胀能力、良好的电化学稳定性、一定的弹性、不可燃、良好的加工性能、环境友好以及极片制备中需用量少等特点。当前，常见的黏结剂材料主要包括油性黏结剂〔聚偏氟乙烯（PVDF）〕和水性黏结剂〔羧甲基纤维素钠（CMC）、海藻酸钠（SA）、聚丙烯酸（PAA）〕等。

2. 导电剂

导电剂为电极片重要组成成分之一，主要起导电的功能，需具备高的电子电导率、较好的化学/电化学稳定性、一定的吸液保液能力（能被电解液浸润）、良好的浆料分散性、成本低廉和环境友好等特点。当前，常见的导电剂材料与锂离子电池用导电剂材料相似，主要为碳类材料，包括乙炔黑、Super P、导电石墨 KS、科琴黑、碳纳米管和石墨烯等。

4.6.2 隔膜和集流体材料

1. 隔膜

隔膜材料在电池中主要起物理阻隔正负极接触，防止电子通过，避免内部短路，且保证溶剂化钠离子输运（电解液可充分浸润/渗透）的作用，需具备电子绝缘、化学/电化学稳定性良好、热稳定性较好、力学强度大且稳定性好以及厚度薄等特点。目前，在锂离子电池中应用的隔膜体系基本均可借鉴到钠离子电池体系，主要包括聚烯烃类聚合物材料（如聚乙烯、聚丙烯及其组合等）和玻璃纤维隔膜等。

2. 集流体

集流体指电池中附着电极材料，起收集电流并对外传导电流的作用。集流体需具备导电性好、内阻小、良好的化学/电化学稳定性、易加工、柔韧性好和力学性能稳定等特点。当前，钠离子电池集流体主要考虑铝、碳等低成本材料。

4.7 水系钠离子电池

水系钠离子电池，顾名思义，指采用含有钠离子的水溶液为电解液所构建的钠离子电池，具有安全性较好、环境友好、制造集成简便和成本低廉等优点。此外，相较于有机电解液，水溶液的离子电导率约高 2 个数量级，易于实现高倍率。但是，采用水系电解液面临的最大问题在于水系电解液的电压窗口较窄，即水系钠离子电池受水分解副反应的严重影响，存在水分解引起的负极析氢和正极析氧问题。因此，针对水系钠离子电池，其电极材料的氧化还原电对需位于析氢析氧电位之间，即负极嵌钠反应电势应高于水的析氢电势，正极脱钠反应电势应低于水的析氧电势（图 4-46）（注：水的热力学电化学稳定窗口为 1.23V，考虑动力学因素和溶液盐浓度，相应的电化学窗口会有一定程度的拓宽）。此外，水系钠离子电池电极材料还要求在水系电解液中具有一定的化学稳定性，不存在电极材料的溶解问题，且不与溶液中的溶解氧发生反应。

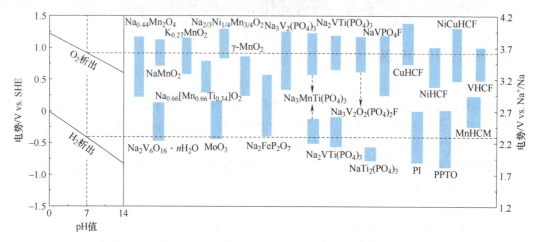

图 4-46　水系电解液在不同 pH 值下的电化学稳定窗口和水系钠
离子电池电极材料在水溶液中的氧化/还原电势

目前，水系钠离子电池的正极材料主要包括过渡金属氧化物、聚阴离子型化合物和普鲁士蓝类化合物等。针对负极材料，考虑钠离子嵌脱电位和低电势下材料结构稳定性的要求，目前认为只有 $NaTi_2(PO_4)_3$ 可以应用于水系电解液中。除此之外，其他无机负极材料，如 $Na_3MnTi(PO_4)_3$、MoO_3 以及钒基材料 $[Na_2V_6O_{16} \cdot nH_2O$、$Na_3V_2(PO_4)_3$、$Na_2VTi(PO_4)_3]$，也被研究报道（图 4-46）。针对电解液，目前主要集中于采用成本低廉的 Na_2SO_4、NaCl 和 $NaNO_3$ 为钠盐的水系电解液，其中，以浓度为 $1mol \cdot L^{-1}$ 的中性 Na_2SO_4 溶液最为常用。针对集流体，考虑到腐蚀问题，集流体的选择与水溶液的 pH 相关，通常中性溶液可采用不锈钢为集流体，酸性溶液可采用钛网或镍网为集流体。

根据水系钠离子电池的反应原理，目前水系钠离子全电池可以分为两类：

1）"电容负极/嵌入正极"型非对称型电容电池。该类电池采用高比表面积活性炭材料为负极，高电势嵌钠化合物为正极，反应原理为钠离子在负极表面的吸附/脱附反应和钠离子在正极的嵌入/脱出反应。因此，该类电池又称为混合型水系钠离子电容电池。

2）"嵌入负极/嵌入正极"型钠离子电池。该类电池与有机钠离子电池相似，采用高电势嵌钠化合物为正极，低电势嵌钠化合物为负极，反应原理为钠离子的嵌入/脱出反应。与"电容负极/嵌入正极"型非对称型电容电池相比，该类电池具有较高的能量密度和工作电压。

需要注意的是，虽然"电容负极/嵌入正极"型非对称型电容电池存在能量密度较低的缺点，但是其结构简单，易于制造，且避免了水系钠离子电池选择合适的储钠负极材料的难题。

目前有报道的水系钠离子电池的厂家和科研机构主要包括美国 Aquion Energy 公司和恩利（EnPower）公司、中国贲安能源科技（上海）有限公司、英国 Faradion 公司和法国 RS2E 研究小组等。不过，需要注意的是，水系钠离子电池是一种全新的电池体系，目前其研发仍处于起步阶段，还存在着诸多问题等待攻克，如电极材料在水溶液中的溶解、盐溶液对电极的长期缓慢腐蚀和水系钠离子电池较低的质量比能量等，需从新型耐腐蚀材料的开发、电极的成型、集流体的选择、新型正负极材料体系和稳定的电解质体系的开发等方面持续研究，促进水系钠离子电池性能的不断提高。

4.8 钠离子电池制造技术与应用

4.8.1 钠离子电池类型

钠离子电池可参照锂离子电池体系进行分类，依据电池装配结构和封装形式不同，通常可分为圆柱电池、软包电池和方形硬壳电池三大类。

（1）圆柱电池 自动化程度高、产品品质稳定、一致性高、成本较低，市场上应用较成熟型号有 18650、21700、26650 和 32650 等。其中，以 18650 为例，其数字代表的含义为电池外径 18mm 和高度 65mm。

（2）软包电池 重量轻、内阻小、设计灵活、安全性相对较好，但产品一致性较差、成本较高、易封装不良和封装材料破损。封装材料常用铝塑膜，其由尼龙外层、铝箔中间层和聚丙烯内层构成，层间用黏结剂连接。

（3）方形硬壳电池 结构简单、附件重量相对较轻，主要采用方形铝壳或钢壳作为封装材料，可根据产品尺寸定制化生产，型号较多。

4.8.2 钠离子电池制造

钠离子电池制造工艺与锂离子电池相似，在电池制造前，首先需依据设备的需要和电池的特性确定电池的电极、电解液、隔膜、外壳及其他部件的参数（如正负极匹配、压实密度、注液量等）。为了保证电池的整体性能，关键部件需具备合适的理化指标，如

正极材料：$D_{50} = 8 \sim 15\mu m$，振实密度 $1.5 \sim 2.5 g \cdot cm^{-3}$，压实密度 $\geqslant 2.6 g \cdot cm^{-3}$，比表面积 $\leqslant 0.6 m^2 \cdot g^{-1}$，pH$\leqslant 11.5$。

负极材料：$D_{50} = 10 \sim 15\mu m$，振实密度 $\geqslant 0.9 g \cdot cm^{-3}$，压实密度 $\geqslant 1.2 g \cdot cm^{-3}$，比表面积 $\leqslant 4 m^2 \cdot g^{-1}$。

电解液：电导率 $\geqslant 5.0 \times 10^{-3} S \cdot cm^{-1}$，含水量 $\leqslant 2 \times 10^{-5}$，色度 $\leqslant 50 Hazen$，游离酸含量 $\leqslant 5 \times 10^{-5}$ 等。

隔膜：孔隙率 $\geqslant 40\%$，孔径分布 $100 \sim 200 nm$，透气度 $\geqslant 300 s/100 mL$，横向拉伸强度 $\geqslant 120 MPa$，纵向拉伸强度 $\geqslant 110 MPa$ 等。

具体的工艺制造过程为：电极浆料制备→电极涂布→辊压→极片分切→卷绕或堆叠→装

配/真空干燥→注液/封装→化成→分容/筛选。

4.8.3 钠离子电池应用

当前，钠离子电池已逐步进入由实验室走向实用化发展的阶段，推进其产业化的代表性企业主要包括英国 Faradion 公司、法国 Tiamat、日本岸田化学、美国 Natron Energy 公司、瑞典的 Northvolt，以及我国的中科海钠、钠创新能源、众钠能源、传艺科技、鹏辉能源、珈钠能源和星空钠电等。不同企业或研究机构采用的材料体系各有不同，例如：

1）Faradion 公司，正极材料为 Ni、Mn、Ti 基 O3/P2 混合相层状氧化物，负极材料为硬碳，10 Ah 软包电池，比能量达到 155W·h·kg^{-1}。

2）Sharp Laboratories of Europe Ltd.，正极材料为 Cu、Fe、Mn 基层状氧化物，负极材料为硬碳，2Ah 软包电池，比能量为 100W·h·kg^{-1}。

3）法国 Tiamat，正极材料为氟磷酸钒钠，负极材料为硬碳，1A·h 钠离子 18650 电池原型，比能量为 90W·h·kg^{-1}。

4）钠创新能源，正极材料为 Na[Ni$_{1/3}$Fe$_{1/3}$Mn$_{1/3}$]O$_2$ 三元层状氧化物，负极材料为硬碳，软包电池比能量为 100~120W·h·kg^{-1}。

5）中科海钠，正极材料为 O3 相多元层状氧化物，负极材料为无烟煤软碳，已经研制出比能量超过 145W·h·kg^{-1} 的钠离子电池。

6）众钠能源，正极材料为硫酸铁钠，负极材料为硬碳，软包电芯（30A·h）比能量为 125W·h·kg^{-1}，方形钠电比能量为 110W·h·kg^{-1}。

7）传艺科技，正极材料为层状氧化物，负极材料为硬碳，单体电芯比能量为 150~160W·h·kg^{-1} 左右。

8）鹏辉能源，正极材料为层状氧化物，负极材料为硬碳，单体电芯比能量为 145W·h·kg^{-1}。

得益于钠离子电池具备的诸多优势，其未来的应用场景主要包括：低速电动车应用市场（电动自行车、电动三轮车、观光车、四轮低速电动汽车和物流车等）和规模储能应用市场（5G 基站、数据中心、后备电源、家庭储能和可再生能源大规模接入等）。根据现有的钠离子电池技术成熟度和制造规模水平，钠离子电池将首先从各类低速电动车应用领域切入市场。然后，随着产品技术的日趋成熟以及产业的进一步规范化、标准化，钠离子电池的产业和应用将迎来快速发展期，将逐步切入到各类储能应用场景，如可再生能源存储、数据中心、5G 通信基站、家庭和电网规模储能等领域。

1. 低速电动车市场

低速电动车通常指设计最高时速不超过 70km·h^{-1} 的电动车辆，主要涵盖电动自行车、电动三轮车和四轮低速电动车，它们低速便捷、经济实用。作为低速电动车用钠离子电池，重点关注的电池核心性能指标主要包括放电性能、充电性能、循环寿命和安全性能等。我国在低速电动车市场的各类电动车保有量巨大，据统计，2019 年，国内四轮低速电动车保有量已超过 400 万辆，年产量约 100 万辆；电动三轮车保有量达到 5000 万辆，年产量为 1500 万辆；电动自行车保有量达到 3 亿辆左右，年产量达到 3300 万辆。从国家层级也已出台了多项相关政策［《关于低速电动车管理有关问题的请示》（国务院）、《2018 年新能源汽车标准化工作要点》（工业和信息化部）、《电动自行车安全技术规范》（GB 17761—2018）等］以引导低速电动车的健康有序发展。可以预计，整个低速电动车市场规模将超过千亿。

2. 规模储能市场

据相关数据显示，截至2023年底，我国风电和光伏发电装机规模分别达4.4亿kW和6.1亿kW，总装机突破10亿kW。为了落实"碳达峰""碳中和"目标，到2025年，全国风电、光伏发电发电量占全社会用电量的比重将达到16.5%左右，风电、太阳能发电总装机容量将达到12亿kW以上。但是，在加快清洁能源开发利用的同时，新型可再生能源发电（风电、光伏发电等）出现送出难、消纳难问题。新能源产业迅猛成长的背后存在非常严重的弃风弃电的浪费问题，这给新型储能技术的研究和发展带来了广阔的机遇和巨大的市场。

近年来，在国家和地方政府政策支持和引导下（《关于促进储能技术与产业发展的指导意见》《"十四五"新型储能发展实施方案》等），在能源消费转型迫在眉睫的关键时期，储能市场投资规模在不断加大，产业链布局不断完善，商业模式日趋多元，应用场景加速延伸。据中关村储能产业技术联盟（CNESA）数据，截至2023年9月底，我国已投运的新型储能项目累计装机规模25.3GW/53.4GW·h，电化学储能占比达96.5%。预计到"十四五"末，我国的储能装机容量将达到50~60GW，相当于万亿元的市场规模。不过，需要注意的是，与低速电动车市场不同，作为储能用钠离子电池，其对性能的要求主要体现在成本和循环寿命两方面。

钠离子电池的产业化发展道路依旧面临着诸多挑战，主要包括：

1）当前，钠离子电池处于多种材料体系并行发展状态，核心关键材料依旧存在性能待改进以及机理待明确的问题。同时，适配电解液体系的研究和开发尚存不足。

2）当前，钠离子电池产业供应链依旧不成熟，核心关键材料（正负极材料、电解液等）的规模化供应渠道依然缺失，核心材料来源稳定性、生产工艺过程稳定性和产品质量稳定性均无法保证。

3）当前，钠离子电池能量密度仍低于锂离子电池，单位能量密度条件下，非活性物质用量及其成本比例相对较高，活性材料的成本优势未能得到充分体现。

4）钠离子电池制造无法完全照搬锂离子电池设计及生产工艺技术，如负极集流体铝箔的使用所带来的产品设计、电极制作及装配工艺等的变化等。

5）由于钠离子电池工作电压上、下限与其他成熟电池体系的差异，以及其较强的过放电忍耐能力等，现有的电池管理系统无法完全满足钠离子电池组的使用要求，需重新设计开发。

6）当前，有关钠离子电池的标准和规范依旧缺乏，不利于钠离子电池制造工艺的规范化、产品质量的一致性和市场产品的统一标准化，直接影响产品的市场推广和成本降低。

未来，在钠离子电池产业化发展过程中，仍需从核心关键电极材料性能调控及规模化制备技术形成、新型电解液体系开发、电池设计及生产制造工艺优化、电池制造技术体系完善（电芯设计、极片制作、电解液/隔膜选型、化成老化和电芯评测等技术）、电池管理系统开发、电池成组技术优化（如钠离子电池的无模组电池包技术和双极性电池技术的开发等）、上下游供应链打通以及标准和规范制定等方面持续开展系统工作，大力推进其在低速电动车以及储能领域的实用化进程。

参 考 文 献

[1] 胡勇胜, 陆雅翔, 陈立泉. 钠离子电池科学与技术 [M]. 北京：科学出版社, 2020.

[2] 谢晶莹. 钠离子电池原理及关键材料 [M]. 北京：科学出版社, 2021.

[3] 陈军, 陶占良, 苟兴龙. 化学电源：原理、技术与应用 [M]. 北京：化学工业出版社, 2021.

[4] 邓远富, 叶建山, 崔志明, 等. 电化学与电池储能 [M]. 北京：科学出版社, 2023.

[5] YABUUCHI N, KUBOTA K, DAHBI M, et al. Research development on sodium-ion batteries [J]. Chemical Reviews, 2014, 114 (23): 11636-11682.

[6] WANG P F, YAO H R, LIU X Y, et al. Ti-substituted $NaNi_{0.5}Mn_{0.5-x}Ti_xO_2$ cathodes with reversible O3-P3 phase transition for high-performance sodium-ion batteries [J]. Advanced Materials, 2017, 29 (19): 1700210.

[7] LI X, WANG Y, WU D, et al. Jahn-Teller assisted Na diffusion for high performance Na ion batteries [J]. Chemistry of Materials, 2016, 28 (18): 6575-6583.

[8] ASL H Y, MANTHIRAM A. Reining in dissolved transition-metal ions [J]. Science, 2020, 369: 140-141.

[9] ZHANG C, GAO R, ZHENG L, et al. New insights into the roles of Mg in improving the rate capability and cycling stability of $O3-NaMn_{0.48}Ni_{0.2}Fe_{0.3}Mg_{0.02}O_2$ for sodium-ion batteries [J]. ACS Applied Materials & Interfaces, 2018, 10 (13): 10819-10827.

[10] WANG Y, LIU J, LEE B, et al. Ti-substituted tunnel-type $Na_{0.44}MnO_2$ oxide as a negative electrode for aqueous sodium-ion batteries [J]. Nature Communications, 2015, 6 (1): 7401.

[11] KUBOTA K, KUMAKURA S, YODA Y, et al. Electrochemistry and solid-state chemistry of $NaMeO_2$ (Me = 3d transition metals) [J]. Advanced Energy Materials, 2018, 8 (17): 1703415.

[12] LI Y, GAO Y, WANG X, et al. Iron migration and oxygen oxidation during sodium extraction from $NaFeO_2$ [J]. Nano Energy, 2018, 47: 519-526.

[13] TANG W, SONG X, DU Y, et al. High-performance $NaFePO_4$ formed by aqueous ion-exchange and its mechanism for advanced sodium ion batteries [J]. Journal of Materials Chemistry, A. Materials for Energy and Sustainability, 2016, 4 (13): 4882-4892.

[14] SARAVANAN K, MASON C W, RUDOLA A, et al. The first report on excellent cycling stability and superior rate capability of $Na_3V_2(PO_4)_3$ for sodium ion batteries [J]. Advanced Energy Materials, 2013, 3 (4): 444-450.

[15] JIAN Z, ZHAO L, PAN H, et al. Carbon coated $Na_3V_2(PO_4)_3$ as novel electrode material for sodium ion batteries [J]. Electrochemistry Communications, 2012, 14 (1): 86-89.

[16] ZHOU W, XUE L, LÜ X, et al. $Na_xMV(PO_4)_3$ (M= Mn, Fe, Ni) structure and properties for sodium extraction [J]. Nano Letters, 2016, 16 (12): 7836-7841.

[17] KIM H, SHAKOOR R A, PARK C, et al. $Na_2FeP_2O_7$ as a promising iron-based pyrophosphate cathode for sodium rechargeable batteries: a combined experimental and theoretical study [J]. Advanced Functional Materials, 2013, 23 (9): 1147-1155.

[18] BARPANDA P, YE T, NISHIMURA S, et al. Sodium iron pyrophosphate: A novel 3.0V iron-based cathode for sodium-ion batteries [J]. Electrochemistry Communications, 2012, 24: 116-119.

[19] KIM H, PARK I, LEE S, et al. Understanding the electrochemical mechanism of the new iron-based mixed-phosphate $Na_4Fe_3(PO_4)_2(P_2O_7)$ in a Na rechargeable battery [J]. Chemistry of Materials, 2013, 25 (18): 3614-3622.

［20］ DENG C, ZHANG S. 1D nanostructured $Na_7V_4(P_2O_7)_4(PO_4)$ as high-potential and superior-performance cathode material for sodium-ion batteries ［J］. ACS Applied Materials & Interfaces, 2014, 6 （12）: 9111-9117.

［21］ ZHANG L, REN N Q, WANG S, et al. Submicrometer rod-structured $Na_7V_4(P_2O_7)_4(PO_4)/C$ as a cathode material for sodium-ion batteries ［J］. ACS Applied Energy Materials, 2021, 4 （9）: 10298-10305.

［22］ BIANCHINI M, FAUTH F, BRISSET N, et al. Comprehensive investigation of the $Na_3V_2(PO_4)_2F_3$-$NaV_2(PO_4)_2F_3$ system by operando high resolution synchrotron X-ray diffraction ［J］. Chemistry of Materials, 2015, 27 （8）: 3009-3020.

［23］ DENG G, CHAO D, GUO Y, et al. Graphene quantum dots-shielded $Na_3(VO)_2(PO_4)_2F@C$ nanocuboids as robust cathode for Na-ion battery ［J］. Energy Storage Materials, 2016, 5: 198-204.

［24］ BIANCHINI M, BRISSET N, FAUTH F, et al. $Na_3V_2(PO_4)_2F_3$ revisited: a high-resolution diffraction study ［J］. Chemistry of Materials, 2014, 26 （14）: 4238-4247.

［25］ BIANCHINI M, XIAO P, WANG Y, et al. Additional sodium insertion into polyanionic cathodes for higher-energy Na-ion batteries ［J］. Advanced Energy Materials, 2017, 7 （18）: 1700514.

［26］ ELLIS B L, MAKAHNOUK W R M, ROWAN-WEETALUKTUK W N, et al. Crystal structure and electrochemical properties of A_2MPO_4F fluorophosphates （A = Na, Li; M = Fe, Mn, Co, Ni） ［J］. Chemistry of Materials, 2010, 22 （3）: 1059-1070.

［27］ BARPANDA P, OYAMA G, LING C D, et al. Krohnkite-type $Na_2Fe(SO_4)_2 \cdot 2H_2O$ as a novel 3.25V insertion compound for Na-ion batteries ［J］. Chemistry of Materials, 2014, 26 （3）: 1297-1299.

［28］ BARPANDA P, OYAMA G, NISHIMURA S, et al. A 3.8-V earth-abundant sodium battery electrode ［J］. Nature Communications, 2014, 5 （1）: 4358.

［29］ YU S, HU J Q, HUSSAIN M B, et al. Structural stabilities and electrochemistry of Na_2FeSiO_4 polymorphs: first-principles calculations ［J］. Journal of Solid State Electrochemistry, 2018, 22: 2237-2245.

［30］ KUGANATHAN N, CHRONEOS A. Defects, dopants and sodium mobility in Na_2MnSiO_4 ［J］. Scientific reports, 2018, 8 （1）: 14669.

［31］ STRAUSS F, ROUSSE G, SOUGRATI M T, et al. Synthesis, structure, and electrochemical properties of $Na_3MB_5O_{10}$ （M = Fe, Co） containing M^{2+} in tetrahedral coordination ［J］. Inorganic Chemistry, 2016, 55 （24）: 12775-12782.

［32］ QIAN J, WU C, CAO Y, et al. Prussian blue cathode materials for sodium-ion batteries and other ion batteries ［J］. Advanced Energy Materials, 2018, 8 （17）: 1702619.

［33］ WANG L, SONG J, QIAO R, et al. Rhombohedral prussian white as cathode for rechargeable sodium-ion batteries ［J］. Journal of the American Chemical Society, 2015, 137 （7）: 2548-2554.

［34］ SONG J, WANG L, LU Y, et al. Removal of interstitial H_2O in hexacyanometallates for a superior cathode of a sodium-ion battery ［J］. Journal of the American Chemical Society, 2015, 137 （7）: 2658-2664.

［35］ LEE H W, WANG R Y, PASTA M, et al. Manganese hexacyanomanganate open framework as a high-capacity positive electrode material for sodium-ion batteries ［J］. Nature Communications, 2014, 5 （1）: 5280.

［36］ WANG S, WANG L, ZHU Z, et al. All organic sodium-ion batteries with $Na_4C_8H_2O_6$ ［J］. Angewandte Chemie International Edition, 2014, 53 （23）: 5892-5896.

［37］ STEVENS D A, DAHN J R. High capacity anode materials for rechargeable sodium-ion batteries ［J］. Journal of the Electrochemical Society, 2000, 147 （4）: 1271-1273.

［38］ QIU S, XIAO L, SUSHKO M L, et al. Manipulating adsorption-insertion mechanisms in nanostructured carbon materials for high-efficiency sodium ion storage ［J］. Advanced Energy Materials, 2017, 7

（17）：1700403.

［39］ LI Y, HU Y S, TITIRICI M M, et al. Hard carbon microtubes made from renewable cotton as high-performance anode material for sodium-ion batteries［J］. Advanced Energy Materials, 2016, 6（18）：1600659.

［40］ BOMMIER C, SURTA T W, DOLGOS M, et al. New mechanistic insights on Na-ion storage in nongraphitizable carbon［J］. Nano Letters, 2015, 15（9）：5888-5892.

［41］ QI Y, LU Y, DING F, et al. Slope-dominated carbon anode with high specific capacity and superior rate capability for high safety Na-ion batteries［J］. Angewandte Chemie, 2019, 58（13）：4361-4365.

［42］ PAN H, LU X, YU X, et al. Sodium storage and transport properties in layered $Na_2Ti_3O_7$ for room-temperature sodium-ion batteries［J］. Advanced Energy Materials, 2013, 3（9）：1186-1194.

［43］ GUO S, YI J, SUN Y, et al. Recent advances in titanium-based electrode materials for stationary sodium-ion batteries［J］. Energy & Environmental Science, 2016, 9（10）：2978-3006.

［44］ ZHAO L, PAN H L, HU Y S, et al. Spinel lithium titanate（$Li_4Ti_5O_{12}$）as novel anode material for room-temperature sodium-ion battery［J］. Chinese Physics B, 2012, 21（2）：028201.

［45］ WANG Y, YU X, XU S, et al. A zero-strain layered metal oxide as the negative electrode for long-life sodium-ion batteries［J］. Nature Communications, 2013, 4（1）：2365.

［46］ MU L, BEN L, HU Y S, et al. Novel 1. 5V anode materials, $ATiOPO_4$（A= NH_4, K, Na）, for room-temperature sodium-ion batteries［J］. Journal of Materials Chemistry A, 2016, 4（19）：7141-7147.

［47］ YADAV V, MISHRA A, MAL S, et al. Sodium superionic conductors $NaTi_2(PO_4)_3$ as a solid electrolyte：A combined experimental and theoretical study［J］. Materials Today Communications, 2024, 39：108900.

［48］ WANG J W, LIU X H, MAO S X, et al. Microstructural evolution of tin nanoparticles during in situ sodium insertion and extraction［J］. Nano Letters, 2012, 12（11）：5897-5902.

［49］ KIM Y, PARK Y, CHOI A, et al. An amorphous red phosphorus/carbon composite as a promising anode material for sodium ion batteries［J］. Advanced Materials, 2013, 25（22）：3045-3049.

［50］ GAO H, MA W, YANG W, et al. Sodium storage mechanisms of bismuth in sodium ion batteries：An operando X-ray diffraction study［J］. Journal of Power Sources, 2018, 379：1-9.

［51］ ZHAO L, ZHAO J, HU Y S, et al. Disodium terephthalate（$Na_2C_8H_4O_4$）as high performance anode material for low-cost room-temperature sodium-ion battery［J］. Advanced Energy Materials, 2012, 2（8）：962-965.

［52］ YIN X, SARKAR S, SHI S, et al. Recent progress in advanced organic electrode materials for sodium-ion batteries：synthesis, mechanisms, challenges and perspectives［J］. Advanced Functional Materials, 2020, 30（11）：1908445.

［53］ PONROUCH A, MONTI D, BOSCHIN, A. Materials for Energy and Sustainability, et al. Non-aqueous electrolytes for sodium-ion batteries［J］. Journal of Materials Chemistry A, 2015, 3（1）：22-42.

［54］ BIN D, WANG F, TAMIRAT A G, et al. Progress in aqueous rechargeable sodium-ion batteries［J］. Advanced Energy Materials, 2018, 8（17）：1703008.

第 5 章

液流电池

5.1 液流电池概述

液流电池的概念是美国国家航空航天局 Lewis 研究中心的 L. H. Thaller 于 1974 年提出的，该电池通过正负极电解液活性物质发生可逆氧化还原反应实现电能和化学能的相互转化。充电时，正极发生氧化反应使活性物质价态升高，负极发生还原反应使活性物质价态降低；放电过程与之相反。在国际电工委员会的国际液流电池术语标准和中国液流电池术语国家标准中，都把该电池定义为液流电池（flow battery）而不是氧化还原液流电池（redox flow battery）。如钒液流电池（vanadium flow battery，VFB），而不是全钒氧化还原液流电池（vanadium redox flow battery）。从理论上讲，两个具有不同电势的活性离子对可组成一种液流电池，如 $Fe^{2+/3+}/Cr^{2+/3+}$、$Br^{1+/0}/Zn^{2+/0}$、$Ni^{2+/3+}/Zn^{2+/0}$、$V^{4+/5+}/V^{3+/2+}$、$Fe^{2+/3+}/V^{3+/2+}$ 等。

在液流电池的发展历史上，早期对 Fe/Cr 液流电池体系的研发最为广泛，自 1974 年以来，美国 NASA 及日本的研究机构和企业均开展了相关研发，日本企业成功开发出数十千瓦级的电池系统。然而由于 Cr 半电池的反应可逆性差，Fe 离子和 Cr 离子透过隔膜互穿引起正负极电解液交叉污染，以及电极在充电时析氢反应严重等问题，该电池系统的能量效率较低。因此，目前世界范围内对其研发基本处于停滞状态，仅有美国的 EnerVault 及我国的国家电力投资集团有限公司等在进行项目的研发及示范。

为避免正负极电解液为不同金属离子组成的液流电池体系存在的电解液交叉污染问题，延长液流电池的寿命并提高运行可靠性，人们提出了正负极电解液的活性物质由同一种金属的不同价态离子组成的电池体系，如全 Cr 体系、全 V 体系、全 Np 体系、全 U 体系等。其中，经过研发并实施过 100kW 以上级示范运行的仅有全 V 体系，其他均处于探索阶段。

此外，人们也探索了其他液流电池体系，如 Zn/Br_2、Zn/Cl_2、多硫化钠/溴（NaS_x/Br_2）、铅/甲基磺酸、钒/多卤化物等。由于这些电池在充放电过程中均涉及正负极活性物质相的变化，严格来讲，并不是 Thaller 所定义的液流电池。如 Zn/Br_2 电池在充电时，负极电解液中的 Zn^{2+} 在电极上沉积，放电时发生金属 Zn 的溶解反应。Zn 基液流电池由于储能活性物质 Zn 的来源广泛，价格便宜，近年来引起了人们的高度关注。目前 Zn/Br_2 液流电池已处于产业化应用开发及工程应用示范阶段，主要生产商包括澳大利亚 Redflow 公司、美国 EnSync Energy Systems 公司及 Primus Power 公司、韩国 Lotte 化学公司等。2018 年 Redflow 公司推出了家庭用 $10kW \cdot h$ 的 Zn/Br_2 液流电池模块和应用于智能电网的 $600kW \cdot h$ 电池系统。

Zn、Ni 单液流电池仍处于实验室工程放大阶段，主要通过材料、结构等关键技术研发，解决负极 Zn 沉积形貌。

2024 年以前，NaS_x/Br_2 电池的开发与商业化由 Regenesys 公司进行。由于 NaS_x/Br_2 电池采用的电解液价格便宜，因此曾被认为非常适于建造大型储能电站（数十至数百兆瓦/数十至数百兆瓦时）。英国 Innogy 公司于 20 世纪 90 年代初对其进行了商业化应用开发，成功开发出 5kW、20kW、100kW 的电堆模块，于 1996 年在英国南威尔士的 Aberthaw 电站对兆瓦级储能系统进行了运行测试。由于 NaS_x/Br_2 体系中存在离子交换膜选择性较低和电池正负极电解液互混导致电池能量效率下降、储能容量衰减、使用寿命显著缩短等问题，国际上已经终止了对其研发和工程应用示范。

20 世纪 80 年代澳大利亚新南威尔士大学的 M. Skyllas-Kazacos 教授研究团队在 VFB 技术领域做了大量研究工作，涉及电极反应动力学、电极材料和膜材料评价及改性、电解液制备方法及双极板开发等方面，为 VFB 储能技术的发展做出了重要的基础研究贡献。近年来，VFB 储能系统的研发、工程化及产业化不断取得重要进展，已进入产业化应用阶段。加拿大的 VRB Power System 公司、日本的住友电气工业株式会社及 Kashima-Kita 电力公司曾致力于 VFB 储能系统的开发。日本的住友电气工业株式会社与日本关西电力公司合作开发出输出功率为 100kW 的 VFB 堆。日本的住友电气工业株式会社在北海道建造了一套输出功率为 4MW、储能容量为 6MW·h 的 VFB 储能系统，用于对 30MW 风电场的调幅、调频和平滑输出并网。2016 年，日本的住友电气工业株式会社与北海道电力公司合作在北海道札幌市附近建造 15MW/60MW·h 的 VFB 储能电站，已安全稳定运行 5 年多。加拿大 VBR Power System 公司曾利用日本的住友电气工业株式会社制造的电堆，实施了调峰电站用 250kW/2MW·h 电池储能系统和用于与风力发电配套的 200kW/800kW·h 的 VFB 储能系统的应用示范。德国、奥地利等国家及地区也在开展 VFB 储能系统的研究，并将其应用于光伏发电和风能发电的储能电站。

中国科学院大连化学物理研究所张华民研究团队自 2000 年布局液流电池技术的开发，在液流电池关键材料、核心部件、储能系统设计集成、控制管理等方面都取得了国际领先的成果。2008 年中国科学院大连化学物理研究所以技术入股创立大连融科储能技术发展有限公司。该公司与大连化学物理研究所共同设计和建设了国电龙源卧牛石风电场 5MW/10MW·h 的 VFB 储能系统，该项目于 2012 年 12 月并网调试。该系统由 15 个 352kW/700kW·h 的 VFB 系统组成，接入风电场 35kV 母线，与 50MW 风电场联合运行，目前仍正常运行。该系统是迄今全球兆瓦级液流电池系统运行时间最长的项目，充分验证了 VFB 储能技术的可靠性和稳定性。从运行角度，该储能电站的调度运行除了可以实现本地操作，还可以直接受省电网公司调度中心的调度指令，表现出稳定的运行状态和快速的响应效果，充分证明了 VFB 系统对于控制风电波动、计划发电能力和响应电网服务的全功能。此外，该公司正在承建 200MW/800MW 储能调峰电站国家示范项目，该项目是目前国内在建的最大规模的电化学储能电站。

5.2 液流电池的工作原理

传统二次电池的活性物质与电极材料一般是一体的，封存在电池壳内部，且充放电过程中一般有相变化或形貌的改变，电池输出功率固定后，其储能容量也相应固定。液流电池是一种与传统二次电池结构完全不同的可重复充放电使用的电池。它的电解液储存在两个外部储液罐中，在充电或者放电期间，电解液被泵输送入电池内部，流经电极，电解液中的活性物质在电极表面发生氧化还原反应，完成化学能和电能之间的能量转换。液流电池的工作机制类似于燃料电池和普通的二次电池。与燃料电池相似，液流电池需要电活性材料的连续循环来维持化学反应；同时与普通二次电池类似，可逆的氧化还原反应能够在同一系统内进行充电和放电反应。由于特殊的电池结构，液流电池具有能量和功率解耦控制的特点。

电池内部组成部分包括中间的隔膜和两侧的电极。隔膜一般采用离子交换膜或多孔膜，常用电极包括石墨毡、炭纸和碳毡等。液流电池的电解液由活性物质、支持电解质和溶剂组成（图5-1）。在电池运行期间，活性物质发生氧化还原反应：

正极： $$B^{m+} - e^- \underset{\text{放电}}{\overset{\text{充电}}{\longleftrightarrow}} B^{(m+1)+} \tag{5-1}$$

负极： $$A^{n+} + e^- \underset{\text{放电}}{\overset{\text{充电}}{\longleftrightarrow}} A^{(n-1)+} \tag{5-2}$$

当活性物质为氧化还原有机分子时，正极和负极的电极反应一般涉及离子自由基：

正极： $$B - e^- \overset{\text{充电}}{\longrightarrow} B^+ \tag{5-3}$$

负极： $$A + e^- \overset{\text{充电}}{\longrightarrow} A^- \tag{5-4}$$

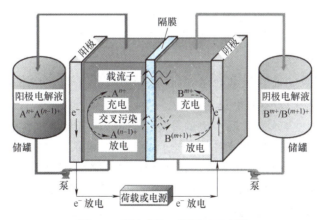

图 5-1　液流电池工作原理示意图

液流电池是二次蓄电池的一种，但与传统的蓄电池相比，具有以下特点：

1）液流电池的输出功率和储能容量相互独立。输出功率大小取决于电堆的大小和数量，储能容量取决于电解液的体积和浓度，故可实现功率与容量的独立设计以满足不同的应用需要。

2）双液流电池的储能活性物质均为液态，充放电过程中只有价态的变化，不涉及物相的变化，避免了传统电池因相变化及枝晶的生成而发生电池短路、活性物质性能下降等问题。

3）液流电池的活性物质溶解于电解液中，只有当液流电池使用，电解液通过循环泵的作用进入电堆时才会发生反应，不使用时正负极电解液分别密封存放于不同的电解液储罐中，没有普通电池存放过程中的自放电问题，液流电池的储存寿命长。

4）液流电池结构简单，材料价格相对便宜，更换和维修费用低，能100%深度放电而不损坏电池，充放电时正负极电解液循环流动，反应极化小，可实现快速充放电。

5）传统液流电池的电解液为水溶液，不存在着火爆炸的风险，安全性好。

5.3　液流电池性能的评价方法

对于大规模储能系统，由于输出功率和储能容量大，材料使用量多，若发生安全事故，其造成的危险和损失很大，并且系统废弃后对环境可能造成的影响也很大。因此，大规模储能技术应具备三个基本条件：安全性高、生命周期的性价比高、生命周期的环境负荷低。液流电池储能技术能很好地满足上述基本条件，因而受到国内外高度关注，成为推广可再生能源普及应用的大规模储能技术之一。

充放电性能测试方法是评价液流电池性能的一种常用方法，该法通过电堆的充放电性能测试，获取充放电性能曲线及充放电性能参数以评价电池性能。充放电性能参数包括库仑效率 CE、电压效率 VE、能量效率 EE、电解液利用率 UE 及容量保持性能。下面对其分别介绍。

1. 库仑效率 CE

库仑效率 CE 是储能容量与充电容量的比值：

$$CE = \frac{Q_{dis}}{Q_{ch}} \times 100\% = \frac{\int I_{dis}(t)\,dt}{\int I_{ch}(t)\,dt} \times 100\% \tag{5-5}$$

式中，Q_{dis} 和 Q_{ch} 分别是储能容量和充电容量（A·h）；I_{dis} 和 I_{ch} 分别为放电和充电电流密度（mA·cm^{-2}）；t 为充放电时间（s）。

CE 用来衡量电池在充放电过程中电量转换的效率。若充放电过程中无电量损失，则 CE 为 100%，但电池在实际充放电过程中存在电量损失，主要原因有：①隔膜两侧正、负极离子交叉污染发生自放电反应；②电解液泄露造成正负极活性物质流失；③温度过高或过低引起正负极离子沉淀析出；④充电过程中发生析氢、析氧等不可逆副反应等。后三个因素引起的电量损失可以通过合理的操作降低或消除，但隔膜两侧离子交叉污染发生的自放电反应是影响 CE 的主要因素。对于 VFB，钒离子渗透与离子膜的阻钒性密切相关，阻钒性越高，电池 CE 越高，反之越低。

2. 电压效率 VE

电压效率 VE 是放电电压与充电平均电压的比值：

$$VE = \frac{\overline{V}_{dis}}{\overline{V}_{ch}} \times 100\% = \frac{\int V_{dis}(t)\,dt / \int V_{ch}(t)\,dt}{t_{dis} / t_{ch}} \times 100\% \tag{5-6}$$

式中，$\overline{V}_{dis}$、$\overline{V}_{ch}$ 分别为放电、充电平均电压（V）；V_{dis}、V_{ch} 为任意时刻的放电、充电电压（V）；t_{dis}、t_{ch} 为放电、充电时间（s）。

VE 与充放电过程中产生的电池极化密切相关。VE 越高，电池极化越低，电压损失越小，充放电电压越接近平衡状态的电池电压；反之，充放电过程中产生的电池极化越大，电压损失越多。影响 VE 的主要因素包括：①由电子转移步骤引起的电化学活化极化，活化极化与电极的催化活性相关；②由克服电子通过电极材料、双极板及其部件的连接界面、不同溶液接触时的液体液接电位及各种离子通过电解液和支持电解质离子通过隔膜的阻力引起的欧姆极化；③由电解液体相向电极表面液相传质时，因不能满足电极表面电化学反应而需消耗的反应物的量所引起的浓差极化。

3. 能量效率 EE

能量效率 EE 是放电能量与充电能量的比值：

$$VE = \frac{W_{dis}}{W_{ch}} \times 100\% = \frac{\int V_{dis}(t)\,I_{dis}(t)\,dt}{\int V_{ch}(t)\,I_{ch}(t)\,dt} \times 100\% \tag{5-7}$$

式中，W_{dis}、W_{ch} 分别为放电、充电能量（$W \cdot h$）。

EE 是电池在充放电过程中电能转换效率的评价指标，其值的大小是 CE 和 VE 的综合效果，即 EE = CE×VE。在大规模储能中，EE 是衡量储能技术适用性、经济性的关键指标参数。

4. 电解液利用率 UE

电解液利用率 UE 是液流电池放电冲程放出的电能容量与电解液理论容量的比值：

$$UE = \frac{Q_{practical}}{Q_{theoretical}} \times 100\% \tag{5-8}$$

式中，$Q_{practical}$、$Q_{theoretical}$ 分别是液流电池放电过程中放出的电能容量、电解液的理论容量（$W \cdot h$）。

UE 可衡量电解液中实际参与电化学反应的活性物质的量的多少。UE 越高，实际参与电化学反应的活性物质越多，储能容量越高，在液流电池储能系统中所需的电解液的量与电解液理论容量的差越小，即电解液的使用量越少。一方面，电池内离子传导膜两侧正负离子或自由基互混引起的自放电会降低 UE，导致容量损失。另一方面，UE 与电池极化（活化极化、欧姆极化、浓差极化）密切相关。电池极化大，也会降低 UE，实际参与电化学反应的活性物质减少，储能容量降低。液流电池储能系统所需的电解液的量与电解液理论容量的差越大，电解液的使用量越多。

5. 储能容量保持性能

储能容量保持性能是衡量液流电池充放电循环过程中储能容量稳定性和电池使用寿命的参数，可由电解液利用率随充放电循环次数的衰减情况来描述储能容量的稳定性。在充放电电流密度不变的情况下，在充放电循环中，液流电池中由膜的传导性引起的欧姆极化造成的储能容量损失是一定的，而充放电循环中，隔膜两侧离子交叉污染引起的储能容量损失是逐渐累积的。此时，隔膜两侧活性物质交叉污染的速率决定了电池储能容量的衰减速率。隔膜的离子选择性越高，交叉速率越慢，在多次充放电循环过程中容量衰减速率就越慢，反之则越快。

此外，电池的开路电压 OCV、体积容量 C_V、体积能量密度 E_d、功率密度 P 也是评价电池性能的指标。理论开路电压 OCV 可通过对活性物质进行循环伏安测试得到，根据循环伏安曲线测得正负极活性物质的氧化还原电位，其差值即为 OCV。电池的 C_V 和 E_d 分别指在一定体积的电解液中可以存储（释放）的电荷、能量的量，用于评估电池的能量特性。

$$C_V = ncF \tag{5-9}$$

$$E_{d} = \frac{ncFV}{\mu_{V}} \qquad (5\text{-}10)$$

$$\mu_{V} = 1 + \frac{\text{lower electrolyte concentration}}{\text{higher electrolyte concentration}} \qquad (5\text{-}11)$$

$$P = \frac{I \times V}{S} \qquad (5\text{-}12)$$

式中，n 为转移的电子数；c 是电解液的浓度（$mol \cdot L^{-1}$）；F 是法拉第常数；V 是电池电压（V）；μ_{V} 是体积因子；I 为电流密度（$mA \cdot cm^{-2}$）；S 为隔膜或电极的面积（cm^{2}）。

液流电池的能量密度与活性物质的浓度、氧化还原电位及电子转移数密切相关。因此，筛选和设计高溶解度、高开路电压以及多电子转移数的活性物质是开发高能量密度液流电池的关键。功率密度由几个捆绑在一起的参数决定，包括电解质的电导率、隔膜的离子电导率、氧化还原物质的扩散系数和反应动力学、电池电势、集电器的尺寸、电池结构等。需要注意的是，峰值功率密度对应的电流密度下，液流电池极化过大，无法正常充放电，其能量效率和储能容量都极低，不能实现储能作用，电池运行失去意义，即峰值功率密度对应的运行工况在液流电池的大规模储能应用中无实用价值。

5.4　液流电池的结构

液流电池单电池是评价电池材料和部件、优化电池结构设计和运行条件及组装电堆的最基本单元。在单电池的中央是一张分隔正负极电解液、传导离子的膜，在此膜两侧配置有对称的电极、垫片、流场、集流体、绝缘板、端板及螺杆、螺帽等。液流电池堆是液流电池储能系统的核心部件，由多个单电池以压滤机的方式叠加紧固而成，是具有一套和多套电解液循环管道及统一的电流输出的组合体，主要由电堆、电解液、电解液储供体系、电池管理体系、充放电体系、储能监控体系等部分组成。电堆的性能和成本直接影响液流电池储能系统的性能和成本。液流电池单电池及电堆结构如图 5-2 所示。

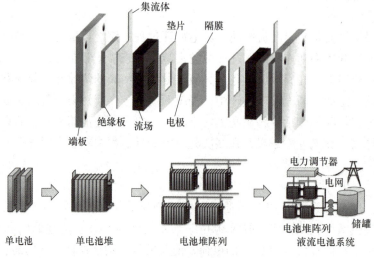

图 5-2　液流电池单电池及电堆结构

5.4.1 电极

电极材料是液流电池的关键材料之一。与锂离子电池、铅酸电池等其他化学电池的电极形貌和功能不同，在液流电池中，储能活性物质以电解液的形式储存在电堆外部的储罐中，电极中不含储能活性物质，因而其自身并不参与电化学反应，只为正负极储能活性物质的氧化还原反应提供反应场所。电解液中的活性物质在电极-电解液界面接收或给出电子完成电化学反应，实现电能和化学能的转换，进而完成能量的存储或释放。载流子在电极表面进行离子形式和电子形式的过渡，从而使电池形成一个完整的闭合导电回路。

电极作为液流电池的关键部件之一，其材料性能的好坏直接影响电化学反应速率、电池内阻及电解液分布的均匀性与扩散状态，进而影响电池的三大极化（活化极化、欧姆极化及浓差极化），最终影响液流电池的功率密度和能量转换效率。电池材料的化学稳定性也直接影响液流电池的使用寿命。由于液流电池中达到规模化产业应用的是 VFB，因此这里主要介绍 VFB 的电极，其他种类电池的电极可以进行类推。

根据 VFB 技术的特征，电极材料应具有如下性能：

1) 电极材料对于电池正负极不同价态钒离子氧化还原电对应具有良好的反应活性和反应可逆性，使电化学反应电荷转移电阻较小，在高工作电流密度下不产生大的活化极化。

2) 电极材料应具有稳定的三维网络结构，孔隙率适中、分布均匀，为电解液的流动提供合适的通道，以实现活性物质的有效传输和均匀分布。电极表面与电解液接触角较小，具有较强的亲和性，以降低活性物质的扩散阻力，提高电解液与电极材料的接触面积。

3) 电极材料应具有较高的电导率，且与双极板的接触电阻（界面电阻）较小，以降低电池的欧姆内阻和高电流密度运行条件下的欧姆极化。

4) 电极材料应具有很好的强度和柔韧性，在液流电池电堆组装的压紧力作用下不出现结构上的破坏。

5) 电极材料应具有良好的耐腐蚀性和化学稳定性。VFB 的电解液为 $2 \sim 3 \mathrm{mol} \cdot \mathrm{L}^{-1}$ 的硫酸或盐酸与硫酸混合酸的水溶液，要求电极材料必须耐酸腐蚀。另外，正极电解液活性物质 VO_2^+ 具有极强的氧化性，因此还要求正极材料在强氧化性的环境中稳定，而负极活性物质 V^{2+} 具有极强的还原性，因此要求负极材料在强还原性的环境中稳定。

6) 电极材料必须在电池充放电电位窗口内稳定，析氢、析氧过电位高，副反应少。VFB 的充放电电压范围一般为 $1.0 \sim 1.6V$，要求电极材料在此充放电电压区间内稳定。

7) 电极材料价格低，资源广泛，使用寿命长，环境友好。

应用于 VFB 的电极材料，按材料类型可划分为金属类和碳素类电极材料，目前以后者居多，这里主要介绍碳素类电极材料，主要包括玻碳材料、碳毡、石墨毡、碳布等，它们是一类具有良好稳定性和低成本的电极材料。玻碳作为电极时，具有电化学不可逆性；石墨板或碳布作电极时，经过多次循环后正极表面会发生刻蚀现象，而且这类电极的比表面积较小，电化学反应活性较低，电池在高工作电流密度下运行时，活化极化很大，使其功率密度较低。

碳毡和石墨毡均由碳纤维组成。石墨毡是将碳毡在 2000℃ 以上的高温下热处理制成的，具有良好的强度，真实表面积远远大于几何表面积，可以提供较大的电化学反应面积，从而大幅度提高碳素类电极的催化活性。碳毡和石墨毡的孔隙率可达 90% 以上，纤维孔道彼此连通，使电解液能够顺利流过，各向异性的三维结构还可促进流体湍动，便于活性物质的传递。再加上碳素类材料良好的耐酸腐蚀性、化学稳定性和导电性，碳毡和石墨毡成为液流电池电极材料的首选。

在高工作电流密度下，如果将碳毡或石墨毡直接用于 VFB，其电化学活性、可逆性满足不了应用的要求，会导致较高的活化极化。因此，需要对其进行改性处理以改善其亲水性和电化学活性，从而获得电催化活性高、电化学可逆性好、能抑制副反应和多次充放电循环后性质稳定的碳毡或石墨毡电极。目前，碳毡或石墨毡的改性方法主要包括表面官能团化处理、提高活性面积和负载电催化剂等。

在各种官能团中，含氧、含氮官能团能改善碳毡或石墨毡的亲水性，提高其对电解液的吸附能力，且能作为反应活性位，提高电极材料的电催化活性，加快电极反应速率。含氧官能团的引入主要是采用化学或电化学的方法对其进行氧化处理，使碳纤维表面的碳原子部分被氧化，从而增加纤维表面的含氧官能团，如羰基、羧基、酚羟基等的浓度，改善碳纤维的亲水性，并对正负极氧化还原反应起催化作用。将碳毡在空气中 400℃ 热处理 30h，增加碳纤维表面的 —OH 和 —COOH 等含氧官能团，以此法处理后的碳毡作为电极组装的电池在 $25mA \cdot cm^{-2}$ 电流密度下，EE 从 78% 升至 88%。将碳毡在煮沸的 98% 浓硫酸中处理 5h，以此法处理后的碳毡作为电极组装的电池在 $25mA \cdot cm^{-2}$ 电流密度下的 EE 达到 91%。将碳毡作为阳极、Ti 板作为阴极，浸入到 $1mol \cdot L^{-1}$ 的 H_2SO_4 溶液中，将电压控制在 $5 \sim 15V$，进行电化学氧化，以氧化后的碳毡作为电极的电池在 $30mA \cdot cm^{-2}$ 电流密度下的 CE 和 EE 分别为 94% 和 85%。尽管含氧官能团能提高碳材料表面的亲水性及提供反应活性位点，但过度氧化会导致碳毡或石墨毡电极材料的导电性能、耐久性及强度降低，会增大电池的欧姆内阻，降低电池性能。除了含氧官能团，含氮官能团对钒离子氧化还原反应也具有电催化作用，可提高电极的亲水性和电化学性能。为了进一步提高电极材料的电催化活性，可同时将含氧、含氮官能团引入碳电极材料。含氧官能团有利于 N 原子在碳网络中的嵌入，同样的氮化处理能够在氧化石墨毡表面检测到更高的氮含量，尤其是吡啶氮，共掺杂的石墨毡比 O 或 N 单独掺杂的石墨毡表现出更高的电催化活性。

对于传统的碳纤维电极材料，由于碳纤维的直径通常为 $10 \sim 20\mu m$，且纤维表面光滑致密，故比表面积较低（$0.1 \sim 1m^2 \cdot g^{-1}$）。因此，需提高电极材料的比表面积，尤其是电化学有效比表面积，从而提高电极电化学催化活性、降低电化学极化。可采用物理或化学活化的方法活化碳纤维基电极材料，在碳纤维表面造孔，增大比表面积。通过 CO_2 活化在碳纸的碳纤维表面生成大量百纳米级孔，比表面积增大几十倍，表面官能团的数量也大大增加，以活化后碳纤维电极材料组装的电池，电极电荷转移电阻从 $970m\Omega \cdot cm^2$ 降至 $120m\Omega \cdot cm^2$，单电池的 EE 提高了 13%，在 $140mA \cdot cm^{-2}$ 电流密度下的 EE 可达到 80%。此外，水蒸气活化和碱活化也可获得类似效果。

在碳纤维电极表面负载电催化剂，是指通过离子交换、浸渍-还原、化学气相沉积或电化学沉积等方法在碳纤维表面引入高活性组分，以增强电极的电化学反应活性。这些活性组分的引入不仅提高了碳纤维的电导率，而且起电催化剂的作用，改变电极反应途径，加快反应速率，降低电极反应极化电阻。根据电催化剂的种类可分为碳基电催化剂和金属基电催化剂。

碳基电催化剂多为具有高比表面积的碳纳米材料，如碳纳米颗粒、碳纳米管、碳纳米纤维、石墨烯、氧化石墨烯等，这些纳米材料具有高催化活性，尤其是官能团化的碳纳米材料。不同种类多壁碳纳米管（MWCNT）对 VO^{2+}/VO_2^+ 电化学活性的影响研究表明，羟基化 MWCNT 动力学可逆性最佳，VO^{2+}/VO_2^+ 电对的氧化峰与还原峰的峰电位差仅为 111.8mV，但峰电流值较小；羧基化 MWCNT 电化学活性最高，峰电流值大约为羟基化 MWCNT 的 3 倍。以羧基化 MWCNT 作为电极组装的电池在 20mA·cm^{-2} 电流密度下的 EE 为 88.9%。如何将碳基电催化剂负载在碳毡或石墨毡电极材料上？早期研究多采用浸渍涂覆的方法，即将碳毡或石墨毡浸渍在分散有碳纳米管或石墨烯等碳纳米材料的溶液中，之后取出干燥。该方法的缺点是碳基电催化剂是在范德华力的作用下吸附在碳纤维表面，结合力不强，在电解液的流动冲刷下容易脱落，导致电池循环稳定性较差。采用化学气相沉积可提高结合力，但制备过程复杂，导致电极材料成本明显提高，不适于大规模工业化生产。

除了碳基催化剂，研究者也开发了大量金属基催化剂，如 Mn、Te、In、Bi 等。其中，以 Bi 最受关注，因为其不仅具有较高的电催化活性，还具有较高的析氢过电位，能抑制析氢反应且无毒。Bi 纳米颗粒修饰的石墨毡对 V^{2+}/V^{3+} 电对的氧化还原峰的电位差由 0.31V 降至 0.22V，可逆性明显得到改善。电解液中 Bi^{3+} 浓度为 0.01mol·L^{-1} 时，电池在 150mA·cm^{-2} 电流密度下的 VE 提高了 12%，达到 80.4%。进一步研究发现，Bi 单质仅对 V^{2+}/V^{3+} 氧化还原反应具有电催化作用，对 VO^{2+}/VO_2^+ 无催化作用，且 Bi 单质在正极电解液中无法稳定存在，在到达 VO^{2+}/VO_2^+ 反应电位前，会被氧化成 Bi 离子。此外，研究者发现，很多过渡金属氧化物对于钒离子氧化还原反应具有较好的电催化活性，如 PbO_2、MoO_2、CeO_2 能够催化 VO^{2+}/VO_2^+ 氧化还原反应，TiO_2 能够加速 V^{2+}/V^{3+} 氧化还原反应，而 WO_3、ZrO_2、Mn_3O_4 和 Nb_2O_5 对正、负极反应均有催化作用。但与碳基催化剂类似，金属和金属氧化物催化剂在冲刷条件下机械稳定性差、容易脱落。因此如何加强电催化剂与碳纤维载体之间的结合力是未来研究的重点。

综上所述，VFB 经过 20 多年的发展，从性能和成本两方面考虑，金属类电极已被证实不适合应用于 VFB；碳毡和石墨毡特别是前者的价格相对低廉，电化学性能相对较好，能满足 VFB 对电极材料的实际使用要求。然而，由于各种碳毡及石墨毡的原丝种类、编织方法、预氧化条件、碳化或石墨化条件的不同，用不同碳毡组装的电池性能相差很大。碳毡及石墨毡对电池性能的影响因素与电极材料表面官能团的种类及数量、碳纤维的表面形貌、电极材料的孔隙率、碳纤维在经纬方向的分布状态及电极材料的导电性等因素相关。目前，VFB 的主要发展方向为高功率密度。为实现该目标，电极材料正在向薄发展，更薄的碳纤维材料正受到越来越多的关注。

5.4.2　隔膜

隔膜是液流电池的另一核心部件，在液流电池中，隔膜起阻隔正负极活性物质，避免交叉污染，同时传导离子形成内部导电回路的作用。液流电池的隔膜应具有如下特点：

1）优良的离子传导性：降低电池的内阻和欧姆极化，提高电池 VE。

2）高离子选择性：避免正负极电解液中活性物质离子的交叉污染引起储能容量衰减和自放电。

3）优良的机械和化学稳定性：保证储能系统的寿命和稳定运行，保证其使用寿命。

4）低成本：发挥储能电站的经济性，利于大规模产业化普及应用。

所以，评价隔膜性能的参数包括离子渗透率和选择性、离子电导率、溶胀率、化学和机械稳定性、循环性能等。活性物质通过隔膜进行的非选择性扩散会导致电池自放电，应加以防止。离子的选择性是通过某离子的渗透率与所有离子的总渗透率的比值来衡量的。通常，活性物质和支持电解质离子的渗透率可使用 H 型扩散池测量，隔膜的离子电导率也可采用此方法测量。隔膜的溶胀率是通过测量隔膜在电解液中浸泡一段时间后的长度、厚度和面积等尺寸变化而确定的，此外，还可用电解液吸收率来评价电解液和隔膜之间的兼容性。溶胀率由隔膜的干燥状态和溶液饱和状态之间在某一个方向上的长度差计算得到的，但隔膜的溶胀行为并不总是单向的，也可用隔膜的厚度和面积的变化来确定。

按照膜的形态，隔膜可分为两大类，一类为具有离子交换基团的致密的离子交换膜，另一类为基于离子筛分机理的多孔膜，如 Celgard、Daramic 系列膜等。根据传统的离子交换传导机理，荷电离子通过离子交换传导机理通过离子交换膜的，按照在膜内交换传导的离子荷电状态，可分为阳离子交换膜和阴离子交换膜。对于阳离子交换膜，组成该类膜的分子链上含有磺酸、磷酸、羧酸等荷负电离子交换基团，允许阳离子通过而阴离子难以通过，如 Nafion 系列膜、CMI-7000、Nepem-117、Fumapem、F-14100 膜等。对于阴离子交换膜，组成该类膜的分子链上含有季铵、叔胺等荷正电离子交换基团，允许阴离子通过而阳离子难以通过，如 AMI-7001、Neosepta、Fumasep 膜等。多孔膜材料通常不含离子交换基团，基于孔径筛分传导机理进行离子选择性筛分透过，实现离子选择性传导。与离子交换膜相比，多孔膜的电阻较低，化学和结构稳定性较高，从而使电池在高电流密度下快速充、放电成为可能，但离子选择性较低，会造成严重的电解液交叉污染，从而使电池 CE 和 EE 较低。离子交换膜的离子选择性较好，但其电阻通常较大，在有机溶剂中的长期稳定性还需评估。

对于 VFB，使用的离子交换膜主要分为含氟离子交换膜和非氟离子交换膜。含氟离子交换膜中，按照膜材料树脂氟化程度不同，可分为全氟磺酸离子交换膜、部分氟化离子交换膜和非氟离子交换膜。

全氟磺酸离子交换膜是指采用全氟磺酸树脂制成的离子交换膜。在高分子材料中，由于 C—F 键的键能（485kJ·mol^{-1}）远远高于 C—H 键的键能（86kJ·mol^{-1}），树脂材料的氟化程度越高，耐受化学氧化和电化学氧化的能力越强。全氟树脂是指材料中的 C—H 键全部被 C—F 键取代，故表现出优异的化学稳定性，特别是电化学稳定性。

全氟磺酸离子交换膜由美国杜邦公司于 20 世纪 60 年代初研制成功，商品名为 Nafion 离子交换膜，并在 20 世纪 80 年代以后最早应用于氯碱工业，后来又应用于质子交换膜燃料电池，近年来应用于液流电池。全氟磺酸树脂通过磺酰氯基团的单体与四氟乙烯、六氟丙烯二元、三元共聚合成。该树脂通过挤出成膜或流延成膜水解后，用 H$^+$ 交换 Na$^+$，来获得质子型全氟磺酸离子交换膜。

全氟磺酸离子交换膜中的磺酸基团固定在全氟主链上，具有很强的阳离子选择透过性，高电负性氟原子的强吸电子作用增加了全氟聚乙烯磺酸的酸性，使磺酸基团可在水中完全解离。由于 C—F 键的键能比 C—H 键的键能高，富电子氟原子紧密地包裹在碳主链周围，保护碳骨架免受电化学反应中自由基中间体的氧化。因此，全氟磺酸离子交换膜具有很好的热稳定性和化学稳定性。

Nafion 离子交换膜是全钒液流储能电池中常用的离子交换膜，根据膜厚度的不同，比较常见的有 Nafion112、Nafion115、Nafion117 离子交换膜等规格，其厚度分别为 50μm、

125μm、175μm，离子交换当量为 0.91mmol·g⁻¹。膜的厚度不同，阻钒能力和电阻不同，得到的电池性能也不同。Nafion115 膜组装的 VFB 的 CE 和 EE 分别为 94% 和 84%，而同样条件下采用 Nafion112 膜组装的 VFB 的 CE 和 EE 仅为 91% 和 80%。综合考虑离子交换膜的传导性、阻钒性及膜材料成本等因素，VFB 一般采用 Nafion115 膜。

Nafion115 离子交换膜在 VFB 中表现出优良的离子传导性和化学稳定性，但其离子选择性较差且价格昂贵（目前约为 700 美元·m⁻²），严重限制了其在 VFB 中的商业化应用，其他的全氟离子交换膜也面临同样的问题。因此，研究者一直在研发新的高离子选择性、高耐久性、低成本的离子传导膜。研究内容主要包括改性全氟磺酸离子交换膜和开发低成本的非氟离子交换膜。针对 Nafion 离子交换膜所做的改性主要是提高膜的离子选择性，这可通过缩小离子通道半径、涂覆阻钒层来实现。改性的方法包括有机无机复合（如 SiO_2 填充 Nafion 离子交换膜）、有机有机共混（如 Nafion/PVDF 共混成膜）、表面引入一层荷正电的阻钒层等。

部分氟化的离子交换膜具有较低的成本，同时具有良好的化学稳定性，从而可以应用在 VFB。部分氟化的离子交换膜通常以碳氟聚合物为主体，如乙烯-四氟乙烯共聚物（ETFE）和 PVDF，具有良好的化学稳定性。部分氟化的离子交换膜通常采用接枝离子交换基团的方法制备，辐射接枝法是调控部分氟化的离子交换膜性质的最常用方法。通过电子束、γ 射线辐射引发聚合物主链上产生自由基接枝亲水性的离子交换基团；或者通过醇钾溶液处理的方法将亲水性离子交换基团引入部分氟化聚合物的主链中。基于非氟离子交换膜化学稳定性方面的研究，可以通过引入含氟基团改变主链电子云分布的方法改善膜的化学稳定性，即制备出部分氟化的离子交换膜。

非氟离子交换膜具有离子选择性高、稳定性好及成本低廉等特点，较早应用于燃料电池体系中。自 19 世纪末以来，研究者们先后开发出聚芳醚砜、聚芳醚酮、聚酰亚胺、聚苯并咪唑等不同体系的芳香族类离子交换膜，并在燃料电池中得到应用。通过改变分子构型、嵌段单元、磺化度、交联度等参数，可调控离子交换膜的物化性质。非氟阳离子交换膜中带有负电荷离子交换基团，形成了强烈的负电场，只允许阳离子通过而阴离子难以通过。磺酸型阳离子交换膜因具有强酸性的离子交换基团，在强酸中可以充分解离，离子传导能力较为优异，因此是 VFB 中研究较多的离子交换膜之一。非氟阴离子交换膜具有碱性的离子交换基团，固定离子带正电荷，构成强烈的正电场，只选择性透过阴离子而阳离子难以通过。在 VFB 中，研究较多的是季胺型离子交换膜。该种膜由于带有正电荷固定基团，对带正电荷的钒离子具有静电排斥作用，可降低钒离子渗透率，因而受到广泛关注。非氟离子交换膜具有选择性高、成本低的优势，但其稳定性较差。

5.4.3 双极板

双极板在电堆中实现单电池之间的联结，隔离相邻单电池间的正负极电解液，同时收集双极板两侧电极反应产生的电流。由于电堆中的电极要求一定的形变量，双极板需对其提供刚性支撑。VFB 的双极板材料需具备以下性能：

1）具有优异的导电性能，联结单电池的欧姆电阻小且便于集流，同时为提高液流电池的 VE，减小电池的欧姆内阻，还要求双极板与电极之间有较小的界面接触电阻。

2）具有良好的强度和韧性，既能很好地支撑电极材料，又不至于在密封电池的压紧作用下发生脆裂或破碎。

3）**具有良好的致密性**，不发生电解液的渗透和漏液及相邻单电池之间的正、负极电解液相互渗透。

4）**具有良好的化学稳定性、耐酸性和耐腐蚀性**。在 VFB 中，双极板一侧与强氧化性的 VO_2^+ 溶液直接接触，另一侧与强还原性的负极 V^{2+} 溶液直接接触。同时，支持电解质的硫酸水溶液具有较强的酸性，而且液流电池通常在高电位下运行。因此，要求双极板材料应在其工作温度范围和电位范围内具有很好的耐强氧化还原性、耐酸腐蚀及耐电化学腐蚀性。

可用于 VFB 的双极板材料主要有金属材料、石墨材料和碳塑复合材料。非贵金属材料在全钒体系的强酸强氧化性环境下易被腐蚀或形成导电性差的钝化膜，Pt、Au、Ti 等金属虽然耐腐蚀性较好，但价格昂贵。人们通过电镀、化学沉积等方法对不锈钢进行表面处理，但效果甚微，仍然无法在 VFB 的运行环境中长期稳定工作，因此金属材料目前并不适合用作双极板材料。石墨材料在 VFB 运行条件下具有优良的导电性、优良的抗酸腐蚀性和抗化学及电化学稳定性。无孔硬石墨板材料致密，能有效阻止电解液的渗透，这些特性使其可用作 VFB 的双极板材料。碳塑复合双极板材料是将聚合物和导电填料混合后经模压、注塑等方法制作成型，其力学性能主要由聚合物提供，通过在聚合物中加入碳纤维、玻璃纤维、聚酯纤维、棉纤维等短纤维来提高复合材料的强度，其导电性能则由导电填料形成的导电网络提供。可作为导电填料的材料有碳纤维、石墨粉和炭黑，聚合物通常为聚乙烯、聚丙烯、聚氯乙烯等。碳塑复合双极板比金属双极板的耐腐蚀性好，韧性好，制备工艺简单，成本较低，因此在目前的 VFB 中应用最为广泛，但其电导率需要进一步提高。

5.5　液流电池的分类

20 世纪 70 年代以来，人们探索研究了多种液流电池，早期的液流电池的电解液溶剂一般为水，储能活性物质为可溶性无机离子。近年来，人们研究探索了以有机化合物为溶剂，以可变价态的有机化合物为储能活性物质等的多种液流电池。根据液流电池正负极电解液活性物质采用的氧化还原活性电对的种类、正负极电解液活性物质的形态或电解液溶剂的种类，液流电池有多种分类方式。

根据电解液溶剂的种类，液流电池可分为水系液流电池和非水系液流电池。

根据正负极电解液活性物质采用的氧化还原电对的不同，液流电池可分为 VFB、锌/溴液流电池、锌/镍液流电池、锌/氯液流电池、锌/铈液流电池、多硫化钠/溴液流电池、铁/铬液流电池、钒/多卤化物液流电池等。

根据电解液活性物质的特征，液流电池又分为液-液型液流电池和沉积型液流电池。根据反应的特点，沉积型液流电池可分为半沉积型液流电池和全沉积型液流电池。正负极电解液活性物质均可溶于水的液流电池称为液-液型液流电池，如 VFB、多硫化钠/溴液流电池、铁/铬液流电池、钒/多卤化物液流电池等。沉积型液流电池是指运行过程中伴有沉积反应发生的液流电池。电极正负极电解液中只有一侧发生沉积反应的液流电池称为半沉积型液流电池或单液流电池，如锌/溴液流电池、锌/镍液流电池等。电池正负极电解液都发生沉积反应的液流电池称为全沉积型液流电池，如铅酸液流电池。

5.6 水系液流电池

如前所述，根据电解液溶剂的种类，液流电池可分为水系液流电池和非水系液流电池。铁/铬液流电池、VFB、多硫化钠/溴液流电池、钒/多卤化物液流电池等均属于水系液流电池，下面对其分别介绍。

5.6.1 铁/铬液流电池

铁/铬液流电池是最早开发的液流电池体系，为液流电池技术的发展奠定了理论和技术基础。正负极分别采用 Fe^{2+}/Fe^{3+} 和 Cr^{2+}/Cr^{3+} 电对，盐酸作为支持电解质，水作为溶剂。电池正负极之间用离子交换膜隔开，电池充放电时由 H^+ 通过离子交换膜在正负极电解液间的电迁移形成导电通路。充电时电极上发生的反应为

正极反应：

$$Fe^{2+} \xrightarrow{充电} Fe^{3+} + e^- \quad E^{\ominus} = 0.77V \tag{5-13}$$

负极反应：

$$Cr^{3+} + e^- \xrightarrow{充电} Cr^{2+} \quad E^{\ominus} = -0.41V \tag{5-14}$$

电池总反应：

$$Fe^{2+} + Cr^{3+} \xrightarrow{充电} Fe^{3+} + Cr^{2+} \quad E^{\ominus} = 1.18V \tag{5-15}$$

1975年，NASA 的 Lewis 研究中心的 L. H. Thaller 首次提出 Fe/Cr 液流电池，1979年，NASA 组织实施 Fe/Cr 液流电池发展计划，详细验证了该技术的可行性和潜在应用价值。20 世纪 80 年代，美国、日本等相关国家曾对其投入大量精力和资源进行了十余年的研发。1980年，作为"月光计划"的一部分，日本开始了 Fe/Cr 液流电池的研发。1985—1990年，住友电气工业株式会社研制出 10kW 级电池模块，完成了系统集成。然而，该体系固有的一些技术瓶颈问题仍没有得到有效解决。自 20 世纪 80 年代之后，随着 VFB 的提出、发展和技术进步，Fe/Cr 液流电池逐渐退出了历史舞台。其技术瓶颈主要有：

1）Cr 氧化还原可逆性差，限制了电池的 EE，即使在使用电催化剂、提高电池操作温度的条件下，仍难以获得理想的电池性能。

2）充电过程中，析氢较严重，不仅降低了电池系统的 EE，而且存在安全隐患。

3）电池正负极活性物质交叉污染，降低了电池 CE、储能容量和使用寿命。

5.6.2 全钒液流电池

钒的可溶性化合物具有 V^{2+}、V^{3+}、VO^{2+}、VO_2^+，共 4 个价态，其在水溶液中相邻两种价态可保持稳定存在，非相邻价态的两种离子之间不能稳定存在，会发生歧化反应。VFB 的正极电解液为含有 VO^{2+}、VO_2^+ 的溶液；负极电解液为含有 V^{2+}、V^{3+} 的溶液。VFB 通过电解液中不同价态钒离子在电极表面发生氧化还原反应，完成电能和化学能的相互转化，实现电能的存储与释放。充电时，正极的 VO^{2+} 失去电子变为 VO_2^+，负极的 V^{3+} 得到电子变为 V^{2+}，同时 H^+ 以水合质子的形式通过离子交换膜迁移到负极侧。放电过程与充电过程相反。电解液中的 H^+ 有两个功能，一是参与电化学反应，二是充当导电离子。在电池内部，离子通过

离子传导膜定向移动形成了电流内部导电回路，从而保持了电荷平衡；而反应所产生的电子通过外电路定向移动，形成电流，如图5-3所示。电池充电时电极上发生的反应如下：

正极反应：

$$VO^{2+}+H_2O \xrightarrow{充电} VO_2^{+}+H^{+}+e^{-} \quad E^{\ominus}=1.004V \tag{5-16}$$

负极反应：

$$V^{3+}+e^{-} \xrightarrow{充电} V^{2+} \quad E^{\ominus}=-0.255V \tag{5-17}$$

电池总反应：

$$VO^{2+}+V^{3+}+H_2O \xrightarrow{充电} VO_2^{+}+V^{2+}+2H^{+} \quad E^{\ominus}=1.259V \tag{5-18}$$

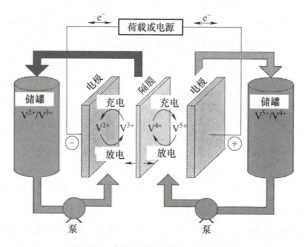

图5-3　全钒液流电池工作原理图

基于 VFB 系统自身的技术特点，相对于其他储能技术具有以下优势：

1）系统运行安全可靠，全生命周期内环境负荷小，环境友好。VFB 的储能介质为钒离子的稀硫酸水溶液，只要控制好充放电截止电压，保持电池系统存放空间具有良好的通风条件，电池就不存在着火爆炸的危险，安全性高。电解液在密封空间内循环使用，使用过程中通常不会产生环境污染，也不受外部杂质的污染。此外，正负极电解液均为同种元素，电解液可通过在线或离线再生反复循环利用。电池堆及系统主要由碳材料、塑料和金属材料叠合组装而成，电池系统废弃时，金属材料可循环利用，碳材料可作为燃料加以利用，因此在全生命周期内安全性好、环境负荷很小，环境非常友好。

2）输出功率和储能容量相互独立，设计和安置灵活。电池的输出功率由电堆的大小和数量决定，而储能容量由电解液的浓度和体积决定。增加电池系统的输出功率，只要增大电堆的电极面积和增加电堆的数量即可实现；增加储能容量，只要提高电解液的浓度或增加电解液的体积即可。电池特别适合于需要高容量、长时间储能装备的应用场合，电池系统的输出功率在数百瓦至数百兆瓦范围，储能容量在数百千瓦时至数百兆瓦时范围。

3）能量效率高，启动速度快，无相变化，充放电状态切换响应迅速。近年来，随着VFB 材料技术和电池结构设计制造技术的不断进步，电池内阻不断减小，性能不断提高，电池工作电流密度由原来的 $60\sim80mA \cdot cm^{-2}$ 提高到 $200\sim300mA \cdot cm^{-2}$；在此条件下，电堆的能量效率可达80%，电池的功率密度显著提高，材料使用量显著减少，电堆成本大幅度降低，因此，电池在室温条件下运行，电解液在电极内连续流动，充放电过程中通过溶解在水溶液中的活性离子价态的变化实现电池的存储与释放而没有相变化，因此，其启动速度快，充放电状态切换迅速。

4) **采用模块化设计，易于系统集成和规模放大**。VFB电堆由多个单电池按压滤机方式叠合而成，单电池电堆的额定输出功率一般为20~40kW；电池储能系统通常由多个单元储能系统模块组成，单元储能系统模块额定输出功率一般为200~500kW。与其他电池相比，VFB电堆和电池单元储能系统模块额定输出功率大、均匀性好，易于集成和规模放大。

5) **具有强过载能力和深放电能力**。VFB储能系统运行时，电解液通过循环泵在电堆内循环，电解液活性物质扩散的影响较小，而且电极反应活性高，活化极化较小。与其他电池不同，VFB储能系统具有很好的过载能力，没有记忆效应，具有很好的深放电能力。

当然，VFB也有自身的不足之处：

1) VFB系统由多个子系统组成，系统复杂。

2) 为使电池系统在稳定状态下连续工作，液流电池储能系统需包括电解液循环泵、电控设备、通风设备、电解液冷却设备等支持设备，并给这些储能系统支持设备提供能量，所以VFB系统通常不适用于小型储能系统。

3) 受VFB活性物质溶解度等的限制，电池的能量密度较低，只适用于对体积、质量要求不高的大规模固定储能电站，不适合用于移动电源和动力电池。

钒电解液是VFB的储能介质，是其核心材料之一，钒电解液的物理参数、化学参数、杂质的种类和含量等不仅决定了VFB系统的储能容量，还直接影响电堆的反应活性、稳定性及耐久性。正负极电解液以不同价态的钒离子作为活性物质，通常采用硫酸水溶液作为支持电解质。为提高钒离子的溶解度和稳定性，可在硫酸中混合一定比例盐酸的混合酸电解液，分别被称为硫酸体系和盐酸体系电解液及混合酸体系电解液。

电导率、电解液密度、黏度是液流电池电解液的重要物理性能指标。电解液电导率数值的大小直接影响VFB中的离子传输速率，直接影响电池电堆的内阻。对电解液密度和黏度的要求则主要考虑电池系统整体的综合影响，如从优化液流电池流量的角度考虑，电解液的黏度越大，在同等操作条件下，电解液流量也将越低，电解液循环泵的功耗越大。

正负极电解液的电导率、密度、黏度都受电解液组成的影响，如在硫酸体系的电解液中，如果溶液中的SO_4^{2-}浓度一定，钒离子浓度越高，电解液的电导率越低，黏度越大。充放电状态对密度也有很大影响。对于正负极电解液，电池荷电状态下SOC数值越高，溶液的电导率越高，黏度越低。正负极电解液的密度随SOC的变化表现出不同的规律，正极电解液的密度随SOC的增大而增大，负极电解液的密度则随SOC的增大而减小。

同大多数溶液一样，VFB电解液也有一定的浓度限制，过高的浓度会导致电解液中钒离子的析出，堵塞电解液分配或集中流道及电极碳毡，造成电堆的不可逆永久性损伤。电解液的浓度由不同价态钒离子在不同温度下的溶解度决定的。通常认为，受钒离子溶解度的影响，低温下负极电解液中+3价钒离子有析出风险，高温下电解液中+5价钒离子有析出风险。不同价态钒离子的溶解度除受温度影响外，还受电解液组成的影响，对于硫酸体系电解液，硫酸浓度提高，将导致V^{2+}、V^{3+}、VO^{2+}溶解度下降，但有利于VO_2^+溶解度的提高。虽然增加正极而降低负极硫酸的浓度有利于提高电解液中钒离子的溶解度，但随着电解液的迁移，正负极的硫酸浓度会发生变化，因此如何提高电解液中钒离子浓度是一个需多方面综合考虑的问题。

形成钒离子的钒元素存在 3d 空轨道，故钒离子间极易缔合，使其在高浓度下易于产生沉淀。由于 3d 空轨道的存在，钒离子也极易与其他配体络合。因此，需要合适的络合剂抑制钒离子间的缔合，提高钒离子的溶解度和稳定性，从而提高 VFB 的能量密度。

VFB 电解液的稳定性主要存在的问题包括：①由于负极电解液中 V^{2+} 的电极电势很低，因此极易被空气中的氧气氧化；②正极电解液中的 VO_2^+ 在温度或浓度较高时容易析出，生成 V_2O_5；③负极电解液中的 V^{2+} 和 V^{3+} 在低温时溶解度较低，在浓度高或温度低时容易析出；④电池运行过程中有微量的钒离子会通过离子交换（传导）膜在正负极之间互串，由于不同价态的钒离子所带的水合离子数不同，在离子交换（传导）膜中的迁移速率也不同，长期运行会导致正负极电解液的体积和钒离子的价态及浓度失衡，造成储能容量的衰减；⑤电池储能系统经过长期运行，微量电极副反应的常年累积，会引起电解液价态失衡，从而造成储能容量的衰减。

针对电解液中 V^{2+} 易氧化的问题，通常是做好密封，防止空气进入负极电解液系统或者在负极电解液储罐中通入 N_2、Ar 等惰性气体。针对电解液析出问题，通常在电解液中添加稳定剂即沉淀抑制剂来稳定电解液，使钒在较高浓度及较高温度下仍能以可溶性离子状态稳定存在。由于正极电解液中 VO_2^+ 在温度升高时以 V_2O_5 的形式析出，通常将稳定剂添加到正极电解液中以改善 VO_2^+ 的稳定性。一般可以用有机物，如含有—OH、—SH 或—NH₂ 基团的环装或链状结构的化合物作为稳定剂，其可络合或吸附 VO_2^+，抑制 V_2O_5 的成核和结晶，减少粒子之间的吸引力从而降低粒子集聚。这类添加剂有 L-谷氨酸、葡萄糖、甘油、正丙醇、山梨醇、甲基橙等。在强氧化性和强酸性溶液中，有机添加剂的化学稳定性较差，通常导致其不能在电解液中长期稳定存在。有机添加剂的缓慢氧化也有可能还原一部分 VO_2^+，防止 VO_2^+ 浓度过高而析出沉淀。另外还可引入无机类添加剂，如磷酸盐、硫酸盐、氯化物、氨基和金属离子等。添加金属离子能提高电解液的电化学催化活性，改善氧化还原电对的电化学可逆性和动力。无机添加剂在提高电解液稳定性方面比较有效。将添加剂引入到负极电解液可阻止 V^{2+} 和 V^{3+} 的析出，以提高低温下电解液的稳定性。这类添加剂包括聚丙烯酸、甘油、磷酸铵盐、硫酸铵、五聚磷酸钠和金属离子等。采用硫酸-盐酸混合酸作为支持电解质是提高钒离子溶解度、扩大 VFB 工作温度范围的另一种有效方法。混酸还可提高电解液的电导率和电化学活性。使用含硫酸和盐酸的混合酸电解液可溶解钒离子，大幅提高电池能量密度，使其在较宽的温度范围内保持稳定（−5~50℃）。

5.6.3　锌/溴液流电池

锌/溴液流电池（ZBB）的正负极采用成本和电化当量均较低的 Br 和 Zn 为储能活性物质，相对于其他液流电池体系，ZBB 电解液具有较高的能量密度和较低的材料成本。早期的 ZBB 正、负极分别采用 Br^-/Br_2、Zn^{2+}/Zn 电对。充电时正极 Br^- 发生氧化反应生成 Br_2，Br_2 被络合剂捕获后富集在密度大于水相电解液的油状络合物中，沉降在电解液储罐的底部；负极 Zn^{2+} 发生还原反应，生成的金属 Zn 沉积在负极表面。放电时开启油状络合物循环泵，油水两相混合后进入电池内，Br_2 发生还原反应生成 Br^-；负极表面的 Zn 发生氧化反应生成 Zn^{2+}。其电极反应如下：

正极反应：

$$2Br^- \xrightarrow{\text{充电}} Br_2 + 2e^- \quad E^\ominus = 1.076V \tag{5-19}$$

负极反应：

$$Zn^{2+} + 2e^- \xrightarrow{\text{充电}} Zn \quad E^\ominus = -0.76V \tag{5-20}$$

电池总反应：

$$Zn^{2+} + 2Br^- \xrightarrow{\text{充电}} Zn + Br_2 \quad E^\ominus = 1.836V \tag{5-21}$$

ZBB 具有如下特点：

1）电解液活性物质的溶解度高，能量密度高；活性物质储量丰富，成本相对较低。

2）温度适应能力强（$-30\sim50℃$）。

ZBB 正极电解液活性物质 Br_2 具有很强的耐腐蚀性和化学氧化性、很高的挥发性和穿透性，负极电解液活性物质 Zn 在沉积过程中容易形成枝晶，严重限制了 ZBB 的应用。正极电解液活性物质 Br_2 通过离子传导膜渗透到负极并与负极活性物质发生化学反应，引起电池的自放电，降低了 ZBB 的 EE，Br_2 可穿透塑料材质的电解液储罐和电解液输运管路，造成环境污染。负极电解液活性物质锌离子在充放电运行时的金属 Zn 沉积溶解过程中，容易形成金属枝晶并从电极上脱落，大幅度降低电池储能容量和使用寿命。

20 世纪 70 年代中期，美国 Exxon 和 Gould 两家公司分别通过调控锌沉积形貌，控制抑制锌枝晶的形成；通过络合技术，抑制溴单质穿透性和挥发性，初步解决了 Br_2 通过离子传导膜渗透引起的正负极电解液交叉污染的技术难题，推进了 ZBB 的应用技术和工程开发。ZBB 公司开发出商品化 50kW·h 的 ZBB 模块，并通过模块的串并联，构建了兆瓦时级 ZBB 储能系统。该公司在加州以 4 个 500kW·h 单元系统模块构建了 2MW·h 应急储能电站，是迄今公开报道的最大规模的 ZBB 应用示范项目。瑞典 Powercell 公司研制了 100kW 模块，澳大利亚 Redflow 公司开发了适用于智能电网用户端的 5kW 电池模块，日本住友电气工业株式会社开发出了 1kW、10kW、60kW 的电池电堆和系统。1990 年由九州电力公司、NEDO 及 Meidensha Corporation 合作开发的 1MW·h、4MW·h 的 ZBB 开始在日本 Fukuoka 市示范运行，该系统由 50kW 电池模块组成。

近年来，ZBB 的研究开发主要集中在三个方面。一是提高电池循环寿命：研发高性能、长寿命电极材料，开发高稳定性的电解液。二是抑制活性物质交叉污染：研究开发高阻溴能力、低离子电阻的电池隔膜，降低溴电解液对电解液储罐和输送管路的穿透性，筛选和设计对 Br_2 具有高络合能力的化合物，减少 Br_2 的环境污染。三是提高电池的功率密度和能量密度，抑制锌枝晶的生成：采用高活性电极材料，设计新型电极结构，通过提高电极表面锌的沉积量，从而提高能量密度，控制锌的沉积形貌和锌枝晶的生成。

5.6.4 钒/溴液流电池

V^{5+} 在高温时稳定性差，浓度过高时，在 40℃ 以上时容易析出 V_2O_5 固体，不仅使 VFB 的能量密度降低，而且析出的 V_2O_5 容易堵塞管路。为了探索更高能量密度的液流电池体系，2003 年，Skyllas-Kazacos 教授提出了钒/溴液流电池体系，其电极反应如下：

正极反应：

$$2Br^- + Cl^- \xrightarrow{\text{充电}} ClBr_2^- + 2e^- \quad E^\ominus = 1.04V \tag{5-22}$$

负极反应：

$$V^{3+} + e^- \xrightarrow{\text{充电}} V^{2+} \quad E^\ominus = -0.25V \tag{5-23}$$

电池总反应：

$$2V^{3+} + 2Br^- + Cl^- \xrightarrow{\text{充电}} 2V^{2+} + ClBr_2^- \quad E^\ominus = 1.29V \tag{5-24}$$

相比于 VFB，钒/溴液流电池具有以下特点：

1）正负极电解液组成不同，会不可避免地发生电解液的交叉污染。

2）可使用钒离子浓度为 $3\sim4mol\cdot L^{-1}$ 的电解液，其电解液的比能量可提高至大约 $40W\cdot h\cdot kg^{-1}$。

3）运行温度不受 V^{4+} 和 V^{5+} 的限制，正负极电解液主要组成为 $2mol\cdot L^{-1}$ 的 $V^{3.5+}$、$6mol\cdot L^{-1}$ 的 HBr 和 $2mol\cdot L^{-1}$ 的 HCl。作为络合剂，MEMBr 和 MEPBr 可降低 Br_2 的蒸气压，同时有效抑制 Br_2 透过离子传导膜在正负极扩散，减小电池的自放电反应。

钒/溴液流电池用 Br_2/Br^- 电对取代 VFB 的 VO^{2+}/VO_2^+ 电对，突破了 VO_2^+ 对 VFB 运行温度上限的限制，拓宽了电池的运行温度范围；打破了钒溶解度对电池能量密度的限制，提高了电池的能量密度；降低了钒的用量，有效降低了电池的成本。但是，钒/溴液流电池也面临溴电对带来的问题，如溴的腐蚀性很强，对电池各部件材料的化学及电化学稳定性提出了更高的要求。另外，钒/溴液流电池的性能还有待提高。

由于溴的严重腐蚀性和环境污染，Skyllas-Kazacos 教授团队又提出了钒/多卤化物液流电池，该电池用多卤离子代替多溴离子。该体系液流电池正极采用 $Br^-/ClBr_2^-$ 电对，负极采用 VCl_2/VCl_3 电对。电极发生的化学反应如下：

正极反应：

$$2Br^- + Cl^- \xrightarrow{\text{充电}} ClBr_2^- + 2e^- \tag{5-25}$$

或

$$Br^- + 2Cl^- \xrightarrow{\text{充电}} BrCl_2^- + 2e^- \tag{5-26}$$

负极反应：

$$VCl_3 + e^- \xrightarrow{\text{充电}} VCl_2 + Cl^- \tag{5-27}$$

电池总反应：

$$2Br^- + 2VCl_3 \xrightarrow{\text{充电}} ClBr_2^- + 2VCl_2 + Cl^- \tag{5-28}$$

或

$$Br^- + 2VCl_3 \xrightarrow{\text{充电}} BrCl_2^- + 2VCl_2 \tag{5-29}$$

由于钒/多卤化物液流电池中含有不同种类的活性物质，电解液存在交叉污染，电池容量衰减加快，EE 下降。

5.6.5　多硫化钠/溴液流电池

理论上，多硫化钠/溴液流电池具有较高的能量密度和相对较低的成本，因此，该技术的研发和工程应用曾引起人们的高度关注。该液流电池分别以多硫化钠（Na_2S_x）和溴化钠（NaBr）的水溶液为电池负极、正极电解液的活性物质，负极、正极活性物质电对分别

为 S_{x-1}^{2-}/S_x^{2+}、Br^-/Br_2。单质硫和硫离子结合形成多硫离子存在于负极电解液中，Br_2 主要以 Br_3^- 形式存在于正极电解液中。该液流电池利用阴离子的氧化还原反应实现电能与化学能的转换，而非阳离子。该种液流电池的电极反应如下：

正极反应：

$$2NaBr - 2e^- \xrightarrow{\text{充电}} Br_2 + 2Na^+ \quad E^{\ominus} = 1.076V \tag{5-30}$$

负极反应：

$$2Na^+ + (x-1)Na_2S_x + 2e^- \xrightarrow{\text{充电}} xNa_2S_{x-1} \quad x = 2 \sim 4 \quad E^{\ominus} = -0.265V \tag{5-31}$$

电池总反应：

$$2NaBr + (x-1)Na_2S_x \xrightarrow{\text{充电}} Br_2 + xNa_2S_{x-1} \quad x = 2 \sim 4 \quad E^{\ominus} = 1.341V \tag{5-32}$$

由于电解液浓度及充放电状态不同，多硫化钠/溴液流电池单电池的开路电压一般为 $1.54 \sim 1.60V$。该种液流电池具有如下特点：

1）正负极电解液活性物质交叉污染严重，导致电池储能系统容量过快衰减。

2）电池系统在充电过程中，副反应、二次反应复杂，如负极的析氢反应、硫或硫酸钠晶体析出等，严重影响了电池储能系统的循环稳定性，降低了运行寿命。

3）电解液中 Br_2 的腐蚀性及溴化物的刺激性污染环境，存在安全隐患。

多硫化钠/溴液流电池由美国人 Remick 于 1984 年发明，但在随后的数年内并没有得到科技界或产业界的关注。20 世纪 90 年代初，英国 Regenesys Technologies Limited 开始对此进行产品及技术开发工作，并成功开发出功率为 5kW、20kW、100kW 级的电堆。该公司于 1996 年在南威尔士 Aberthaw 电站对 1MW 级电池储能系统进行了测试，该系统在技术、环保、安全上都达到要求。2000 年 8 月，该公司开始建造第一座商业规模的储能调峰演示电厂，与一座 680MW 燃气轮机发电厂配套，该电能存储系统储能容量为 120MW·h，最大输出功率为 15MW，可满足 1 万户家庭一整天的用电需要。2001 年，该公司为哥伦比亚空军基地建造了一座储能容量为 120MW·h，最大输出功率为 12MW 的电池储能系统。但目前，该公司为英国 Little Barford 和美国建设的 15MW/120MW·h 液流电池储能系统均被停止运行，说明多硫化钠/溴液流电池仍然有不成熟之处。

5.6.6 锌/铈液流电池

锌/铈液流电池最早由 Plurion Systems 公司提出，它的正负极分别采用 Ce^{3+}/Ce^{4+} 电对和 Zn/Zn^{2+} 电对，其中正极电对的标准电极电势取决于电解液体系的选择。综合考虑活性物质溶解度、电解液导电性和稳定性等多方面因素，主要采用甲基磺酸作为支持电解质。电极反应如下：

正极反应：

$$Ce^{3+} \xrightarrow{\text{充电}} Ce^{4+} + e^- \quad E^{\ominus} = 1.72V \tag{5-33}$$

负极反应：

$$Zn^{2+} + 2e^- \xrightarrow{\text{充电}} Zn \quad E^{\ominus} = -0.76V \tag{5-34}$$

电池总反应：

$$2Ce^{3+} + Zn^{2+} \xrightarrow{\text{充电}} 2Ce^{4+} + Zn \quad E^{\ominus} = 2.48V \tag{5-35}$$

为获得较为理想的电池性能，锌/铈液流电池通常采用 Pt 修饰的 Ti 网（碳毡）作为正极，碳/聚合物复合板作为电池的负极。该类电池的起始放电电压高达 2.4V，使其具有较高的能量密度和功率密度。目前该液流电池技术仍处于实验室阶段，待解决的问题如下：

1）在甲基磺酸体系中，抑制锌枝晶的形成和不均匀分布。

2）开发高电化学活性的非贵金属正极材料。

3）抑制析氢、析氧副反应的发生。

4）大幅提高电池系统的循环寿命。

5.6.7　锌/铁液流电池

锌/铁液流电池具有储能活性物质锌和铁资源储存量丰富、价格便宜、安全性高、开路电压高和环境友好等特点，在分布式储能领域具有很好的应用前景。根据电解液的性质不同，可分为碱性和中性锌/铁液流电池。

早在 19 世纪 80 年代，碱性锌/铁液流电池问世。负极侧，由锌盐或锌的氧化物溶于强碱后生成的 $Zn(OH)_4^{2-}$ 在电极上发生沉积溶解的电化学反应；正极侧，由亚铁氰化物/铁氰化物在电极上发生铁的变价反应，反应式如下：

正极反应：

$$Fe(CN)_6^{4-} \xrightarrow{\text{充电}} Fe(CN)_6^{3-} + e^- \qquad E^\ominus = 0.33V \qquad (5-36)$$

负极反应：

$$Zn(OH)_4^{2-} + 2e^- \xrightarrow{\text{充电}} Zn + 4OH^- \qquad E^\ominus = -1.41V \qquad (5-37)$$

电池总反应：

$$Zn(OH)_4^{2-} + 2Fe(CN)_6^{4-} \xrightarrow{\text{充电}} Zn + 2Fe(CN)_6^{3-} + 4OH^- \qquad E^\ominus = 1.74V \qquad (5-38)$$

自 1984 年之后，关于碱性 Zn/Fe 液流电池的研究鲜有报道，阻碍该类电池发展的因素主要有 Zn 枝晶问题，电解液迁移问题，活性物质如 ZnO、$Na_4Fe(CN)_6$ 的溶解度问题等。近几年来，研究者主要通过电池结构优化、离子交换膜的结构设计优化，显著提升了电池性能。

与碱性 Zn/Fe 液流电池相比，中性 Zn/Fe 液流电池正负极电解液采用中性电解液，对材料和管路的耐腐蚀性要求低、环境友好；且在中性体系内，正极活性物质浓度可高于 $2mol \cdot L^{-1}$，在实际应用中具有更高的能量密度。然而，在中性体系内，正极铁离子极易水解，使得电池循环稳定性变差。为解决铁离子水解稳定性问题，通常需向电解液中加入 pH 缓冲剂，调节溶液 pH<1。电池运行过程中，正极电解液中的 H^+ 易透过膜材料到达电池负极，与负极电极上沉积的金属锌发生反应，从而导致电池容量衰减。为解决上述问题，研究人员采用电解液络合技术，大幅提高了中性条件下溶液中铁离子的水解稳定，同时开发出了高性能的离子传导膜，在电池循环寿命、运行工作电流密度、电解液活性物质浓度等方面取得了重要进展。

5.6.8　锌/溴单液流电池

锌/溴单液流电池在正极发生溴离子与溴单质的氧化还原反应，在负极发生金属锌单质的沉积溶解反应。正负极电解液均以溴化锌为活性物质，通常还会加入支持电解质和可与溴络合后分相的络合剂。锌/溴单液流电池的正极采用全密封机构,充电过程中生成的溴密封在正极的腔体内部,且无需正极电解液循环装置。负极电解液采用流动循环方式对电极进行活性物质溴化锌的供给和输运。其电极反应如下:

正极反应:

$$2Br^-(aq) \xrightarrow{\text{充电}} Br_2(aq) + 2e^- \quad E^{\ominus} = 1.076V \tag{5-39}$$

负极反应:

$$Zn^{2+}(aq) + 2e^- \xrightarrow{\text{充电}} Zn(s) \quad E^{\ominus} = -0.76V \tag{5-40}$$

电池总反应:

$$Zn^{2+}(aq) + 2Br^-(aq) \xrightarrow{\text{充电}} Zn(s) + Br_2(aq) \quad E^{\ominus} = 1.836V \tag{5-41}$$

锌/溴单液流电池具有以下特点:

1)充电生成的溴被密封在电池正极腔体内,不需要正极电解液循环系统,与锌/溴双液流电池相比,系统占用的空间更小,结构更简单,成本更低,能耗更小。

2)具有较高的比能量,理论比能量达 $435W \cdot h \cdot kg^{-1}$。

3)正负极两侧的电解液组分(除去络合溴)完全相同,不存在电解液交叉污染问题,电解液可循环使用。

4)可利用流动的电解液进行热管理。

5)可频繁进行 100% 的深度放电,且不会对电池性能产生影响。

6)电解液为水溶液,且主要反应物质为溴化锌,系统不会出现着火、爆炸等事故,安全性好。

7)所使用的电极主要成分为碳材料,隔膜主要成分为高分子聚合物,不含重金属,可循环利用且对环境友好。

尽管锌/溴单液流电池有诸多明显优势,也取得了一定的进步,但其在实际应用过程中仍存在一些问题。

1)充电过程中生成的 Zn 不均匀沉积在负极上,导致枝晶生长,枝晶可能会刺穿隔膜,引起电解液互串,使得 CE 下降,同时造成电池短路,导致电池性能快速衰减。Zn 的异形生长导致 Zn 从负极脱落,会降低电池 CE,储能容量降低,还会影响电解液分布的均匀性,甚至造成电解液循环流道堵塞,从而缩短电池循环寿命。Zn 的不均匀沉积的不利影响会随面容量的升高而加剧。因此,该种电池的充放电循环稳定性会受限于负极锌沉积的不均匀性。针对电解液组成,开发可调控锌均匀且致密的电化学沉积添加剂,或巧妙地设计功能化负极材料与结构,将进一步提高电池性能。

2)电池的储能容量会受限于正极腔体除电极外剩余有效空间的容积,即正极腔体储存溴的量将决定储能容量的上限,但是增加正极腔体空间将增大电池的欧姆极化。在保证良好的循环稳定性条件下,配合负极的面容量设计出最佳的正极有效腔体的容积,将会实现电池系统体积与质量能量密度最优化。

3)锌/溴单液流电池正极通常采用季铵盐络合剂将充电过程中生成的溴形成与电解液分相的溴络合物,但仍有部分 Br_2 会扩散到负极,并与锌反应导致自放电。选用高络合能力的络合剂或增大络合剂的浓度,可以减小溴向负极的扩散,但可能会引起溴的电化学活性降低或增加电解液成本。使用 Nafion 离子交换膜可有效缓解自放电现象,但其成本也相对较高。基于目前通常采用的低成本商业化 Daramic 隔膜，开发易于工程放大且低成本的隔膜，尽可能阻止溴向负极侧扩散，提高电池的 CE，是目前研究重点之一。

4）由于络合剂的加入，溴的络合物与电解液分相，在表面张力和重力作用下，溴在正极的空间分布不均匀。这种不均匀可能会加重负极锌的沉积溶解不均匀，充放电循环过程中锌枝晶刺破隔膜与锌脱落对电池的不利影响将更加严重，会使电池的 CE 和循环寿命大幅降低。尝试功能化添加剂或在电极表面进行修饰，改变分相后溴络合物与电极表面的接触角或克服溴络合物在重力作用下的空间分布不均匀性，将会有效解决这一问题。

5）虽然活性物质溴化锌在水中有较好的溶解性（20℃时溶解度为 44.7g/100mL），但为了保持快速的反应动力，通常所采用的电解液的溴化锌的浓度为 2mol·L^{-1}，电解液中还需添加支持电解质与溴的络合剂。单一提高溴化锌浓度，将会影响锌的电极反应动力学，导致电池性能下降。提高电解液浓度将有利于电池系统能量密度的进一步提高，研发动力学性能优异、高浓度溴化锌的电解液配方，将会对电池的发展有益。

中国科学院大连化学物理研究所张华民团队提出并开发出了利用有序微介孔碳提高正极催化活性、利用多孔碳纳米笼孔径筛分效应以延缓溴单质渗透、电池容量在线恢复技术等一系列策略，使得锌/溴单液流电池的单电池在充放电过程中能量效率 EE>80%，工作电流密度可达 80mA·cm^{-2}。2017 年有研究团队开发出国际上首套 5kW 锌/溴单液流电池系统，在 40mA·cm^{-2} 充放电条件下，系统 EE>78%，该电池系统已在陕西华银科技股份有限公司光储供电系统得到示范应用。

5.6.9　锌/镍单液流电池

针对传统锌/镍蓄电池长期以来寿命短的问题，1991 年，Bronoel 等提出加大传统 Zn/Ni 电池的电解液用量，并同时使电解液流动的方法抑制锌枝晶，提高了传统 Zn/Ni 电池的循环寿命。2007 年，北京防化研究院结合传统 Zn/Ni 电池与液流电池的优势，明确提出锌/镍单液流电池的概念，随后中国科学院大连化学物理研究所、纽约城市大学和名古屋大学等相继开展了此方面的研发工作。

Zn/Ni 单液流电池的正极和负极分别采用氢氧化镍电极和惰性金属或石墨电极，正极活性物质氢氧化镍储存在固体电极内，负极活性物质以锌酸盐形式储存在强碱性电解液中，通过泵循环到电堆内，在电极发生氧化还原反应。正负极电解液组成相同，均采用 ZnO 在碱性水溶液中溶解形成的锌酸盐为电解液，通过电解液循环系统同时为正负极提供电解液，正负极之间无须设置离子传导膜，以锌离子和镍离子间的电化学反应实现电能与化学能的相互转换。其电极反应如下：

正极反应：

$$Ni(OH)_2 + OH^- \xrightarrow{充电} NiOOH + H_2O + e^- \quad E^\ominus = 0.49V \quad (5-42)$$

负极反应：

$$Zn(OH)_4^{2-} + 2e^- \xrightarrow{充电} Zn + 4OH^- \quad E^\ominus = -1.215V \quad (5-43)$$

电池总反应：

$$Zn(OH)_4^{2-} + 2Ni(OH)_2 \xrightarrow{充电} Zn + 2NiOOH + 2H_2O + 2OH^- \quad E^\ominus = 1.705V \quad (5-44)$$

Zn/Ni 单液流电池具有以下特点:

1)由于正负极共用同一种电解液(碱性锌酸盐水溶液),因此不需要像传统液流电池那样,在正负极间设置离子传导膜,大大简化了电池结构,简化了系统并降低了成本。

2)使用水作为溶剂,控制好充放电截止电压,没有燃烧和爆炸的风险,安全可靠。

3)该种电池低温性能良好,可在-40℃下运行。

4)该电池的原料 Zn 和 Ni 储量丰富,与其他液流电池所用的金属相比,成本低廉,来源丰富,环境友好。

经过国内外科学家的共同努力,Zn/Ni 单液流电池的综合性能得到了很大提高,但依然存在如下问题:

1)该电池在高电流密度运行时,电池极化较大,副反应严重,电池的 CE、VE 和 EE 都较低。因此,运行电流密度<20mA·cm^{-2},EE<80%。由于电池功率密度较低,材料需求量大,电池成本仍较高。

2)在充电过程中,Zn 在负极生成海绵状(低沉积电流密度)或枝晶状(高沉积电流密度)沉积产物,易造成电池短路,或堵塞电解液扩散通道或循环管路,从而导致电池失效。单纯改善传质无法获得均匀致密的锌沉积层;改变充放电方式可以避免锌的非均匀、非紧密沉积,但电池的操作过于烦琐。虽然电解液添加剂可以使锌的沉积层较为均匀致密,但很少有同时考虑添加剂对电池性能的研究。

3)在放电达到截止电压后,负极表面在充电过程中沉积的锌并没有完全发生反应,部分残留在负极表面。随着充放电循环次数的增多,锌的累积量越来越多,长时间循环运行后,锌的累积厚度足以超过电极间距而造成电池短路。目前只有机械清除和深度放电两种解决办法。机械清除使得电池的使用过程十分复杂,过度放电会影响正极的稳定性,二者都没有从根本上解决锌在负极累积的问题。因此,探究锌累积的根本原因,彻底消除锌在负极的累积,对提高电池充放电循环稳定性具有重要意义。

4)电池比容量受限于 Ni 正极,而制备高比容量、高活性氢氧化镍是制备高比容量镍正极的前提与基础。发展简单、可控、易规模化的制备方法,设计制备兼具高比容量、高活性和高稳定性的 α-Ni(OH)$_2$,对提高电池比容量具有实际应用价值。

在应用示范方面,纽约城市大学 Banerjee 教授等研制出 25kW·h 电池系统。该系统由 30 个 833W·h 单电池模块串联而成,电池的输出电压为 50V 左右,能量效率约为 80%,但循环稳定性较差,输出能量及能量效率波动较大,且在 900 个充放电循环后电池的输出能量急剧下降。

5.6.10 铅酸单液流电池

传统的铅酸电池无法在循环寿命上满足大规模储能的要求,因此研究者提出了单液流铅酸电池。与传统铅酸电池不同,该电池采用溶解于甲基磺酸中的 Pb^{2+} 作为活性物质,Pb^{2+} 与 PbO$_2$ 组成正极反应电对,与 Pb 组成负极反应电对。电极反应如下:

正极反应:

$$Pb^{2+}+2H_2O \xrightarrow{\text{充电}} PbO_2+4H^++2e^- \quad E^\ominus = 1.49V \tag{5-45}$$

负极反应：

$$Pb^{2+}+2e^- \xrightarrow{充电} Pb \quad E^\ominus = -0.13V \quad (5\text{-}46)$$

电池总反应：

$$2Pb^{2+}+2H_2O \xrightarrow{充电} PbO_2+4H^++Pb \quad E^\ominus = 1.62V \quad (5\text{-}47)$$

早在 1946 年就出现了采用高氯酸作为电解液组装单液流铅酸电池的报道。20 世纪 70、80 年代，研究者将电解液换成四氟硼酸。2004 年，英国 Pletcher 等提出采用甲级磺酸作为溶剂，该电池在 20mA·cm⁻² 电流密度下充电，EE 达到 60%。该电池的优势在于无需电池隔膜，只需一个电解液储罐，简化了系统，降低了成本。但由于反应历程复杂，对电池的可靠性和寿命均提出了挑战：充放电过程中活性物质会在电极表面发生相变，沉积过程形成的枝晶可能引起电池短路，且此过程中的电位上升会导致析氢反应，电池性能下降。由于采用甲基磺酸作为电解液，大幅增加了电池成本。

5.7 非水液流电池

目前一些水系 RFB 技术已经相当成熟，除了已进行商业化示范的金属基水系 RFB，近年来，有机水系 RFB 也取得了巨大进步，尤其是醌基水系 RFB，表现出优异的循环性能和容量保持率。鉴于醌基活性物质优异的氧化还原活性和电化学稳定性，醌基水系 RFB 被认为是 VRB 最有希望的替代品。然而，受限于水的电化学窗口，水系 RFB 固有的缺点，如低工作电压（<1.6V）导致较低的能量密度（<50W·h·L⁻¹）、析氧/析氢副反应，以及水系电池较窄的温度操作范围等，限制了水系液流电池的进一步应用。相比之下，使用有机溶剂的非水体系氧化还原液流电池（NARFB），因为具有更宽的电化学窗口，开辟了实现更高能量密度的途径。NARFB 的工作温度范围更宽，甚至可以达到 −40℃。另外，NARFB 使用的活性物质主要是金属配合物和电活性有机分子，在地球上含量丰富、结构多样、环境友好。这些有机材料可通过分子工程方法调节以优化其溶解度、稳定性和氧化还原电位。因此，NARFB 被认为是一种具有广阔前景的高能量密度储能系统。

5.7.1 活性物质

对于 NARFB，活性物质可分为金属有机配合物材料和电活性有机分子材料。金属有机配合物由金属中心和有机配体配位形成，包括常规配合物材料和茂金属材料。与传统水系 RFB 的金属盐类活性物质类似，金属配合物的氧化还原反应基于中心金属离子的化合价变化，其物化性质可通过配体的修饰进行调节。电活性有机分子因具有资源可持续性、分子多样性、结构可调性和潜在的低成本等特点而备受关注，并被认为是具有广阔前景的储能材料。电活性有机分子的氧化还原机制基于活性位点的电荷状态变化。目前，研究最广的电活性有机分子材料包括基于烷氧基苯的活性物质、基于羰基的活性物质、基于氮氧自由基的活性物质、杂环电活性物质、芳香胺类材料、噻二唑类材料、环丙烯类材料等。其他电活性有机分子包括偶氮苯、有机硫化物、共轭腈、碳鎓离子、verdazyl 自由基、硼二吡啶类材料等。不同类型活性物质的氧化还原机理见表 5-1。

表 5-1　NARFB 中使用的代表性活性物质的氧化还原机理

活性物质类型	氧化还原机理	代表性物质
有机配合物	$[ML_n]^{z+} \rightleftharpoons [ML_n]^{(z+1)+}$	$[Ru\,(bpy)_3]^{2+}$　$V\,(acac)_3$
茂金属		
氮氧自由基		
羰基化合物		
烷氧基苯		
芳香胺		
杂环化合物	氮杂芳环 含氮杂环	
噻二唑		
环丙烯		

（续）

活性物质类型	氧化还原机理	代表性物质
偶氮化合物	$R-N=N-R' \rightleftharpoons R-\bar{N}-\bar{N}-R'$	
有机硫化物	$R-S-S-R' \rightleftharpoons R-S^- + {}^-S-R'$	
共轭腈	$R-C\equiv N \rightleftharpoons R-C\equiv\ddot{N}$	

通常，根据氧化还原反应的不同，电活性有机分子可分为三种类型：①p 型材料，在充电过程中被氧化产生阳离子；②n 型材料，在充电过程中被还原产生阴离子；③b 型（双极型）材料，既可以被还原也可以被氧化。几乎所有的基于羰基和噻二唑的材料都是 n 型分子，它们接受一个或多个电子并被还原。基于烷氧基苯、吩噻嗪和环丙烯的材料是 p 型分子，在电池测试过程中会被氧化。一些中性自由基，如 PTIO（氮氧自由基）和 verdazyl 自由基，属于 b 型材料。杂环基化合物不仅包含 p 型材料，如吩噻嗪类化合物，还包含 n 型材料，如甲基紫精类材料。一般采用 p 型材料作为正极氧化还原电对，n 型材料作为负极氧化还原电对，而具有较大的氧化还原电位差的 b 型材料可同时作为正极和负极活性物质，构成对称液流电池体系。由于两个氧化还原电对之间的电位差决定了电池的电压，因此，阴极（阳极）物质的氧化还原电位应在电解液的电化学窗口内尽可能为正（负）。

活性物质在有机电解液中的溶解度和稳定性是关键的评价指标。活性物质的浓度决定了液流电池的体积容量和能量密度，因此，为了实现高能量密度，要求活性物质无论在电中性状态还是带电状态下，均具有高溶解度。在氧化还原反应过程中转移的电子数与能量密度呈线性关系。因此，筛选和设计具有多电子氧化还原反应机制的活性物质是提高能量密度的有效方法。例如，醌类、紫精类和吩噻嗪类物质均可通过结构设计优化获得多电子转移的氧化还原电对。然而，它们中的一些在双电子荷电状态下溶解度较低。在溶液中的高度还原/氧化状态，双电子荷电状态的物质也相对不稳定，更容易受到亲电或亲核攻击，导致不可逆降解。因此，在筛选和设计具有多电子存储能力的活性物质时，溶解度和稳定性问题不容忽视。得益于有机分子的可调性，这些问题可通过分子修饰解决或缓解。

5.7.2 溶剂

NARFB 的显著优势是高电池电压和宽工作温度范围，水的电化学窗口为 1.23V，限制了电池电压以及活性物质的多样化选择。相比而言，许多有机溶剂可提供超过 5V 的电化学窗口，从而可以设计具有高电压和高能量密度的电池。许多有机溶剂具有较低的凝固点和适当的沸点，从而拓宽了温度操作范围。

一般来说，NARFB 中使用的有机溶剂应满足以下条件：

1）低黏度。黏度低的溶剂更有利于支持电解质的高离子电导率，从而减小极化并提供高电流密度和功率密度。

2）高相对介电常数。通常，在相对介电常数较高的溶剂中，支持电解质具有较高的溶解度和较大的解离常数，可提供较高的离子电导率。

3）对活性物质的溶解能力强。所选择的溶剂对活性物质的溶解能力应高。

4）对活性物质的稳定性高。溶剂不与活性物质及其荷电状态下的物质发生反应，这对电池效率和循环寿命有至关重要的影响。

5）有机溶剂的供电子能力和电子亲和能力对电极反应有很大的影响，可通过给体数（DN）和受体数（AN）来表示。一般来说，DN 越高意味着溶剂的 Lewis 碱性和亲核性越强，AN 越高，溶剂的 Lewis 酸性和亲电性越强。活性物质的氧化还原电位和氧化还原可逆性与溶剂的 DN 和 AN 有关。

6）毒性低，低成本。安全性和成本也是筛选有机溶剂时要考虑的重要因素，理想的溶剂应具有低毒、低成本和易于纯化的特点。

在 NARFB 体系中，除了使用单一溶剂，还可以使用多种有机溶剂的混合溶剂，例如二元和三元混合溶剂。表 5-2 给出了部分有机溶剂的物理参数。

表 5-2　一些有机溶剂的物理参数

溶剂	黏度/$(mPa \cdot s)$	相对介电常数	电导率/$(S \cdot cm^{-1})$	DN	AN
H_2O	0.89	78.39	6×10^{-8}	18.0~33	54.8
乙腈	0.341	35.9	6×10^{-10}	14.1	19.3
甲氧基乙腈	0.7	21	—	—	—
碳酸丙烯酯	2.53	64.9	1×10^{-8}	15.1	18.3
碳酸亚丁酯	3.2	53	—	—	—
γ-丁内酯	1.73	39.1	—	—	—
γ-戊内酯	2.0	34	—	—	—
1,2-二甲氧基乙烷	0.455	7.2	—	20	10.2
四氢呋喃	0.46	7.58	—	20	8
二甲亚砜	1.99	46.5	2×10^{-9}	29.8	19.3
环丁砜	10.3	43.3	2×10^{-8}	14.8	19.2
N,N-二甲基甲酰胺	0.802	36.7	6×10^{-8}	26.6	16.0

5.7.3　支持电解质

支持电解质是电解液的重要组成部分，对电解液的电导率有至关重要的影响。纯溶剂的离子电导率非常低，故非常有必要添加支持电解质以提供足够高的离子电导率，并在充放电过程中，在电极之间传递以保持电荷平衡。支持电解质通常由阴离子和阳离子组成，在溶中以离子状态存在。对于 NARFB 中使用的支持电解质，阳离子通常包括碱金属阳离子（Li$^+$、Na$^+$、K$^+$）、四烷基铵阳离子［TEA$^+$（四乙基铵）、TBA$^+$（四丁基铵）］和咪唑基阳离子等；阴离子通常是弱配位阴离子，如 BF$_4^-$（四氟硼酸根）、PF$_6^-$（六氟磷酸根）、全氟磺酰亚胺（TFSI$^-$）、高氯酸根阴离子（ClO$_4^-$）等。

支持电解质需满足以下条件：

1）高溶解度。一般来说，在远不及溶解度极限的情况下，支持电解质的浓度越高，电解质中自由电荷载流子（离子）的浓度越高，电导率也就越高。

2）适当的阴阳离子半径。

3）宽电位范围。在电解液体系中，除了溶剂的电化学窗口，支持电解质的电位范围也很重要，它由阴离子的极限氧化电位（E_{oxi}）和阳离子的极限还原电位（E_{red}）决定。与溶剂类似，支持电解质的电位范围应尽可能宽，以提供稳定的电化学窗口。

4）对活性物质和溶剂稳定。支持电解质不应与活性物质和溶剂发生反应，否则电池将遭受不可逆的容量衰减。

5）高热稳定性。虽然有机溶剂的使用拓宽了电池的温度工作范围，但电池在高温下的安全运行也需要支持电解质具有优异的热稳定性。

6）疏水性。对于 NARFB，微量水的存在就会引起活性物质和支持电解质的副反应，从而导致电池性能下降。因此，用于 NARFB 的支持电解质应尽可能疏水，以尽量减少电池中的水分。然而，一些常用的支持电解质，如 LiTFSI，具有极强的吸湿性。在这种情况下，必须确保电解液制备过程在干燥条件下进行。

5.7.4　NARFB 研究进展

NARFB 的研究始于金属配合物体系。Matsuda 等人在 1988 年提出了第一个金属配合物基 NARFB。三（2,2′-联吡啶）钌（Ⅱ）四氟硼酸盐［Ru（bpy）$_3$］（BF$_4$）$_2$ 由于具有多电子氧化还原反应的特性而被用作正极和负极活性物质（图 5-4）。使用 MeCN 作为溶剂，TEABF$_4$ 作为支持电解质，得到的电池理论开路电压为 2.6V，几乎是水系电池的两倍，这项研究为开发高能量密度氧化还原液流电池提供了途径。Chakrabarti 等人在 2007 年研究了具有乙酰丙酮（acac）配体的钌基配合物。然而，使用贵金属材料无疑增加了电池的成本。使用非贵金属配合物替代贵金属配合物是解决这一问题的有效途径。较早研究的基于非贵金属配合物的活性物质是乙酰丙酮钒 V（acac）$_3$，在该体系中，MeCN 和 TEABF$_4$ 分别用作溶剂和支持电解质。V（acac）$_3$ 的氧化还原反应基于钒金属中心的化合价变化，具有两个可逆的氧化还原电对（V^{Ⅱ}/V^{Ⅲ}，−1.7V vs. Ag/Ag$^+$；V^{Ⅲ}/V^{Ⅳ}，0.5V vs. Ag/Ag$^+$）。因此，V（acac）$_3$ 可同时用作正极和负极活性物质，提供 2.2V 的开路电压。

此后，科学家们研究了许多基于非贵金属配合物的 NARFB，包括各种金属配位中心，如 Fe、Co、Ni、Mn、Cr 等。

除了决定氧化还原性质的金属配位中心，配体对活性物质的电化学性能也至关重要。对于一些有机金属配合物，除了基于中心金属化合价变化的氧化还原反应，配体本身也参与氧化还原反应，这些配体被称为非无辜配体，例如基于联吡啶的配体。此外，由于金属配位中心和配体的络合性质，金属配合物活性物质的溶解度、氧化还原电位和稳定性可通过修饰配体来调节，这得益于配体多样化的结构和可定制的特性。因此，配体的开发对于金属配合物

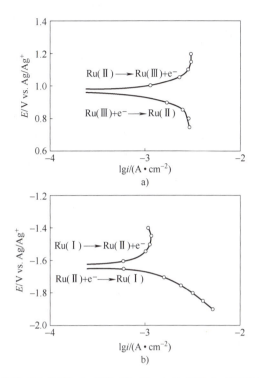

图 5-4 稳态极化曲线〔电解液：0.02M〔Ru(bpy)₃〕(BF₄)₂/0.1M Et₄NBF₄/CH₃CN〕
a）正极，充电到 1.1V　b）负极，充电到-1.9V

在 NARFB 领域的应用至关重要。根据配体的不同，金属配合物活性物质可分为以下几类：基于乙酰丙酮配体的配合物、联吡啶配体的配合物、三联吡啶类配合物、茂金属和其他配合物（二硫烯配合物、吡啶酰胺配合物、多金属氧酸盐和三偏磷酸盐配合物等）。

基于乙酰丙酮配体的配合物已在 NARFB 体系中得到广泛研究。由于配体不参与氧化还原反应，这些活性物质的氧化还原反应仅取决于金属中心。在这些化合物中，V(acac)₃是研究得最早、最广泛的活性物质，常被用作研究 NARFB 性能的模型。其在以乙腈为溶剂的电解液体系中可以提供 2.2V 的电压，但在乙腈中的低溶解度（0.6mol·L⁻¹）限制了其能量密度。采用混合溶剂体系或修饰乙酰丙酮配体可调节溶解度。2-甲氧基乙基取代酯修饰的 V(acac)₃衍生物在乙腈中具有 1.32mol·L⁻¹的高溶解度。在 MeCN/TEABF₄电解液中使用 0.1mol·L⁻¹活性物质构成的液流电池在 10mA·cm⁻² 的电流密度下平均 CE 和 EE 分别为 92%和 87%。

联吡啶类配合物也是研究较广的活性物质，包括〔Ru(bpy)₃〕²⁺、〔Fe(bpy)₃〕²⁺、〔Ni(bpy)₃〕²⁺、〔Co(bpy)₃〕²⁺和〔Cr(bpy)₃〕³⁺类活性物质。由于联吡啶配体是非无辜的，它参与了活性物质的氧化还原过程，因此，这类物质通常具有多个氧化还原电对，理论上有利于能量密度的提高。由于联吡啶配体易于衍生化，可通过配体修饰调节联吡啶基配合物的理化性质。由于联吡啶的金属配合物一般为离子形式，抗衡阴离子对溶解度和电导率有显著影响。铁基联吡啶配合物〔Fe(bpy)₃〕²⁺具有来源丰富、成本低、构成的电池电压高的优势，已被广泛应用于 NARFB。〔Fe(bpy)₃〕²⁺配合物可作为对称电池的阴极电解液和阳极电解液。

此外，$[Fe(bpy)_3]^{2+/3+}$ 也可单独作为正极氧化还原对，与 $[Ni(bpy)_3]^{0/2+}$ 或 $[Co(bpy)_3]^{+/2+}$ 负极氧化还原对配对，构建非对称电池以获得更高的效率。

茂金属也广泛用于 NARFB 领域。这种化合物由两个环戊二烯配体（Cp）和二价金属中心构成。二茂铁电化学性能优异，具有类似芳香族化合物的性质，通过对 Cp 环的修饰，可以很容易地调节其理化性质，从而得到适用于液流电池的活性物质。原始二茂铁在水中和有机溶剂中的溶解度均非常有限，需要对其进行分子修饰以调节溶解度。在二茂铁结构中引入离子侧链是常用的修饰方法，一般采用四烷基铵离子基团进行修饰。通过搭配不同的抗衡阴离子，如 BF_4^-、PF_6^-、$TFSI^-$、ClO_4^- 等，可以获得亲水或疏水的高溶解性离子型二茂铁化合物。二茂铁也可以用低聚醚链修饰以提高溶解度。在二茂铁结构中引入两个甲基后（DMFc），由于分子的不对称性导致晶体更松散，使得分子的熔点急剧降低（从原始二茂铁的 172~174℃ 降低到 37~40℃）。

电活性有机分子是目前液流电池活性物质研究领域中最受欢迎的物质之一。大多数有机分子由简单的元素如 C、H、O、N、S 等组成，可通过化学合成制备。2011 年，Li 等人提出了第一个全有机氧化还原液流电池（图 5-5）。该电池采用氮氧自由基 2,2,6,6-四甲基哌啶-1-氧化物（TEMPO）作为正极活性物质，N-甲基邻苯二甲酰亚胺作为负极活性物质，乙腈作为溶剂，$NaClO_4$ 作为支持电解质，Nepem-117 阳离子交换膜作为电池隔膜，构成了具有 1.6V 开路电压的液流电池。该电池的理论能量密度为 15W·h·L^{-1}。采用基于羰基的活性物质 9-芴酮（FL）和基于烷氧基苯的活性物质 2,5-二叔丁基-1-甲氧基-4-[2′-甲氧基乙氧基]苯（DBMMB）分别作为负极和正极活性物质，组装的电池开路电压为 2.37V。在 TEATFSI/MeCN 电解液体系中的电池充放电测试表明，100 次循环中，CE 为 86%，VE 为 83%，EE 为 71%。2,5-二叔丁基-1,4 双（2-甲氧基乙氧基）苯（DBBB）具有优异的电化学可逆性，且其对称的芳香骨架使其具有优异的电化学稳定性，但在基于碳酸盐的极性电解液中的溶解度不足，引入不对称的低聚醚（PEO）链可提高溶解度。不同的取代基改变了烷氧基苯分子的物理状态。ANL-8（DBMMB）和 ANL-9 化合物在室温下是液体，可与有机溶剂混溶，大大增加了活性物质的溶解度。组装的基于 DBMMB 正极与 N-甲基邻苯二甲酰亚胺负极和 2,1,3-苯并噻二唑负极的 NARFB 的开路电压分别为 2.3V 和 2.36V。

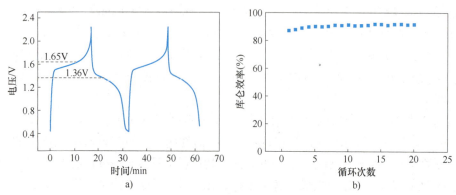

图 5-5　0.1mol·L^{-1}TEMPO/1.0mol·L^{-1} NaClO$_4$/乙腈和 0.1mol·L^{-1} N-甲基邻苯二甲酰亚胺/1.0mol·L^{-1} NaClO$_4$/乙腈分别作为正极、负极电解液组装的电池的性能（电流密度：0.35mA·cm^{-2}）

a）充放电曲线　b）前 20 次循环的库仑效率图

　　将 p 型和 n 型活性物质桥接，得到的物质兼具电子供体和电子受体的氧化还原性质，从而可构建对称电池体系。目前这类活性物质的研究尚处起步阶段，虽然目前已经报道了基于二茂铁/邻苯二甲酰亚胺、二茂铁/蒽醌、吩噻嗪/邻苯二甲酰亚胺、烷氧基苯/紫精类的双极活性物质在非水氧化还原液流电池中的应用，但其在充放电过程中的反应和传质机理还需进一步研究，电池性能欠佳。

　　尽管 NARFB 目前已经取得了很大进步，但仍存在一些问题需要解决。首先是活性物质，NARFB 的循环稳定性远不如 VRB，关键在于其活性物质的稳定性尚待改进，反应生成的带电自由基较容易参与副反应，导致电池容量衰减。在进行分子修饰时，不仅要考虑其稳定性，还要考虑其溶解度。稳定性可通过扩展共轭或引入保护基团实现，溶解度可通过引入增溶侧链提高。其次是隔膜，NARFB 目前使用的隔膜通常是借用其他领域的膜材料（如海水淡化），很少有专门针对 NARFB 的隔膜。当活性物质的性能达到一定水平时，隔膜的重要性凸显出来，特别是其交叉污染问题。因此，实现高性能的 NARFB，需要活性物质和隔膜双管齐下。

参 考 文 献

［1］ 张华民. 液流电池储能技术及应用 ［M］. 北京：科学出版社，2022.

［2］ ZHEN Y，LI Y. Redox flow battery ［J］. Studies in Surface Science and Catalysis，2020，179：385-413.

［3］ MATSUDA Y，TANAKA K，OKADA M，et al. A rechargeable redox battery utilizing ruthenium complexes with non-aqueous organic electrolyte ［J］. Journal of Applied Electrochemistry，1988，18（6）：909-914.

［4］ LI Z，LI S，LIU S，et al. Electrochemical properties of an all-organic redox flow battery using 2,2,6,6-tetramethyl-1-piperidinyloxy and N-methylphthalimide ［J］. Electrochemical and Solid-State Letters，2011，14（12）：A171-A173.

第 6 章

铅酸电池

6.1 铅酸电池的发展史与基本原理

铅酸蓄电池最早由法国物理学家盖斯腾·普朗特（Gaston Plante）于 1859 年发明，它的模型是用两块铅条做正负极，橡胶条作隔板，卷绕成螺旋形浸泡在质量分数 10% 的硫酸溶液中，经充电、静置和放电试验后，发现电池有电流通过，即在化学能和电能之间发生转化。之后他将多个铅条并联，从而得到更大电流的电池，并首次应用于火车到站停驶照明中。

现今普遍采用的涂膏式极板是法国化学工程师富尔（Camille Alphonse Faure）在 1881 年首次提出的，他将氧化铅涂敷在铅板栅上取代其中铅条，提高了电池的容量，并且促进了铅酸电池的工业化生产。谢朗（Sellon）在 1881 年最先提出用铅锑（Pb-Sb）合金铸造板栅以提高液态合金的流动性和固态时的硬度。经过不断改进，加入了锡、砷、银等成分，100 多年来这种含锑的以铅、锑分别为第一、第二组分的合金在铅酸蓄电池板栅材料中长期占据主导地位。但这种开口式的铅酸电池氢气、氧气的析出会造成严重失水，需要不断补水，并且气体析出带出的酸雾会腐蚀设备，污染环境，因此需要把板栅合金中的锑含量降低，以促进密封蓄电池和免维护蓄电池的发展。1935 年首次出现的无锑的铅钙（Pb-Ca）合金板栅，直到 20 世纪 70 年代才迅速发展起来。1969—1970 年，美国 CE 公司采用玻璃纤维隔板和贫液式系统，制备出第一个阀控式铅酸电池。1975 年，Gates Rutter 公司申请了一项 D 型密封铅酸干电池的发明专利，成为今天阀控式铅酸蓄电池（Valve-regulated Lead-acid battery，VRLA）的原型。随着各项技术的不断完善，1996 年 VRLA 电池基本取代了传统的富液式电池。

1880 年，格莱斯顿（Gladstone）和特里波（Tribe）提出关于铅酸蓄电池反应的"双极硫酸盐理论"，认为铅酸蓄电池在放电时正极和负极都生成了硫酸铅。1949 年，伦琴（Roentgen）首次使用 X 射线研究铅电极上形成的产物，开启了铅酸蓄电池现代理论发展的序幕。随后扫描电子显微镜、透射电子显微镜、差热分析、核磁共振与电子光谱等先进技术均得到应用，促进了铅酸蓄电池研究从热力学转移到电极过程动力学。

近些年，出于绿色环保低碳经济的要求，电动自行车和混合电动汽车迅猛发展，加大了阀控密封铅酸蓄电池的市场需求，促进了铅酸电池行业的繁荣。但是，在新型电源崛起的今天，由于钠硫电池、锂离子电池、超级电容器等储能装置的发展，铅酸电池的发展一度受到影响，尤其是应用于混合动力车时，它的比能量低、循环性能差、快速充放电能力差，在

HRPSoC（高倍率部分荷电状态）下工作时，负极的硫酸盐化非常严重，大电流充放电性能差，从而限制了它的应用。于是人们开始对铅酸电池的结构进行改进，目前的研究主要是将铅负极与碳材料结合，这使得电池的性能大为改观，铅酸电池的优点又重新显现。随着电池生产技术的成熟和各种新品电池的研发，铅酸电池定会在电动车的研发过程中发挥更重要的作用。

图 6-1 为阀控铅酸电池结构示意图。阀控铅酸电池主要由正极板、负极板、隔板、电解液、电池槽、极柱、连接条、密封圈以及排气阀（安全阀）等部分组成。其中，板栅是铅合金经模具铸造形成栅格状的物体，用于支撑活性物质、传导电流。在板栅上涂铅膏之后成为极板，它是电化学反应的活性物质提供者，也是电化学反应的场所，电池容量的主要决定者。极板根据所涂铅膏性质的不同分为正极板和负极板。正极板的活性物质为二氧化铅，负极板的活性物质为海绵状铅，电解液为硫酸溶液，隔板目前市场上大多采用吸液式超细玻璃棉（Absorptive Glass-microfiber, AGM）材料。这种材料可以使电解液被有效地吸

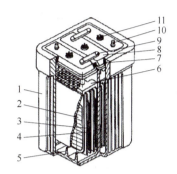

图 6-1 阀控铅酸电池结构示意图
1—电池槽 2—负极板 3—正极板 4—隔板
5—鞍子 6—汇流排 7—封口胶 8—电池槽盖
9—连接条 10—极柱 11—排气阀

附到材料内部，从而使铅酸电池中没有流动的电解液。另外，超细玻璃棉的空隙为正极材料反应时析出的氧气提供了到负极复合的通道，使氧的循环能够顺利进行，有利于铅酸电池的密封。电池盖上装有安全阀，使电池内部保持一定压力，内压过大时，安全阀自动打开排出气体，防止电池变形甚至发生爆炸。电池盖还能防止空气进入、电解液挥发。

铅酸电池的充放电机理目前普遍认可的是 Gladstone 和 Tribe 的"双极硫酸盐化"理论。该理论认为，铅酸电池在放电过程中，正极的 PbO_2 和负极金属 Pb 都与硫酸电解液发生反应生成 $PbSO_4$；相反，充电过程则是 $PbSO_4$ 在正极被氧化成 PbO_2，而在负极则被还原成金属 Pb。铅酸电池的正、负极放电时的反应方程式见式（6-1）~式（6-3），充电反应为逆过程。

正极反应：

$$PbO_2 + 3H^+ + HSO_4^- + 2e^- \longrightarrow PbSO_4 + 2H_2O \tag{6-1}$$

负极反应：

$$Pb + HSO_4^- \longrightarrow PbSO_4 + 2e^- + H^+ \tag{6-2}$$

总电池反应：

$$Pb + PbO_2 + 2H_2SO_4 \longrightarrow 2PbSO_4 + 2H_2O \tag{6-3}$$

铅酸蓄电池是目前市场占有率最高的二次电池之一。铅酸蓄电池发明初期，是以铅作为极板，采用橡胶条作为隔板，并且以 10% 的稀硫酸作为电解液。到了 20 世纪中期，铅酸蓄电池进入快速发展的阶段，Shimadzu 发明了球磨机，采用球磨后的铅粉代替红丹和黄丹的混合物作为活性物质；此外，隔板、板栅合金到制作工艺，均得到了创新。铅酸电池的另一个重大突破是免维护阀控铅酸电池（VRLA）的发明。VRLA 的核心是氧复合技术和电解液固定技术。由于阀控式铅酸蓄电池具有不漏液、不漏气、密封性好等优势，一经推出就在通

信行业得到了强烈的反响。

我国对于铅酸蓄电池的研究始于 20 世纪 80 年代末。经过多年的发展，铅酸蓄电池已经成为工艺最为成熟的二次电池，并以其工艺成熟、安全性好、性价比高、可回收利用的优势，广泛地应用于通信、储能、交通等领域。铅酸电池电压为 2.0V，比能量为 30～40W·h·kg^{-1}，典型储能工况的循环寿命 500～1000 次。值得一提的是，将超级电容碳加入铅酸电池负极内部开发成功的铅碳电池，能够将储能工况下的寿命显著延长。典型铅酸电池的性能指标见表 6-1。

表 6-1 普通电池与铅碳电池典型性能指标

性能指标	普通铅酸电池	铅碳电池
工作电压/V	2.0	2.0
能量密度/(W·h·kg^{-1})	30～40	30～60
循环寿命/次	500～1000	2000～5000
持续充放电倍率	≤0.2C	≤0.5C
充放电效率	75%～85%	90%～92%

6.2　铅酸电池正极关键材料

铅酸电池正极活性物质 PbO_2 是多晶型化合物，有四种形态：斜方晶系 α-PbO_2（铌铁矿型），正方晶系 β-PbO_2（金红石矿型），无定型的 PbO_2 和不稳定的假正方晶系。由于晶型结构不同，它们的物化性质也不相同，用电子显微镜研究 PbO_2 的结晶形貌表明，α-PbO_2 的晶粒尺寸较大，晶粒表面光滑呈圆形；β-PbO_2 结晶细小，呈针状或树枝状。因此，β-PbO_2 具有更大的比表面积。PbO_2 具有较好的导电性，α-PbO_2 的电阻率约为 10^{-3} Ω·cm，β-PbO_2 则约为 10^{-4} Ω·cm。它们的电阻率介于导体和绝缘体之间，为 n 型半导体。

6.2.1　铅酸电池正极的反应机理

铅酸电池正极的反应机理认可度较高的有胶体结构机理、液相生成机理和固相生成机理。在这三个机理中，最为被认可的是液相生成机理。该机理认为 PbO_2 在电化学反应过程中，以 Pb^{2+} 作为粒子从而进行氧化还原反应。在放电过程中，PbO_2 晶体接受来自外电路的两个电子后，四价铅离子（Pb^{4+}）被还原为二价铅离子（Pb^{2+}），Pb^{2+} 在溶液中遇到 HSO_4^- 离子，达到 $PbSO_4$ 的溶度积时，生成 $PbSO_4$ 沉积在电极表面。与之相反，充电过程是 Pb^{2+} 将电子传递给外电路，二价铅离子（Pb^{2+}）被氧化为四价铅离子（Pb^{4+}），同时四价铅离子又与电解液中的水发生反应，进而又重新生产了 PbO_2。该机理还提到了 PbO_2 在结晶过程中会形成两种结晶状态，一种为 α-PbO_2，另一种 β-PbO_2。由于 β-PbO_2 相对比较稳定，因此，在正极 PbO_2 的充放电过程中，不仅有电化学反应发生，还伴随晶体类型从 α-PbO_2 晶体到 β-PbO_2 晶体的转变。由于 β-PbO_2 的比表面积大，其物质的利用率相对较高，因此随着晶体类型的转变，正极活性物质的利用率会相应提高，其容量也会相应增大。

6.2.2 铅酸电池正极活性物质添加剂

铅酸电池的活性物质利用率不高是其比容量不高的一个因素，特别是正极的活性物质利用率较低，而且，铅酸电池的使用寿命也在很大程度上取决于正极，因此，对正极的研究与改善就显得格外重要。研究者们采用加入添加剂的方式来提高正极活性物质的利用率及循环寿命，见表6-2。

表 6-2 正极活性物质常用添加剂

正极添加剂		添加剂特征	用法与用量	所起作用与机理	技术成熟度与存在问题
非导电添加剂	中空玻璃微球	密度：$1.53 \sim 4.27 \mathrm{g \cdot cm^{-3}}$	填充4.4%（质量分数）的玻璃微球，利用率显著上升	提高活性物质的利用率	蓄电池的体积可能会增大，蓄电池的能量密度会降低
	羟甲基纤维素 CMC		0.2%～2%（质量分数）	提高铅膏对水的吸收	减弱极板强度，有缩短寿命的风险
	硅胶	硅胶液	0.2%（质量分数）	低倍率放电容量上升。硅胶可能促进成核，使改性物质形成更好的孔结构，并且硅胶多孔，可作为酸的存储库	高放电速率下性能需提升
化学改性添加剂	硫酸盐	硫酸钠、硫酸镁、硫酸钡、硫酸锶、硫酸钙	—	加入硫酸盐可降低硫酸铅的溶解度，减少由于短路引起的失效。硫酸钠和硫酸镁提高电池充电接受能力，提高电池容量恢复能力和循环寿命。与硫酸铅晶型相同的硫酸钡和硫酸锶，相对不溶解，可以促进硫酸铅晶体成核，从而减小它们的尺寸。硫酸钙提高放电过程中硫酸铅的成核速度，提高汽车用蓄电池的冷起动能力	常用添加剂
	磷酸盐	磷酸及其盐类	质量分数2%以下，不影响初容量	减小正极活性物质的脱落速度，从而提高蓄电池的循环寿命	使蓄电池的初期容量下降，低温放电性能差

（续）

正极添加剂		添加剂特征	用法与用量	所起作用与机理	技术成熟度与存在问题
导电添加剂	各向异性石墨	各向异性石墨较耐氧化	质量分数 0.1%～1.0%；直径 250～1250μm；高纯各向异性石墨	高纯各向异性石墨加在铅粉中，在 H_2SO_4 中电极氧化时，生成石墨间层化合物并膨胀。在阀控式密封铅酸电池中起紧装配作用，并使正极保持高孔率，从而提高活性物质利用率，而不影响寿命，尤其在低温高倍率放电时，效果十分显著	技术成熟，应用较为广泛
	镀 SnO_2 导电玻璃，小片（或纤维）	用喷雾热分解法制备，即在 500℃空气下，将含水 $SnCl_4$ 溶液喷到纤维上。SnO_2 涂料厚 0.5～1μm，并且具有正方晶（锡石）的结构	将独有 SnO_2 厚度为 0.3～0.5μm 的玻璃小片，以 2% 的数量混合在正极铅膏中	电池在 5h 率和 20h 率放电时，活性物质利用率分别提高 4% 和 14%；加速化成过程，提高化成极板中 β-PbO_2 含量；提高了活性物质的比表面积	—
	$BaPbO_3$	$BaPbO_3$ 是一种具有钙钛矿结构，并且容易通过标准的陶瓷-粉末工艺制备的陶瓷	含量在 1%（质量分数）以下。含量过高，生成 $BaSO_4$ 的含量大于 0.3%（质量分数）时，会影响循环寿命	显著提高化成效率，当导电颗粒分散在极板中时，化成机理改变，化成不仅在板栅的板栅格子的中心进行，而且在极板中导电颗粒的周围慢慢进行，增强深放电蓄电池的电流接受能力	常用添加剂
	导电聚合物	具有阴离子（ClO_4^-、$FeCl_3^-$、AsF_5^-、SO_4^{2-} 和 HSO_4^-）的聚苯胺、聚吡咯、聚对亚苯基和聚乙炔。聚合物含 0.02%～0.35% 摩尔分数的掺杂剂，又提供 80S·cm^{-1} 的典型导电率	以 1.15μm 粉末或者纤维的形式添加到正极铅膏中，最优浓度为 1%（质量分数）	显著提高活性物质利用率。作为黏结剂和支撑网络的增强剂增加活性物质强度，以提高电池寿命	除了聚苯胺，其他导电聚合物在再充电过程中分解，而且不耐过充电
	Magneli 相亚氧化钛	Magneli 相亚氧化钛是一系列非计量氧化钛的统称，其通式为 Ti_nO_{2n-1}（$3<n<10$），其中 Ti_4O_7 的导电性最好	—	不但能提高电极电导率、耐蚀，还可以增强与 PbO_2 的结合力，在充放电过程中保持孔形状和孔隙率，提高正极活性物的成形性，进而有效提高正极的比容量与寿命	探索阶段

（续）

正极添加剂		添加剂特征	用法与用量	所起作用与机理	技术成熟度与存在问题
导电添加剂	掺杂微量元素	铋氧化物、稀土氧化物	铋氧化物 0.05%~0.06%（质量分数）	铋有助于生成细的、针状并且相互连接的二氧化铅，因此，加强了正电极的多孔物质，提高循环寿命，降低氧气和氢气析出的速率；减少负极或者正极放电的风险，并且降低浮充电流，降低自放电速率。正极板中掺入稀土元素能显著改善铅膏中 Pb→(Ⅱ) 化合物和电极反应产物 PbSO$_4$的电子电导，延长电池循环寿命	部分已形成专利技术

6.2.3　铅酸电池正极失效机制与改性关键技术

铅酸电池失效是指电池因为正极原因而寿命缩短，主要有以下两种模式：

1）正极板栅的氧化腐蚀。充电电压过高时，除了正极板中的硫酸铅转化为二氧化铅，正极板栅中的铅也会被氧化，使得板栅表面形成一层氧化铅。氧化铅的导电性很差，使正极活性物质和板栅之间形成了很高的阻抗，从而使电池过早失效。这个问题可通过向正极板栅中添加锡等其他金属元素解决。

2）正极活性物质软化脱落。当正极板深度放电时，活性物质二氧化铅转化为硫酸铅后体积会变大，充电时硫酸铅虽又转化为二氧化铅，但这种转化过程会降低二氧化铅颗粒间的紧密连接性。随着循环次数的增加，正极活性物质结合力进一步降低，就会脱落造成电池失效。人们用铅锑合金作为正极板栅，能有效解决活性物质脱落的问题，但是锑会加速自放电，又会影响电池的性能。为了有效解决这个问题，可以向正极活性物质中加入一定量的短纤维。

针对正极失效，研究者采用长寿命正极铅膏技术。根据 α/β-PbO$_2$转化理论、球状聚集体模型及晶胶理论，为了改善早期容量损失，要引入能提高正极活性物质 α-PbO$_2$含量、改善活性物质导电性、增加凝胶聚合物链间结合力的添加剂。在正极引入四碱式硫酸铅（4BS）晶种，并结合高温固化工艺，可加强正极活性物质的网络骨架结构强度，提高电池的循环寿命。采用 4BS 为主要物相的生极板，化成后能形成具有良好骨架结构的活性物质，且 PbO$_2$晶粒尺寸均匀，在充放电循环过程中活性物质不易从板栅上脱落，具有能克服早期容量损失及大幅改善电池循环寿命等优点。

此外，在充电后期，铅酸电池正极析出的氧气通过隔板扩散到负极板，被铅捕获，进一步被还原成水（氧循环理论）。但是负极析出的氢气很难被全部氧化成水，而是从排气阀排出，从而使电池失水，加速电池的失效。当电池开路放置时，电解液会分层，水集中在上部，硫酸集中在底部，使负极板表面硫酸浓度不同，从而使负极板下半部分腐蚀严重。这也会加速电池的失效。在 VRLA 中常选用吸水性强、有利于氧气扩散的玻璃纤维隔板（AGM），但是，隔板有时会破损，使电池短路，导致电池失效。当铅酸电池作为混合动力车储能装置时，必须在部分荷电态高倍率下工作，此时，限制铅酸电池性能的主要是负极板，因此，需要对负极板的机理及不足进行深入的分析研究，从而找到改进措施。

6.3 铅酸电池负极关键材料

6.3.1 铅酸电池负极概述

铅酸电池的质量比能量较低，这是因为电池活性物质的利用率较低，尤其负极的不可逆硫酸盐化，使电池容量损失严重，这大大限制了铅酸电池的发展。铅酸电池若想应用于更多领域，就必须提高负极活性物质的利用率，抑制不可逆硫酸盐化。为此，人们通过添加添加剂，改善涂板工艺、固化条件、化成工艺、密封措施等，不断改善铅酸电池负极的性能，这其中，最有效的便是向负极活性物质中添加各种不同的添加剂，一般包括无机添加剂和有机添加剂两大类。添加剂的引入能提高负极的导电性、孔隙率、强度、充电接受能力等性能，目前已取得了不错的成果。

铅酸电池负极的工作原理为溶解沉积机理。电池放电时，负极的 Pb 失去两个电子被氧化成 Pb^{2+}，Pb^{2+} 溶解在硫酸电解液中，与电解液中的 SO_4^{2-} 反应生成硫酸铅，而当硫酸铅量超过临界值时，便会生成沉淀析出，沉积在电极表面。电池充电时，电极表面的硫酸铅晶体溶解形成 Pb^{2+}，Pb^{2+} 通过电解液扩散到整个电极表面，通过电极/电解液相界面的电子传递，得到电子被还原为铅。但是，在电池充电时，部分硫酸铅并不能转化为铅，电池的可逆性变差，使电池容量下降，循环性能降低。当电池处于放电态搁置时，负极中尺寸较小的硫酸铅具有较大的比表面积，活性较高，充电时很容易接受电子变成铅。但这些尺寸较小的硫酸铅晶体的表面自由能较大，会自发地溶解并在较大尺寸的硫酸铅晶体表面析出，这种重结晶会使硫酸铅晶体缓慢长大，溶解度逐渐减小。这些大块的硫酸铅晶体很难通过再充电过程转换为铅，即所谓的不可逆硫酸盐化，这不仅消耗了电解液中的 SO_4^{2-}，还覆盖了部分电极反应区域，堵塞了离子扩散的通道，使参与反应的活性物质减少，负极板内阻增大。另外电解液还存在分层现象，即负极板表面的硫酸浓度随着高度的增加而降低，电池充电时，负极板上部最容易充电，而下部则充电缓慢，使硫酸铅晶体长大，最先出现不可逆硫酸盐化。硫酸铅的导电性很差，当不可逆硫酸盐化严重时，负极表面便会被一层致密的硫酸铅晶体覆盖，极化增大，电解液无法进入内部，使负极板钝化，电极反应基本停止，从而造成电池失效。此外，负极板还存在自放电、析氢、变形等问题，为了解决这些问题，人们常向负极活性物质中添加少量添加剂，这在很大程度上改善了电池负极的性能。

6.3.2 铅酸电池负极添加剂

铅和硫酸铅的密度相差较大，使得负极板在充放电过中容易发生收缩和变形，因此，需加入各种功能各异的负极添加剂。为了保证负极板的稳定性和孔隙率，需要加入膨胀剂，如腐殖酸、硫酸钡等。膨胀剂还能提高电池的低温性能和高倍率充放电性能。为了提高负极板的强度，需要加入短纤维、合成纤维等。为了提高负极的导电性，需要加入炭黑、石墨烯、碳纤维等。

腐殖酸是应用最广的负极添加剂之一。腐殖酸有天然腐殖酸和合成腐殖酸两大类。作为铅酸电池负极添加剂，多采用天然腐殖酸。作为天然的有机高分子化合物，腐殖酸带有负电性官能团，容易吸附在铅电极上，改变电极的双电层结构，增大放电反应的电流。当负极放电时，腐殖酸可以防止电极表面致密硫酸铅钝化层的形成，推迟负极的钝化，延长电池寿命。负极的海绵状铅表面自由能较大，是不稳定的，会发生重结晶，腐殖酸等有机物具有防收缩效应，增大负极的真实表面积，保持负极板的稳定。

木质素对铅酸电池的影响较复杂。木质素又分为天然木质素和人造木质素，以及相关的衍生物，如木质素磺酸盐。Shiomi M 通过实验发现，人造木质素比天然木质素更具优势。Sawai K 等将具有多种功能官能团链结构的高性能人造木质素和天然木质素分别加入负极活性物质中，其结果表明，含有人造木质素的电池循环寿命更长。电池失效后对负极活性物质进行比表面积分析，随着循环次数的增多，含有人造木质素的负极板中硫酸铅晶体尺寸更小。扫描图对比也表明含有人造木质素的负极板硫酸铅晶体大小均匀，人造木质素对电池在 HRPSoC 下的性能更有利。Myrvold 系统地研究了木质素磺酸盐对铅酸电池的影响，发现不同的木质素磺酸盐在硫酸溶液中的稳定性不同，有些会因为水解而很快失效，有些则随着分子量的增加而稳定性提高。那些在硫酸溶液中随温度升高而能保持一定分子量的木质素磺酸盐，其木质素磺酸根会和铅离子形成不溶性的木质素磺酸铅，沉积在电极表面，促进硫酸铅的溶解沉积，从而使电池的循环性能得到提高。

聚天冬氨酸钠（polyaspartate，PASP）是一种水溶性的晶体改性剂。Petkova G 等将不同量的聚天冬氨酸钠添加到铅酸电池的负极铅膏中，电池在 HRPSoC 下的性能有所提升。放电过程中，PASP 能够控制硫酸铅的结晶过程，改善硫酸铅的晶型和尺寸大小，进一步提高了负极活性物质的利用率，减小负极板的内阻，从而增长铅酸电池在 HRPSoC 下的循环寿命。

Pavlov D 等研究了硫酸钡对铅酸电池负极在 HRPSoC 下充放电性能的影响。结果表明，当向负极板中添加 1%（质量分数）的硫酸钡时，电池在 HRPSoC 下的循环寿命显著增长。放电时，硫酸钡充当 $PbSO_4$ 结晶的晶核，降低 $PbSO_4$ 晶核形成的过电位；充电时，硫酸钡能促进 $PbSO_4$ 的溶解以及 Pb 的生成，从而提高 $Pb/PbSO_4$ 反应的可逆性。当电池进行高倍率充放电时，添加了 1%（质量分数）硫酸钡的负极板 Pb 和 $PbSO_4$ 的面积比最优，从而使电池达到最佳的 HRPSoC 循环性能。

Křivík 等将碳粉、二氧化钛、二氧化硅分别加入到负极活性物质中，结果表明，碳粉的加入能使负极板化成过程更充分。在第一次的 PSoC 循环中，负极添有碳粉的电池寿命最长，添有二氧化钛的次之，最差的是添加二氧化硅的，比空白电池的寿命还短。在第二次 PSoC 循环中，添有前两者的电池寿命相近。当电池充电时，碳粉和二氧化钛能降低电池的截止电压，减小负极活性物质的孔的大小，提高电池大电流充电接受能力，抑制硫酸铅晶体长大。还有很多科学家研究了不同碳材料对铅酸电池负极性能的影响。碳材料包括活性炭、炭黑、石墨、石墨烯、碳纤维、碳纳米管等。另外碳材料不仅仅以添加剂的形式加入到负极活性物质中，人们还将碳材料单独制备成碳电极，与铅负极并联，制备成超级铅酸电池，这将在下文介绍。

6.3.3 铅炭电池概述

目前，由于电动汽车的迅猛发展使得储能材料的研究进入蓬勃发展阶段，大倍率储能材料开始越来越得到人们的关注。但是，目前的铅酸电池还不能满足长时间、大倍率的放电，这主要是因为铅酸电池在长时间、大倍率的放电条件下工作，铅酸电池负极很容易发生不可逆硫酸盐化，这会使铅酸电池的容量大幅度减少，相应的循环寿命也会大幅度下降。因此，需要对目前的铅酸电池，特别是负极的性质进行改进。目前研究比较广泛的是将碳材料应用到铅酸电池负极，其原理主要是将双电层电容器的高比功率、循环寿命长等优势融合到铅酸电池中，从而提高铅酸电池的倍率性能，使铅酸电池在电动车上的应用成为可能。碳材料应用于铅酸电池负极板主要分为两种形式（图6-2），一种是"内并式"，将碳极板与铅负极并联到一起的一体式电极，称为超级电池（ultrabattery）。在这里，碳负极板起到超级电容器的作用，它为超级电池提供脉冲动力，而铅负极作为普通铅酸电池的负极，它的作用是为整个电池提供动力来源。但二者的工作电压并不一致，在充电后期，碳电极会严重析氢，这是由于铅酸电池电压过高，超过了电容器的工作电压，而在放电开始时，主要是 Pb 氧化成 $PbSO_4$，碳电极并不能起缓冲作用。这种超

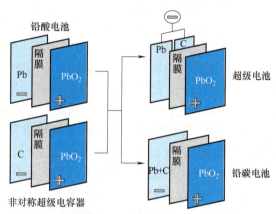

图6-2 超级电池及铅炭电池示意图

级铅酸电池改变了传统铅酸电池的生产工艺，并不适合工业化生产。因此，人们开始将研究重心转移到铅炭电池（Pb-C battery）上，也就是碳材料应用的另外一种形式——"内混式"。"内混式"是将碳材料按一定比例混入铅负极板活性物质中，不改变铅酸电池的结构。这种电池制备简单，碳材料的引入可以发挥其高导电性和对铅的分散性，提高铅活性物质的利用率，并抑制硫酸铅结晶的长大/失活，有效抑制了不可逆硫酸盐化，大大提高电池在HRPSoC 工况下的循环性能。

6.3.4 铅炭电池国内外研究进展

研究表明铅炭电池的 HRPSoC 性能远远优于传统的铅酸电池，更加适合应用于新能源汽车行业和储能等新型产业领域。

目前各国已经进行了铅炭电池的实际运行试验。由美国联邦运输管理局资助的混合电动公共汽车采用铅炭电池和燃料电池的结合，成功地在凤凰城运行，试验结果证明这样的动力电池在起到节能减排作用的同时还可以提供足够的能量。美国 Axion Power 公司已正式生产铅炭电池，负极用的是比表面积为 $1500m^2 \cdot g^{-1}$ 的活性炭材料。他们于 2004 年年初在实验室对这种电池进行了测试，测试标准是按照普通铅酸蓄电池循环寿命的测试标准，结果发现这种电池能够充放电循环 1600 次及深度放电，是标准铅酸电池的四倍。该公司生产的铅炭电池解决了传统铅酸电池在高倍率运行时的硫酸盐化问题，因此不仅被应用在混合电动车上，

还被发展到美国海军陆战队的战车中。美国 AEP 公司连续开发出了 HES340 型以及 HES370 型铅炭电池模块，这种电池已被应用于太阳能、风能、峰谷电网储能领域。英国政府也在大力发展铅炭电池，资助多辆安装了铅炭电池组的插电式混合电动车，也在 Mill-brook 赛道上进行实地试验。

日本在新能源汽车行业一直领先，在铅炭电池的研发应用方面也一直走在世界各国的前列，日本古河蓄电池公司在铃木 Twin 混合电动车上安装超级蓄电池并进行试验，证明该电池组块性能优异，目前已逐步实现安装有超级蓄电池的铃木 Twin 混合电动车的商业化生产。据报道，澳大利亚联邦科学与工业研究组织（Commonwealth Scientific and Industrial Research Organisation，CSIRO）和日本古河公司合作研发的铅炭电池，在 Insight 车中安装后完成了16 万 km 的行驶距离，试验结果显示，试验用铅炭电池以 40kW 的峰值放电功率远远超过了美国能源部 2003 年在 Freedom CAR 项目中制定的 25kW 的极限标准。图 6-3 为国际先进铅酸电池联合会（The Advanced Lead Acid Battery Consortium，ALABC）装有铅炭电池的示范汽车。

图 6-3　ALABC 装有铅炭电池的示范汽车

我国铅炭电池研究起步较晚，湖南大学、华南师范大学、合肥工业大学、厦门大学、哈尔滨工业大学以及解放军防化研究院等科研院所开展了铅炭电池的基础研发工作。

在早期铅炭电池及其制作方法相关专利中，一般铅炭混合负极包括 55%～95% 的铅、1%～40% 的高比表面积炭、0～4% 的添加剂，高比表面积炭包括超级活性炭、活性炭纤维、炭黑、活性炭微球、碳纳米管以及石墨烯等。铅炭电池专用碳材料一直是研究热点，典型的制备方法是先将壳聚糖溶解在醋酸溶液中，然后加入交联剂溶液搅拌均匀，形成壳聚糖有机湿凝胶，再将经冷冻干燥后的壳聚糖气凝胶在惰性气氛中高温碳化得到壳聚糖质活性炭。这种壳聚糖质活性炭在铅酸蓄电池环境下表现出良好的电化学性能，具有较高的比电容，大电流充放电性能尤为突出。

随着新型材料的发明与应用，很多人把关注点放在新型碳材料上，比如碳纳米管、石墨烯以及原位生长碳等。这些新型碳材料或直接应用，或用浸渍法制备石墨烯/硫酸铅复合材料进行应用。这种复合材料可使硫酸铅直接用作铅酸电池负极材料。在充放电过程中，石墨烯能够提高硫酸铅 1 倍以上的放电容量，并将充电电压提高 0.1V。XRD 和 SEM 结果显示，复合材料的加入使得硫酸铅均匀分布在石墨烯片层上，没有出现团聚现象，有效地抑制了负极板的不可逆硫酸盐化。这些对新型碳材料的研究探索为后续研发铅炭电池提供了新的方向和思路。

在铅炭电池器件开发方面，浙江南都、江苏双登以及山东圣阳等公司都已开展了相关工作。2010年，浙江南都电源与解放军防化研究院共同研发铅炭电池，该技术研发了独创的活性炭材料，通过碱活化和水蒸气活化的复合活化技术及表面修饰技术，获得铅炭电池专用活性炭材料，在铅膏配方中引入气相沉积碳纤维和复合析氢抑制剂等材料，进一步构建三维导电网络，并抑制了负极的析氢。该技术采用碳材料预分散工艺，实现了碳材料在铅膏中的均匀分散，可支持高倍率放电。制备的铅炭电池在HRPSoC工况下的循环寿命由原来的8000次提高到了100000次，且大功率、低温放电性能优异，已在港口起重机、发电厂UPS、风光储能电站上得到了应用（图6-4），在国内外产生了一定影响。2013年5月，国家能源局鉴定为国家级能源科学技术成果，达到国内领先、国际先进水平。浙江南都电源在铅炭电池应用领域中持续投入大量的研发工作，在行业内率先推出"投资+运营"的商用模式，为工业用户提供削峰填谷、需求侧响应、电能质量改善等节能解决方案，实现在没有补贴情况下的商业化应用，其研发的铅炭电池产品目前已被应用于多个国内储能示范项目中，如东福山岛风光柴储能电站及海水淡化系统、新疆吐鲁番新能源城市微电网示范工程、浙江鹿西岛4MW·h新能源微网储能等。江苏双登集团在2009年开始不断在电池材料、合金配制、板栅结构、原料配比等方面进行研究调整，研发出了高循环寿命的铅炭储能电池产品。双登铅炭储能电池已经应用在IDC机房后备电源、风光储一体化电站等多个项目中。山东圣阳电源于2014年6月与日本古河电池株式会社签署战略合作协议，共同研发具有国际领先水平FCP铅炭电池产品，在70%DOD下电池的循环寿命提高到了4200次以上，目前已实现批量化生产，其全生命周期度电成本已快速降至0.5元·$(kW \cdot h)^{-1}$。

图6-4　防化研究院与浙江南都开发出的75A·h铅炭电池及其在港口起重机上的应用

尽管如此，国内外研究者仍未认清碳材料的作用机制，仅能定性猜测到碳材料通过发挥其充放电倍率高、电导率好、富含孔隙的优点来改善电池的性能，不能阐明碳材料各项物化性能对其用到电池中的性能影响规律，对碳材料的选择与应用还处于经验为主导的阶段。这个现状使铅炭电池的各项性能难以得到进一步提高，发展进入"瓶颈"阶段。

6.3.5　碳材料在铅炭电池负极中的作用机制研究进展

铅酸电池负极板充电过程主要分为四个步骤：①$PbSO_4$晶体溶解形成Pb^{2+}；②Pb^{2+}通过电解液扩散吸附到整个铅电极表面；③通过电极/电解液相界面的电子传递完成反应$Pb^{2+}+2e^-\longrightarrow Pb$；④Pb原子形成新的晶核或在原有晶体上长大。负极板硫酸盐化则是指$PbSO_4$晶体形成并长大与铅隔离的过程，这会导致再次充电时$PbSO_4$晶体无法通过电化学过程转换成铅。这些 $PbSO_4$ 晶体最终成块集中于极板表面，急剧降低负极板的容量而影响电池寿命。普遍公认的添加碳材料提高电池寿命的机制是减少或消除负极板的硫酸盐化。早在 1997 年，Shiomi 等首次报道了在铅酸电池负极板中添加碳材料有助于降低 $PbSO_4$ 晶体的堆积，提升电池的寿命。近年来，国内外的研究人员从多个角度研究碳材料的作用机制，大体可分为三个阶段：早期主要将电导率较高的石墨、乙炔黑加入到铅酸电池负极板中，认为碳材料构建了导电网络，阻止了硫酸铅晶体的长大；中期将高比表面的活性炭材料应用到铅负极板中，考虑活性炭双电层电容的储能性能；后期进一步研究多孔炭材料的加入对电池储能性能的影响，认为碳材料的加入改善了负极板的孔洞结构，加快了电化学反应动力。

1. 构建导电网络

铅酸电池负极放电是海绵状的金属铅失去电子，与 SO_4^{2-} 形成不导电的 $PbSO_4$ 晶体。而 $PbSO_4$ 晶体易积累增大，再次充电时就难以电化学转换为铅。Shiomi 等认为碳材料在 $PbSO_4$ 晶体周围可形成导电网络（图6-5），加速 Pb^{2+} 转换为 Pb，增强 $PbSO_4$ 晶体的受充能力。碳材料形成的导电网络，阻止了不导电 $PbSO_4$ 晶体的积累与增长。虽然碳材料电导率低于负极板的活性物质金属铅，但在 HRPSoC 工况下，负极板部分区域被不导电的 $PbSO_4$ 晶体占据，负极板中添加的碳材料即相当于形成电子导电通路，促进铅沉积。在绝缘体 α-PbO 中添入少量的碳材料，随着碳材料含量的增加，电导率明显提升。

2. 增加双电层电容储能

早期添加到铅酸电池负极板中的碳材料主要是石墨或乙炔黑，后来有研究者将高比表面活性炭应用于负极板，认为不仅有助于改善电极的导电性，更主要因碳材料的高比表面特性在高功率充放电和脉冲放电时提供双电层电容，减弱大电流对电极材料的冲击，可大大提高电池在高倍率充放电下的性能及循环寿命。Pavlov 等研究认为将碳材料添加于铅酸电池负极板主要包括以下两个储能体系（图6-6）：①以双电层机制高倍率充放电的电容炭体系；②法拉第反应储能体系。即完成 Pb 与 $PbSO_4$ 的可逆反应，前者容量低而倍率性能高，后者充电能力弱而容量高。采用不同的 HRPSoC 充放电程序，分析负极中炭表面的电容过程和铅表面的电化学过程。研究结果表明，在 0.5%DOD，即充放电时间各为 5s、1s 静置时间工况下，电池循环寿命可高达 400000 次；而在 3.0%DOD 或 5.0%DOD 工况下，电池循环寿命均不超过 30000 次。说明负极板的碳材料在循环过程的前 5s 就发挥作用，较低放电深度时，电极表面以电容型充放电为主导，而较高放电深度时以法拉第反应为主导。相佳媛等指出高倍率充电时，活性炭表面形成双电层，对电池起缓冲作用；充电完成后，双电层电容炭充当微电池继续为铅沉积反应提供电子，避免了电池活性物质的不充分转换以及析氢。

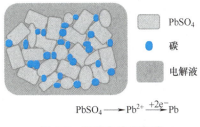

图6-5 铅炭电池负极碳
导电网络的示意图

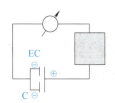

图6-6 由双电层电容储能和法拉第
反应储能体系组成的铅酸电池电路图

3. 改善孔洞结构

活性炭材料除了具有高比表面能提供双电层电容缓冲大电流这一特性外，其丰富的孔洞结构也是众多研究者关注的热点。在铅酸电池负极板中添加此类碳材料，增大活性物质的比表面积，充分改善极板的孔洞结构，更利于硫酸电解液在负极板中的储存，使之不徘徊在极板表面，为电极反应提供足够的 SO_4^{2-}。在 HRPSoC 工况下，碳材料形成的第二相分隔开 $PbSO_4$ 晶体，并在极板内形成有利于电解液离子迁移的孔道，促进再充电过程 $PbSO_4$ 的溶解。相佳媛等比较了不掺杂碳与掺杂活性炭的负极板循环多次后表面及内部的 SEM 照片。不掺杂碳的负极板，其 $PbSO_4$ 晶体聚集于极板表面，晶体易长大不利于充电反应的进行；在负极板中分别掺入两种活性炭来构建多孔网络结构，将比表面积由原来的 $0.522m^2 \cdot g^{-1}$ 提高到 $25.408m^2 \cdot g^{-1}$、$55.406m^2 \cdot g^{-1}$，孔隙率由原来的 40.2% 提高到 51.2%、56.6%，更利于电解液由外及里的分散，并提供更多的结晶点以及硫酸铅的反应界面，增加负极的受充能力。

Pavlov 等将不同比表面积、孔洞结构的活性炭材料按不同含量配比添入负极板，表征化成后负极板的孔洞结构，测试 HRPSoC 工况下的循环寿命。结果表明，不添加活性炭的负极板中，$PbSO_4$ 晶体颗粒较大，溶解度较低，不利于 Pb 沉积反应的进行；一定量活性炭的添加可将负极板孔径尺寸由原来的 $2.25\mu m$ 减少到 $1\mu m$ 左右，以形成尺寸较小的 $PbSO_4$ 晶体，提高其溶解度，确保足够的 Pb^{2+} 集中于 Pb 颗粒表面参与充电反应（图 6-7）。此外活性炭还能提高负极板的总孔容，增加硫酸电解液的存储量。基于以上孔洞结构的改善，电池在 HRPSoC 工况下的循环寿命由原来的 1300 次提高到 11600 次。然而，并不是所有的活性炭材料都有利于电解液的储存，当负极的孔径尺寸小于 $1\mu m$，这近似于半渗透薄膜的孔洞阻碍较大尺寸的 SO_4^{2-}、HSO_4^- 进入极板的孔洞中参与反应。当 Pb^{2+} 溶解形成后，为了维持孔洞内的电荷平衡，Pb^{2+} 只能与 H_2O 电离出的 OH^- 结合生成 $Pb(OH)_2$，进一步转化成 α-PbO，严重影响电池性能。

4. 提高电化学反应动力

电化学反应点的增加将有助于提高电化学反应动力，有研究者认为碳材料在负极板中充当了这一角色。在负极板中添加碳材料，可为铅沉积反应提供较多成核点，降低负极板充电后 Pb 颗粒的尺寸。试验结果可观测到金属 Pb 颗粒附着于碳颗粒表面。这说明 $PbSO_4$ 溶解后所形成的 Pb^{2+} 更趋向于在碳颗粒的表面还原，并形成 Pb 颗粒。负极板中添加活性炭对电池充电反应具有电催化作用，使铅离子还原生成沉积铅（$Pb^{2+}+2e^- \longrightarrow Pb$）的反应过电位下降 $300 \sim$

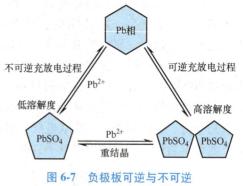

图 6-7 负极板可逆与不可逆
充放电过程的示意图

400mV，另外高比表面、高电导活性炭显著增加了负极板电化学活性表面，降低极化电阻，更利于铅沉积反应的进行。

5. 其他

除上述四种机制，碳材料颗粒尺寸大小对铅酸电池性能也有影响。通过研究三种活性炭和两种炭黑的添加对铅酸电池充电能力的影响可知，碳颗粒的尺寸大小以及与 Pb 颗粒的结合能力是主要影响因素。纳米尺寸的碳颗粒可进入负极板结构中以增加接触电阻；而微米尺寸的碳颗粒与 Pb 的附着能力较强，碳颗粒与整个材料结构合为一体，更利于电荷传递以及电流分配。另外还指出负极板中碳材料的添加不应该超过 0.2%～0.5%（质量分数）。碳材料添加过多，反而使电池性能下降，因为较细碳颗粒易紧密附着在极板表面，限制铅离子在铅极板表面的沉积。总之，碳颗粒以表面吸附的形式添加有利于提高负极板的比表面积及充电能力。另外，低于 1% 的添加量有利于提高铅酸电池在 HRPSoC 工况下的循环寿命。碳粉添加量过多还会增大活性物质的欧姆电阻 R_m 以及集流体/活性物质的接触电阻 R_k，另外也会阻碍铅离子的沉积，导致电池循环性能降低。

碳材料的添加对铅酸电池负极并非完全有利，在负极加入适量的碳材料能改善电池性能，但也会产生一定的副作用。由于铅酸电池电位范围较宽，电极内的高比表面碳材料还可能发生副反应，生成 CO_2、CO 等产物并消耗大量电解液中的水，导致电池性能下降。另外，碳材料的析氢过电位较低，电池在工作运行中容易发生水解，造成失水使电池失效，需添加抑氢剂或是对碳材料进行改性来解决析氢问题。碳材料的具体析氢机制以及如何调控碳材料的物化参数来抑制析氢还未有文献报道，仍需进一步研究。

6.4 其他提升铅酸电池寿命关键技术

针对储能应用场景长寿命的需求，铅酸电池关键技术还包括新型轻质板栅技术、耐腐蚀板栅合金技术以及和膏和化成工艺技术等。

6.4.1 新型轻质板栅技术

板栅在电池中具有集流和支撑活性物质的作用，在储能应用环境下，要求蓄电池有更小的内阻和合理的电势分布。除了板栅的欧姆内阻，板栅与活性物质的界面内阻也非常重要，根据 Pavlov 的板栅设计理论，活性物的质量和板栅的表面积比值 γ（$g \cdot cm^{-2}$）在很大程度上决定了极板的充放电特性，因此合理地设计正极板栅、优化结构和等势线分布、减少内阻也是储能型铅酸电池的关键技术之一。采用高密度方型栅格结构的板栅比传统板栅增加了58% 以上的表面积，具有更强的导电性能及耐腐蚀能力，大幅降低了极板内阻、减小极化，显著提高电池的充电接受能力和放电电压平台。如果要满足高倍率充放电的要求，电池板栅则通常设计为放射状。

6.4.2 耐腐蚀板栅合金技术

在储能应用场景下，要求蓄电池有较长的使用寿命，提高正极板栅的耐腐蚀性能是储能型铅酸电池的关键技术之一。一般采用 Pb-Ca-Se-Me 多元合金，通过研究不同种类 Me 元素的添加，减小合金的腐蚀部位数量和晶界腐蚀深度，减少合金缺陷部位，以开发满足长寿命使用的耐腐蚀合金。陈建等人通过对添加不同金属组元的 Pb-Sn 板栅合金进行微观形态与组织成分的分析，从晶界腐蚀数量、基体腐蚀深度、晶界腐蚀深度三个方面综合评价了 Pb-Sn-Me 系合金的耐腐蚀性能，并研究了 Me 的添加对合金耐腐蚀性能，尤其是晶界腐蚀特性的影响。研究发现，Me 的添加对 Pb0.3Sn 系浇铸板栅的基体腐蚀深度和晶界腐蚀深度有较大影响。Yb、Bi、Si 等组元可较好地提高板栅的耐腐蚀性能，而细化晶粒的稀土元素 La、Ce 等则会恶化板栅的耐腐蚀性能。总体而言，第三组元 Me 对 Pb-Sn 合金耐腐蚀的作用机理主要基于对合金晶粒尺寸、是否形成 Sn-Me 金属间化合物以及抗生长能力这三个方面的影响。

6.4.3　和膏和化成工艺技术

铅炭电池制备过程中，需要将碳材料分散到铅膏中。由于碳材料密度一般在 $0.2 \sim 0.3g \cdot cm^{-3}$，而比表面积却在 $1000m^2 \cdot g^{-1}$ 以上，铅密度为 $11.34g \cdot cm^{-3}$，比表面积只有 $0.5m^2 \cdot g^{-1}$ 左右，两者差异较大，并且碳材料中添加了导电碳纤维，在分散和膏过程中碳易团聚。因此，需采用特殊预分散技术，以实现低密度、高比表面碳材料与高密度、低比表面积铅粉的均匀分散。

由于碳的析氢过电位较低，负极板在化成过程中产气较多，在析出气体的不断冲击下，极板易出现"鼓包"现象。因此，需探索适合铅炭电池的化成工艺，调整充入电量与充电电压以减少析出气体对极板的冲击，获得表面平整、高强度的铅炭负极板。

6.5　铅酸电池在储能领域应用情况

6.5.1　铅酸电池用于光伏储能

2011 年，美国新墨西哥州的公用事业公司（Public Service Company of New Mexico，PNM）建设了 1 个由 $500kW/500kW \cdot h$ 超级电池和 $250kW/1000kW \cdot h$ 铅酸电池与 500kW 的光伏电站配套的离网型分布式电源系统。这套电源系统通过先进的控制算法提供同步的电压平滑和削峰填谷服务。其中，$500kW/500kW \cdot h$ 系统由 2 个电池柜组成，每个电池柜含有 160 个超级电池，用于平滑光伏输出；$250kW/1000kW \cdot h$ 系统由 6 个电池柜组成，每个电池柜含有 160 个铅酸电池，应用于太阳能能量削峰填谷，并且通过光储配合达到不少于 15% 的高峰负荷消减量。试验结果表明，对于 500kW 的光伏电站，云遮住阳光时，其发电功率将以 $136kW \cdot s^{-1}$ 的速率下降。当大规模可再生能源入网时，如此巨大的扰动是电网不能承受的。

图 6-8 表明超级电池技术能有效控制和平滑光伏输出。图 6-9 所示为在光照充足时，用户消纳不了的光伏电力被储存在高级铅酸电池中，下午六时以后，没有光伏出力，但是用电负荷仍然维持在较高水平，这时缺电部分就由电池系统放电来维持用电负荷。由此可见，铅酸电池储能系统具有较好的能量移峰作用。

6.5.2　铅酸电池用于风电储能

风能是清洁能源，其蕴藏量是当前全球能源消费总量的数倍。尽管风能一定程度上能进行预测，但还是变化太快，快速爬坡率是风力发电的一个显著特点，这对于风电入网是一个挑战，也限制了风电的发展。风电入网的一个直接的解决方案就是限制风电输出的爬坡率、平滑风电输出曲线。美国东宾制造公司 2011 年为 Hampton 风电场设计建造了 1 套 1MW/$0.5MW \cdot h$ 超级电池储能系统（图 6-10），设计寿命为 3 年，总投资为 650 万美元。当使用的储能容量为风电输出功率的 1/10 时，这套电池储能系统能限制风电场 5min 的爬坡率为风电原始输出的 1/10。即 1MW 的风电装机只需 $0.1MW \cdot h$ 的储存能量。如图 6-11 所示，通

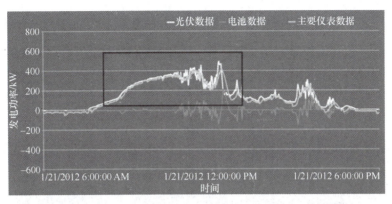

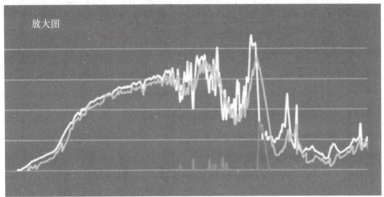

图 6-8 超级电池对不稳定光伏输出的平滑曲线图和局部放大图

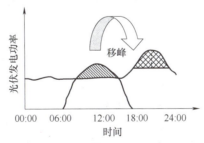

图 6-9 铅酸电池对光伏电力的移峰作用

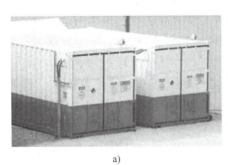

a) b)

图 6-10 风电储能

a) East Penn 电池模块和电池柜 b) 澳大利亚新南威尔士州 Hampton 风力发电场

过储能充放电，变化剧烈的风电输出曲线变得平滑，这有利于减少不稳定的风电对电网的冲击作用。

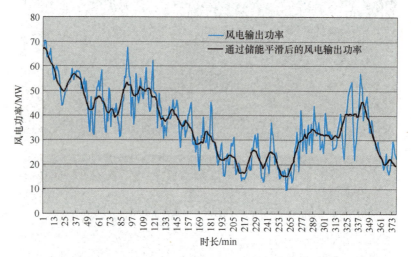

图 6-11　超级电池对风电场输出的平滑作用

6.5.3　铅酸电池用于电网调频储能

美国东宾制造公司 2011 年为 PJM 公司设计建造了 1 套电池储能系统，包括 3MW/3MW·h 超级电池、双向换流器、可编程控制器和电池监控系统。这套电池储能系统设计能提供 3MW 的调频服务，除此以外，这套系统还能为特定的高峰负荷提供 1~4h 的 1MW 电力需求侧能源管理服务。该套电池系统设计寿命为 5 年，由 1920 个超级电池单体组成 4 个 480V/750kW 电池模块。图 6-12 为 PJM 公司某 2 天的输出功率变化曲线。可以看出，由于受到发电和用电功率不稳定的影响，电网输出功率波动频繁，电网频率因而不稳定。为了稳定电网频率，调频服务需要在 5min 以内及时对电网补充能量（频率降低时）或释放能量（频率升高时），这时起蓄水池作用的储能电池充放电频繁，电流大但持续时间短。超级电池特别适合这种应用场合，因为其适合在浅充浅放状态（10%DOD~15%DOD）下高倍率充放电循环。这套储能系统对 PJM 的输出功率信号做出快速响应，提供连续的调频服务。图 6-13 显示电池充放电曲线对来自 PJM 的调频信号做出快速精准的反应。与之对比，燃气机组由于响应速度慢，对每兆瓦的调频服务只能提供 30% 的修正量。当这套系统应用于需求侧能源管理服务时，所设计的荷电状态为 30%~70%，即在最大放电深度为 40% 的状态下连续运行，此时超级电池 DC/DC 转换效率可达 93%。

另一个典型的例子是德国 PCR 调频储能项目。该项目分三期开展，每期项目配置为 15MW/25MW·h，总计配置 45MW/75MW·h 的铅炭电池储能系统。三期项目均分布在德国莱比锡市郊，其中一期 Langenreichenbach 项目所在地莱比锡市地区的萨克森洲是一个传统的化石能源发电地区。近些年来又建设了大量的光伏和风电等可再生能源，部署电网调频储能系统将会为该地区的电网稳定运行做出贡献。一期 BES Langenreichenbach、二期 Bennewitz 和三期 BES Groitzsch 项目分别于 2018 年 9 月份、2018 年 12 月和 2019 年 10 月成功并网投运并参与调频竞价。为了确保项目能满足 15MW 资格预审功率并保证每周能竞价成功，目

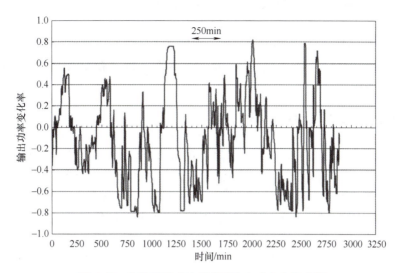

图 6-12 电池蓄能系统的典型输出功率变化曲线

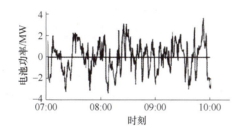

图 6-13 超级电池充放电响应曲线和 PJM 调频服务信号

前三期项目的竞价模式均为接入德国电网运营商 LEAG 虚拟电网内，LEAG 通过整合市场上众多储能电站，统一为电网提供调频服务支持，并确保接入该虚拟电网内的所有储能电站每周都能竞价成功，中标价为每周调频中标均价。

6.5.4 铅酸电池用于配网侧储能

江苏无锡新加坡工业园建设投运的增量配网+储能项目装机容量 20MW/160MW·h，主要为工业园区电力负荷提供削峰填谷服务，年度可用天数超过 340 天。项目投运后每年可为工业园区节约峰时电能 5500 万 kW·h，每天在用电高峰时段可给工业园区提供 20000kV·A 的负荷调剂能力。电站具备削峰填谷、需求响应、应急供电、改善电能质量四大功能。此外，电站还具有以下示范意义：

1）通过削峰填谷的方式平衡园区高峰用电，为工业园区减少扩容方面的投资压力。

2）作为国内最大的商业化大规模储能电站项目，示范作用和意义巨大。项目自 2018 年投运至今，已接待来自全国及海外多个国家和地区政府机关、企业单位、电网公司、社会资本、科研机构的领导及专家的来访交流，获得中央电视台等主流媒体的多次采访报道，引起社会各界的广泛关注。

3）园区配网侧储能作为调峰灵活性资源参与电网电力需求侧响应，平衡大电网峰值负荷，消纳新能源出力负荷，提升电力系统能效利用率。

4）为工业园区提供应急备用电源支撑，在外部电网检修以及负荷切换时段对园区企业进行供电，能够以20000kW的负荷持续供电8h，减少了园区企业的损失，提高了工业园区的供电能力和可靠性。

6.5.5 铅酸电池用于用户侧储能

铅酸电池一直是用户侧储能的主力系统。如无锡南国红豆自备电厂+光储联合发电储能电站，为无锡南国红豆园区供电系统提供储能服务，项目规模为4MW/32MW·h。作为江苏省首个多能互补的"源-网-荷-储-控"综合能源服务项目，南国红豆由自备电厂+光伏发电+储能+市电等多种电源供应，配置园区多能互补协调优化调度平台。

电站储能功能有参与电费管理、参与光伏并网消纳与平滑负荷功率，以及参与需求侧响应，实现经济效益增收。具有削峰填谷、节约电费、实现园区用户侧电费管理；平衡电网峰值负荷、改善电能质量、提升电力系统能效利用率；提供智慧节能用电与应急供电、保障企业生产及设备安全；参与实现电力需求侧响应等意义和优势。

国网江苏"迎峰度夏"分布式储能项目规模约500MW·h，建在工商业用户园区内，旨在解决"迎峰度夏"用电压力，提升电网电能质量和综合服务水平。

北京蓝景丽家智慧能源储能项目是全国首个应用于用户侧大型商业综合体的商业化储能电站，项目规模是1MW/5MW·h。该项目利用铅炭储能系统解决了家居商城新装充电桩的变压器和线路无法扩容改造的痛点，实现了家居商场电费管理、智慧储能服务及电力需求侧响应等功能。

6.5.6 铅酸电池用于风光储微网系统

由国家电力集团投资建设的东福山岛300kW风光柴储微网供电系统于2011年5月初试运行，全岛负荷基本上由新能源提供。整个微网系统由210kW风力发电机组、100kW光伏电池组、200kW柴油发电机、960kW·h铅炭电池组和300kW储能变流器组成。铅炭电池蓄电池单体额定容量为1000A·h，额定电压为2.0V，每组由240支单体串联组成，共有2组蓄电池。蓄电池在标准使用条件下，25%DOD下循环寿命为5500次，100%DOD下循环寿命1000次，在（25±5）℃环境下，设计浮充寿命为20年，充电效率85%以上。

东福山岛300kW微网系统运行时，根据光伏、风机出力、蓄电池荷电状态（SOC）及用电负荷情况，以有效使用新能源及合理使用蓄电池为原则。一般情况下，系统负荷用电主要由光伏、风机及蓄电池提供，当光伏与风机出力小于用电负荷时，差额容量由蓄电池供给；当光伏与风机出力大于用电负荷时，多余能量对蓄电池充电。当蓄电池SOC值较高时，系统由风光储供电；当蓄电池SOC值较低时，系统由柴油发电机供电。该示范工程实现了风光柴储优化互补和可再生能源的最大化利用，减少了柴油发电机的运行时间，提高了岛上的供电可靠性，大大改善了居民的生活品质。

6.5.7　铅酸电池用于数据中心、核电站、国防工程等

现代数据中心（data center）中，铅酸电池长期以来都是主流的后备电源储能方式。高倍率阀控式铅酸电池通过改进生产工艺，提高了大电流短时间放电效率，能够更好地满足数据中心的 UPS 后备电池要求。数据中心需要保证 24×7 不间断运行，如果市电发生故障（如瞬时电压跌落、断电、雷击导致冲击等），UPS 须在毫秒级时间内从市电切换到铅酸电池系统，为关键设备提供持续且稳定的电能。数据中心的备用发电机通常需要数秒到数分钟才能启动并稳定运行，而铅酸电池可以在此期间提供无缝过渡电力，避免设备断电。数据中心通常根据所需后备时间（例如 5~20 分钟），配置相应安时容量的铅酸电池。

在对供电安全可靠性要求极高的场景，如核电站备电系统，铅酸电池以其高技术成熟度，仍然是保障供电安全的首选。1E 级铅蓄电池（1E 级电气设备是一种核电厂专用设备）一般采用富液式铅酸蓄电池，以竖立单层支架放置方式，占地面积较大。随着我国三代非能动核电站的建设，要求备电系统更紧凑、功率更高，阀控式铅酸电池以其功率特性好、可多层叠放、免维护等优势，开始在核电站应用。

浙江南都电源有限公司于 2017 年承担"大型先进压水堆及高温气冷堆核电站"国家科技重大专项的"CAP1400 超大容量 1E 级阀控式蓄电池自主化研制"课题，研制出国内外首个超过 4000A·h 的 1E 级阀控蓄电池，具备 15 年鉴定寿命，较现有最大阀控电池产品容量提升了 33%、寿命提升 25% 以上，且能够在寿命末期满足核级 I 类抗震要求。该产品不仅可以满足 CAP1400 对蓄电池的要求，同时可涵盖大部分国内核电机组的应用场景，为建立与我国核电发展规划相适应的自主 1E 级蓄电池能力提供有力保障。

6.6　铅酸电池用于储能的技术经济性与发展趋势

6.6.1　铅酸电池的储能经济性分析

电池成本是制约储能商业化进程的重要因素。电池成本包含两层含义，①储能电池的一次购置成本，②电池在整个寿命期间的储电成本。后者可综合体现电池购置成本、循环寿命以及转换效率。

杨裕生院士在《规模储能装置经济效益的判据》一文中简化了经济性分析的边界条件，首次建立了简单的模型用于分析储能系统的经济性。模型考虑了储能电价、电池效率、初始投资、运行成本、放电深度和循环寿命等因素，计算公式为

$$Y_{YCC} = \frac{R_{total}}{C_{total}} = \frac{R_{out} - \dfrac{R_{in}}{\eta}}{\dfrac{C}{DOD \times L} + C_0} \tag{6-4}$$

$$P_m = (Y_{YCC} - 1) \times 100\% \tag{6-5}$$

式中，Y_{YCC} 为储能经济型的判据因子，若 $Y_{YCC} > 1$，说明该技术可以盈利；R_{out} 为储能电站向电网卖电的价格；R_{in} 为储能电站从电网买电的价格；η 为能量效率；C 为储能项目初始投资；C_0 为运营成本；L 为循环寿命；DOD 为相应的放电深度；P_m 为项目收益率。

Y_{YCC}模型是一种简化模型，对于分析储能的经济性具有一定的参考意义。

另一种常用的储能成本分析模型如下：

$$LCOSE = \frac{Cost}{Cycles \times Efficiency} \tag{6-6}$$

式中，LCOSE 指综合度电成本 $[元 \cdot (kW \cdot h)^{-1}]$；Cost 指电池系统的一次性购置成本和生命周期内的运维成本 $[元 \cdot (kW \cdot h)^{-1}]$；Cycles 指电池换算成 100% DOD 的循环次数；Efficiency 代表能量效率。

根据式（6-6），可分别计算铅酸电池、锂离子电池、钠硫电池、全钒液流电池和铅炭电池的储电成本。表 6-3 提供了计算示例，注意，表中价格受不同时期原材料波动的影响，其取值仅供参考。带 * 号的数值考虑铅酸电池和铅炭电池具有 30% 的回收残值。尽管铅酸电池的购置成本最低，但是由于其循环寿命有限，因此储电成本为 0.78 元 $\cdot (kW \cdot h)^{-1}$，考虑铅的可回收性，其储电成本约为 0.55 元 $\cdot (kW \cdot h)^{-1}$，与锂离子电池相当。全钒液流电池的循环寿命优异，但是一次性投入也较大，效率较低，综合计算后储电成本约为 1.25 元 $\cdot (kW \cdot h)^{-1}$。锂离子电池近几年由于原材料价格大幅下调和装备制造能力的提升，电池价格降幅较大，又因其循环寿命长，因此综合储电成本为 0.2 元 $\cdot (kW \cdot h)^{-1}$。铅炭电池的循环寿命以 6000 次计（60% DOD），考虑 30% 回收残值的情况下，每储 1kW·h 电能的成本仅为 0.13 元。可见，在现有的电池储能技术中，锂离子电池和铅炭电池具有较好的经济性，可以实现大规模的商业化应用。

表 6-3 电池的储电成本计算

电池类型	DOD×循环寿命	寿命期间放出的总电量	能量效率（%）	电池系统价格 $[元 \cdot (W \cdot h)^{-1}]$	储电成本 $[元 \cdot (kW \cdot h)^{-1}]$
铅酸电池	1×800	800C	80	0.3	0.46（0.33*）
锂离子电池（LiFePO$_4$）	0.8×10000	8000C	92	0.6	0.08
全钒液流电池	1×10000	10000C	75	2.5	0.22
铅电池	0.6×6000	3600C	88	0.4	0.13（0.09*）

注：带 * 数值考虑铅酸电池和铅炭电池具有 30% 的回收残值。

6.6.2 铅酸电池储能的发展趋势

铅蓄电池的特点是技术成熟，成本低，安全可靠，但是放电功率较低，寿命较短，因此，在储能应用中，主要针对长时储能场景。负极添加碳材料的铅炭电池，循环寿命大幅延长，已经可以满足 10 年以上的使用寿命。铅酸电池的未来发展仍需进一步解决部分荷电态下因负极硫酸盐化引起的容量快速衰减，并提高快速充放电的能力。

铅酸电池未来发展的关键技术：

1）高电化学活性和铅炭兼容的新型碳材料。开发适用于硫酸环境、大孔和中孔结构合理、高的比表面利用率和良好的离子导电性的新型碳材料，良好的铅炭相容性使负极具备较高的析氢过电位，抑制析氢失水的副反应。

2）宽温区、超长寿命、高能量转换效率、低成本的铅炭储能电池。开发负极长循环配方技术，抑制硫酸盐化。开发更耐腐蚀的正极板栅合金，提升正极耐腐蚀寿命，并改善合金表面氧化层，提高界面导电性。电池寿命不低于10000次（70%DOD，25℃），环境适应温度-40~60℃，支持4h以上储能，同时支持峰值功率≥$3C$。

3）高电压大容量系统集成技术，电池系统电压≥1500V，单簇系统容量≥$3MW \cdot h$，系统能量转换效率≥90%（含系统运行功耗），等效度电成本≤0.08元$\cdot (kW \cdot h)^{-1}$。

4）吉瓦时级铅酸储能系统集成技术及智能管理技术，特别是充放电控制技术，使电池运行在合理的SOC区间内，杜绝电池热失控风险，并延长系统使用寿命。

随着新能源革命的进一步深入，安全性和资源可再生性是规模储能不可回避的问题，适用于吉瓦时级应用的长时铅蓄（铅炭）电池储能，仍将占有重要的一席之地。

参 考 文 献

[1] GARCHE J. On the historical development of the lead/acid battery especially in Europe [J]. Journal of Power Sources, 1990, 31 (1): 401-406.

[2] 刘广林. 铅酸蓄电池工艺学概论 [M]. 2版. 北京：机械工业出版社，2011.

[3] HARING H E, THOMAS U B. The electrochemical behavior of lead, lead-antimony and lead-calcium alloys in storage cells [J]. Transportation Electrochemical Society, 1935, 68: 293-307.

[4] 陈红雨，熊正林，李中奇. 先进铅酸蓄电池制造工艺 [M]. 北京：化学工业出版社，2010.

[5] 伊晓波. 铅酸蓄电池制造与过程控制 [M]. 北京：机械工业出版社，2004.

[6] 朱松然. 蓄电池手册 [M]. 天津：天津大学出版社，1998.

[7] SHIOMI M. Proceedings of the battery council international 2001 [C]. Las Vegas, USA: [s. n.] 2001.

[8] SAWAI K, FUNATO T, WATANABE M, et al. Development of additives in negative active-material to suppress sulfation during high-rate partial-state-of-charge operation of lead-acid batteries [J]. Journal of Power Sources, 2006, 158 (2): 1084-1090.

[9] MYRVOLD B O. Interactions between lignosulphonates and the components of the lead acid battery: Part 1 Adsorption isotherms [J]. Journal of Applied Electrochemistry, 2003, 117 (1-2): 187-202.

[10] PETKOVA G, NIKOLOV P, PAVLOV D. Influence of polymer additive on the performance of lead-acid battery negative plates [J]. Journal of Power Sources, 2006, 158 (2): 841-845.

[11] PAVLOV D, NIKOLOV P, ROGACHEV T. Influence of expander components on the processes at the negative plates of lead-acid cells on high-rate partial-state-of-charge cycling: Part I Effect of lignosulfonates and $BaSO_4$ on the processes of charge and discharge of negative plates [J]. Journal of Power Sources, 2010, 195 (14): 4444-4447.

[12] KŘIVÍK P, MICKA K, BAČA P, et al. Effect of additives on the performance of negative lead-acid battery electrodes during formation and partial state of charge operation [J]. Journal of Power Sources, 2012, 209: 15-19.

[13] LAM L T, LOUEY R. Development of ultra-battery for hybrid-electric vehicle applications [J]. Journal of Power Sources, 2006, 158 (2): 1140-1148.

[14] WAGNER R. High-power lead-acid batteries for different applications [J]. Journal of Power Sources, 2005, 144 (2): 494-504.

[15] 张浩，吴贤章，相佳媛，等. 超级铅蓄电池研究进展 [J]. 电池工业，2012，17 (3): 171-175.

［16］ WANG L，ZHANG H，CAO G，et al. Effect of activated carbon surface functional groups on nano-lead electrodeposition and hydrogen evolution and its applications in lead-carbon batteries ［J］. Electrochimica Acta，2015，186：654-663.

［17］ LAM L T，NEWNHAM R H，OZGUN H，et al. Advanced design of valve-regulated lead-acid battery for hybrid electric vehicles ［J］. Journal of Power Sources，2000，88（1）：92-97.

［18］ COOPER A，FURAKAWA J，LAM L，et al. The UltraBattery-A new battery design for a new beginning in hybrid electric vehicle energy storage ［J］. Journal of Power Sources，2009，188（2）：642-649.

［19］ LAM L T，LOUEY R，HAIGH N P，et al. VRLA Ultrabattery for high-rate partial-state-of-charge operation ［J］. Journal of Power Sources，2007，174（1）：16-29.

［20］ SHI Y，FERONE C A，RAHN C D. Identification and remediation of sulfation in lead-acid batteries using cell voltage and pressure sensing ［J］. Journal of Power Sources，2013，221：177-185.

［21］ SHIOMI M，FUNATO T，NAKAMURA K，et al. Effects of carbon in negative plates on cycle-life performance of valve-regulated lead/acid batteries ［J］. Journal of Power Sources，1997，64（1-2）：147-152.

［22］ PAVLOV D，NIKOLOV P. Capacitive carbon and electrochemical lead electrode systems at the negative plates of lead-acid batteries and elementary processes on cycling ［J］. Journal of Power Sources，2013，242：380-399.

［23］ PAVLOV D，ROGACHEV T，NIKOLOV P，et al. Mechanism of action of electrochemically active carbons on the processes that take place at the negative plates of lead-acid batteries ［J］. Journal of Power Sources，2009，191（1）：58-75.

［24］ XIANG J，DING P，ZHANG H，et al. Beneficial effects of activated carbon additives on the performance of negative lead-acid battery electrode for high-rate partial-state-of-charge operation ［J］. Journal of Power Sources，2013，241：150-158.

［25］ 陈建，相佳媛，吴贤章，等. Pb-Sn-Me 铅酸电池板栅合金的耐腐蚀性能研究 ［J］. 电源技术，2013，37（12）：2170-2173.

［26］ 杨裕生，程杰，曹高萍. 规模储能装置经济效益的判据 ［J］. 电池，2011，41（1）：19-21.

第 7 章

液态金属电池

7.1 液态金属电池的工作原理和特点

　　液态金属电池是一类高温工作储能电池，在工作温度下，其正负极和熔盐电解质均为液态，由于三者的密度差异及不混溶性，液态金属电池自动分为上、中、下三层，如图 7-1 所示。上层为密度小、电负性小的碱金属或碱土金属，是电池负极；下层为密度大、电负性较高的金属或准金属，是电池正极；中层则为密度介于正负极之间的熔盐电解质，分隔正负极并为之传输离子。

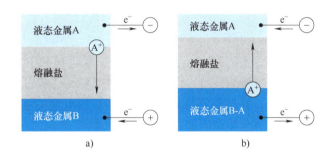

a)　　　　　　　　　　　　b)

图 7-1　液态金属电池工作原理

a）放电过程　b）充电过程

　　图 7-1a 所示为液态金属电池的放电过程，上层的负极金属 A 失去电子被氧化，生成负极金属离子，通过电解质向正极迁移，在正极与电解质的界面处得到自外电路传输过来的电子被还原，与正极的金属或类金属 B 发生合金化反应生成 A-B 金属熔体或金属间化合物。随着放电的进行，负极金属因逐渐被消耗而减薄，正极则因合金化而不断增厚。伴随离子在内部的传输，电子从负极出发沿外电路回到正极，此过程对外做功，将化学能转化为电能，为放电过程。电极反应和电池总反应如下：

负极：

$$A - ne^- \longrightarrow A^{n+} \tag{7-1}$$

正极：

$$A^{n+} + ne^- + B \longrightarrow A\text{-}B（金属熔体或金属间化合物） \tag{7-2}$$

总反应：

$$A+B \longrightarrow A\text{-}B \tag{7-3}$$

充电过程则与之相反，如图 7-1b 所示，下层的 A-B 合金在外电场作用下失去电子变为 B 金属和 A 离子，A 离子经熔盐电解质扩散至上层负极，在电解质/负极界面处获得经外电路传输至负极的电子，还原为金属 A，此过程中外界对电池做功，电能转化为化学能，为充电过程。电极反应和电池总反应如下：

正极：

$$A\text{-}B-ne^- \longrightarrow B+A^{n+} \tag{7-4}$$

负极：

$$A^{n+}+ne^- \longrightarrow A \tag{7-5}$$

总反应：

$$A\text{-}B \longrightarrow A+B \tag{7-6}$$

液态金属电池与其他电化学储能技术相比，主要有以下优势：

1）液态金属电池的正负极和熔盐电解质在工作温度下均为液态，电极不会产生微观结构变化，电极/电解质界面不会因为离子的嵌入脱出而生长枝晶，因此，液态金属电池具有长循环稳定性和使用寿命。

2）电极/电解质的液-液界面接触使液态金属电池界面上的反应物与产物传输速度快，电荷转移速度快，因而电化学阻抗低，同时，熔盐电解质具有较高的离子电导率（$>1S \cdot cm^{-1}$）。这些特性赋予液态金属电池优异的倍率性能。

3）熔盐电解质具有较高的分解电压，避免了电池运行过程中电解质的分解，保障了电池长期稳定运行。

4）液态金属电池三层无需隔膜的简单结构，使液态金属电池易于组装和规模放大。另外，简单的正负极金属或合金电极组成特点以及工作条件下的液态特征，降低了对电极材料结构的要求，可简化制备工艺，并且简单的金属和合金组成使电池关键组分易于回收和再利用。这些特点赋予液态金属电池全生命周期较低的储能成本。

液态金属电池也存在许多局限性：

1）基于密度分层的三层液态结构不适宜移动储能，仅适于应用于大规模静态储能领域。

2）较高的运行温度容易造成零部件的腐蚀，且高温会加剧正负极材料在熔盐电解质中的溶解，增加电池的自放电率，降低电池的充放电库仑效率。

3）液态金属电池本质的金属合金化/去合金化过程电动势相对偏低，使液态金属电池的能量密度偏低。

液态金属电池在正负极及熔盐电解质材料的选择上有一定的要求。防止高温下活性金属以及熔盐对部件的腐蚀、减少正负极材料在熔盐电解质中的溶解、降低工作温度是液体金属电池未来的发展方向。在电池工作温度下，关键材料体系应为液体状态，各组分密度差异明显以便自然分层，电极材料在熔盐电解质中的溶解度低，电极材料组成的电池体系放电电压高。因为放电过程中可能产生具有高熔点的金属间化合物，其位于电极和电解质界面会影响界面传质，所以在电极材料设计时，不仅要考虑单独正负极材料的特性，还需考虑电极反应产物的特性。

液态金属电池的理论工作电压主要取决于组成电池的正负极材料特性。对不同正负极组合电池进行热力学计算，可以帮助确定可用的高电压电池体系，以提高储能效率。对于液态金属电池 $A(l) \mid AX_n \mid B(l)$，A 为负极金属，B 为正极金属，AX_n 为碱金属或碱土金属熔盐电解质。放电时 A 进入 B 熔体与 B 形成 A-B 合金熔体，A 在 B 中的活度较低，这就是液态金属电池电动势的来源。随着放电进行，A 在 B 熔体中的活度逐渐增加，A 在正负极中的活度差逐渐降低，电动势逐渐下降。对于放电过程在正极形成 A-B 合金熔体的情况，电极和电池反应可以写为式（7-7）~式（7-9）。

负极反应：

$$A(l) \Longrightarrow A^{n+} + ne^- \tag{7-7}$$

正极反应：

$$A^{n+} + ne^- \Longrightarrow A(\text{in B})(l) \tag{7-8}$$

电池反应：

$$A(l) \Longrightarrow A(\text{in B})(l) \tag{7-9}$$

电池反应的热力学驱动力可以用偏摩尔自由能表示，见式（7-10）~（7-12）。结合能斯特方程式（7-13），可以求出电池的理论平衡电压 E，见式（7-14）。

$$\Delta G_{\text{cell}} = G_{A(\text{in B})} - G_{A(l)} \tag{7-10}$$

$$G_{A(\text{in B})} = G_{A(l)}^{\ominus} + RT \ln a_{A(\text{in B})} \tag{7-11}$$

$$G_{A(l)} = G_{A(l)}^{\ominus} + RT \ln a_{A(l)} \tag{7-12}$$

$$\Delta G_{\text{cell}} = -nFE_{\text{cell}} \tag{7-13}$$

$$E_{\text{cell}} = -\frac{\Delta G_{\text{cell}}}{nF} = -\left(\frac{RT}{nF}\right) \ln a_{A(\text{in B})} \tag{7-14}$$

式中，G 表示吉布斯自由能，a 表示活度，R 表示气体常数，T 表示温度，F 表示法拉第常数，n 表示电池反应的电荷转移量。

随着放电进行，负极 A 金属在 B 熔体中活度逐渐增加，平衡电动势也逐渐下降。当 A 在 B 中的活度达到一定数值后，有时会形成固体 AB 金属间化合物，此时，电池反应可写为式（7-15），基于热力学自由能式（7-16）~式（7-19）以及能斯特方程式（7-13），可计算得到放电生成固体 AB 金属间化合物时的平衡电动势，见式（7-20）。对于正极反应，此时属两相反应。如果正极是单一金属体系，则此时电极反应自由度为 0，电极反应会出现电动势平台区；如果正极是多元合金体系，AB 金属间化合物析出时会伴随体系中 B 组分活度的变化，此时电极反应会出现略微倾斜的平台区。

$$A(l) + B(\text{in A})(l) \Longrightarrow AB（金属间化合物） \tag{7-15}$$

$$\Delta G_{\text{cell}} = G_{AB} - G_{A(l)} - G_{B(\text{in A})(l)} \tag{7-16}$$

其中，

$$G_{AB} = G_{AB}^{\ominus} \tag{7-17}$$

$$G_{A(l)} = G_{A(l)}^{\ominus} \tag{7-18}$$

$$G_{B(\text{in A})} = G_{B(l)}^{\ominus} + RT \ln a_{B(\text{in A})} \tag{7-19}$$

$$E_{\text{cell}} = -\frac{\Delta G_{\text{cell}}}{nF} \tag{7-20}$$

如 Li-Zn 电池体系，在 550℃ 工作温度下，整个 Li-Zn 二元体系都处于液相区。放电时，金属锂负极与正极 Zn 的化合一直处于合金液体状态，Li 在 Zn 中的活度逐渐提高，Li 在正负极中的活度差逐渐缩小，所以充放电曲线呈连续变化的过程，如图 7-2 所示。而对于 Li-Bi 电池体系，放电初期，锂进入 Bi 正极，正极保持液相，属于互溶式电极反应，Li 在 Bi 正极熔体中的活度逐渐增加，所以充放电曲线在锂含量较低的阶段呈斜坡。直到 Li 进入量接近 50% 原子比时，体系进入两相区，Li-Bi 液相和 Li$_3$Bi 固相共存，电极反应属于两相反应，此时充放电曲线中出现电压平台，如图 7-3 所示。

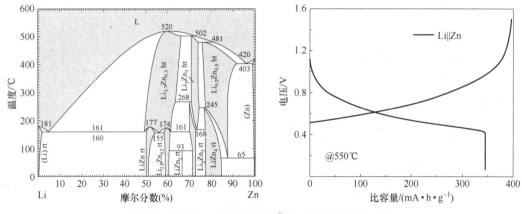

图 7-2　Li-Zn 二元相图及 Li‖Zn 电池的充放电曲线

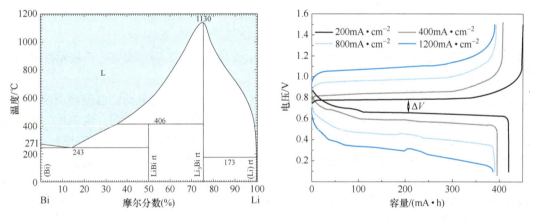

图 7-3　Li-Bi 相图和 Li-Bi 电池的放电曲线

为了获得具有一定工作电压的液态金属电池，考虑各金属元素的电负性和标准电极电位，并考虑电极材料的密度、熔点，排除毒性、放射性等因素后，负极材料一般选择碱金属和碱土金属（图 7-4 中的灰色部分），正极材料一般选择第Ⅷ族和ⅢA-ⅥA 族的部分金属和准金属（图 7-4 中的蓝色部分）。

在熔盐电解质的选择中，通常的要求包括：低熔点、对电极材料溶解度低、副反应少、密度介于正负极材料之间、离子电导高，熔盐电解质通常选择负极金属的卤化盐与合适的碱金属卤化盐。但将所选择的熔盐电解质与上述选择的电极材料组装成电池后，发现一些金属在熔盐电解质中的溶解度较大，这会降低电池的库仑效率。负极中，除 Li、Mg 外的其他碱金属和碱土金属在其对应的卤化盐中溶解度均较高，见表 7-1。由于 Li 在熔盐电解质中较低

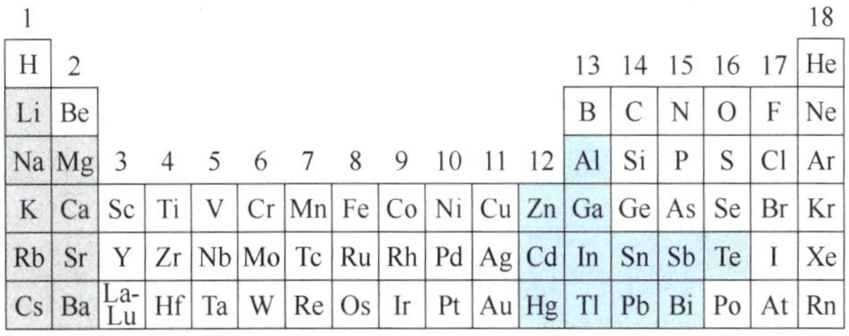

1																	18
H	2											13	14	15	16	17	He
Li	Be											B	C	N	O	F	Ne
Na	Mg	3	4	5	6	7	8	9	10	11	12	Al	Si	P	S	Cl	Ar
K	Ca	Sc	Ti	V	Cr	Mn	Fe	Co	Ni	Cu	Zn	Ga	Ge	As	Se	Br	Kr
Rb	Sr	Y	Zr	Nb	Mo	Tc	Ru	Rh	Pd	Ag	Cd	In	Sn	Sb	Te	I	Xe
Cs	Ba	La-Lu	Hf	Ta	W	Re	Os	Ir	Pt	Au	Hg	Tl	Pb	Bi	Po	At	Rn

图 7-4　液态金属电池正负极选择

的溶解度、低的氧化还原电位和高的比容量，其在储能密度上具有明显优势，是液态金属电池负极的通常选择。对于溶解度高的其他负极，熔盐电解质可采用复合阳离子来降低其溶解度，如 $800℃$ 下 Mg 在 $MgCl_2$ 熔盐电解质中的溶解度为 0.8%（摩尔分数），而在 $MgCl_2$-NaCl 熔盐电解质中为 0.17%（摩尔分数）。但复合阳离子熔盐会降低阳离子的离子电导率，从而增大电池欧姆内阻。正极材料中，Bi 和 Sb 正极在熔盐电解质中的溶解度极低，在液态金属电池中常被选做正极材料。而高电压的 Te 正极则存在严重的溶解问题，对该体系采用合金化的方式可有效降低其在熔盐电解质中的溶解度。

表 7-1　负极在对应熔盐中的溶解度（%，摩尔分数）

负极	XF 中溶解度	XCl 中溶解度	XBr 中溶解度	XI 中溶解度
Li	（LiF）1.0	（LiCl）0.5~2.0		（LiI）1.0~2.5
Na	（NaF）3.0	（NaCl）2.1	（NaBr）2.9	（NaI）1.6
K	（KF）4.9	（KCl）11	（KBr）19	（KI）14
Rb	（RbF）9.0	（RbCl）18		（RbI）22
Mg		（$MgCl_2$）0.20~1.2		（MgI_2）1.3
Ca	（CaF_2）26	（$CaCl_2$）2.7~5.7	（$CaBr_2$）2.3	（CaI_2）3.8~9.6
Sr	（SrF_2）20	（$SrCl_2$）5.5~25	（$SrBr_2$）21~35	（SrI_2）27~40
Ba	（BaF_2）22	（$BaCl_2$）15~30	（$BaBr_2$）18~37	（BaI_2）39

7.2　液态金属电池的基本组成

7.2.1　电极材料

电极是电池提供能量的核心。正负极活性物质是产生电能的源泉，是决定电池基本特性的重要组成部分。液态金属电池对电极活性物质的要求是：组成电池的电动势高，即正极活性物质的标准电极电位越正，负极活性物质的标准电极电位越负，两者组成的电池电动势就越高。其次，由于液态金属电池结构的特殊性，还需考虑正负极材料的密度、熔点，以及在电解质中的溶解度等因素。在密度、溶解度满足三层不混溶结构的前提下，在工作温度时均为熔体的条件下，追求尽可能高的电池电动势。

1. 正极材料

液态金属电池正极材料的选择需遵循以下原则：

1）正极材料具有较大的电负性或者较高的标准电极电位，以便与负极保持较大的电位差，提供电池较高的工作电压。

2）与负极原子较宽的化合范围，以提供较高的比容量。

3）较大的密度，以实现液态金属电池正负极和电解质的自动分层。

4）在熔盐电解质中较低的溶解度，并不与电解质发生反应，以保障电池较高的充放电效率。

5）无毒，储量丰富，价格低廉。

正极材料可以是单一金属或者多元合金，其熔点或低共熔温度应低于电池运行温度，使电池工作时正极材料保持液态。同时，在电极反应过程中，正极组成会发生变化，正极需要在较宽的电极反应范围内保持液相或者部分保持液相，以提供较快的离子传输，以保障优异的倍率特性。目前已报道的常见液态金属电池正极材料及其相关性能数据见表7-2。

表 7-2　常见液态金属电池正极材料及其相关性能

正极材料	熔体密度/$(g \cdot cm^{-3})$	熔点/℃	理论比容量/$(mA \cdot h \cdot g^{-1})$
Zn	6.57	420	819.12
Cd	8.00	321	476.67
Hg	13.53	-39	267.09
Ga	6.08	30	1152.67
Sn	6.99	232	451.34
Pb	10.66	327	258.58
Bi	10.05	271	384.57
Sb	6.53	631	660.04
Te	5.70	450	419.89

2. 负极材料

对液态金属电池负极材料的要求和正极类似，但也有许多不同。负极材料一般需要满足以下条件：

1）负极材料具有较小的电负性或者较低的标准电极电位，以便与正极保持较大的电位差，提供电池较高的工作电压。

2）较高的比容量，保障电池较高的能量密度。

3）较小的密度，以实现液态金属电池正负极和电解质的自动分层。

4）在熔盐电解质中较低的溶解度，并与电解质不发生反应，以保障电池较高的充放电效率。

5）无毒，储量丰富，价格低廉。

负极通常为低熔点、低电负性的金属单质，但如果其在相应的熔盐电解质中溶解度较高，可采用合金化的策略降低负极的溶解。合金化的第二元素含量应严格控制，因为其加入会影响负极材料的比容量，进而降低电池的能量密度。负极材料与集流体的润湿性也是需考虑的另一个因素。典型液态金属电池负极材料及其相关特性见表7-3。

不同正负极材料组成电池的电压不同，充放电曲线特征也不同，这主要取决于其电极反应机理和物质形态。部分常见 A-B 电对从完全充电到完全放电的平衡电压见表7-4。

表 7-3　典型液态金属电池负极材料及其相关特性

负极	熔点/℃	比容量/(mA·h·g^{-1})	电动势/V vs. SHE
Li	180	3862	−3.04
Na	92.3	1165	−2.71
K	64	687.2	−2.93
Ca	842	1340	−2.87
Mg	650	2233	−2.37

表 7-4　A-B 电对从完全充电到完全放电的平衡电压　　　　（单位：V）

B	A					
	Li	Na	K	Mg	Ca	Ba
Sn	0.70~0.57	0.45~0.22		0.35~0.19	0.77~0.51	1.08~0.71
Pb	0.68~0.42	0.47~0.20	0.51~0.15	0.21~0.13	0.69~0.50	1.02~0.66
Sb	0.92	0.86~0.61	1.01~0.54	0.51~0.39	1.04~0.94	1.40~1.15
Bi	0.86~0.77	0.74~0.47	0.90~0.45	0.38~0.27	0.90~0.79	1.30~0.97
Te	1.76~1.70	1.75~1.44	2.10~1.47			

金属 Li 的相对原子质量小，标准电势最低（<−3V，相对于标准氢电极），比容量高（3860mA·h·g^{-1}），因而用作液态金属电池负极可使电池具有较高的能量密度。Li 在其对应的熔盐电解质中溶解度也较小（0.5%~2.5%，摩尔分数），因此锂基电池自放电率低，电池运行过程中库仑效率更高。此外，Li 对应的复合熔盐电解质（LiF、LiCl、LiBr 和 LiI）离子电导率高（1.75~3.5S·cm^{-1}）、熔点较低，能满足液态金属电池大电流充放电的需求和中低温工作要求。因此，以金属锂为负极的液态金属电池表现出较好的电化学性能。但金属锂的价格昂贵，这在一定程度上限制了其大规模应用。Mg 基、Ca 基合金价格低廉，是液态金属电池潜在的负极材料。

7.2.2　电解质材料

液态金属电池的熔融盐电解质具有离子电导率高和电子绝缘的特征，可以阻止两个液态金属电极层之间的电子传递。两个液态金属/合金电极在熔融盐中的溶解度较低，因此不需要额外的离子选择膜；电极和电解质由于密度不同自然分层，因而两电极层之间也不需要物理隔膜。显然，液态金属的熔盐电解质具有传导离子和隔离正负极的作用。熔盐电解质材料的选择应符合以下标准：

1）较低的熔点。允许电池在较低的温度下运行，这可延长电池寿命，节约储能成本。

2）较低的金属溶解度。金属电极在熔盐中的溶解直接影响熔盐的电子导电，较低的金属溶解度可降低熔盐的电子导电率，从而有效提高电池的库仑效率。

3）稳定的化学性质和较宽的电化学窗口。这能保障电池运行时电极无副反应发生。

4）合适的密度。熔盐电解质的密度应处于正负极金属熔体电极之间。

5）高的离子电导率。液态金属电池正负极皆为导电性良好的液态金属，因此，电池内阻由熔盐电解质的离子电导率和厚度直接决定，选择高离子电导率的熔盐电解质可以减少电池内阻，有利于电池电压效率的提高。

相较于其他碱金属和碱土金属，锂离子在其卤化物熔盐中具有更快的迁移速度，使熔盐电解质具有更高的离子电导率。但从表7-5可以发现，Li的卤化物熔盐的熔点较高，因此，一般需要多组分熔盐组成二元或三元体系，以形成较低温度的低共熔点，使熔盐的液化温度降低。另外，各卤化物的密度均处于Li负极（$0.53g \cdot cm^{-3}$）与常用正极材料（$>4.5g \cdot cm^{-3}$）的密度之间；各卤化物分解电位均大于2.5V，低于目前液态金属电池的运行电压窗口（<2V），满足应用的基本要求。从成本来看，LiF、LiCl和LiBr均具有较低的价格，符合大规模储能对成本的要求。

表 7-5 部分锂卤化物的基本性质

Li 卤化物	对 Li 溶解度（%，摩尔分数）	熔点/℃	密度/($g \cdot cm^{-3}$)	分解电位/V
LiF	1.0	848	1.81	5.41
LiCl	0.5~2.0	620	1.50	3.41
LiBr		552	2.53	3.03
LiI	1.0~2.5	469	3.11	2.56

从热力学角度分析，多组元体系往往会比单一组元体系具有更低的熔点，因此，为了降低熔盐电解质的熔点，在电解质的组元设计中常采用多种卤化物混合熔盐体系，并且混合熔盐体系具有更少的副反应、较低的金属溶解度。从表7-6可以发现，多组分混合熔盐可以有效降低电解质的熔点以及对Li溶解度。特别是LiI的添加，电解质的熔点下降尤为明显。但显然，相较于其他Li的卤化物，LiI的成本过高，使电池成本的增加。因此目前较为常用的Li基液态金属电池电解质为LiF-LiCl-LiBr和LiF-LiCl体系，但由于其熔点限制，电池的运行温度大多高于500℃。此外，在电解质体系中引入异种阳离子可以实现降低熔点的目的，如LiI-KI和LiCl-KCl体系，但异种阳离子的引入会在一定程度上降低电解质的离子电导率。因此，在实际应用时，应根据正极材料的性质，平衡考虑电解质的熔点与离子电导率，选用合适的熔盐电解质体系。

表 7-6 常见 Li 基卤化物熔盐电解质的理化性质

电解质	组成（%，摩尔分数）	熔点/℃	密度/($g \cdot cm^{-3}$)	电导/($S \cdot cm^{-1}$)	对 Li 溶解度（%，摩尔分数）
LiCl-KCl	58.8；41.2	352	2.01	1.69	0.481
LiF-LiCl-LiBr	22；31；47	443	2.91	3.21	0.43

（续）

电解质	组成（%，摩尔分数）	熔点/℃	密度/(g·cm⁻³)	电导/(S·cm⁻¹)	对 Li 溶解度（%，摩尔分数）
LiF-LiCl-LiI	12：29：59	341	3.53	2.77	0.387
LiF-LiCl	30：70	501	2.17		0.839
LiCl-LiI	36：64	368	3.17	3.88	0.236

金属电极在熔盐电解质中的溶解，是液态金属电池面临的挑战之一。因为金属电极的溶解易引起自放电，导致电池库仑效率降低，影响电池充放电能量效率。解决这一问题的有效方法是降低电池的运行温度，但电极和电解质的熔点限制了电池的工作温度。另一个解决思路是调整电解质的组成。研究发现，对于碱金属或碱土金属，它们在自身对应的卤化物熔盐中的溶解度存在一定规律。金属离子半径越大，溶解度越高；卤素离子半径越大，溶解度越高；金属在复合离子盐中的溶解度降低；在熔盐中加入离子极化力较小的其他盐，可降低金属的溶解度。离子的极化力可表示为 n/R^2，其中，n 为阳离子价态，R 为阳离子半径。

7.2.3　其他材料

在传统电池中，固态电极的微结构退化是限制电池循环寿命的关键因素。相比之下，液态金属电池中的全液态电极一般不会产生微结构退化，从而能够实现长的循环寿命。基于类似工作原理的电解生产高纯铝的 Hoopes 电解槽可连续运行 20 多年，侧面说明了液态金属电池的长寿命特征。尽管液态电极具有结构稳定优势，但液态金属电池高的工作温度和电极高反应性使电池结构材料面临巨大挑战，结构材料（集流体、外壳、绝缘体和密封件等）的腐蚀是影响液态金属电池长循环寿命的重要方面。液态金属电池的结构材料需具有一定的耐腐蚀性能。

常见液态金属电池除正负电极材料和电解质材料，一般还有电池外壳、正负极集流体、绝缘套管、导线、密封圈等结构材料，如图 7-5 所示。

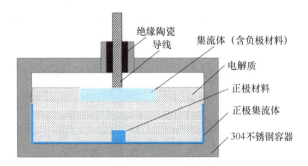

图 7-5　常见液态金属电池结构示意图

1. 集流体

正负极集流体材料，首先要具有与其对应电极材料的化学稳定性，即不与正负电极发生反应，其次还需具有良好的电子导电性以减少电池极化，除此之外还需考虑经济效益即成本问题。负极集流体还需要对电解质化学稳定。碱金属负极集流体通常选择不锈钢、低碳钢或镍铁合金材料，而碱土金属负极集流体可选择纯铁或难熔金属。重金属熔体的腐蚀性较强，因而正极集流体的选择挑战性较大。在液态金属的工作温度范围，铁基合金可用作 Bi、Pb 正极的集流体，而对于 Sb 正极，它几乎可以和所有金属发生合金化，其正极集流体可以是钨或石墨材料。集流体中的杂质，如氧、氮会加速腐蚀，因而要严格控制。

2. 密封和外壳

液态金属电池工作温度为 $400\sim700℃$，电池结构的耐蚀性和密封性对电池的循环寿命和电化学性能表现等有较大影响。在液态金属电池的构造中（图7-5），需密封绝缘部件以隔离正负极防止接触，并隔绝外部空气。电绝缘密封材料需要对熔融电解质和负极集流体具有较好的耐腐蚀性能，有较好的气密性和电绝缘性。电绝缘密封材料一般为氧化物或氮化物陶瓷材料。电池外壳通常选择 304 不锈钢这种对常见正负极和电解质材料呈惰性且耐高温、耐腐蚀的经济型材料。

7.3 常见液态金属电池体系

在液态金属电池的研究中，通常以负极材料对电池体系进行分类。其中，由于金属 Li 负极具有低密度、低电负性、高比容量等优点，Li 基 LMB 得到了广泛的研究，组装成的 LMB 能量密度高、工作温度低、库仑效率高，是一类极具发展潜力的 LMB。此外，金属 Na 储量丰富、成本低廉且氧化还原电势低，金属 Mg 在熔盐电解质中具有最低的溶解度，金属 Ca 电负性较低，有望获得较高的放电电压，将这些碱金属和碱土金属用作液态金属电池负极时，电池会表现出不同的性能优势。但这些金属在应用过程中也存在一定问题，比如 Na 和 Ca 在熔盐中溶解度较高，导致电池自放电严重；Mg 的电负性较高，导致电池放电电压偏低。下面将以负极分类，逐一介绍各 LMB 体系的性能特点。

7.3.1 Li 基液态金属电池

1. Li-Sb 电池体系

金属 Sb 位于第 VA 族，电负性较高（2.05），用作 LMB 正极时，Sb 正极锂化电动势高达 0.92V，并具有优异的储锂能力（Li_3Sb，$660mA·h·g^{-1}$），有望实现较高的能量密度。

此外，金属 Sb 在熔盐中的溶解度也很低，因而，Li‖Sb 基液态金属电池通常表现出良好的循环稳定性。相比其他正极材料，金属 Sb 成本低，Li‖Sb 基电池被认为是目前最具研究价值和应用前景的液态金属电池体系。然而，由于 Sb 本身的熔点较高（631℃，见图7-6），以纯 Sb 为正极的电池必须在更高的温度下工作以维持电池全液态的电池结构。过高的工作温度会加剧集流体、密封材料等电池关键部件的腐蚀，严重影响电池长期服役的稳定性与安全性。因此，如何有效降低 Sb 正极的熔

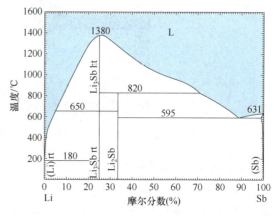

图 7-6 Li-Sb 二元相图

点，进而降低电池工作温度以改善电池运行稳定性，是 Li‖Sb 基液态金属电池的研究重点。

合金化策略被认为是一种降低 Sb 熔点的有效方法，已经发展了多种二元/三元 Sb 基合金正极材料，使 Li‖Sb 基液态金属电池的工作温度降低至 550℃ 以下。如采用 Pb 与 Sb 进行合金化，Sb-Pb 合金熔点可降低至 400℃ 以下（图 7-7a），装配的 Li‖Sb-Pb 电池可以在 450℃ 下稳定运行，相较于纯 Sb 体系，电池的工作温度明显降低。当合金比例为 Sb∶Pb＝40∶60（物质的量之比）时，电池能量密度为 103.6W·h·kg^{-1}（以正负极质量计算，下同）。电化学测试显示，所有 Sb-Pb 合金均具有与 Sb 类似的放电行为，说明在 Sb-Pb 合金放电过程中，Sb 为活性组元，决定了电池的容量及电压特性，Pb 仅起"惰性溶剂"的作用，主要用于降低 Sb 基正极的熔点（图 7-7b）。

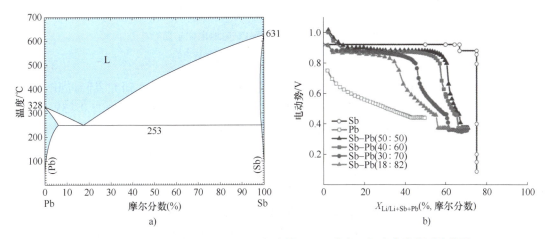

图 7-7 **Sb-Pb 二元合金相图及不同配比的 Sb-Pb 合金正极库仑滴定测试结果**

Li｜LiF-LiCl-LiI｜Sb-Pb 电池在 275mA·cm^{-2} 电流密度下，电池的放电电压为 0.73V，库仑效率为 98%，能量效率为 73%；当电流密度增大到 1000mA·cm^{-2} 时，仍能发挥理论容量的 50%（图 7-8a）。同时，电池表现出优异的循环性能，450 次循环后容量保持率达 94%，且库仑效率和能量效率在长循环过程中未出现明显波动（图 7-8b）。尽管如此，需要注意，金属 Pb 会对大气、水体、土壤等造成严重污染，因而 Pb 合金的使用需格外谨慎。同时，由于 Pb 在电池放电过程中仅充当惰性溶剂，不提供容量，其在合金电极中的占比需要严格控制。

Sb-Sn 二元合金是一种环境友好的正极材料，Sn 作为一种低熔点材料，将其引入可有效降低 Sb 基正极熔点，使 Li‖Sb-Sn 电池能在 500℃ 下稳定运行。研究发现，由于 Sn 的储锂电位较低，在设置 Sb-Sn 正极的负极 Li 匹配量时，人们通常只按 Sb 的理论储锂量设置 Li 的装配量，也就是预设了 Sn 在放电过程中不提供容量。尽管这样，当合金比例为 Sb∶Sn＝40∶60（物质的量之比）时，Li‖Sb-Sn 电池能量密度为 200.4W·h·kg^{-1}，相较于 Li‖Sb-Pb 电池，提高了近一倍。这主要得益于 Sn 较低的相对原子质量以及在正极中较低的占比。同时，Li‖Sb-Sn 电池也实现了优异的电化学性能：在 100mA·cm^{-2} 的电流密度下，Li‖Sb-Sn 电池放电电压为 0.8V；电流密度从 100mA·cm^{-2} 提高到 1000mA·cm^{-2} 时仅有 13% 的容量损失；运行 3500h（超过 430 次循环）后，容量保持率高达 96.7%。

若采用在工作电压下具有较高储锂活性、与 Sb 具有较低二元低共熔点温度的金属元素

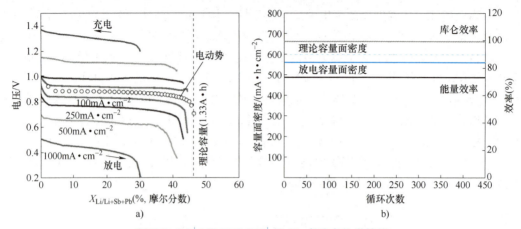

图 7-8 Li│LiF-LiCl-LiI│Sb-Pb 电池电化学性能
a）不同电流密度下充放电曲线 b）长循环曲线图

与 Sb 合金化，可进一步提升液态金属电池的能量密度。根据此思路，研究者们将 Bi 作为合金组元设计了 Sb-Bi 二元合金正极，Li│LiCl-LiF│Sb-Bi 电池在放电过程中有 0.83V、0.70V 两个放电平台，分别为 Sb 和 Bi 的储锂电位。由于正极组元均参与放电反应，该电池的能量密度显著提升。当合金比例为 Sb∶Bi = 40∶60（物质的量之比）时，能量密度高达 258.96W·h·kg⁻¹。后续有研究学者对 Sb-Bi 正极进行了优化，引入少量的 Sn 组分，设计了 Sb-Bi-Sn 三元合金正极，有效提高了电极动力学过程。Li‖Sb-Bi-Sn 电池表现出优异的倍率性能，电流密度从 200mA·cm⁻² 增加到 1200mA·cm⁻² 时几乎没有任何容量衰减。

大部分 Sb 基合金表现为二元合金化储锂机制，即正极活性组元锂化生成二元放电产物（如 Li₃Sb、Li₃Bi）。在此储锂机制下，优化 Sb 基正极合金组元的种类和占比很难大幅提升液态金属电池的能量密度。但有些二元合金体系会出现一种三元合金化储锂机制，即放电过程中形成三元放电产物，同时伴随电池高的放电电压，从而进一步提高电池能量密度。如 Sb-Zn 双活性组元合金正极，合金中两个组元均能参与电极反应。Zn 的加入在降低 Sb 基正极熔点的同时，还能参与电极反应，提高电池的能量密度。具体的反应机理见式（7-21）和（7-22），在约 1.1V 的高放电平台，一种三元金属间化合物 LiZnSb 优先形成，随后在约 0.8V 时进一步锂化反应转换为 Li₃Sb 和 Zn，伴随 Zn 的脱出，分散的 Zn 形成的液态通道有助于 Li⁺ 传输，加速电极反应动力学。同时 Zn 还具有一定的储锂能力，可贡献容量。由于该电池具有 1.1V 的放电平台，明显高于 Li-Sb 的放电平台，因此，其能量密度提高至 290.6W·h·kg⁻¹，优于大多数 LMB 系统。该电池也具有较小的极化、优异的倍率性能和良好的循环稳定性。Li‖Sb-Zn 系统双活性组元正极材料的设计为高性能 LMB 开辟了一条新的途径。反应式为

$$ZnSb+Li \longrightarrow LiZnSb \quad （约1.1V） \tag{7-21}$$

$$LiZnSb+2Li \longrightarrow Li_3Sb+Zn \quad （约0.8V） \tag{7-22}$$

2. Li-Bi 电池体系

为避免合金组分对电池能量密度的影响，学者尝试寻找新的低熔点、高电压正极材料，使其不需要合金组分即可在液态金属电池常用运行温度（低于 550℃）下处于液态。Bi 金属拥有较低的熔点（271℃）和仅次于 Sb 的储锂电位（0.72V），是一种有潜力的液态金属正

极备选材料。从图7-9的Li-Bi二元合金相图可知，Bi完全锂化后的产物是Li_3Bi。采用Bi作为正极，科学家们设计了Li｜LiF-LiCl｜Bi电池。充放电机理研究表明，Li‖Bi电池的放电曲线可分为陡坡段与平台段两个阶段，分别对应生成液相Li-Bi合金和深度锂化生成固相产物Li_3Bi的过程，充电过程与之相反（图7-10）。

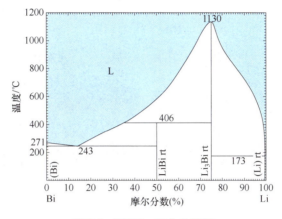

图7-9　Li-Bi 二元合金相图

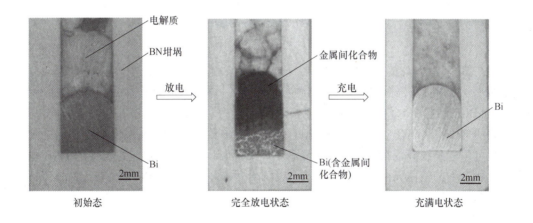

图7-10　Li‖Bi电池充放电机理分析

基于此种充放电过程，Li‖Bi电池在550℃下表现出良好的循环稳定，电池经过1000圈的循环测试未见明显的容量衰减。尽管如此，Li‖Bi电池体系仍存在一些问题，如固态产物Li_3Bi的生成导致电池动力学缓慢，充放电极化较大，电池倍率性能受到严重影响，无法满足电网储能快速充放电的性能需求。此外，Bi正极与集流体润湿性较差，影响与集流体的接触，进而影响电池的倍率性能。

为改善Bi基电极动力学缓慢的问题，研究者们提出将低熔点的Ga引入Bi基正极形成Bi-Ga（物质的量之比为70∶30）合金，作为正极材料提高Li_3Bi中Li^+扩散速率。在电池工作时，低熔点、低密度的Ga形成富Ga的Li-Bi-Ga熔体（富Ga相），与固体放电产物Li_3Bi的密度接近，因而二者共存于同一层，为进一步的锂化反应提供了快速的锂扩散路径，从而改善了电极反应动力学（图7-11）。Li‖Bi-Ga的倍率性能明显优于Li‖Bi，两者都具有99%的库仑效率，相同电流密度下，Li‖Bi-Ga具有更高的能量效率，在 $200mA \cdot cm^{-2}$、$400mA \cdot cm^{-2}$、$800mA \cdot cm^{-2}$、$1200mA \cdot cm^{-2}$ 电流密度下，Li‖Bi-Ga电池的能量效率分别为81%、75%、61%、46%，而Li‖Bi电池的能量效率为77%、66%、44%、26%。

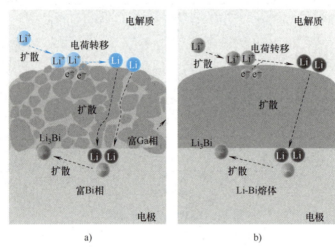

图7-11　正极放电机理图

a）Bi-Ga　b）纯Bi

为提高Bi基电极与集流体的润湿性，研究人员采用Pb与Bi合金化。Pb的引入降低了Bi的表面张力，Bi-Pb合金与集流体润湿性明显改善。图7-12a所示为在Ar气氛中390℃下液态Bi和Bi-Pb共晶合金在SUS304基底上的润湿行为。Bi的形状比Bi-Pb共晶合金更接近球形，表明Bi-Pb共晶合金与SUS304之间的润湿性好于Bi。这种润湿性的改善在电池运行过程中也可以得到很好保持，图7-12b显示了以Bi和Bi-Pb共晶合金为正极的LMB电池在完全放电状态下的横截面图像。由于润湿行为显著不同，Bi和Bi-Pb合金在正极集流体的铺展情况也明显不同。

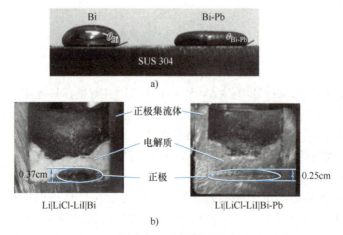

图7-12　冷却剖面图

a）SUS304基板上液态Bi和Bi-Pb共晶合金　b）完全充电后的Li｜LiCl-LiI｜Bi电池和Li｜LiCl-LiI｜Bi-Pb电池

针对 Bi 正极润湿性差的问题，研究学者指出，金属熔体的表面张力由内部质点的键合状态决定，金属键越强，表面张力越大。根据此理论，提出在 Bi 基金属中加入少量的 Se，以产生具有高表面活性的界面层。在高温下吸附在金属表面的 Se 添加剂与 Bi 形成较弱的共价键，降低表面张力并有助于液态金属在集流体上的扩散。研究结果表明，对于纯液态 Bi，高强度的金属键伴随着大的表面张力（500℃下约为 0.380 N·m^{-1}），使得熔融 Bi 在集流体上呈球形，导致接触不良（图 7-13a）。然而，当添加摩尔分数 1%、4%、6% 和 10% 的 Se 时，金属键强度不断减弱，表面张力分别下降至 0.168N·m^{-1}、0.155N·m^{-1}、0.146N·m^{-1} 和 0.099 N·m^{-1}，电极与集流体的接触角从 144.7° 降低到 74.3°（Se 的摩尔分数为 4%），明显改善了 Bi 基正极与集流体的润湿性（图 7-13b）。

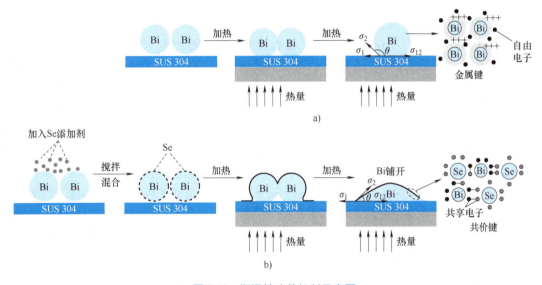

图 7-13　润湿性改善机制示意图
a）PCC 上的纯 Bi 正极　b）加热过程中的 Bi-Se 正极

3. Li-Sn 电池体系

除了通过两相反应形成含锂金属间化合物的储锂方式，液态电极的共溶机理也是储锂的一种方式。Sn 熔点低（231℃），在锂化过程中不形成固态产物，始终处于全液态状态。Li 在 Sn 中不断溶解，Li 的活度逐渐增加，与负极 Li 的活度差逐渐减小，电极电动势逐渐降低，放电电压呈斜坡状。2018 年，研究人员构建了 Li│LiF-LiBr-LiCl│Sn 电池，其在 100mA·cm^{-2} 下的平均充电电压和放电电压分别为 0.820V 和 0.607V，它还具有高倍率性能和长循环稳定性。与 100mA·cm^{-2} 电流密度相比，Li-Sn 电池在 700mA·cm^{-2} 电流密度下循环时仅表现出 1.3% 的放电容量损失，在 1000 mA·cm^{-2} 下仅表现出 12.4% 的充电容量损失，220 次循环后电池容量保持率 94.0%。Sn 的储量丰富，环境友好，因而也是一种有潜力的正极材料。但 Sn 会与不锈钢集流体发生反应导致容量损失，因此，为了利用 Sn 作为液态金属电池的正极材料，电池外壳可以使用石墨等其他材料来代替不锈钢。此外，金属 Pb 与 Sn 处于同一主族，同样具有较低的熔点（327℃），科学家们同样对 Li‖Pb 的热力学性能进行了研究。但由于 Pb 较低的储锂电位使 Li‖Pb 电池的能量密度过低，加之 Pb 的环境污染顾虑，金属 Pb 正极在 Li 基液态金属电池中缺乏竞争力。

4. Li-Te 基液态金属电池

碲（Te）是一种非金属，熔点为449.5℃，Li‖Te基液态金属电池在目前报道的体系中具有最高的开路电压（1.75V），因此，Te基正极是高能量密度液态金属电池的备选正极材料。1967年，美国阿贡实验室研究了以LiF-LiCl-LiI作为电解质的Li‖Te电池体系，该电池在480℃下工作。Te的电子电导较低，因此设计了齿状结构正极集流体，通过增大正极的电子传输面积，降低电池极化、提高正极材料利用率。该电池体系在3000mA·cm^{-2}的电流密度下仍拥有1.0V以上的放电电压，该电池展现了高能量密度和大电流充放电的能力。Li-Te以其高能量密度而被美国Argonne实验室用来开发电动汽车，并设计了含有惰性陶瓷颗粒的电解质，使电池可以用于移动储能。但Te正极存在成本较高并且在熔盐电解质中具有较高的溶解度的问题，限制了其在大规模储能领域的应用。

针对Te基正极在熔盐电解质中的溶解度高和电子电导较低的问题，科学家们进行了大量研究，2018年报道了以Te-Sn合金为正极组装的液态金属电池。Sn的引入提高了Te基正极的电子导电性（图7-14a），并抑制了Te在电解质中的溶解。该体系采用LiF-LiCl-LiBr电解质并在500℃下工作。该工作比较了两种不同比例的Te-Sn合金正极（Te$_{86}$Sn$_{14}$和Te$_7$Sn$_3$），其中Li‖Te$_7$Sn$_3$表现出较好的电化学性能，如图7-14 b、c和d所示，电流密度从100mA·cm^{-2}增加到800mA·cm^{-2}，容量损失仅为16.7%，近60圈的循环后几乎没有容量损失。与电池Li‖Te$_7$Sn$_3$相比，Li‖Te$_{86}$Sn$_{14}$表现出更小的极化、更好的倍率性能，电流密度从100mA·cm^{-2}增加到600mA·cm^{-2}，容量几乎没有衰减。蒋凯研究组认为，虽然Sn引入的越多，电极的电子电导越好，但过量的液态Sn不利于充放电时正极中Li的传质。值得一提的是，Li‖Te-Sn的能量密度高达495Wh·kg^{-1}，放电平台可达1.6V。Li‖Te-Sn体系优异的性能为高能量密度液体金属电池的发展提供了新的思路，但Sn对于Te溶于熔盐电解质的抑制效果有限，因此该体系长期运行稳定性较差，需进一步研究。

7.3.2 Na 基和 K 基液态金属电池体系

从20世纪热再生循环电池发展开始，Na以其熔点低、地壳储量丰富、电负性低等特点受到人们关注。如美国通用汽车公司报道的Na‖Sn体系的热再生电池、美国阿贡实验室报道的Na‖Bi体系、2015年Spatocco等报道的Na‖Pb-Bi体系等。但是Na在熔盐电解质中的溶解度较高，导致Na基液态金属电池的自放电率较高，降低了电池运行的库仑效率。

采用复合阳离子熔盐电解质可降低Na在电解质中的溶解度。有文献报道了Na│LiCl-NaCl-KCl│Bi-Sb电池体系，虽然Na在熔盐中的溶解得到了一定缓解，但熔盐中NaCl仅为5%（摩尔分数），Na$^+$的电导率仅为65mS·cm^{-1}，使电池倍率性能较差，在1000mA·cm^{-2}的电流密度下容量保持率仅为25%，因此，Na基液态金属电池电解质溶解的问题仍亟待解决。

此外，降低电池的运行温度也可达到降低Na溶解度的目的。但这种方式需要Na基的熔盐电解质在低温下具有较高的电导率，以满足电池快速充放电的能力。然而，Na的卤化物盐熔点较高，如何进行低熔点Na基熔盐电解质设计是接下来Na基液态金属电池发展的一个挑战。

K以其低熔点（64℃）和与Li接近的电势，在研究初期与液态Hg组成K-Hg热再生电池。由于K的蒸汽压较高，且Hg也是以常温液态存在的金属，K-Hg电池须在300℃以下运行，但由于 K 和 Hg 较高的成本，K-Hg 电池在规模化储能中的应用受到了限制。

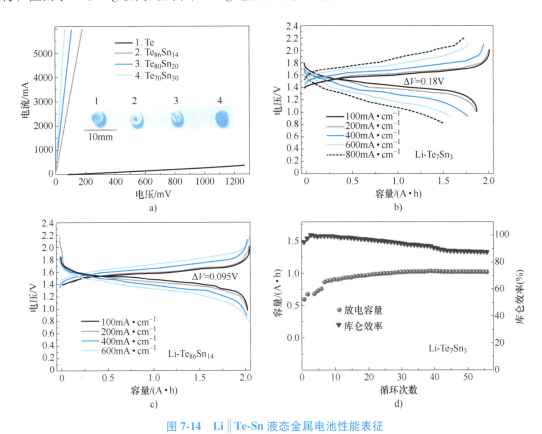

图 7-14　Li‖Te-Sn 液态金属电池性能表征

a）电子电导　b）Te$_7$Sn$_3$ 正极的倍率性能　c）Te$_7$Sn$_3$ 正极的长循环性能　d）Te$_{86}$Sn$_{14}$ 正极的倍率性能

7.3.3　Mg 基和 Ca 基液态金属电池体系

金属 Mg 和 Ca 同属碱土金属族，在放电阶段，它们发生氧化反应可以失去两个电子，用作负极，理论上可以提高电池能量密度。相较其他负极金属，金属 Mg 在对应卤化盐中的溶解度低、成本低，是一种理想的负极材料。报道的 Mg｜MgCl$_2$-NaCl-KCl｜Sb 电池体系在 700℃下工作，该电池在 50mA·cm^{-2} 的电流密度下，放电电压为 0.4V，库仑效率为 94%。该电池较差的倍率性能、较低的开路电压以及较高的工作温度使其实际应用受到限制。Ca 具有比 Mg 更低的电负性，理论上能提供比 Mg 基液态金属电池更高的电压，但 Ca 在对应熔盐电解质中溶解的问题较严重，直接用做液态金属电池负极会引起电池严重的自放电现象，库仑效率低。研究者通常采用合金化策略将 Ca 与 Bi、Cu、Mg 制成合金电极或采用复合阳离子熔盐电解质以缓解 Ca 在电解质中的溶解，制得 Ca-Bi｜LiCl-NaCl-CaCl$_2$｜Sb 以及 Ca-Mg｜LiCl-CaCl$_2$｜Bi/Sb 液态金属电池。其中，Ca-Mg‖Bi 电池体系在 200mA·cm^{-2} 的电流密度下可以循环 1400 圈，库仑效率为 99%。该体系采用的 Ca-Mg（物质量之比 Ca：Mg＝90：10）合金负极以及复合阳离子的熔盐电解质，成功抑制了 Ca 的溶解，但熔盐电解质中引入的 LiCl 提高了该体系电池的成本，并且该电池能量密度仍需提高。

7.4 常见电解质材料体系

目前，液态金属电池体系主要采用熔盐电解质，这主要是由于其优异的热稳定性、宽的电化学窗口、良好的离子电导率和良好的界面润湿性。熔盐电解质的应用使 Li 基液态金属电池（如 Li‖Sb 基、Li‖Bi 基等）稳定运行，并具有优异的电化学性能。但熔盐电解质的应用也存在一些问题，例如，对于低熔点正极体系（如 Bi 基正极，熔点为 271℃），熔盐电解质较高的熔点成为限制电池运行温度的主要因素；对于 Na 基液态金属电池，金属 Na 在熔盐电解质中的溶解度高，使电池自放电严重，无法长期稳定运行。这些问题的存在促进了液态金属电池熔盐电解质的进一步研究，同时也有一些新型电解质体系被尝试。

7.4.1 熔盐电解质

目前 Li 基液态金属电池的研究多采用 LiF-LiCl-LiBr 和 LiF-LiCl 等电解质体系，但由于其熔点较高，电池一般运行在 500℃以上。多组分混合熔盐的使用可以有效降低电解质熔点及其对金属 Li 的溶解度，特别是 LiI 的添加，对电解质熔点的降低效果尤为明显。但相较于其他组分，LiI 的成本过高，若将其大规模应用于 Li 基液态金属电池，则会导致电池原料成本大幅度增加。此外，在电解质体系中引入异种阳离子的熔盐电解质也表现出较低的熔点，如 LiI-KI 和 LiCl-KCl 体系，但异种阳离子的引入会一定程度地降低电解质的离子电导率。因而在电解质设计与应用中应综合权衡其熔点与离子电导率，结合正极材料的性质，选择适合的熔盐电解质体系。

为平衡熔盐电解质熔点和离子电导率，研究学者近期将质量三角形模型用于熔盐电解质设计，制备了一种新型 LiCl-LiBr-KBr 电解质体系（图 7-15）。LiCl 和 LiBr 提供 Li^+ 传导，KBr 则起降低熔点和抑制 Li 溶解的作用。质量三角形计算表明，当 LiCl、LiBr、KBr 物质的量之比为 25∶37∶38 时，电解质达到最低共晶点 310℃，但当计算盐体系等温电导率时，发现当 LiCl、LiBr、KBr 的物质的量之比为 33∶29∶38（熔点 327℃）时，电导率为 $2.03S \cdot cm^{-1}$，比共晶温度时的电导率提高了 23%。以此作为电解质组分既可获得较低的熔点又可获得较高的离子电导率。研究学者进一步采用低熔点的 Bi 正极装配电池，该体系电解质组装的 Li‖Bi 电池可在 380℃的低温下稳定运行。稍提高电池工作温度，其倍率性能显著改善，在 420℃工作温度、$400mA \cdot cm^{-2}$ 电流密度下，170 次循环中，该体系的库仑效率达 99%。电池的工作温度相较于液态金属电池通常的运行温度（500~550℃）显著降低。

此外，多阳离子效应也可在一定程度上降低金属在熔盐中的溶解度。针对 Na 在熔盐中溶解度大的问题，研究人员设计了 LiCl-NaCl-KCl（物质的量之比为 59∶5∶36）多阳离子电解质，通过降低电解质中卤化钠含量，有效抑制了阳极金属钠的溶解。用该电解质体系装配的 $10A \cdot h$ 的 Na‖Bi₉Sb 电池稳定运行 700 多次循环后库仑效率保持在 97%左右。

7.4.2 其他电解质

1. 固态电解质

结构强度高、电化学窗口宽和稳定性高是陶瓷电解质的优势。在液态金属电池系统中，金属负极在电解质中的溶解关系到电池的库仑效率和能量效率，选择陶瓷电解质可以有效解

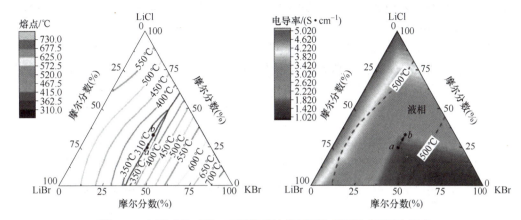

图 7-15　**LiCl-LiBr-KBr** 三元体系计算相图和 **500℃时离子电导率**

决这个问题。例如，使用固体 β/β″-Al₂O₃电解质的 ZEBRA 电池组和钠硫电池组表现出优异的库仑效率。使用固态电解质完全避免了负极和正极材料的直接接触，从而最大限度地减少了电池的自放电。与熔盐电解质类似，固态电解质应满足以下要求：①足够高的离子导电性和选择性；②在较宽的温度范围内热力学和机械稳定性好；③与阳极、阴极的物理化学兼容性好。为了提高 β/β″-Al₂O₃的离子导电性和机械强度，人们研究了多种合成方法，如固相反应法、溶胶-凝胶法、共沉淀法、喷雾/冷冻干燥法和微波加热法。Na β/β″-Al₂O₃在不同温度下的离子电导率如图 7-16 所示。

典型的固体电解质液态金属电池是钠硫电池，它由固体陶瓷电解质、液态钠阳极和液态硫阴极组成，电池常用的是 Na β-Al₂O₃固体电解质。该电池系统具有能量密度高、效率高、循环寿命长、电极材料价廉等优点。但为了保持陶瓷电解质的高离子导电率和与熔融的 Na 之间良好的润湿性，Na∥S 电池需要在 300～350℃的条件下运行，远远高于 Na（98℃）和 S（120℃）的熔点，同时放电产物多硫化钠（如 Na₂S₄）的高腐蚀性可能会导致电池组件的损坏，造成安全问题。为解决这一问题，研究人员开发了一种应用 Na β-Al₂O₃固体电解质和无机离子液体的双电解质 Na∥S 电池。该电池在 150℃下

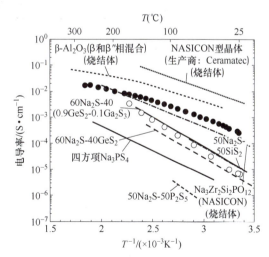

图 7-16　**不同温度下钠离子导体的电导率比较图**

表现出良好的可逆性和长循环稳定性，在 0.5mA 下（电极面积 0.785cm²）进行 1000 次循环测试，平均库仑效率为 100%（图 7-17）。

2. 有机电解质

液态金属电池也可使用有机电解质。与低熔点的正、负极材料相结合，使用有机电解质有助于进一步降低电池工作温度。得克萨斯大学奥斯汀分校报告了一个在常温下将含氟有机电解质用于液态金属电池的工作，该电解质能与负极合金形成稳定的界面。Na∥Bi-Pb-Sn 液

态金属电池体系中，Bi-Pb-Sn 共晶合金正极的熔点为 98℃，与 Na 金属相同。该电池使用溶于四乙二醇二甲醚的 1mol/L NaI 为电解质，工作温度为 220℃，在低电流密度下，电池表现出较好的电化学性能。如图 7-18 所示，在 600h 以上的循环中，电池库仑效率接近 100%，平均电压效率达到 66%，电池的总能量效率为 65%。不过由于有机电解质的电导率远低于固体电解质或高温熔盐电解质，使用有机电解质的液态金属电池的倍率性能并不具有竞争力。

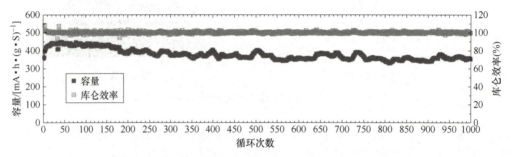

图 7-17　Na‖S 电池在 150℃、0.5mA 电流下的长循环曲线图

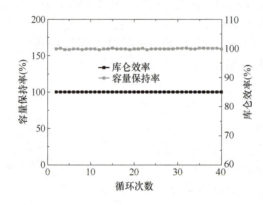

图 7-18　基于 NaI/四乙二醇二甲醚电解质的 Na‖Bi-Pb-Sn 电池循环性能图

7.5　应用与展望

　　液态金属电池的全液态创新结构，从原理上避免了传统电池固相电极结构变化和枝晶生长等限制循环寿命的因素，循环寿命长，电池材料来源广，生产工艺简单，可以满足规模化储能对电池低成本、长寿命和大容量等诸多要求，在电网静态储能的应用领域具有明显优势。尽管如此，就现有研究技术来讲，液态金属电池的研究尚存在一定的技术壁垒。

　　在传统电池中，固态电极的微观结构退化是限制电池循环寿命的关键因素。相比之下，本质上液态金属电池中的全液体电极不受微观结构退化的影响，因此具有超长循环寿命的潜力。尽管如此，由于液态金属电池的高工作温度和电极材料的高活泼性，电池结构材料（集流体、容器、绝缘体和密封件）易被腐蚀，从而引起电池电阻增加和电池容量降低，也会影响电池的循环寿命和机械完整性。因此，降低电池工作温度，或研发耐腐蚀的电池结构材料，是实现液态金属电池实际应用的技术保障。

对于电池负极，问题主要体现在负极材料对集流体的腐蚀。负极集流体多为多孔结构，金属负极吸附于多孔结构中。多孔结构一方面约束负极液态金属，同时其三维多孔结构也能够增大电极面积，改善导电能力。但是，电池在长期高温运行过程中，负极金属不可避免地会对多孔集流体造成一定程度的腐蚀，导致三维结构改变，电池性能下降。电池正极的腐蚀与负极类似，因为正极金属（例如 Bi、Pb、Sn 和 Sb）往往具有高溶解能力，选择与它们匹配的正极集流体材料是一个重大挑战。熔融重金属对固体材料的腐蚀通常取决于固体组分材料在液体金属中的溶解速率和溶解度极限。对于封装绝缘材料，从材料体系上讲，主要是电极和电解质在高温下的挥发造成对密封陶瓷的腐蚀。液态金属电池中最常使用的封装陶瓷为氧化铝，但是实践证明氧化铝高温耐碱金属腐蚀的能力有限。因此，寻求新型、廉价的耐腐蚀陶瓷或者新型的复合材料成为研究热点。

LMB 在高温下通常对氧气和水分敏感，LMB 暴露在空气中会导致电池失效甚至产生安全隐患。因此，气密密封在实现 LMB 二次电池的长效稳定运行方面发挥着关键作用。密封件必须具有气密性、电绝缘性、化学稳定性和热机械稳定性。同时对于不同液态金属电池体系，应结合实际情况开发更具针对性的密封件。研究腐蚀行为，探究腐蚀机理，从而针对性强化电池关键部件的耐腐蚀性能，是实现液态金属电池长效稳定运行的关键技术之一，也是液态金属电池研究的一项重要内容。

液态金属电池电极材料体系种类繁多，为满足平台电压、效率及成本的多方面需求，正负极材料的多元化筛选是大势所趋。一方面，现有研究多集中在 Li 基液态金属电池，Ca、Mg、Na 作为负极的液态金属电池的研究相对较少。非 Li 基负极金属具有进一步降低储能成本的巨大潜力，但是它们在熔盐中的溶解度较高，由此导致的自放电问题难以解决，还需探索更加有效的溶解抑制策略，以提升非 Li 负极液态金属电池体系的性能，全面降低电池的储能成本。另一方面，为了进一步降低 LMB 的工作温度，液态金属的正负极材料选择范围应扩展到二元和三元合金体系之外的多组元易熔合金。除此之外，对于液态金属电池的电解质，还应该指出的是，从 LMB 的整体性能角度来看，仅通过设计低熔点熔盐电解质来追求低工作温度是不可取的，因为过低的工作温度会导致负极金属离子在电解质和电极中的扩散能力降低，从而导致电极反应缓慢。因而需要正负极、电解质协同设计，实现工作温度的有效降低。

参 考 文 献

[1] KIM H, BOYSEN D A, NEWHOUSE J M, et al. Liquid metal batteries: past, present, and future [J]. Chemical Reviews, 2013, 113 (3): 2075-2099.

[2] LI H, YIN H, WANG K, et al. Liquid metal electrodes for energy storage batteries [J]. Advanced Energy Materials, 2016, 6 (14): 1600483.

[3] WANG K, JIANG K, CHUNG B, et al. Lithium-antimony-lead liquid metal battery for grid-level energy storage [J]. Nature, 2014, 514 (7522): 348-350.

[4] LI H, WANG K, CHENG S, et al. High performance liquid metal battery with environmentally friendly antimony-tin positive electrode [J]. ACS Applied Materials & Interfaces, 2016, 8 (20): 12830-12835.

[5] ZHAO W, LI P, LIU Z, et al. High-performance antimony-bismuth-tin positive electrode for liquid metal battery [J]. Chemistry of Materials, 2018, 30 (24): 8739-8746.

[6] XIE H, CHU P, YANG M A, et al. A novel Sb-Zn electrode with ingenious discharge mechanism towards high-energy-density and kinetically accelerated liquid metal battery [J]. Energy Storage Materials, 2023, 54: 20-29.

[7] NING X, PHADKE S, CHUNG B, et al. Self-healing Li-Bi liquid metal battery for grid-scale energy storage [J]. Journal of Power Sources, 2015, 275: 370-376.

[8] XIE H, ZHAO H, WANG J, et al. High-performance bismuth-gallium positive electrode for liquid metal battery [J]. Journal of Power Sources, 2020, 472: 228634.

[9] DAI T, ZHAO Y, NING X H, et al. Capacity extended bismuth-antimony cathode for high-performance liquid metal battery [J]. Journal of Power Sources, 2018, 381: 38-45.

[10] KIM J, SHIN D, JUNG Y, et al. LiCl-LiI molten salt electrolyte with bismuth-lead positive electrode for liquid metal battery [J]. Journal of Power Sources, 2018, 377: 87-92.

[11] ZHOU Y, NING X. Improving wettability at positive electrodes to enhance the cycling stability of Bi-based liquid metal batteries [J]. Small, 2023, 20 (3): 2304528.

[12] YEO J S, LEE J H, YOO E J. Electrochemical properties of environment-friendly lithium-tin liquid metal battery [J]. Electrochimica Acta, 2018, 290: 228-235.

[13] LI H, WANG K, ZHOU H, et al. Tellurium-tin based electrodes enabling liquid metal batteries for high specific energy storage applications [J]. Energy Storage Materials, 2018, 14: 267-271.

[14] OUCHI T, KIM H, SPATOCCO B L, et al. Calcium-based multi-element chemistry for grid-scale electrochemical energy storage [J]. Nature Communications, 2016, 7: 10999.

[15] MASSET P, HENRY A, POINSO J Y, et al. Ionic conductivity measurements of molten iodide-based electrolytes [J]. Journal of Power sources, 2006, 160 (1): 752-757.

[16] 黎朝晖, 朱方方, 李浩秒, 等. 液态金属电池研究进展 [J]. 储能科学与技术, 2017, 6 (5): 981-989.

[17] XIE H, CHEN Z, CHU P, et al. An elaborate low-temperature electrolyte design towards high-performance liquid metal battery [J]. Journal of Power Sources, 2022, 536: 231527.

[18] HAYASHI A, NOI K, SAKUDA A, et al. Superionic glass-ceramic electrolytes for room-temperature rechargeable sodium batteries [J]. Nature Communications, 2012, 3: 856.

[19] WANG D, HWANG J, CHEN Cy, et al. A β″-alumina/inorganic ionic liquid dual electrolyte for intermediate-temperature sodium-sulfur batteries[J]. Advanced Functional Materials, 2021, 31 (48): 2105524.

[20] DING Y, GUO X, QIAN Y, et al. Low-temperature multielement fusible alloy-based molten sodium batteries for grid-scale energy storage [J]. ACS Central Science, 2020, 6 (12): 2287-2293.

第 **8** 章

全固态电池

8.1　概　　述

8.1.1　全固态电池的发展背景

当前，传统锂离子电池已在移动设备、电动汽车和能源存储等领域广泛应用。然而，随着电化学储能电池产业的蓬勃发展，传统锂离子电池的性能瓶颈逐渐显现，特别是在安全性和能量密度方面的局限性，促使科研人员和企业寻找新的解决方案，开发出具有高安全性、高能量密度、高功率密度，且良好的宽温域适用性的新型电池，推进储能电池技术的迭代升级。

现有商用锂离子电池主要包括液态电解液锂离子电池和凝胶电解质锂离子电池。得益于液态电解液和凝胶电解质较高的室温离子电导率，以及与活性颗粒良好的浸润性，商用锂离子电池表现出较低的电池内阻和良好的电化学性能（室温条件）。然而，基于有机电解液的锂离子电池自身存在无法回避的缺点，主要体现在：

1）安全性较差。有机电解液易燃，即使凝胶电解质中所含电解液较少，也同样存在安全风险。

2）低温性能不佳。有机液态电解液在低温下易固化，离子电导率下降，电池内阻增大，电池低温性能不足。

3）能量密度有限。有机电解液体系的电化学窗口一般小于 4.5V，限制了高压正极材料的使用，不利于更高能量密度锂离子电池的发展。

为了克服现有商业锂离子电池面临的问题，发展基于固态电解质的全固态电池会带来如下优点：

1）安全性。固态电解质不挥发，一般不可燃，不存在电解液泄露、燃烧的风险，可从根本上解决电池的安全性问题。

2）能量密度。部分固态电解质具有很宽的电化学窗口，有望兼容高压正极和高容量负极。同时，固态电解质具有较高的强度和硬度，使金属锂作为负极的使用成为可能（抑制锂枝晶），有望综合提高电池的能量密度。

3）温度适应性。固态电解质在宽温度范围内性质及性能稳定，全固态电池适用于低温和高温工作。

4）**功率特性**。部分固态电解质离子电导率及离子迁移数较高，全固态电池有望提升电池快充性能。

5）**循环寿命**。全固态电池可规避传统液态电池长期服役时存在的溶剂干涸、挥发、泄露、电极材料腐蚀等问题，有望延长电池服役寿命。因此，基于全固态电池的基本特性，可以预见，全固态电池有望为电动交通、可再生能源存储等领域带来更安全、高效和可持续的能源解决方案。

不过，值得注意的是，虽然全固态电池具有上述优点，但其发展仍旧面临材料开发、界面问题、制造工艺、成本问题以及规模化生产等多方面的挑战，需要跨学科的合作和持续的技术创新，持续推进全固态电池的产业化进程。

注：基于固态锂电池和固态钠电池的相似性，以及规模化储能对材料成本方面的考虑，本章除了锂固态电解质，一并对固态钠电池用钠固态电解质进行简要介绍。

8.1.2 固体电解质概述

固体电解质是固态电池的核心部件，理想的固体电解质需具有离子电导率高、电子电导率极低、化学稳定性高、电化学窗口宽、与正负极界面兼容性好、强度高以及制备简单、成本低廉和环境友好等要求，但是，目前很难有一种固体电解质能够同时满足上述所有要求。当前，全固态锂电池用固体电解质的发展技术路线主要包括聚合物固体电解质、无机氧化物固体电解质和无机硫化物固体电解质。

20 世纪 70 年代，聚合物固体电解质首次被发现。作为全固态电池固体电解质，聚合物固体电解质具有如下优点：①良好的柔韧性和加工性，可通过挤出、注塑等工艺成型；②具有良好的力学性能，能够适应电极材料充放电过程中的体积变化；③原材料来源丰富，制备成本相对较低。但是，聚合物固体电解质存在离子电导率相对较低、离子迁移数较低的问题。此外，聚合物固体电解质的电化学窗口较窄，如常用的对金属 Li 稳定的 PEO 基聚合物电解质，其电化学窗口小于 4V，难以匹配高压正极使用，限制了电池能量密度的提升。因此，针对聚合物固体电解质的相关研究主要围绕提高其离子电导率、扩大电化学稳定性窗口、改善与电极材料的界面兼容性等方面，以提高其在高性能电池中的应用潜力。

无机固体电解质是一类具有较高离子传输特性的无机快离子导体材料，主要包括无机氧化物固体电解质和无机硫化物固体电解质。无机氧化物固体电解质稳定性较好、电化学窗口宽，且强度高，但是其室温离子电导率较低，以及与正/负极固-固界面接触差（氧化物固体电解质的刚性特征）。无机硫化物固体电解质室温离子电导率高（甚至可达液态电解液水平）、延展性好，且硬度适中，可与正/负极形成良好的界面物理接触，但是其电化学窗口窄，与正/负极界面稳定性差，与氧化物正极间界面阻抗较高。此外，无机硫化物固体电解质对水分非常敏感（与水反应，生成有毒硫化氢气体），对生产、运输和加工的环境要求很高。

综上所述，每一类固体电解质都有其自身独特的性能特点，但是，在技术方面都存在不足，难以做到全方位的优化。因此，为了充分发挥全固态电池的优势，发展高离子电导率的电解质材料以及降低固-固界面电阻是全固态电池发展的关键。

8.2 固体电解质基础理化性质

8.2.1 离子电导率

离子电导率是反映固体电解质传输离子的能力，是衡量电解质性能的关键指标之一。通常可以采用交流阻抗法测量，并计算得到电导率。

$$\sigma = \frac{l}{RS} \tag{8-1}$$

式中，σ 为离子电导率（$S \cdot cm^{-1}$），l 为固体电解质厚度（cm），R 为电解质电阻（Ω），S 为电解质面积（cm^2）。

8.2.2 离子迁移活化能

离子迁移活化能是评价固体电解质离子迁移能力的重要参数之一，可用于判断固体电解质中离子迁移速率的快慢。针对晶态的固体电解质，其离子电导率一般符合 Arrhenius 方程：

$$\sigma_T = \frac{A}{T}\exp\left(-\frac{E_a}{RT}\right) \tag{8-2}$$

式中，σ_T 为离子电导率（$S \cdot cm^{-1}$）；A 为指前因子，也称频率因子；T 为绝对温度（K）；E_a 为离子迁移活化能（eV）；R 为气体常数。实验中，将得到的 σ_T 的自然对数与温度的倒数作图，得到 $\ln(\sigma T) - \frac{1}{T}$ 关系曲线，直线拟合后得到斜率和截距，从而可得到 E_a 和 A 值。

针对无定形固体电解质或聚合物电解质，其离子电导率一般满足 Vogel-Tamman-Fulcher（VTF）方程：

$$\sigma_T = \frac{A}{T^{1/2}}\exp\left(-\frac{E_a}{T-T_0}\right) \tag{8-3}$$

式中，σ_T 为离子电导率（$S \cdot cm^{-1}$）；A 为指前因子；T 为绝对温度（K）；E_a 为活化能（eV）；T_0 为理想的玻璃化转变的热力学平衡温度。实验中对电导率与温度关系进行拟合，可以得到体系的活化能 E_a、指前因子 A 和 T_0。

8.2.3 离子迁移数

在外电场作用下，电解液中的不同离子均会发生定向运动。离子迁移数指不同种类的离子所传输的电荷量与通过溶液的总电荷量之比，反映了各种可动的离子在导电过程中的导电份额，通常用符号 t 表示（transference number 中的第一个字母）。例如，在锂离子电池电解液体系中，由于充放电过程中电解液需要传输的是 Li^+，因此，Li^+ 迁移数越高，意味着参与电化学反应过程中有效输运的离子越多。

$$t_{Li^+} = \frac{I_{Li^+}}{I_{\text{总}}} = \frac{I_{Li^+}}{I_{Li^+}+I_{\text{阴离子}}} = \frac{t_{Li^+}}{t_{Li^+}+t_{\text{阴离子}}} \tag{8-4}$$

以锂固体电解质为例，针对无机固体电解质，晶体结构的骨架由阴离子或阴离子基团构成，在外电场作用下，骨架离子不动，因此，锂离子迁移数接近于 1。然而，针对聚合物固体电解质，在充放电过程中，阳离子和阴离子会同时向相反方向移动，因此，锂离子迁移数小于无机固体电解质的离子迁移数。通常情况下，基于金属锂对称电池构型，采用直流极化结合交流阻抗的方式可获得离子迁移数值，相应公式为

$$t_{Li^+} = \frac{I^s R_b^s (\Delta V - I^0 R^0)}{I^0 R_b^0 (\Delta V - I^s R^s)} \qquad (8\text{-}5)$$

式中，t_{Li^+} 为 Li^+ 迁移数；I^s 为直流极化测试过程中稳态时的电流；R_b^s 为直流极化测试时稳态时的电解质电阻；R^s 为直流极化测试时稳态时电极/电解质界面电阻；I^0 为初始电流；R_b^0 为直流极化测试前的电解质初始电阻；R^0 为直流极化测试前的初始电极/电解质界面电阻；ΔV 为所加电压。

8.2.4 电化学窗口

电化学窗口是指固体电解质能够稳定存在的电压范围，即电解质氧化电势和还原电势之差，为全固态电池中选择合适电解质的重要参数之一。针对固体电解质，其较高的氧化电势有利于匹配高压正极材料，较低的还原电势有利于使用低压负极材料，进而获得较高的能量密度。实验中，通常基于阻塞电极/固体电解质/离子导通电极（如金属锂）构型，采用循环伏安法（CV）或线性扫描伏安法（LSV）测定固体电解质的电化学窗口。如果在较宽的电位扫描范围内，没有出现明显的电流，则意味着固体电解质的电化学稳定性较好。

注：考虑实际电池中固体电解质会与活性电极材料和导电剂等组分接触，固体电解质的电化学窗口还需在真实电池中验证。

8.3 固体电解质离子传输机理

8.3.1 无机固体电解质离子扩散机制

1. 离子在晶格内的扩散机制

从微观角度看，固体中离子的扩散过程是指晶格中的离子在不同温度或外界条件作用下（如电场）所发生的长程迁移，主要通过离子在晶格"格点"和不同占据位之间的跳跃进行。相应的微观作用机制主要包括 Schottky 类型的空位传输机制和 Frenkel 类型的间隙位传输机制。

（1）直接间隙扩散机制　在间隙固溶体中，尺寸较大的骨架原子构成固定的晶体点阵，结构中处于间隙位的尺寸较小的离子可以从一个间隙位置跳动到其近邻的另一个间隙位置，从而完成迁移扩散（图 8-1）。

（2）空位扩散机制　固体晶格中的结点没有完全被原子占据，而是存在一定比例的空位，结构中的离子主要通过跳跃到临近的空位来实现扩散，已跳跃到空位的离子会在其原来的位置上留下新的空位。当结构中存在大量的空位，在空位团聚的情况下，可能存在多空位机制，如双空位机制（图 8-2）。

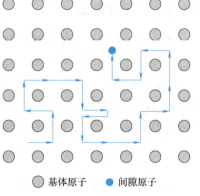

○ 基体原子　● 间隙原子

图 8-1　直接间隙扩散机制

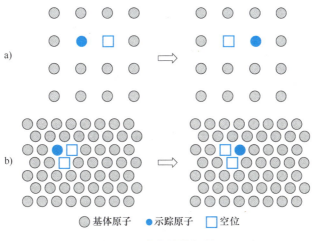

图8-2 空位扩散机制

a) 单空位扩散机理 b) 双空位扩散机理

（3）间隙-取代交换机制 当间隙位离子同时占据间隙位和晶格位点时，结构中的离子可以通过间隙位-格点位交换的方式扩散。通常情况下，间隙方式的扩散系数要高于取代方式的扩散系数。但间隙位"溶质"离子的浓度要小于取代位离子，在这种情况下，扩散为间隙位-取代位共同作用机制。如果扩散基于空位完成，则称为解离机制；如果扩散仅基于自间隙离子完成，则称为踢出机制（图8-3）。

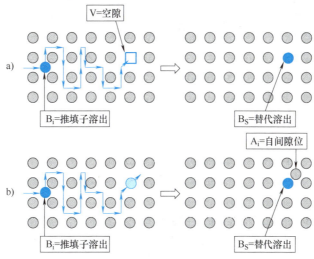

图8-3 间隙-取代交换机制

a) 解离机制 b) 踢出机制

（4）推填子机制（联动跃迁） 离子传输并不是直接在间隙位跳跃，而是间隙位离子敲击临近占据晶格位的离子，将其推到间隙位，然后自身跳跃填入到晶格位，依次往复，推动结构中离子的迁移（图8-4）。

（5）集体输运机制 结构中几个离子同时运动的机制，即离子跃迁过程需要不止一个离子同时运动，是多个离子的协同作用，离子迁移势垒低于单个离子在位点与间隙/空位间

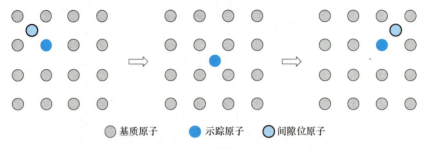

图 8-4 推填子机制

跃迁的势垒，从而赋予材料较高的电导率。

注：推填子机制也属于集体输运机制。

2. 离子在晶界的扩散机制

晶界由结构不同或者取向不同的晶粒互相接触而形成（图 8-5a)，与晶粒的取向、成分、成键状态及形貌大小等有很大关系。对于这种多晶结构，通常可采用阻抗谱来研究体相和晶界的电导（图 8-5b)，并采用对应的等效电路和阻抗谱拟合。

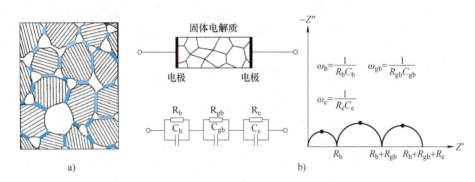

图 8-5 多晶结构及等效电路表示

a) 多晶结构示意图 b) 多晶固体电解质示意图及等效电路图

为了描述两相混合物导电性质的阻抗谱，研究提出了多种导电模型，例如：

1）串联模型和并联模型（平行层模型）。这两种模型为最早提出（图 8-6a)，描述了两种极端情况，且相均是非连续的。

2）砖层模型。Beekmans 和 Heyne 将两种极端情况融为一体，提出了砖层模型（图 8-6b)。该模型由立方形晶粒堆砌而成，且晶粒之间由上平面的晶粒间界分开。假设电流是一维的，且电流在晶粒角上的弯曲忽略不计，则电流可沿着"通过晶粒并穿过晶粒间界"或者"沿晶粒间界"两种途径进行。

3）有效介质模型。很多情况下，晶粒间界上一些区域晶粒间接触良好，Bauerle 将这些区域称为"捷径"（图 8-6c)。其等效电路如图 8-6d、e 所示。有效介质模型考虑电流分布的实际情况。Maxwell 首先提出球状粒子分散到连续相中的有效介质模型，随后 Brailsford 和 Hohnke 提出了同心球模型。Fricke 引入形状因素，对椭球状粒子建立了类似 Maxwell 模型的表达式，形状因素的引入可使阻抗弧变形。

针对复合物电解质体系，Dudney 提出了晶界、体相和表面相串并联的电阻网络模型，

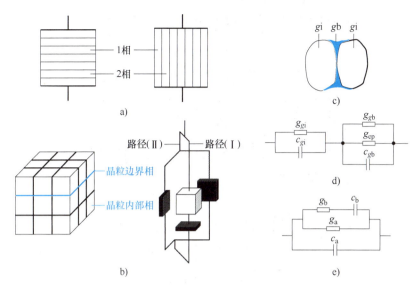

图 8-6　导电模型示意图

a) 串联模型和并联模型　b) 砖层模型　c)~e) 有效介质模型

以解释电解质电导率的变化（图8-7），电解质的电导率为

$$\sigma=(1-x)\sigma_{\mathrm{b}}+x\sigma_{\mathrm{A}}+2\left[\frac{1}{r_{\mathrm{b}}}+x\left(\frac{1}{r_{\mathrm{A}}}-\frac{1}{r_{\mathrm{b}}}\right)\right]\times\frac{\sigma_{\mathrm{b/b}}(1-x^2)r_{\mathrm{A}}^2+2\sigma_{\mathrm{b/A}}(1-x)xr_{\mathrm{A}}r_{\mathrm{B}}+\sigma_{\mathrm{A/A}}x^2r_{\mathrm{b}}^2}{\left[(1-x)r_{\mathrm{A}}+xr_{\mathrm{b}}\right]^2} \quad (8\text{-}6)$$

式中，x 是分散体在体系中的体积分数；r_{b} 和 r_{A} 分别为主体相和分散体相的晶粒半径；$\sigma_{\mathrm{b/b}}$、$\sigma_{\mathrm{b/A}}$、$\sigma_{\mathrm{A/A}}$ 是相应界面的电导率。该模型解释了主体相与分散体相颗粒大小，以及分散体相在整个体系所占的体积分数对电导率的影响。

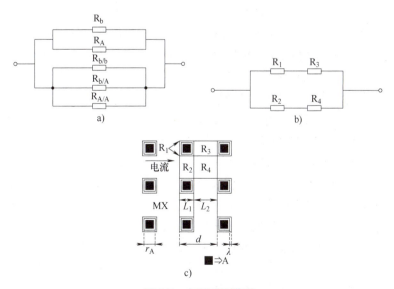

图 8-7　电阻网络模型

a) 离子电导率分析计算的电路模型　b) 电阻网络　c) 嵌入导电介质 MX 中的简单
立方晶格上的立方分散颗粒 A 的排列示意图

此外，若考虑分散体相团聚或均匀分散的不同情况，Uvarov 等人提出了改进的形态学模型，如图 8-8 所示。

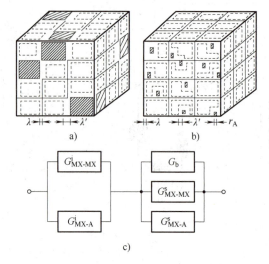

图 8-8　形态学模型

a）A 颗粒团聚　b）A 颗粒均匀分散　c）两相复合体系等效电路

G^i_{MX-A}、G^s_{MX-A}—MX-A 晶粒间电导和表面电导　G^i_{MX-MX}、G^s_{MX-MX}—MX-MX 晶粒间电导和表面电导　G_b—MX 体电导

1）分散体相在主体相中团聚时，交流电导率为：

$$\sigma_{ac} = \sigma_S(\lambda/r_b)(\beta/\gamma)(1-f)^2 + \sigma'_S(\lambda'/r_b)(\beta/\gamma)f(1-f) \tag{8-7}$$

2）分散体相在主体相中均匀分散时，交流电导率为：

$$\sigma_{ac} = \sigma_S(\lambda/r_b)(\beta/\gamma)(1-f)^2 + \sigma'_S(\lambda'/r_A)(\beta'/\gamma')f(1-f) \tag{8-8}$$

式中，σ_S 和 σ'_S 分别为主体相/主体相、主体相/分散体相界面的电导率；λ 和 λ' 分别为主体相/主体相、主体相/分散体相界面的厚度；r_b 和 r_A 分别为主体相和分散体相的晶粒半径；β、β'、γ、γ' 为与样品形貌相关的无量纲几何因子；f 为分散体的体积分数。

当分散体相为绝缘体时，电导率随分散体体积分数的提高而显著增大，超过临界值后又会减小（图 8-9）。分散体相（深色）在主体相（白色）中随机分布，且两相界面为高电导率的界面相（图 8-9a~c 中的粗线表示高导电层）。分散体相体积分数小于临界值时，界面相随分散体相的增多而增多；当分散体相体积分数超过临界值时，分散体继续增多会引起分散体团聚，导致界面相减少（典型的渗流现象）。

需要注意的是，上述模型仅便于理解两相复合材料的电导行为，并不涉及离子在界面处传输行为的变化。如果将晶界附近的结构分为主体基质、分散体、表面三部分，那么对于惰性分散体，其自身的电导率通常可以忽略。因此，总电导率的提高可主要源于表面部分电导率的贡献。

为了解释晶界处离子电导率显著提高的机制，研究提出了空间电荷层对离子传输的影响理论，在这一理论中，主体基质和分散体之间存在空间电荷的区域分布，且这一区域产生过量的缺陷浓度，空间电荷层的存在会影响平衡时载流子在空间电荷层两侧的浓度变化。此外，示踪原子实验结果发现，相较于晶格内原子扩散，晶界原子的扩散距离长，原子通过晶

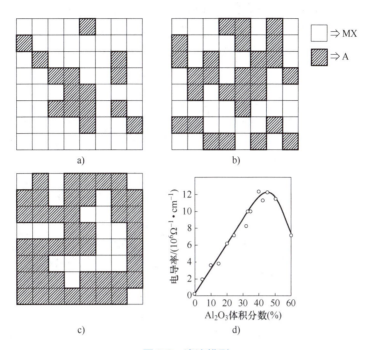

图 8-9　渗流模型

a）界面未开始渗流时的分散相浓度示意　b）界面渗流开始时分散相浓度示意　c）传导路径中断时的
分散相浓度示意　d）Al_2O_3 含量对 $LiI（Al_2O_3）$ 电解质电导率的影响

界时的原子迁移速率快，这是由于晶界处原子排列不规则，点阵畸变严重。

值得注意的是，空间电荷层理论并未考虑实际晶体结构对载流子在空间中分布的限制，也未考虑局部应力对离子迁移率的影响。同时，实际晶界还可能存在杂质聚集偏析和不同形式的缺陷。这些因素导致实际情况下晶界既有可能有利于离子传输，也有可能限制离子传输，难以准确预测。尽管如此，上述界面模型及空间电荷层模型仍为不同角度思考界面离子传输行为提供了理论指导。

8.3.2　聚合物固体电解质离子扩散机制

聚合物电解质是以聚合物为基体，由强极性聚合物和金属盐通过 Lewis 酸-碱反应模式，不断地发生络合解络合反应，形成具有离子导电功能的高分子材料。在聚合物电解质中，聚合物基体通常包含极性基团（如—O—、—S—、—C≡N 等），极性基团上的孤对电子通过库仑作用与金属盐阳离子发生配位，导致金属盐的阴、阳离子解离，从而实现对金属盐的溶剂化。（注：高介电常数聚合物基体有利于金属盐的解离，低晶格能金属盐易于在聚合物基体中被解离。）

在聚合物固体电解质中，由于聚合物链的尺寸较大，离子的自由移动几乎不可能，其离子的扩散机制主要为：在电场作用下，且在玻璃化转变温度以上，聚合物分子链段可发生伸展运动，这种运动会导致阳离子与聚合物极性基团间配位键的不断解离与络合。在局部电场作用下，解离的阳离子可以沿一条聚合物链段上的一个配位点跃迁到另一个配位点，也可在不同聚合物链段上的配位点之间跃迁，从而实现了离子的转移。

以聚环氧乙烷基固体电解质（PEO）为例，解离的阳离子与 PEO 链段上无定形区域的 O 原子不断发生络合和解离（"解络合-再络合"过程），从而实现离子的传导。相应的传输方式包括单个离子链内跳跃传输、离子簇链内跳跃传输、单个离子链间跳跃传输和离子簇链间跳跃传输，如图 8-10 所示。

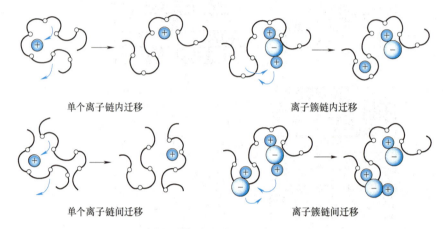

单个离子链内迁移   离子簇链内迁移

单个离子链间迁移   离子簇链间迁移

图 8-10　PEO 基聚合物电解质中阳离子传导机理

注：对于凝胶聚合物电解质，其离子传输是固体聚合物基体与液态电解液协同传输的结果。一般情况下，离子电导率高于固态聚合物电解质。

8.4　固体电解质种类

8.4.1　无机固体电解质

1. 锂离子固体电解质

锂离子固体电解质按照结晶状态划分可分为晶态固体电解质和非晶态固体电解质。其中，晶态固体电解质主要包括钙钛矿型、反钙钛矿型、NASICON 型、LISICON 型、石榴石型和 Li_3N 型等；非晶态固体电解质主要包括 LiPON 和非晶态硫化物等。

（1）晶态固体电解质

1）钙钛矿型。钙钛矿型的通式为 ABO_3，结构示意如图 8-11 所示。通过 Li^+ 和 La^{3+} 共同取代 A 位碱土金属离子，可构建具有锂离子传导能力的典型钙钛矿型固体电解质材料 $Li_{3x}La_{2/3-x}TiO_3$（LLTO，$0.04<x<0.17$）。随着材料组分的不同和制备方法的差异，LLTO 有立方、四方、正交和六方等多种结晶形式。有研究发现，当 $0.06<x<0.14$ 时，材料为四方结构（空间群为 $P4/mmm$），且 $x=0.11$ 时（$Li_{0.33}La_{0.56}TiO_3$），其室温体相离子电导率可达 $10^{-3}S \cdot cm^{-1}$。

在 LLTO 结构中，TiO_6 八面体通过共角连接构成整体框架，La^{3+} 和 Li^+ 占据 A 位，但并未占满，结构中存在 A 位空位。四方相 LLTO 结构中，富锂层和富镧层沿 c 轴交替排列。在富锂层，空位的分布是无序的；在富镧层，La^{3+} 和空位交替排布。当 La、Li 和空位同时在 A 位无序排布时，这种有序分层结构被打乱，材料呈立方相结构。高价且半径较大的 La^{3+} 稳定钙钛矿结构，半径较小的 Li^+ 通过 La^{3+} 周围的通道在空位间迁移，属于空位机制传导。因此，在钙钛矿型固溶体中，A 位锂空位浓度和可供锂离子迁移的自由空间对材料离子电导率有较大影响。值得注意的是，LLZO 实际应用依旧面临一些问题，主要包括：①高温制备过程中易造成锂损失，导致材料成分较难控制，影响材料离子电导率；②作为固体电解质，与金属锂负极匹配时，结构中的 Ti^{4+} 易被还原，从而产生较高的电子电导，制约其应用。

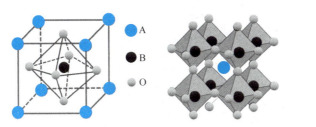

A
B
O

图 8-11　钙钛矿结构示意图

2）反钙钛矿型。在钙钛矿 ABX_3 结构中，采用一价阳离子 Li^+ 占据 X 位，并用 -1 价的卤族元素（F、Cl、Br、I）和 -2 价的氧离子分别替代 A 位和 B 位，即可得到反钙钛矿型固体电解质材料 Li_3OX（如 Li_3OCl、$Li_3OCl_{0.5}Br_{0.5}$ 等，Li_3OCl 晶体结构见图 8-12）。Li^+ 含量较高（3 个 Li^+），通常称之为"富锂的反钙钛矿材料"（lithium-rich anti-perovskites，LiRAP）。LiRAP 基固体电解质具有熔点低、活化能低、离子电导率高、电子电导率低、密度小、质量轻、与金属锂稳定、环境友好且易于循环利用等优点。通过调节材料组分和晶体结构，提高晶格缺陷浓度，扩大晶格参数，可以获得超过其他现有固体电解质的较高离子电导率。不过，值得注意的是，LiRAP 对水分的高度敏感性给材料制备带来了一定的挑战，尤其是高纯度的单相材料。

与 Li_3OX 相比，卤化锂水合型反钙钛矿材料 [通式可写为 $Li_{3-n}(OH_n)X$，$0.83 \leqslant n \leqslant 2$，$X = Cl$；$1 \leqslant n \leqslant 2$，$X = Br$] 更易合成单相，且室温下相对更加稳定。然而，该材料在低温下为非立方结构（高温相为反钙钛矿型立方相结构，不同化学组成材料的相变温度也不同），且结构中质子的存在会对 Li^+ 扩散产生空间位阻效应（较大的排斥力），限制了材料的离子电导率。高温下，对于立方相，OH^- 和 OH_2 可以

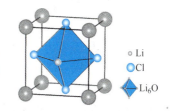

Li
Cl
Li_6O

图 8-12　Li_3OCl 晶体结构示意图

"自由"转动，Li^+ 迁移过程中可占据位点增多，材料的电导率提高。（注：$n = 2$，材料结构中载流子浓度较低、材料稳定温度范围较窄，且高温下可能脱水等特点令其未受到很高的重视。）

3）NASICON 型。NASICON，钠快离子导体（sodium super ionic conductor），最早是固溶体 $Na_{1+x}Zr_2P_{3-x}Si_xP_{12}$ 的简称。NASICON 型锂无机固体电解质材料的结构通式为 $LiM_2(XO_4)_3$（M = Ge、Ti、Zr、Hf、Sn；X = P、Si、Mo），具有三维网络结构，属于菱形晶系，空间群是 $R\text{-}3c$，某些低温相存在更低的对称性。具体而言，其结构均是由 2 个 MO_6 八面体和 3 个 XO_4 四面体共顶连接构成 $[M_2(XO_4)_3]$ 刚性骨架结构（图 8-13），结构中 Li^+ 存在两种间隙位置（A1 为 6 配位，A2 为 8 配位），Li^+ 在这两种间隙位置之间跳跃实现了离子的扩散传输。

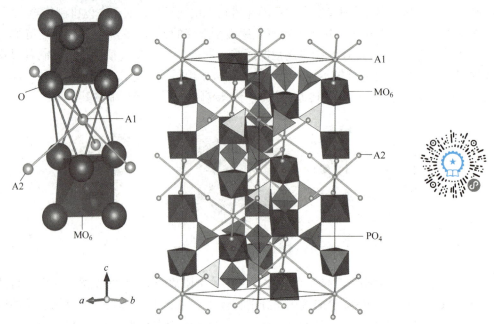

图 8-13　NASICON 型 $LiM_2(PO_4)_3$ 晶体结构示意图

　　该类材料结构中，通过晶格掺杂，调节晶体骨架的"瓶颈"（合适的 Li^+ 迁移通道尺寸），并调整结构中 Li^+ 浓度（间隙 Li^+ 或 Li 空位），可改善材料体相离子电导率。目前，$Li_{1+x}Al_xTi_{2-x}(PO_4)_3$（LATP）和 $Li_{1+x}Al_xGe_{2-x}(PO_4)_3$（LAGP）是研究最为广泛的 NASICON 型锂固体电解质材料，其具备较高的离子电导率，较高的水分稳定性以及较宽的电化学窗口等优点。然而，针对 LATP，与 LLTO 类似，其低电位下易发生 Ti^{4+} 的还原嵌锂，因此不能与金属锂或其他低电位嵌锂负极材料直接接触使用，导致其存在应用的局限性。

　　4）LISICON 型。LISICON（lithium super ionic conductor）型，主要包括 $Li_{14}Zn(GeO_4)_4$ 和 γ-Li_3PO_4 结构固溶体（$Li_{3+x}X_xY_{1-x}O_4$，X = Si、Sc、Ge、Ti，Y = P、As、V、Cr）。$Li_{14}Zn(GeO_4)_4$，其在 Li_4GeO_4 基础上发展而来，可认为是 Li_4GeO_4 和 Zn_2GeO_4 的固溶体。$Li_{14}Zn(GeO_4)_4$ 结构由坚固的三维阴离子骨架 $[Li_{11}Zn(GeO_4)_4]^{3-}$ 构成（图 8-14），11 个 Li^+ 中有 4 个 Li^+ 占据 $4c$ 位置，7 个 Li^+ 与 Zn^{2+} 共同占据 $8d$ 位置，结构中剩余的 3 个 Li^+ 处于八面体间隙位置（$4c$ 和 $4a$），并形成了离子传输的三维通道。不过，虽然 $Li_{14}Zn(GeO_4)_4$ 材料具有良好的热稳定性，且在高温下具有较高的离子电导率，但是室温电导率较低（仅为 $10^{-7}S \cdot cm^{-1}$），且该材料对空气（水分、CO_2）较敏感和对金属锂不稳定，这

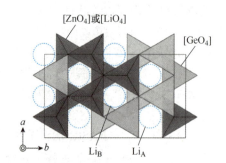

图 8-14　$Li_{14}Zn(GeO_4)_4$ 晶体结构示意图

些因素均制约了其应用。$Li_{3+x}X_xY_{1-x}O_4$ 主要由 $[X,YO_4]$ 四面体单元和 Li-O 多面体组成。这类材料内含有大量的锂空位，因此具备较高的锂离子电导率。例如，$Li_{3.5}Ge_{0.5}V_{0.5}O_4$ 的室温离子电导率可达 $4\times10^{-5}S \cdot cm^{-1}$。

将 LISICON 中的 O^{2-} 替换成 S^{2-}，可得到硫代-锂快离子导体型材料（Thio-LISICON），其依旧具有 γ-Li_3PO_4 结构。由于 S^{2-} 半径较大，扩大了晶格中的离子迁移通道尺寸，且 S^{2-} 具有较强的极化作用，减小了骨架对 Li^+ 的束缚作用，令 Thio-LISICON 的离子电导率相较于传统的 LISICON 材料有了明显的提高。作为一个典型的 Thio-LISICON 电解质材料，$Li_{10}GeP_2S_{12}$ 的晶体结构如图 8-15 所示。$Li_{10}GeP_2S_{12}$ 材料为四方结构，空间群为 $P4_2/nmc$，是由 $(Ge_{0.5}P_{0.5})S_4$ 四面体、PS_4 四面体、LiS_4 四面体和 LiS_6 八面体构成的三维网状结构。其中，LiS_6 八面体与 $(Ge_{0.5}P_{0.5})S_4$ 四面体共边连接，形成沿 c 轴的一维长链，链与链之间由 PS_4 四面体连接。该材料具有 $1.2 \times 10^{-2} S \cdot cm^{-1}$ 的室温高离子电导率（准各向同性三维 Li^+ 传输机制：c 轴传输+ab 平面方向传输），与有机电解液相当。

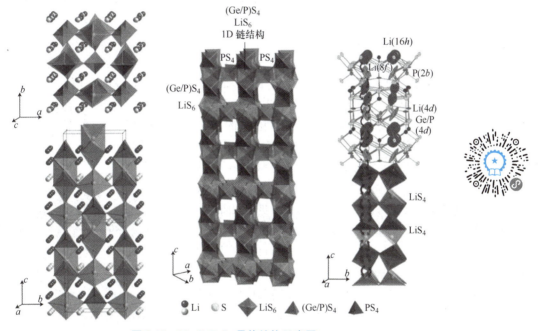

图 8-15　$Li_{10}GeP_2S_{12}$晶体结构示意图

注：①$Li_{10}SnP_2S_{12}$，Sn 取代结构中的 Ge，材料成本显著降低（约为 $Li_{10}GeP_2S_{12}$ 的 1/3），室温离子电导率可达 $4 \times 10^{-3} S \cdot cm^{-1}$；②$Li_{9.54}Si_{1.74}P_{1.44}S_{11.7}Cl_{0.3}$，室温离子电导率高达 $2.5 \times 10^{-2} S \cdot cm^{-1}$；③$Li_{10}GeP_2S_{12}$ 材料虽具有高离子电导率和柔性易加工等优点，但其依旧存在成本、电化学稳定性以及空气气氛下相结构稳定性等问题，令其具有一定程度的应用局限性；④目前报道的含 P 无机硫化物固态电解质，在空气条件下极其不稳定（P—S 键能远小于 P—O 键能）。针对第④条，加拿大西安大略大学孙学良教授课题组采用 Sb 部分取代 P 元素，提高了 LGPS 相结构的湿空气稳定性，在 7.5% Sb 取代下，材料置于模拟的气氛下暴露 12h，可检测无 H_2S 生成，表现出较好的空气稳定性。针对电化学稳定性较差的问题，通过引入表面钝化层，添加包覆层及氧掺杂等手段，可提高硫化物固态电解质材料的电化学稳定性。

5）石榴石型（Garnet）。Garnet 结构是一种硅酸盐矿物结构，其分子通式可写为 $A_3B_2(SiO_4)_3$，结构由 AO_8 十二面体、BO_6 八面体和 SiO_4 四面体组成。作为石榴石型锂固态电解质，其分子通式可写为 $Li_{3+x}A_3B_2O_{12}$。结构中，AO_8 和 BO_6 通过共面的方式交错连接构成三维骨架，当 $x=0$ 时，结构中的 Li^+ 会被严格束缚在作用较强的四面体空位（$24d$），难以自由移动，相应的电解质体系电导率较低；当 $x>0$ 时，随着结构中 Li^+ 含量的增加，Li^+ 会逐渐占据束缚能力较弱的八面体空位（$48g/96h$），四面体空位出现空缺，离子电导率逐渐上升。

$Li_5La_3M_2O_{12}$（M=Nb、Ta）为立方结构，空间群为 $Ia\text{-}3d$。结构中 Li^+ 分别占据在四面体的 $24d$ 位置（占有率为 80%）和八面体的 $48g$ 位置（占有率为 40%），研究表明其具有较高的离子电导率（室温电导率约为 $10^{-6}S\cdot cm^{-1}$）。通过晶格异质元素掺杂，增大结构中载流子浓度或扩展材料晶胞尺寸（如 La 位 Ba 掺杂、M 位 In 掺杂、M 位 Bi 掺杂等），可提高材料的离子电导率。采用 4 价元素取代 $Li_5La_3M_2O_{12}$ 结构中的 5 价 M 元素，基于电价平衡，会形成富锂石榴石型固态电解质材料 $Li_7La_3M_2O_{12}$（M=Zr，Sn，Hf）。目前，$Li_7La_3Zr_2O_{12}$（LLZO）是研究最为广泛的石榴石型锂固态电解质。

$Li_7La_3Zr_2O_{12}$ 具有立方相和四方相两种晶体结构（图 8-16）。其中，立方相为高温稳定相，室温下会自发转变为四方相。立方相和四方相 LLZO 具有相同的 $La_3Zr_2O_{12}$ 框架，主要区别在于 Li^+ 在四面体间隙和八面体间隙位置的占位率不同。在立方相结构中，Li^+ 可以在四面体间隙 $24d$（Li1）和扭曲的八面体间隙 $96h$（Li2）无序排布，Li2 位置的无序化和部分占据对结构中锂离子的传导起重要作用。然而，四方相结构中（空间群为 $I41/acd$），存在大量的有序 Li^+ 排列，Li1 转换为完全占据的 $8a$ 位置和未占据的 $16e$ 位置，$96h$ 位置转换为完全占据的 $16f$ 和 $32g$。四方相结构中 Li^+ 呈现长程有序排列，载流子浓度较低，因此离子传导能力有限。通常情况下，立方相 LLZO 的离子电导率要比四方相高出 1~2 个数量级。研究表明，通过晶格掺杂策略，减少结构中 Li^+ 含量或增加 Li^+ 空位，破坏四方相结构中的锂分布有序性，可获得高离子电导率的室温稳定立方相结构 LLZO 基电解质材料（如 Li 位掺 Al，La 位引入 Ca、Sr 等和 Zr 位引入 Nb、Ta 等）。

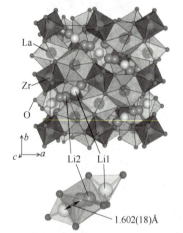

图 8-16 立方相 $Li_7La_3Zr_2O_{12}$ 晶体结构示意图

注：LLZO 电解质材料具有高离子电导率、宽电压窗口和对金属锂稳定的优点，但同时存在致密化困难、成本较高和空气敏感性（水、CO_2）的缺点。

6）Li_3N 型。层状结构 Li_3N 为最早被研究的无机固态电解质。在其结构中（图 8-17），Li^+ 和 N 原子构成六方结构的 Li_2N 层，其余 Li^+ 处于 Li_2N 层间。结构中锂层所剩的空间很多，因此，结构中 Li^+ 具有良好的迁移能力，Li_3N 材料的室温电导率可达 $10^{-3}S\cdot cm^{-1}$。（注：Li_3N 结构中离子传输存在各向异性。）

然而，Li_3N 材料的分解电压太低（0.45V），且难以烧结，这直接限制了其在电池中的实际应用。虽然引入其他盐构建二元或三元体系，可提高材料的稳定性或改善材料的烧结性（如 Li_3N-LiX 固溶体，X=Cl、Br、I；Li_3N-MI 系列材料，M=Li、Na、K），但总体而言，材料的分解电压仍未达到较高程度，这限制了其在全固态电池中作为主体固态电解质的应用，只能用在电压较低的锂二次电池体系中。

（2）非晶态固体电解质

1）LiPON。在氮气气氛中，采用磁控溅射方法溅射高纯 Li_3PO_4 靶，可以得到锂磷氧氮（LiPON）薄膜，其室温离子电导率可达 $2.3×10^{-6}S\cdot cm^{-1}$，电化学窗口为 5.5V，热稳定性高，且与 $LiCoO_2$、$LiMn_2O_4$ 等常用正极和金属 Li 负极间具有良好的相容性。LiPON 是目前研究最广，且在微型电池中有实际应用的锂离子固体电解质。LiPON 适用于薄膜锂离子电池，电解质膜厚度只有几百纳米，电解质膜的电阻较小。LiPON 全固态薄膜电池结构如图 8-18 所示。

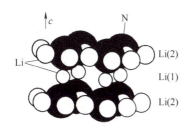

图 8-17 Li_3N 晶体结构示意图

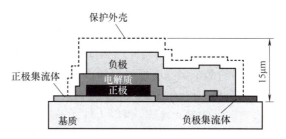

图 8-18 LiPON 全固态薄膜电池结构示意图

注：为了提高 LiPON 电解质的离子电导率，可通过增加薄膜材料中的 N 含量来实现。N 原子部分取代结构中的 O 原子，可形成氮的二共价键或三共价键结构，降低可与锂离子形成离子键的氧含量，进而提高电解质中的自由锂离子含量，改善材料离子电导率。

2）非晶态硫化物。氧化物玻璃体主要由网络形成体（SiO_2、B_2O_3、P_2O_5 等）和网络改性体（如 Li_2O）组成。结构中，只有 Li^+ 可以移动，且通常情况下，离子电导率为 $10^{-6}S\cdot cm^{-1}$ 左右。适量增加网络改性体（Li_2O）的含量，添加锂盐（如 LiX、Li_2SO_4、Li_3PO_4 等），或构建玻璃-陶瓷复合电解质等，可提高玻璃态氧化物电解质的离子电导率。不过，总体而言，氧化物的非晶态电解质总电导率较低，活化能较高。

硫化物材料结构中，硫离子半径比氧离子大，且具有较大的极化能力，与锂的相互作用更弱，因此，硫化物电解质材料可具备更高的离子电导率。非晶态硫化物固体电解质材料以 Li_2S 为主要成分，并与其他硫化物形成的多元非晶体系，如 Li_2S-P_2S_5 基、Li_2S-SiS_2、Li_2S-B_2S_3 基玻璃等（室温离子电导率可达 $10^{-3}\sim10^{-4}S\cdot cm^{-1}$）。通过适量增加网络改性物的含量、添加锂盐、使用混合网络形成物、掺杂氧化物或形成玻璃-陶瓷复合电解质等，可明显改善硫化物基玻璃电解质的电导率。例如，$0.28B_2S_3$-$0.33Li_2S$-$0.39LiI$ 三元玻璃电解质，室温电导率可达 $10^{-3}S\cdot cm^{-1}$；Li_2S-SiS_2 二元硫化物体系中添加少量 Li_4SiO_4，室温电导率最高也可达 $10^{-3}S\cdot cm^{-1}$。

示例 1：Li_2S-SiS_2-Li_4SiO_4。其离子电导率受氧化物加入量影响：①加入量较少时，绝大部分 O 以桥氧形式存在，绝大部分 S 以非桥接硫形式存在，O 与两个 Si 形成桥接基团，导致与 Si 结合的 S 对 Li^+ 的吸引变弱，电导率会提高；②加入量较多时，结构中非桥氧比例上升，其对 Li^+ 有较强的吸引力，材料电导率会下降。

示例 2：Li_3PO_4-Li_2S-SiS_2 玻璃体。其为研究最多的氧化物和硫化物混合型锂离子固体电解质。结构中的 Si 原子和 P 原子均可与硫原子和氧原子配位，即引入 Li_3PO_4 可导致 Li_2S-SiS_2 玻璃体网状结构中的硫部分被氧取代，O 部分取代硫可稳定玻璃体结构，且同时提高材料离子电导率。

注：非晶态硫化物固态电解质具有较高的电导率和容易按照要求尺寸加工的优点，但是其存在空气中不稳定（易于水发生反应）、电化学稳定性较差以及制备困难的缺点。

2. 钠离子固体电解质

钠离子固体电解质主要包括 Na-β-Al$_2$O$_3$，NASICON 型固体电解质、硫化物固体电解质、P2 型 Na$_2$M$_2$TeO$_6$(M=Ni、Co、Zn、Mg) 和硼氢化合物固体电解质。

（1）Na-β-Al$_2$O$_3$　Na-β-Al$_2$O$_3$ 具有两种晶体类型——β-Al$_2$O$_3$ 和 β″-Al$_2$O$_3$。β-Al$_2$O$_3$，化学式一般可写为 Na$_2$O·（8~11）Al$_2$O$_3$，六方晶系，空间群为 $P6_3/mmc$；β″-Al$_2$O$_3$ 化学式为 Na$_2$O·（5~7）Al$_2$O$_3$，三方晶系，空间群为 $R\bar{3}m$。

β-Al$_2$O$_3$ 和 β″-Al$_2$O$_3$ 的晶体结构如图 8-19 所示，均为尖晶石结构堆垛而成的层状结构，Na$^+$ 处于相邻的两个尖晶石堆垛层间，并可进行二维层间传输（沿 ab 面），该层也称其为导钠层；相邻尖晶石层通过 Na$^+$ 传输层中的 O^{2-} 相连（Al—O—Al 键）；Al-O 尖晶石层内氧原子按照最紧密堆积形式排列，Al^{3+} 占据四面体和八面体空隙位置。β-Al$_2$O$_3$ 和 β″-Al$_2$O$_3$ 之间的主要区别在于化学成分和传导层中氧离子堆顺序不同。与 β-Al$_2$O$_3$ 相比，β″-Al$_2$O$_3$ 结构中"Na—O"传导层中的 O^{2-} 对周围 Na$^+$ 的静电引力较小，可容纳的 Na$^+$ 数量更多，离子电导率更高。室温下单晶 β″-Al$_2$O$_3$ 电导率可达 100mS·cm^{-1}，当温度升高至 300℃时，电导率可高达 1S·cm^{-1}。

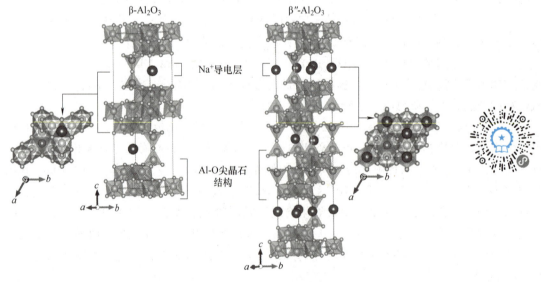

图 8-19　β-Al$_2$O$_3$ 和 β″-Al$_2$O$_3$ 晶体结构示意图

然而，需要注意的是，纯 β″-Al$_2$O$_3$ 在高温下（1500℃）可分解成 Al$_2$O$_3$ 和 β-Al$_2$O$_3$；同时，纯 β″-Al$_2$O$_3$ 对潮湿空气敏感，在空气中不稳定，容易与水反应生成 NaAlO$_2$。此外，β″-Al$_2$O$_3$ 通常采用高温固相法合成，制备温度较高，不仅会带来钠挥发与晶粒生长等问题，还会直接导致材料成本增加。

注：截至目前，Na-β-Al$_2$O$_3$ 是唯一商业化应用的钠离子固体电解质，主要用于高温钠硫电池（固定式储能装置）。

（2）**NASICON 型**　$Na_{1+x}ZrSi_xP_{3-x}O_{12}$（$0 \leqslant x \leqslant 3$），其是在 $NaZr_2(PO_4)_3$ 的基础上，由 Si 对 P 的部分取代衍生而来的一类物质，也可认为是 $NaZr_2(PO_4)_3$ 和 $Na_4Zr_2(SiO_4)_3$ 组成的固溶体，其结构一般较稳定，成分变化一般可以从基体材料 $NaZr_2(PO_4)_3$ 到复杂的 $Na_{1+2w+x-y+z}M_w^{2+}M_x^{3+}M_y^{5+}M_{2-w-x-y}^{4+}(SiO_4)_z(PO_4)_{3-z}$。

$Na_{1+x}ZrSi_xP_{3-x}O_{12}$（NZSP，$0 \leqslant x \leqslant 3$）材料可分为菱方相和单斜相两种。一般来说，当 $1.8 \leqslant x \leqslant 2.2$ 时，材料晶体结构表现为单斜相，空间群为 $C2/c$；当 x 数值不在此范围之内时，材料晶体结构表现为菱方相，空间群为 $R\overline{3}c$。随着温度变化，同一组分的单斜相 NZSP 材料可向菱方相转化，相变温度取决于材料具体化学成分，通常为 150~200℃。

单斜相（$C2/c$）和菱方相（$R\overline{3}c$）NZSP 结构均由 ZrO_6 八面体与（Si，P）O_4 四面体共顶连接形成三维骨架，Na^+ 位于结构中的间隙位（图 8-20）。不同的是，菱方相结构中存在 2 个不同 Na^+ 位点（Na1 和 Na2），当其结构转变为单斜相时，菱方相中的 Na2 位置会分裂成单斜相结构中的 Na2 位和 Na3 位。在 NZSP 结构中，Na^+ 传输需要通过由氧离子形成的瓶颈，例如，针对单斜相 NZSP，根据 Na^+ 在结构中的传输路径（Na1-Na2，Na1-Na3），结构中存在 4 个不同的瓶颈区域，且瓶颈尺寸的大小与 Na^+ 的迁移活化能有着直接关系。尺寸越大，即三角形面积越大，Na^+ 迁移活化能越小，离子电导率越高。

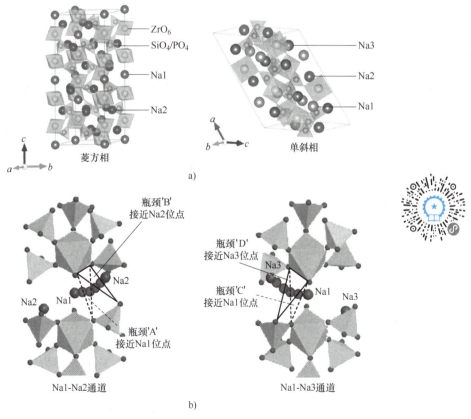

图 8-20　$Na_3ZrSi_2PO_{12}$ 结构示意图

a）菱方相和单斜相 $Na_3ZrSi_2PO_{12}$ 晶体结构示意图　b）单斜相结构中 Na^+ 离子传输瓶颈路径

针对 NZSP 材料，当 $x=2$ 时（$Na_3ZrSi_2PO_{12}$，单斜相），其室温离子电导率可达 $6.7 \times 10^{-4}S \cdot cm^{-1}$，是目前公认的离子电导率最高且研究最广的 NASICON 型钠离子固体电解质材料。研究中通过调控 $Na_3ZrSi_2PO_{12}$ 结构中的载流子浓度和 Na^+ 迁移通道"瓶颈"尺寸，可实现 $Na_3ZrSi_2PO_{12}$ 基固体电解质材料电导率的进一步提高（如 $Na_{3.4}Sc_{0.4}Zr_{1.6}Si_2PO_{12}$，室温电导率可达 $4 \times 10^{-3}S \cdot cm^{-1}$；$Na_{3.1}Zr_{1.95}Mg_{0.05}Si_2PO_{12}$，室温电导率可达 $3.5 \times 10^{-3}S \cdot cm^{-1}$；$Na_3Zr_{1.9}Ce_{0.1}Si_2PO_{12}$，室温电导率为 $9 \times 10^{-4}S \cdot cm^{-1}$）。

（3）**硫化物固体电解质** 硫化物钠离子固体电解质主要可分为非晶态和晶态两类。通常来说，非晶态硫化物电解质常见的有 Na_2S-GeS_2、Na_2S-SiS_2 和 $xNa_2S-(100-x)P_2S_5$ 等。晶态硫化物钠离子固体电解质主要包括 Na_3PS_4、Na_3SbS_4、Na_3PSe_4 和其他硫化物电解质 $[Na_{4-x}Sn_{1-x}Sb_xS_4(0.02 \leqslant x \leqslant 0.33)$、$Na_{11}Sn_2PS_{12}$、$Na_{10}SnP_2S_{12}$ 等]。下面对代表性晶态硫化物固体电解质作相关介绍。

1）Na_3PS_4。存在四方相（空间群为 $P42_1c$）和立方相（空间群为 $I\bar{4}3m$）两种结构（图 8-21）。其中，立方相为高温稳定相，四方相为低温稳定相。立方相和四方相的结构不同主要在于 Na^+ 的占位差异。在四方相结构中，Na^+ 占据一个八面体位和一个四面体位 [P 占据 $2b$ 位，S 占据 $8e$ 位，Na 占据 $4d$ 位（Na1）和 $2a$ 位（Na2）]，而在立方相结构中，Na^+ 分布在两个不规则、扭曲的四面体间隙位 [P 占据 $2a$ 位，S 占据 $8c$ 位，Na 占据 $6b$ 位（Na1）和 $12d$ 位（Na2）]。通常情况下，立方相 Na_3PS_4 离子电导率略高于四方相 Na_3PS_4 离子电导率。2014 年，Hayashi 等人报道的 Na_3PS_4 玻璃-陶瓷电解质，其室温离子电导率可达 $4.6 \times 10^{-6}S \cdot cm^{-1}$。为了提高 Na_3PS_4 的离子电导率，主要通过晶格掺杂手段，调控载流子浓度（如 P 位低价元素掺杂 Sn、Ge、Ti、Si 等）/Na^+ 空位浓度（如阴离子 S 位高价元素掺杂 Cl、Br、I 等），或拓展晶格 Na^+ 扩散通道（如大离子半径元素掺杂 As 等），实现材料离子电导率的提高。例如，2016 年，Chu 等人报道的四方相 $Na_{2.9375}PS_{3.9375}Cl_{0.0625}$ 固体电解质，其室温离子电导率可达 $1.14 \times 10^{-3}S \cdot cm^{-1}$。

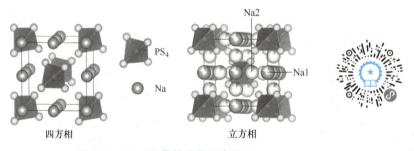

四方相　　　　　　　　　　　　　　立方相

图 8-21　Na_3PS_4 晶体结构示意图

2）Na_3SbS_4。存在四方相和立方相两种结构，如图 8-22 所示。四方相结构中，Sb 离子占据 $2b$ 位，S 离子占据 $8e$ 位，Na^+ 在 SbS_4 四面体形成的间隙中 [存在 2 个位点：Na1（$4d$）和 Na2（$2a$）]。与 a 轴或 b 轴平行，并以 Z 字形交替排列的 Na1、Na2 位和与 c 轴平行排列的 Na1 位共同构建形成了结构内部三维离子传输通道。立方相结构中，Sb 离子占据 $2a$ 位，S 离子占据 $8e$ 位，Na^+ 占据 $6b$ 位，SbS_4 四面体构成的间隙形成了结构中三维 Na^+ 迁移传输通道。2016 年，Banerjee 等人报道的四方相 Na_3SbS_4 固体电解质，其室温离子电导率可达

$1.1 \times 10^{-3} \mathrm{S \cdot cm^{-1}}$；2019 年，Hayashi 等人报道的立方相 $\mathrm{Na_{2.88}Sb_{0.88}W_{0.12}S_4}$ 固体电解质，其室温离子电导率可达 $3.2 \times 10^{-2} \mathrm{S \cdot cm^{-1}}$。值得注意的是，与 $\mathrm{Na_3PS_4}$ 相比，$\mathrm{Na_3SbS_4}$ 材料表现出更为良好的空气稳定性，其在干燥的空气中是稳定的。

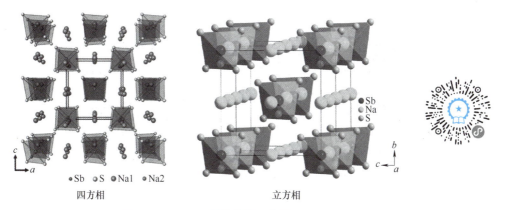

•Sb •S •Na1 •Na2
四方相   立方相

图 8-22 $\mathrm{Na_3SbS_4}$ 晶体结构示意图

3）$\mathrm{Na_3PSe_4}$。立方结构，空间群为 $I\bar{4}3m$，结构中 P 占据 $2a$ 位，Se 占据 $8c$ 位，Na 占据 $6b$ 位，且 $\mathrm{Na^+}$ 在 $\mathrm{PSe_4}$ 四面体所构建的扩散通道内传输（图 8-23）。与 $\mathrm{Na_3PS_4}$ 相比，结构中的 S 元素被 Se 元素的全取代使 $\mathrm{Na_3PSe_4}$ 表现出更高的离子电导率（室温下可达 $1.16 \times 10^{-3} \mathrm{S \cdot cm^{-1}}$）。主要可归因于：①Se 离子半径比 S 离子半径大，使晶格膨胀，拓展离子扩散通道，降低离子迁移势垒，有利于晶格离子扩散；②Se 离子极化能力很强，能够削弱 $\mathrm{Na^+}$ 与阴离子间的结合力，促进晶格离子扩散。

注：通常情况下，硫化物固体电解质的优点：①较高的离子电导率——S 电负性较低，且半径较大，可弱化与骨架中载流子的静电作用力，且扩展晶格结构，有利于钠离子在传输通道中迁移；②良好的易成型性——较"柔软"的性质可赋予其良好的可加工性，且有利于实现其与电极材料间良好的界面接触（低界面阻抗）。缺点：①空气中不稳定——易吸水发生反应，产生有毒的 $\mathrm{H_2S}$ 气体；②制备成本较高——材料制备需在保护气氛中进行，增加了生产成本。

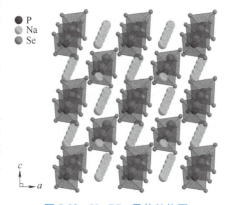

图 8-23 $\mathrm{Na_3PSe_4}$ 晶体结构图

（4）P2 型 $\mathrm{Na_2M_2TeO_6}$（M = Ni、Co、Zn、Mg） P2 型 $\mathrm{Na_2M_2TeO_6}$ 为六方层状结构，$\mathrm{MO_6}$ 八面体和 $\mathrm{TeO_6}$ 八面体有序排列形成八面体水镁石状层（图 8-24）。这四种电解质均具有相似的晶胞参数（$a = 5.20 \sim 5.28 \text{Å}$，$c = 11.14 \sim 11.31 \text{Å}$），结构差别在于 c 轴方向存在不同的堆垛方式。当 M = Co、Zn、Mg 时（空间群为 $P6_322$），c 轴方向的堆垛顺序为 Te M Te M 和 M M M M；而当 M = Ni 时（空间群为 $P6_3/mcm$），相应沿 c 轴方向堆垛状态为 Te Te Te Te 和 Ni Ni Ni Ni。$\mathrm{Na^+}$ 在层间无序分布且处于 6 配位环境中（$\mathrm{NaO_6}$，三棱柱），每个三棱柱与

近邻三棱柱共面连接，Na⁺在二维层间传输。值得注意的是，考虑 Ni 和 Co 元素为电极材料中常用的变价元素，具有高的电子电导率，$Na_2Ni_2TeO_6$ 和 $Na_2Co_2TeO_6$ 并不适合作为固体电解质使用。

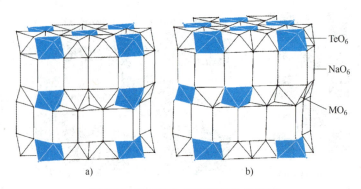

图 8-24 $Na_2M_2TeO_6$ 两种晶体堆垛图

a) $Na_2Ni_2TeO_6$ b) $Na_2M_2TeO_6$（M=Zn、Co、Mg）

1）2018 年，Li 等人构建了 Ga 掺杂型 $Na_2Zn_2TeO_6$ 材料（$Na_{1.9}Zn_{1.9}Ga_{0.1}TeO_6$），其室温离子电导率可达 $1.1×10^{-3}S·cm^{-1}$。

2）2019 年，Deng 等人报道了 Ca 掺杂型 $Na_2Zn_2TeO_6$（$Na_2Zn_{1.98}Ca_{0.02}TeO_6$）固体电解质，其室温离子电导率为 $7.54×10^{-4}S·cm^{-1}$。

3）2018 年，Li 等人报道了 P2 型 $Na_2Mg_2TeO_6$ 固体电解质，其室温离子电导率为 $2.3×10^{-4}S·cm^{-1}$，电化学窗口可达 4.2V 左右。

（5）硼氢化物固体电解质 硼氢化合物固体电解质通常由阳离子 Na⁺ 和复合阴离子 $[BH_4]^-$、$[B_{10}H_{10}]^{2-}$、$[NH_2]^-$ 和 $[OBH_4]^{3-}$ 等组成，是一种新型的钠离子导体，例如，$Na(BH_4)_{0.5}(NH_2)_{0.5}$、$Na_2B_{12}H_{12}$、$Na_2B_{10}H_{10}$、$NaCB_{11}H_{11}$、$NaCB_{11}H_{12}$、$NaCB_9H_{10}$、$Na_3OBH_4$ 和 $Na_2(CB_9H_{10})(CB_{11}H_{12})$ 等。硼基固体电解质具有柔软、易延展的特点，用于固态电池时，可与电极材料实现很好的接触。然而，其剪切模量低，不能有效抑制枝晶，且其电化学窗口窄，这些均限制了硼基固体电解质的应用。

$Na_2B_{12}H_{12}$ 和 $Na_2B_{10}H_{10}$ 是研究比较多的电解质体系。针对 $Na_2B_{12}H_{12}$，当工作温度由低温升至高温时，其结构由单斜相转变为立方相，且高温下（250℃左右）的离子电导率可达 $0.1S·cm^{-1}$；针对立方相 $Na_2B_{10}H_{10}$，其具有比 $Na_2B_{12}H_{12}$ 更高的室温离子电导率。

1）2017 年，Yoshida 等人报道了（$Na_2B_{10}H_{10}$）$_{0.25}$-（$Na_2B_{12}H_{12}$）$_{0.75}$ 固体电解质，其室温电导率为 $1.0×10^{-4}S·cm^{-1}$。

2）2017 年，Duchêne 等人报道了组成为 $Na_2(B_{12}H_{12})_{0.5}(B_{10}H_{10})_{0.5}$ 的固体电解质，在 20℃ 下离子电导率为 $9×10^{-4}S·cm^{-1}$。

3）2021 年，Murgia 等人报道的 $NaCB_{11}H_{12}$ 固体电解质，其室温离子电导率为 $4×10^{-3}S·cm^{-1}$。

4）2016 年，Tang 等人报道的 $Na_2(CB_9H_{10})(CB_{11}H_{12})$ 固体电解质，其室温离子电导率可达 $7×10^{-2}S·cm^{-1}$，甚至超过了有机电解液的电导率。

8.4.2 聚合物电解质

20 世纪 20~70 年代，聚合物科学处于迅速发展阶段，诞生了塑料、纤维、橡胶以及具有电活性、光活性等的聚合物材料。1975年，Wright等首次发现聚环氧乙烷与钠盐的复合物（PEO/Na$^+$）具有很好的离子导电性，这一研究结果可作为聚合物研究的起始标志；1975年又发现PAN、PVDF等聚合物的碱金属盐配合物具有离子导电性，并制成了PAN和PMMA基的离子导电膜；1978年，Armand等证实了Wright的发现，并提议将其用于全固态电池的电解质材料。直到1994年，美国Bellcore研究所成功开发出聚合物电池；1999年，日本率先实现聚合物锂离子电池的商品化，该年也可称为"锂聚合物电池元年"。

与无机固体电解质相比，聚合物电解质具有柔韧性好、易于加工、成模性和黏弹性良好、质量轻等优点。此外，采用聚合物电解质可有效避免液态锂离子电池可能出现的漏液、易燃等问题，且同时具有重量轻（比同等规格的钢壳锂离子电池轻40%，比铝壳电池轻20%）和容量大的优点（比同等尺寸规格的钢壳液态锂离子电池高10%～15%，较铝壳电池高5%～10%）。

一般而言，按聚合物的形态分，聚合物电解质可分为固体聚合物电解质和凝胶聚合物电解质；按导电离子分，可分为双离子聚合物电解质和单离子聚合物电解质；按聚合物基体材料不同，可再进一步分类，如图8-25所示。对于聚合物电解质，从实用角度看，理想的聚合物电解质不仅需要具备较高的离子电导率、较大的离子迁移数和较宽的电化学窗口，还需具备如下性质：

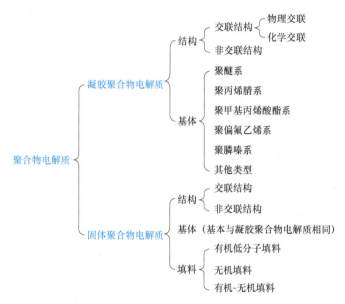

图 8-25　聚合物电解质的分类

1）良好的化学和热稳定性。聚合物电解质与电极之间需具备较好的化学稳定性，不发生副反应。同时，在电池热失控温度区间内，聚合物电解质需自身不发生分解或降解，具备良好的化学热稳定性；且在高温下，聚合物电解质自身不会发生较大的尺寸收缩，具有良好的尺寸稳定性。

2）良好的力学性能。聚合物电解质不仅需具备较高的拉伸强度和良好的柔韧性，从而保证聚合物电解质的可加工性和成模性，还需具备较高的杨氏模量，进而防止锂/钠枝晶刺穿。

3）低成本及易规模化制备。聚合物电解质需具备制备工艺简单便捷、材料成本低廉的特点，进而有利于实现电解质的规模化制备。

1. 固体聚合物电解质

将电解质盐溶解在聚合物中可得到固体聚合物电解质（solid polymer electrolyte，SPE）。聚合物电解质体系主要包括聚环氧乙烷（PEO）基固体聚合物电解质、聚碳酸酯类固体聚合物电解质［如聚碳酸乙烯酯（PEC）、聚碳酸丙烯酯（PPC）、聚碳酸亚乙烯酯（PVC）等］和其他固体聚合物电解质［如聚环氧丙烷（PPO）、聚偏氟乙烯（PVDF）、聚丙烯腈（PAN）、聚乙烯醇（PVA）、聚乙烯基吡咯烷酮（PVP）等］。

当前，发展较为成熟的纯固态聚合物电解质为聚醚碱金属盐复合物，离子传导依赖极性聚合物网络中的离子。PEO 类聚合物基体与电解质盐混合形成的聚合物电解质是这类材料的典型代表，又被称为"第一代聚合物电解质"。聚环氧乙烷（PEO）也叫聚乙烷，其分子式为—$(CH_2CH_2O)_n$—，具有单斜（空间群为 $P2_1/a$）和三斜（空间群为 $P1$）两种结构。其中，单斜结构 PEO 每个晶胞中分子链数为 4 个，为螺旋结构，晶体密度为 $1.228g \cdot cm^{-3}$；三斜结构 PEO 每个晶胞中分子链数为 1 个，为平面锯齿结构，晶体密度为 $1.197g \cdot cm^{-3}$。PEO 基固体聚合物电解质具有化学稳定性好、与碱金属负极兼容性较好、介电常数较高、Li^+/Na^+ 离子溶解能力较强、柔韧性好、成膜性好和水溶性好等优点，但其存在室温结晶程度比较高（通常情况下，PEO 以单斜结构形式存在，常温下的结晶度约为 85%）、电化学稳定上限电压较低、尺寸热稳定性较差（软化点为 55～64℃）和机械强度不高等缺点。高分子量 PEO 在 60℃ 以下开始结晶，而固体聚合物电解质的离子传导主要发生在无定形区域，这导致 PEO 基聚合物电解质的室温离子电导率较低（$<10^{-8}S \cdot cm^{-1}$）。因此，若想达到更高离子电导率，其需要在较高的温度下（60～80℃）工作。除此之外，其较低的电化学稳定上限电压限制了其匹配高压正极材料的使用。

（1）固体聚合物电解质离子电导率的优化　通常情况下，固体聚合物电解质离子电导率的影响因素主要包括聚合物对盐的溶剂化能力、聚合物的结晶度、聚合物链的柔顺性，以及聚合物与迁移离子的配位作用等。因此，对固体聚合物电解质而言，要想获得较高的离子电导率，聚合物基体需具备如下几个特点：①聚合物基体需具备极性基团，应有充足的具有电子施主性质的原子（如 O、S、N、P 等）与阳离子形成配位键，以抵消盐的晶格能；②聚合物链上配位点间距要适当，能够与每个阳离子形成多重键，达到良好的溶解度；③聚合物分子链段要足够柔顺，聚合物上功能键的旋转阻力应尽量低，以利于阳离子的移动。

以 PEO 基聚合物电解质为例，由于其室温电导率很低，只有温度升高时，无定形区域增大，离子电导率才会提高。然而，通常情况下，电池主要在室温工作，因此需要对聚合物基体进行处理，从降低聚合物结晶度、降低玻璃化转变温度以及提高链段的柔顺性和活动能力等方面入手，以提高离子电导率。具体措施主要包括交联、共聚、接枝、共混、超支化或引入 Lewis 型聚合物等。

1）交联。通过加入交联剂进行交联，在柔性聚合物链上引入侧链，能够降低聚合物的玻璃化转变温度，抑制结晶度，提高聚合物电解质的离子电导率；同时，通过交联也可改善聚合物电解质的力学强度。交联方法主要包括辐射交联、化学交联和物理交联（热交联）三种。值得注意的是，交联虽可提高聚合物的力学性能，但交联度的增加会降低聚合物链段的蠕动，进而对离子电导率产生不利影响。因此，研究中需精确控制交联度，以获得综合性能更优的聚合物电解质。例如，采用辐射交联法制备交联网络固体电解质，在保证低交联度或采用柔性交联的条件下，链段活性不会被明显削弱，而电导率却可得到提高。

2）共聚。将 PEO 与其他聚合物共聚，通过降低聚合物的结晶度，能够改变聚合物电解质无定形区的动力学性质，增加聚合物链段的运动能力，从而达到提高离子电导率的目的。共聚物电解质可以是在 PEO 链段上插入其他结构单元（如氧化丙烯、亚甲氧基、环氧氯丙烷、硅氧烷、磷酸酯等），打破 PEO 的结晶性，提高 PEO 基聚合物电解质的室温离子电导率；可以是在 PEO 主链上引入含有较高比例极性基团（O、N 等原子）的结构单元，该方式不仅降低 PEO 结晶性，还提高了共聚物的介电常数，促进金属盐的解离，提高共聚聚合物电解质的离子电导率；可以是 PEO 聚合物中引入软段，促进离子迁移，改善共聚聚合物电解质的导电性能。

通常情况下，可共聚的聚合物须满足以下几个要求：①共聚物应与金属盐具有良好的相容性；②共聚物与金属阳离子的作用力不能太强，防止捕获金属阳离子；③共聚物应优先选用极性区，以保证力学性能，且提高导电性。形成的共聚物包括无规共聚物、嵌段共聚物和梳状共聚物等。其中，无规共聚物指的是不同单体分子聚合，以随机的顺序和方向连接，且不形成明确的结构或周期性序列；嵌段共聚物指的是将简单的聚合物组分直接插入 PEO 分子链，且这些单体单元按照规则的顺序排列，并在链上形成明确定义的区域或块（图 8-26a）；梳状共聚物指的是共聚物分子结构呈现类似梳子的形状，通常情况下主链长且直，侧链从主链上突出（图 8-26b）。侧链可以是长的或短的，通常由不同的单体组成，并与主链上的重复单元共聚。

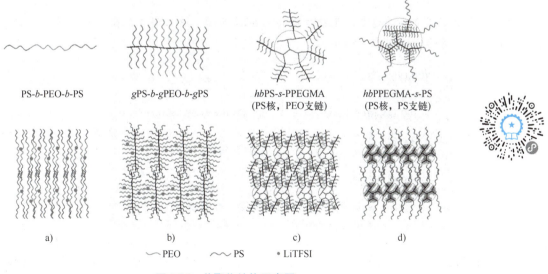

图 8-26　共聚物结构示意图
a）嵌段共聚物　b）梳状共聚物　c）星形共聚物　d）超星形共聚物

示例：将 PEO 链接到聚硅氧烷主链上形成梳状共聚物，可将聚合物电解质的室温电导率提高到 $2 \times 10^{-4} \mathrm{S} \cdot \mathrm{cm}^{-1}$。

3）接枝。接枝是将分子量较低的低聚醚短链连接到柔性聚合物主链上，生成非晶态结构的聚醚，低聚醚短链的长度一般在3~7之间不会结晶，这种结构有助于金属阳离子发生多重配位作用，且产生大量的链末端，有利于离子迁移。所接枝的低聚醚链通常要求：①柔性；②良好的热稳定、化学和电化学稳定性；③低聚醚短链具有比主链更大的自由度，能够降低玻璃化转变温度、结晶度，提高无定形区域比例，改善离子电导率。

常见的几种含接枝PEO的嵌段共聚物，包括聚甲基丙烯酸低氧乙烯酯（POEM）、聚环醚（PEPE）、聚（烯丙基缩水甘油醚）-氧化乙烯［PAGE-(EO)$_n$］，以及POEM的嵌段共聚物PS-b-POEM（PS表示聚苯乙烯）和接枝共聚物PVC-g-POEM（PVC表示聚氯乙烯）。

示例：将含有4~6个醚氧原子或醚硫原子的冠醚引入聚合物的侧链，可获得电导率为$1\times10^{-4}\sim5\times10^{-3}$ S·cm^{-1}的聚合物电解质，为目前电导率非常高的一种固体聚合物电解质（主体聚合物为聚丙烯酸、聚甲基丙烯酸、聚氧化乙烯和聚氧化丙烯或它们的共聚物等）。

4）共混。共混是指利用聚合物分子链之间的相互作用，破坏分子链排列的规整性，进而抑制聚合物结晶，提高离子电导率或改善聚合物电解质的力学强度。共混的聚合物应满足下列要求：①不同种类聚合物之间应具有良好的相容性；②共混的聚合物组分应具有较好的力学性能；③共混的聚合物组分应具有较强的溶解金属盐和与金属阳离子配合的能力。

示例：将PEO和PMMA共混，再与LiClO$_4$形成络合物，可将聚合物电解质的室温电导率提高到10^{-4}S·cm^{-1}以上。

5）超支化。超支化是指通过增加支链形成星形或超星形、具有三维空间里高度支化的一类聚合物（图8-26c、d），其几乎处在完全非晶化状态，离子迁移不会受结晶区的干扰，因此有利于离子传导。通常情况下，末端单元数的增加会增加聚合物的自由体积，有利于降低聚合物的玻璃化转变温度，从而有望增加聚合物中非晶态组分含量，提高聚合物离子电导率。

示例：由苯甲酸连接的超支化聚醚结构如图8-27所示，这种超支化聚醚与锂盐复合后，聚合物的室温电导率可达10^{-5} S·cm^{-1}。

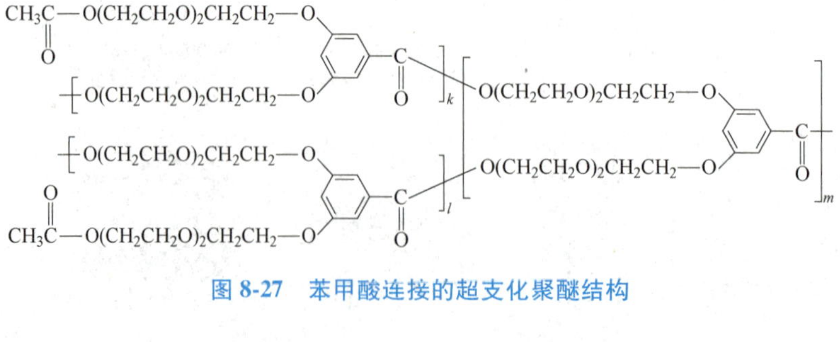

图8-27　苯甲酸连接的超支化聚醚结构

6）引入Lewis型聚合物。常用聚合物电解质中的聚合物主体（如PEO、PVDF等）通常都是Lewis碱，而碱金属离子属于Lewis酸，二者之间存在较强的相互作用。因此，在聚合物中引入缺电子的Lewis酸基团，可产生如下几个效应：①弱化链段与金属阳离子间的相互作用，提高金属阳离子的运动能力；②增加链段与阴离子间的相互作用，使阴离子的迁移数减少，增加阳离子迁移数；③减弱金属阳离子和不移动阴离子的离子对效应，增加离子的解离度，综合作用下聚合物的离子电导率得到明显提高。

7）高盐聚合物电解质（polymer in salt）。在几种锂盐组成的低温共熔盐中引入少量高分子，能使其具有较高的室温电导率和高分子的黏弹性。随着无机盐含量的逐渐增加，体系从"salt in polymer"逐步进入"polymer in salt"，阳离子和醚氧原子间的配合作用受限，无机离子更多的与无机盐发生作用，降低了离子解离能，提高了离子电导率（可达 10^{-3} S·cm^{-1}）。不过，需要注意的是，高盐聚合物电解质的热稳定性较差。

（2）**固体聚合物电解质离子迁移数的优化**　传统的聚合物电解质通常采用盐溶聚合物的形式，聚合物电解质中金属盐解离形成游离的离子后，进行离子的迁移。一般而言，与液态有机电解质一样，聚合物电解质中阴阳离子可同时迁移，导致其阳离子迁移数较低（通常小于0.5）。充放电过程中，阴离子会聚集在电极/电解质界面，盐浓度发生改变，造成阴离子浓差极化，增加电池内阻，阻碍阳离子迁移，降低了电池的能量效率。因此，发展单离子导体，即将阴离子固定在高分子链上，只有阳离子能迅速传导（阳离子迁移数接近1），可很好地解决双离子导体聚合物电解质体系内部极化问题，实现电池体系电化学性能的提高。

通常情况下，聚合物单离子导体是将阴离子以共价键方式键合到高分子主链或侧链上，使阴离子固定不动，然后在聚阴离子的单体结构中引入离子传导区，从而获得阳离子可动的单离子导体。聚合物基体的种类繁多，目前聚合物大分子的种类和比例对单离子导体电解质中阳离子迁移的影响机制并无定论，相应的单离子单体电解质通常还是借鉴一般聚合物电解质体系的经验。不过，需要注意的是，虽然单离子导体聚合物电解质的阳离子迁移数很高，但是总的离子电导率相对较低，因此，寻找新的聚合物主链，并通过结构设计，降低聚合物电解质体系的玻璃化转变温度，增加阳离子的解离能力，从而提高离子电导率，是聚合物单离子导体发展面临的主要挑战之一。

示例1：将磺酸锂基团连接到PEO的两端，构建单离子导体聚合物电解质 PEO-$(SO_3Li)_2$，结构式为

$$LiO_3SH_2CH_2C\left(CH_2CH_2O\right)_{n-1}CH_2CH_2SO_3Li$$

其在30℃下的电导率可达 4×10^{-6} S·cm^{-1}。

示例2：聚［锂 N-(磺苯基) 马来酰胺-co-甲氧基齐聚 (氧化乙烯) 甲基丙烯酸］（P［LiSMOE$_n$］），结构式为

其为一种梳状、近似交替的共聚物电解质（$m \geqslant 1$），氧化乙烯侧链的长度 n 分别为7、12、16。当 $n=16$ 时，30℃下共聚物电导率为 1.5×10^{-7} S·cm^{-1}，阳离子迁移数接近于1。

示例3：周志彬等开发了以聚［(4-苯乙烯磺酰基)(氟磺酰基) 酰亚胺锂］(LiPSFSI) 和聚［(4-苯乙烯磺酰基)(三氟甲基 (硫-三氟甲基磺酰氨基) 磺酰基) 酰亚胺锂］(LiPSsTFSI) 为盐的 LiPSFSI/PEO 和 LiPSsTFSI/PEO 固体聚合物电解质，锂离子迁移数提高至0.9。

（3）聚碳酸酯类固体聚合物电解质　聚碳酸酯类固体聚合物电解质为目前较为热门的固体聚合物电解质体系，具有如下优点：①碳酸酯基团具有较强的极性和较高的介电常数，能够有效减弱金属盐中阴阳离子间的相互作用，有利于提高载流子数量和离子电导率；②相较于 PEO 体系，聚碳酸酯类具有较高的无定形程度，高分子链段柔顺性高，更有利于离子传输；③聚碳酸酯类电解质电化学稳定电势上限较高，且尺寸热稳定性较好（>150℃）。不过，其依旧存在如下缺点：①与碱性电极材料的兼容性和稳定性较差；②成膜性和力学性能较差。下面以 PEC、PPC 和 PVC 为例做简要介绍。

1）PEC。PEC 可通过小分子 EC 的开环聚合反应得到，其结构中羰基氧会与阳离子发生配位作用，且羰基氧的存在可使链段运动更活泼，从而有利于阳离子迁移。不过，虽然相较于相同条件下的聚醚基固体聚合物电解质，其室温电导率较高，但仍不能满足电池室温工作的要求。

2）PPC。PPC 可通过 CO_2 和氧化丙烯共聚反应得到，为无定形结构，其结构中的分子链易发生内旋转，链段运动较快，阳离子在链段不同羰基氧配位点间的迁移速度较快，提高了其离子电导率。不过，单纯的 PPC 柔性较大，与金属盐混合后，黏性较大，成模性和力学性能较差。

3）PVC。PVC 可通过 VC 单体原位聚合形成（VC，碳酸亚乙烯酯，液态电解液常用成膜添加剂）。原位聚合能够良好地解决固态电池中电解质与电极间的界面接触问题，从而降低界面阻抗。

注：崔光磊等人首次开发出以纤维素支撑结构的 PPC 基 ASPEs 薄膜，其具有高离子电导率（20℃时为 $3×10^{-4}$ S·cm^{-1} 左右，120℃时为 $1.4×10^{-3}$ S·cm^{-1} 左右）、宽电化学稳定窗口（约4.6V）等优点，为目前报道的室温离子电导率最高的固态聚合物电解质。

2. 凝胶聚合物电解质

固体聚合物电解质的离子电导率较低，当固体聚合物电解质中含有一定量的增塑剂和/或有机溶剂时，原来的固体电解质则变成凝胶状聚合物电解质（GPE），也可以说 GPE 是一类介于固体电解质和液体电解质之间的半固体电解质，主要由金属盐类、聚合物和增塑剂等部分构成。在凝胶介质中，聚合物交联形成网络结构，并起骨架支撑作用，溶剂分子固定在聚合物的链间，液态电解质承担离子导电功能。常用的金属盐类为无机阴离子或有机阴离子与金属阳离子形成的电解质盐。聚合物骨架材料主要包括 PAN、PEO、PPO、PVC、PMMA、PVP、PVDF 等。聚合物骨架材料需具备的特点包括成膜性能好、膜强度高、电化学窗口宽、在有机电解液中不分解等。增塑剂通常为介电常数高，挥发性低，与聚合物复合物相容性好，不与电极材料发生反应，且对金属盐具有良好溶解性的有机溶剂，主要包括 EC、PC、DMC、NMP、DMF 和 ES 等。当然，增塑剂也可为介电常数大的低分子量聚合物（如中低极性的聚醚）或离子液体等。

一定程度上，凝胶聚合物电解质可看作是介于液体电解质和固体电解质的中间态。因此，①相较于液体有机电解液，其具有更好的安全性；②相较于固体聚合物电解质，得益于液体增塑剂或溶剂的引入，其室温离子电导率可以提高 2 个数量级，达到 $10^{-3}\text{S} \cdot \text{cm}^{-1}$；③相较于无机陶瓷类固体电解质，其具有优越的柔性和加工性能，表现出良好的与电极的兼容性。需要注意的是，凝胶聚合物电解质中较高的增塑剂含量会使聚合物与金属盐之间的相互作用对整个体系导电性能的影响相对较小；同时，凝胶聚合物电解质中的阳离子迁移数受增塑剂分子、聚合物与金属盐之间相互作用的竞争影响，聚合物或增塑剂与阳离子间络合作用的相对大小直接影响 GPE 的阳离子迁移数。

目前，凝胶聚合物电解质主要研究体系包括：聚氧化乙烯（PEO）、聚丙烯腈（PAN）、聚甲基丙烯酸甲酯（PMMA）、聚偏氟乙烯（PVDF）以及聚偏氟乙烯-六氟丙烯（PVDF-HFP）等。下面针对部分做简要介绍。

（1）聚氧化乙烯（PEO）体系　PEO 是研究最早且最为广泛的聚合物基体，但其室温离子电导率较低，目前主要通过共聚、接枝、交联、共混等，抑制 PEO 结晶，并降低其玻璃化转变温度，提高其室温电导率。同时，基于上述措施还能够缓解 PEO 基聚合物高温下机械强度和热稳定性较差的问题。将液体有机电解液常用的溶剂［如碳酸丙烯酯（PC）、碳酸乙烯酯（EC）等］作为增塑剂加入 PEO 固体聚合物电解质中，即可制备凝胶 PEO 基聚合物电解质。除了电解液常用的有机溶剂，常见的增塑剂还可以是小分子聚乙二醇（PEG）和冠醚等。

（2）聚丙烯腈（PAN）体系　PAN 是一种化学稳定性好、耐热且阻燃的聚合物，具有良好的成膜特性。PAN 分子链上含有强极性氰基基团（—CN），属于强吸电子基团，具有较高的抗氧化性，可以提高电解质的氧化分解电压，但同时会导致其与金属锂电极界面钝化现象严重，循环过程中电池内阻上升。此外，PAN 凝胶聚合物中增塑剂含量的增加，也会造成其力学性能下降较为严重。通常情况下，通过与其他聚合物共聚、共混（如 PEO、PMMA、PVDF 等）和添加无机填料来改善上述问题。

（3）聚甲基丙烯酸甲酯（PMMA）体系　PMMA 聚合物成本低、易制备，其分子链上的羰基侧基与碳酸酯类增塑剂中的氧有很强的相互作用，具有很好的相容性，可吸收大量的液体电解质，进而有效提高 PMMA 基凝胶电解质的离子电导率。

（4）聚偏氟乙烯（PVDF）体系　PVDF 基聚合物具有成膜性好、介电常数大、玻璃化转变温度高等特点。PVDF 分子链上含有很强的推电子基（—CF$_2$），有利于促进锂盐的充分溶解，增加载流子浓度。同时，PVDF 及其共聚物［PVDF-HFP（六氟丙烯）］不溶于碳酸酯类有机溶剂，形成的多孔聚合物网络较稳定。HFP 的共聚引入，降低了 PVDF 结晶度，提高了聚合物电解质离子电导率，且随着 HFP 含量的增加，结晶性下降，熔点降低，溶剂的膨胀性增加，聚合物电解质的柔软性也增加。当前研究主要通过聚合物共混、聚合物交联、无机填料引入以及聚合物微孔改善等措施进一步提高 PVDF-HFP 基凝胶聚合物电解质的性能。

凝胶聚合物电解质电池发展的技术关键在于开发一种综合性能良好的凝胶聚合物电解质，虽然凝胶聚合物电解质已用于商品化生产，但是并没有一种真正意义上的全固态电解质可满足使用要求，因此，需持续推进新型聚合物电解质体系的设计与制备研究，综合提高聚合物电解质的电化学性能和力学性能。

注：①PVDF-HFP 为微孔型聚合物电解质的主要基质，将其与溶剂配成溶液后缓慢蒸发可得微孔膜，再经电解质溶液浸泡后即可得到微孔聚合物电解质；②控制 HFP 的添加量，

可控制共聚物结晶度，在保证电解质膜力学性能的同时，在保证膜对溶剂的吸收能力。HFP最佳添加量为共聚物的 8%~25%（质量分数）。

8.4.3 复合固体电解质

固体聚合物电解质的室温离子电导率较低，且其力学性能有待提高。通过添加无机粉体颗粒，形成复合固体聚合物电解质（CPE），不仅可有效改善其力学性能，还能提高复合固体聚合物电解质的离子电导率和离子迁移数。在聚合物电解质中，引入无机粉体颗粒，提高其离子电导率的机理主要包括：①无机粉体颗粒的引入，可降低聚合物高分子链的有序排列，降低聚合物体系的晶相含量，提高离子输运的无定形相比例；②无机粉体颗粒的引入，可在颗粒表面区域形成更多的快速离子输运通道；③无机粉体颗粒可作为 Lewis 酸与聚合物中的 Lewis 碱基团发生反应，增加自由载流子数目。此外，无机粉体颗粒的引入，还可以改善固体聚合物电解质的力学性能、成膜性能以及聚合物电解质对电极之间的界面稳定性。

通常情况下，可以用作复合固体电解质的无机填料主要包括两大类：①惰性陶瓷材料，如 Al_2O_3、SiO_2、ZrO_2、TiO_2、MgO 等；②功能型离子导体材料，如锂离子导体（如 LAGP、$LiAlO_2$、LLZO 等）或钠离子导体（如 Na_2SiO_3、NASICON 电解质、Na-β-Al_2O_3、硫化物无机固态电解质等）。功能型无机离子导体材料的引入，不仅可通过提高聚合物相的无序度来增强阳离子传导，其自身也可提供阳离子传导通道，有利于电解质离子电导率的提高。需要注意的是，虽然有机-无机复合固态电解质克服了固态聚合物电解质电导率低的问题，且缓解了无机固态电解质与电极间的界面接触问题，但是目前在有机-无机复合固体电解质中，有机-无机界面离子传输机制尚不明确。

示例 1：Hwang 等人将 TiO_2 纳米颗粒添加至 PEO 基固体聚合物电解质中（$NaClO_4$/$PEO+TiO_2$），引入 5%（质量分数）TiO_2 构建的复合固体电解质在 60℃下的离子电导率提高至 2.62×10^{-4} S·cm^{-1}（未改性前离子电导率为 1.34×10^{-5} S·cm^{-1}）。TiO_2 的加入，增加了 PEO 基电解质中的无定形区域，有利于 PEO 链段的蠕动，从而加快了 Na^+ 的迁移。

示例 2：崔光磊等人将 $Li_{6.75}La_3Zr_{1.75}Ta_{0.25}O_{12}$ 添加至 PPC 基固态聚合物复合电解质中，构建的复合电解质室温离子电导率为 5.2×10^{-3} S·cm^{-1}（电化学窗口约为 4.6V）。以 $LiFePO_4$ 为正极，金属锂为负极组装的固态电池，室温条件下在 1C 下循环 200 圈，容量保持率可达 95%。

示例 3：胡勇胜等人将具有 NASICON 结构的快离子导体 $Na_3Zr_2Si_2PO_{12}$ 及 $Na_{3.4}Zr_{1.8}Mg_{0.2}Si_2PO_{12}$ 粉体引入至 PEO 基固体聚合物电解质中，构建的复合固体电解质 $NaFSI$/$Na_{3.4}Zr_{1.8}Mg_{0.2}Si_2PO_{12}$-$PEO_{12}$（$Na_{3.4}Zr_{1.8}Mg_{0.2}Si_2PO_{12}$ 质量分数为 40%）具有最高的离子电导率（80℃下离子电导率为 2.4×10^{-3} S·cm^{-1}）。以其为电解质，金属钠为负极，$Na_3V_2(PO_4)_3$ 为正极组装的固态电池表现出良好的电化学性能（80℃，0.1C 下循环 120 圈，容量几乎无衰减）。

示例 4：在聚合物基体中引入具有一维或三维结构的快离子导体材料，能够提供长程连续的离子迁移通道，有利于提高复合电解质的离子电导率。如 Yang 等人构筑了 LATP-PEO 复合固态电解质，PEO 基体中存在具有垂直取向的 LATP 纳米线，可提供一维连续的锂离子传输通道；Yu 等人构建了三维多孔钛酸镧锂（LLTO）骨架-PEO 复合固态电解质，电解质中三维 LLTO 骨架形成了三维连续的锂离子通道，令其具有更高的离子电导率。

注：基于固态电池对电解质的综合技术要求的角度来看，有机-无机复合固体电解质可能是最能满足实际应用的固体电解质。

8.5　全固态电池中的界面

随着固态电池研究的不断深入，固态电解质本征离子电导率已经逐渐接近甚至超越液态电解液，固态电池中的界面问题逐渐凸显，成为限制固态电池性能和实用化发展的核心关键瓶颈。典型固态电池组成和结构如图 8-28 所示，由图可见，固态电池主要由正极、固体电解质和负极组成，电池中涉及的界面主要包括：①固体电解质与正/负极之间的界面；②正/负极内部活性材料与其他功能组分材料（电子导电剂、离子导电添加剂、黏结剂）之间的界面（非金属锂/钠或相应合金负极）；③固体电解质内部晶粒之间的界面（主要针对无机固体电解质）。

与液态电解液不同，由于固态电解质缺乏流动性，无法像液态电解液那样对电极具有良好的浸润性，固-固界面接触面积较小，界面阻抗较大，从而限制了离子在固态电池中的有效输运。同时，在固态电池制备或者充放电过程中，不同组分之间的化学相容性和电化学相容性对固态电池的性能有着至关重要的影响。此外，在充放电过程中，固-固界面还存在空间电荷层，也有可能抑制离子垂直界面的扩散和传导，且在充放电过程中，正/负极材料不可避免的体积效应可能导致固体电极/固体电解质界面应力增大，界面结构破坏，物理接触变差，界面阻抗升高，活性物质利用率下降，电池循环稳定性下降。总之，固态电池由不同功能组元构成，涉及一个相互交织的电子和离子导电网络，存在电极/电解质多级界面反应和电子/离子传输问题。

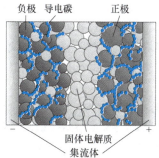

图 8-28　典型固态电池
组成及结构示意图

8.5.1　全固态电池中的界面问题

1. 物理接触

在传统的液态电池中，有机电解液对多孔电极具有良好的浸润性，可实现电解液与电极之间良好的界面接触，从而保证电池内部较低的界面阻抗和良好的界面电荷传输。然而，针对固态电池，固态电解质，尤其是无机氧化物电解质（质地坚硬，弹性模量较高），其与电极之间为"点式"固-固接触模式，电解质/电极间界面接触不紧密，有效接触面积降低，电解质/电极界面阻抗较大，电池内阻较高。与此同时，在电池循环过程中，电极材料在充放电过程中会发生不可避免的体积变化，这会造成电解质/电极界面处产生结构应力，并伴随反复的电化学循环，结构应力不断累加，导致界面接触恶化，界面阻抗迅速增加。（注：相较于无机氧化物固态电解质，虽然硫化物固态电解质的柔性特点令其可形成更好的界面接触，但充放电过程中，电极材料的体积变化依旧会导致界面物理接触不稳定，界面接触面积降低，电极极化增加，界面阻抗升高。）

2. 化学稳定性

固态电池中，电极与电解质间的化学稳定性主要表现在界面反应生成界面层、界面处元素互扩散和界面空间电荷层的形成。具体表现如下：

1）当固体电解质与金属负极（如锂）接触时，金属负极具有强还原性，极易还原电解质中的高价阳离子，形成高阻抗界面层。

2）在固态电池制备过程中，①针对无机氧化物固体电解质，为了解决电解质与正极材料的界面接触问题，常采用预烧结的方法，较高温度下存在正极与电解质间的化学反应，在界面上形成高阻抗界面层；②针对硫化物电解质，基于其柔性特点，常采用高压措施实现电解质与正极材料间良好的界面接触，但高压下会促使界面元素互扩散。

3）氧化物正极材料（通常为电子/离子混合导体）与硫化物电解质（离子导体）之间的化学势不同，当二者接触时，锂离子从电解质向正极移动，在两者界面处形成空间电荷层（也称为"耗尽层"，两相界面间发生载流子浓度变化的区域）。氧化物正极为混合导体，正极处的电子会消除锂离子浓度梯度，为了保持平衡将会有更多的锂离子从电解质向正极移动，造成电解质一侧"贫锂"，最终形成界面高阻抗区域。

根据固态电池中电极与电解质间的化学稳定性，通常可将固体电解质与电极界面分为三类（图8-29）：①理想界面（热力学稳定界面），固体电解质与电极不发生反应，界面热力学稳定，界面阻抗恒定；②较差界面（热力学与动力学均不稳定界面），固体电解质与电极发生反应，且界面产物为离子/电子双导通，固体电解质与电极可持续发生反应；③较理想界面（热力学不稳定而动力学稳定界面），固体电解质与电极发生反应，但界面产物稳定，且为离子导电/电子绝缘相。

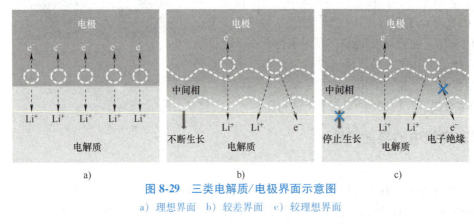

图8-29　三类电解质/电极界面示意图
a）理想界面　b）较差界面　c）较理想界面

3. 电化学稳定性

固态电池中界面的电化学稳定性是指在外电场作用下，界面可保持其物理化学性质稳定的能力。不同化学组成/结构固体电解质的本征电化学窗口不同，且通常情况下受电化学循环的过程中界面处形成的 SEI 或 CEI 膜影响，实际电化学窗口会得到一定程度的拓宽。

同时，针对固态电池，当使用金属锂或钠为负极时，在电化学循环过程中，极易存在金属锂或钠的不均匀沉积和剥离，界面处形成的 SEI 膜通常不稳定，界面结构稳定性和电化学稳定性下降，且产生锂或钠枝晶，导致电池短路。

注：以固态锂金属电池为例，目前固态电解质中锂枝晶的生长机理仍存在一定争议。Cheng 等认为锂枝晶沿固态电解质的晶界或孔洞生长，锂枝晶生长主要与电解质致密度有

关。然而，高致密度（>97%）LLZO 电解质中仍可出现锂枝晶。Porz 等人认为锂枝晶生长与电流密度有关，当电流密度达到临界值，锂枝晶会在电解质表面缺陷处（如裂缝）开始生长，且枝晶生长引起的应力可导致裂缝延伸，更加促进锂枝晶生长。Han 等人认为形成锂枝晶的原因是固体电解质不可忽略的电子电导。

4. 热稳定性

相较于液态电解质，固体电解质具有更好的安全性。不过，针对聚合物固体电解质，以 PEO 基聚合物固态电解质为例，研究发现，电解质与不同种类正极材料接触时，会降低电解质的分解温度，继而生成含锂化合物、金属氧化物和未知组分的气体，引发热失控。因此，改善固态电池的热稳定性可以提高电池的安全性，消除潜在的安全风险，并拓宽电池的工作温度范围，使其能够在高温下正常工作，并表现出良好的电化学循环性能。

8.5.2 全固态电池中的界面改性

当前，固态电池的界面改性主要集中于改善固体电解质与电极材料的接触，从而降低界面阻抗，提高固态电池的电化学性能。不同的固体电解质具有不同的物理性质，仅从固体电解质与电极间的物理接触角度看，聚合物固体电解质自身具有柔韧性，并且较高温度下可展现出良好的黏弹性，可与电极材料保持较好的界面物理接触；硫化物固体电解质自身具有较好的可塑性，可通过冷压措施，实现电解质与电极间良好的界面物理接触。相较于以上两类固体电解质，无机氧化物固体电解质的刚性特点令其与电极材料间的界面接触为固-固点接触模式，界面阻抗较大。因此，目前改善固体电解质与电极材料间物理接触的工作主要集中于无机氧化物固体电解质。同时，除了界面物理接触，固体电解质与电极材料之间存在化学稳定性或电化学稳定性的问题，两者之间可能发生化学反应或电化学反应，并形成界面中间相，这可能会增大或减小界面阻抗。此外，在充放电过程中，电极材料的体积变化和金属锂的不均匀沉积/剥离行为会直接造成电极/电解质界面紧密接触失效，界面阻抗急剧增大。下面以固态锂电池为例，简要介绍相关界面改性措施。

1. 固体电解质/金属锂界面

固态电池中负极界面问题可分为循环前界面问题（静态问题：物理接触差、化学不稳定等）和电化学循环过程中的界面问题（动态问题：锂枝晶生长等）。针对固体电解质与金属锂界面物理接触差的问题，通常可通过如下策略加以解决：

1）加压/加热处理。通过施加较大的外部压力，增大界面有效接触面积，减少界面阻抗；通过加热处理，提高金属锂流动性，增大熔融金属锂与电解质间的接触面积，构建紧密接触的界面。

2）引入中间层。在电解质表面引入对锂有反应活性的修饰层（合金化反应或转化型反应），基于反应性浸润实现界面的紧密接触；在电解质和金属锂中间引入离子传导性柔性材料（如聚合物或凝胶），基于中间层的柔性特点，有效降低界面阻抗。

3）调控金属锂。通过在熔融金属锂中引入亲锂性物质，调整熔融金属锂的表面能和黏度，改善金属锂对固态电解质的润湿性。

4）表面纯化处理。针对 LLZO 固体电解质，其与空气中的二氧化碳和水反应，会直接或间接在表面形成疏锂性物质（如 Li_2CO_3），通过机械磨除、酸处理或热处理等手段，消除表面疏锂相，显著改善其对锂润湿性。

5）引入界面缓冲层。由于金属锂还原性较强，极易与固体电解质（如 LAGP、硫化物电解质等）发生反应，通过引入界面缓冲层，避免金属锂与固体电解质的直接接触，从而改善固体电解质/金属锂界面的稳定性。

针对锂枝晶的问题，早期认为固体电解质较高的机械强度可以抑制锂枝晶的生长，但是实际实验结果发现，无论是在聚合物电解质，还是在无机固体电解质中，均可观察到锂枝晶在电解质中的生长。虽然当前关于固体电解质中锂枝晶的生长机理仍存争议，但目前普遍认为，构建润湿性良好、电子电导率低和机械强度优异的界面层是抑制锂枝晶生长的有效手段。

2. 固体电解质/正极界面

多孔刚性的正极与固体电解质之间的有效接触较差，正极与固体电解质之间的界面阻抗通常很大。为了降低固-固界面接触电阻，通常情况下将正极活性材料、固体电解质以及电子导体等材料混合均匀，并制备浆料，涂覆于固体电解质表面，构建复合电极。在电极制备过程中混入聚合物和硫化物类的固体电解质，对界面物理接触有较好的效果（如果电解质为硫化物，可采用高压的方法实现界面紧密接触）；当混入的为无机氧化物类刚性固体电解质时，通常需利用高温烧结措施改善界面结合性。除此之外，在正极与固体电解质界面处添加界面润湿剂（如液态电解液或离子液体）或引入凝胶电解质层或聚合物电解质层，也是改善正极界面接触的一种有效措施。不过，需要注意的是，严格意义上，少量液态界面润湿剂的引入所构建的电池并不能称之为全固态电池，可根据电池中含液量的多少（质量分数小于 5%），称之为准固态电池。

此外，电解质原位固态技术也是一种有效的改善正极与固体电解质间界面接触的方法。原位固化是指初始液态前驱体充分润湿多孔电极后，后期前驱体原位固态化，形成固体电解质，从而实现正极材料与固体电解质的充分接触，降低界面阻抗。

正极材料与固体电解质间还存在界面稳定性问题，主要包括：①界面处元素互扩散和界面反应（如高压促使硫化物电解质与电解材料界面互扩散，高温预烧结造成氧化物固体电解质与电极材料间界面反应），导致界面阻抗增大，离子传输能力降低；②循环过程中电极材料体积膨胀/收缩，导致界面接触变差和循环稳定性下降。为了解决上述问题，通常通过正极材料包覆或电解质表面修饰的方法，改善正极材料/固体电解质界面稳定性。例如，Mo 等人在 $LiNi_{1/3}Co_{1/3}Mn_{1/3}O_2$（NCM）的表面包覆无定形 $Li_{0.35}La_{0.5}Sr_{0.05}TiO_3$ 薄层，有效避免了 NCM 与 Li_6PS_5Cl 电解质之间的直接接触，从而获得稳定的界面；郭玉国团队将柔性有机物 PAB，即聚（丙烯腈-共丁二烯），包覆在 $LiNi_{0.6}Mn_{0.2}Co_{0.2}O_2$ 表面，不仅改善了循环过程中正极与固态电解质之间的物理接触，还抑制了界面副反应和元素互扩散。通常情况下，理想的包覆材料需具备宽电化学窗口，与正极材料和电解质间化学稳定性好，以及较高的离子电导和低的电子电导等特点。

值得注意的是，针对硫化物电解质材料，其与氧化物活性物质间的锂离子化学势不同，导致界面存在较大的化学势差，锂离子从硫化物电解质一侧向氧化物正极一侧移动，界面处形成空间电荷层。一般可通过正极表面涂覆保护层，也就是在两者之间引入中间层，抑制空间电荷层，降低界面阻抗。常用的中间层需具备离子导电/电子绝缘，良好的热稳定性和电化学稳定性，以及与正极晶格失配度低等特点。

8.6 全固态电池的发展与应用

自 20 世纪 90 年代日本索尼公司首次推出商业化锂离子电池产品以来，经历了 30 多年的发展，锂离子电池的应用范围逐渐从便携式电子产品市场拓展至更多的应用领域，如电动汽车、储能系统等，并引发新能源汽车革命。相较于传统液态电池，全固态电池是一种使用固体电极和固体电解质的电池，具备安全性高、能量密度高、温度适应性好以及材料选型范围广等优势，被认为是下一代具有颠覆性的电池技术。

目前，全固态电池作为下一代电池的首选方案之一，已被列入了中国（《新能源汽车产业发展规划（2021—2035 年)》)、美国（《国家锂电蓝图(2021—2030)》)、欧盟（《电池战略研究与创新议程》)、日本（《电池产业战略》）和韩国（《2030 二次电池产业发展战略》)等主要国家的发展战略，各个国家均有众多固态电池产业布局的企业，主要包括：

中国：卫蓝、清陶、赣锋、国联、一汽、东风、上汽、辉能、宁德时代、比亚迪、蜂巢能源、远景动力、亿纬锂能、国轩高科、中创新航、孚能、有研稀土、中汽创智等。

日本：丰田、日产、本田、日立、松下、物质材料研究机构、日立造船、出光兴产、三井金属、东丽等。

韩国：三星 SDI、LG 化学等。

美国：Solid Power、Quantum Scape、Sakit3、Ionic Materials、Solid Energy 等。

欧盟：Bosch、大众、宝马、奔驰、Bollore、BatScap 等。

相关企业均制定了产业化路线图，并基本明确了在 2027—2030 年实现固态电池的量产化，如丰田和松下合作开发，指出在 2025 年量产 $300W \cdot h \cdot kg^{-1}$ 第一代全固态电池，并在 2030 年量产 $400W \cdot h \cdot kg^{-1}$ 第二代全固态电池；韩国三星指出分别在 2025 年和 2027 年实现 $20A \cdot h$ 和 $40A \cdot h$ 原型电池，并在 2028 年量产 $900W \cdot h \cdot L^{-1}$ 固态电池；美国 Solid Power 公司指出分别在 2026 年和 2028 年量产 $390W \cdot h \cdot kg^{-1}$ 的硅负极固态电池和 $440W \cdot h \cdot kg^{-1}$ 的锂负极固态电池；我国上汽集团指出计划在 2026 年量产能量密度超过 $400W \cdot h \cdot kg^{-1}$ 的全固态电池；我国动力电池企业宁德时代指出其已经建立 $10A \cdot h$ 级全固态电池验证平台，并将在 2027 年实现真正量产。

经过多年的潜心研究，固态电池取得了长足的进步，然而，从科学角度来说，固态电池的发展仍然面临着诸多问题亟待解决。例如，固体电解质/电极多相界面处离子/电子传输及电荷转移问题；固体电解质中枝晶的生长机理；固体电解质中离子传输机制，尤其是在有机-无机复合固体电解质中的离子在有机-无机界面的传输机制；固体电解质/电极的多相界面表征及界面反应实时追踪等。从应用角度来说，目前世界范围内关于固态电池的研究，按照电解质区分，主要包括聚合物、氧化物和硫化物三个技术路线。各类电解质材料的研发十分活跃，但没有一种电解质十全十美（如聚合物电解质离子电导率和氧化稳定性较差，无机氧化物电解质存在刚性界面接触问题，硫化物电解质空气稳定性差且制备工艺复杂、成本较高等），材料体系尚未定型，尚未形成全固态电池的综合技术解决方案。虽然目前已有全固态原型电池展示，但其综合性能指标离实际应用还有相当的距离，全固态电池的商业化仍需时间，依旧需要从固-固界面问题、锂金属负极的应用问题、电解质及固态电池的生产等方面持续研发，最终从根本上解决目前传统液态电池的安全性问题，提高能量密度、服役寿命、降低电池成本。从长远角度考虑，全固态电池在规模储能、电动汽车、地质勘探、石油钻井、航空航天、国防安全中具有不可替代的应用前景。

注：当前，在全球固态电池发展中，国外企业多以全固态电池为主，且多数以硫化物全固态电池为主要技术路线。我国固态电池技术路线更为多元化，基于成熟的液态锂离子电池产业链基础，同时发展渐进式半固态技术路线，且半固态电池已进入试装车阶段。

参 考 文 献

［1］ 李泓. 锂电池基础科学 ［M］. 北京：化学工业出版社，2021.

［2］ 胡勇胜，陆雅翔，陈立泉. 钠离子电池科学与技术 ［M］. 北京：科学出版社，2020.

［3］ 连芳. 电化学储能器件及关键材料 ［M］. 北京：冶金工业出版社，2019.

［4］ HEITJANS P, INDRIS S. Diffusion and ionic conduction in nanocrystalline ceramics ［J］. Journal of Physics：Condensed Matter, 2003, 15 (30)：R1257.

［5］ BARSOUKOV E, MACDONALD J R. Impedance spectroscopy：theory, experiment, and applications ［M］. Hoboken, N. J.：John Wiley, 2005.

［6］ AGRAWAL R C, GUPTA R K. Superionic solid：composite electrolyte phase-an overview ［J］. Journal of Materials Science, 1999, 34 (6)：1131-1162.

［7］ UVAROV N F, ISUPOV V P, SHARMA V, et al. Effect of morphology and particle size on the ionic conductivities of composite solid electrolytes ［J］. Solid State Ionics, 1992, 51 (1-2)：41-52.

［8］ LIANG C C. Conduction characteristics of the lithium iodide-aluminum oxide solid electrolytes ［J］. Journal of the Electrochemical Society, 1973, 120 (10)：1289.

［9］ ZHAO Y, DAEMEN L L. Superionic conductivity in lithium-rich anti-perovskites ［J］. Journal of the American Chemical Society, 2012, 134 (36)：15042-15047.

［10］ EFFAT M B, LIU J, LU Z, et al. Stability, elastic properties, and the Li transport mechanism of the protonated and fluorinated antiperovskite lithium conductors ［J］. ACS Applied Materials & Interfaces, 2020, 12 (49)：55011-55022.

［11］ XIE H, FENG J, ZHAO H. Lithium metal batteries with all-solid/full-liquid configurations ［J］. Energy Storage Materials, 2023, 61：102918.

［12］ FRANCISCO B E, STOLDT C R, M'PEKO J C. Lithium-ion trapping from local structural distortions in sodium super ionic conductor (NASICON) electrolytes ［J］. Chemistry of Materials：A Publication of the American Chemistry Society, 2014, 26 (16)：4741-4749.

［13］ DEWEES R, WANG H. Synthesis and properties of NASICON-type LATP and LAGP solid electrolytes ［J］. ChemSusChem, 2019, 12 (16)：3713-3725.

［14］ ARBI K, BUCHELI W, JIMÉNEZ R, et al. High lithium ion conducting solid electrolytes based on NASICON $Li_{1+x}Al_xM_{2-x}(PO_4)_3$ materials (M=Ti, Ge and $0 \leqslant x \leqslant 0.5$) ［J］. Journal of the European Ceramic Society, 2015, 35 (5)：1477-1484.

［15］ FUJIMURA K, SEKO A, KOYAMA Y, et al. Accelerated materials design of lithium superionic conductors based on first-principles calculations and machine learning algorithms ［J］. Advanced Energy Materials, 2013, 3 (8)：980-985.

［16］ KAMAYA N, HOMMA K, YAMAKAWA Y, et al. A lithium superionic conductor ［J］. Nature Materials, 2011, 10 (9)：682-686.

［17］ LEPLEY N D, HOLZWARTH N A W, DU Y A. Structures, Li^+ mobilities, and interfacial properties of solid electrolytes Li_3PS_4 and Li_3PO_4 from first principles [J]. Physical Review, B: Condensed Matter and Materials Physics, 2013, 88 (10): 104103.

[18] ONG S P, MO Y, RICHARDS W D, et al. Phase stability, electrochemical stability and ionic conductivity of the $Li_{10±1}MP_2X_{12}$(M=Ge, Si, Sn, Al or P, and X= O, S or Se) family of superionic conductors [J]. Energy & Environmental Science, 2013, 6 (1): 148-156.

[19] ALPEN U V. Li_3N: A promising Li ionic conductor [J]. Journal of Solid State Chemistry, 1979, 29 (3): 379-392.

[20] BATES J B, DUDNEY N J, GRUZALSKI G R, et al. Fabrication and characterization of amorphous lithium electrolyte thin films and rechargeable thin-film batteries [J]. Journal of Power Sources, 1993, 43 (1-3): 103-110.

[21] DUDNEY N J. Solid-state thin-film rechargeable batteries [J]. Materials Science and Engineering, B: Soild-State Materials for Advanced Technology, 2005, 116 (3): 245-249.

[22] 陈军, 陶占良. 化学电源: 原理、技术与应用 [M]. 2版. 北京: 化学工业出版社, 2021.

[23] LU Y, LI L, ZHANG Q, et al. Electrolyte and interface engineering for solid-state sodium batteries [J]. Joule, 2018, 2 (9): 1747-1770.

[24] HONG H Y P. Crystal structures and crystal chemistry in the system $Na_{1+x}Zr_2Si_xP_{3-x}O_{12}$ [J]. Materials Research Bulletin, 1976, 11 (2): 173-182.

[25] VON ALPEN U, BELL M F, HÖFER H H. Compositional dependence of the electrochemical and structural parameters in the Nasicon system ($Na_{1+x}Si_xZr_2P_{3-x}O_{12}$) [J]. Solid State Ionics, 1981, 3: 215-218.

[26] PARK H, JUNG K, NEZAFATI M, et al. Sodium ion diffusion in NASICON ($Na_3Zr_2Si_2PO_{12}$) solid electrolytes: effects of excess sodium [J]. ACS Applied Materials & Interfaces, 2016, 8 (41): 27814-27824.

[27] SONG S, DUONG H M, KORSUNSKY A M, et al. A Na^+ superionic conductor for room-temperature sodium batteries [J]. Scientific Reports, 2016, 6 (1): 32330.

[28] ZHANG Z, ZOU Z, KAUP K, et al. Correlated migration invokes higher Na^+-ion conductivity in NASICON-type solid electrolytes [J]. Advanced Energy Materials, 2019, 9 (42): 1902373.

[29] HEO J W, BANERJEE A, PARK K H, et al. New Na-ion solid electrolytes $Na_{4-x}Sn_{1-x}Sb_xS_4$ ($0.02 \leqslant x \leqslant 0.33$) for all-solid-state Na-ion batteries [J]. Advanced Energy Materials, 2018, 8 (11): 1702716.

[30] ZHU Z, CHU I H, DENG Z, et al. Role of Na^+ interstitials and dopants in enhancing the Na^+ conductivity of the cubic Na_3PS_4 superionic conductor [J]. Chemistry of Materials: A Publication of the American Chemistry Society, 2015, 27 (24): 8318-8325.

[31] CHU I H, KOMPELLA C S, NGUYEN H, et al. Room-temperature all-solid-state rechargeable sodium-ion batteries with a Cl-doped Na_3PS_4 superionic conductor [J]. Scientific Reports, 2016, 6 (1): 33733.

[32] TAKEUCHI S, SUZUKI K, HIRAYAMA M, et al. Sodium superionic conduction in tetragonal Na_3PS_4 [J]. Journal of Solid State Chemistry, 2018, 265: 353-358.

[33] HAYASHI A, NOI K, TANIBATA N, et al. High sodium ion conductivity of glass-ceramic electrolytes with cubic Na_3PS_4 [J]. Journal of Power Sources, 2014, 258: 420-423.

[34] BANERJEE A, PARK K H, HEO J W, et al. Na_3SbS_4: a solution processable sodium superionic conductor for all-solid-state sodium-ion batteries [J]. Angewandte Chemie, 2016, 128 (33): 9786-9790.

[35] ZHANG D, CAO X, XU D, et al. Synthesis of cubic Na_3SbS_4 solid electrolyte with enhanced ion transport for all-solid-state sodium-ion batteries [J]. Electrochimica Acta, 2018, 259: 100-109.

[36] HAYASHI A, MASUZAWA N, YUBUCHI S, et al. A sodium-ion sulfide solid electrolyte with unprecedented conductivity at room temperature [J]. Nature Communications, 2019, 10 (1): 5266.

[37] ZHANG L, YANG K, MI J, et al. Solid Electrolytes: Na_3PSe_4: a novel chalcogenide solid electrolyte with high ionic conductivity [J]. Advanced Energy Materials, 2015, 5 (24): 1501294.

[38] EVSTIGNEEVA M A, NALBANDYAN V B, PETRENKO A A, et al. A new family of fast sodium ion conductors: $Na_2M_2TeO_6$ (M= Ni, Co, Zn, Mg) [J]. Chemistry of Materials, 2011, 23 (5): 1174-1181.

[39] YOSHIDA K, SATO T, UNEMOTO A, et al. Fast sodium ionic conduction in $Na_2B_{10}H_{10}$-$Na_2B_{12}H_{12}$ pseudo-binary complex hydride and application to a bulk-type all-solid-state battery [J]. Applied Physics Letters, 2017, 110 (10): 103901.

[40] DUCHÊNE L, KÜHNEL R S, RENTSCH D, et al. A highly stable sodium solid-state electrolyte based on a dodeca/deca-borate equimolar mixture [J]. Chemical Communications, 2017, 53 (30): 4195-4198.

[41] MURGIA F, BRIGHI M, PIVETEAU L, et al. Enhanced room-temperature ionic conductivity of $NaCB_{11}H_{12}$ via high-energy mechanical milling [J]. ACS Applied Materials & Interfaces, 2021, 13 (51): 61346-61356.

[42] TANG W S, YOSHIDA K, SOLONININ A V, et al. Supporting information for stabilizing superionic-conducting structures via mixed-anion solid solutions of monocarba-closo-borate salts [J]. ACS Energy Letters, 2016, 1 (4): 659-664.

[43] WRIGHT P V. Electrical conductivity in ionic complexes of poly (ethylene oxide) [J]. British Polymer Journal, 1975, 7 (5): 319-327.

[44] CHEN Y, SHI Y, LIANG Y, et al. Hyperbranched PEO-based hyperstar solid polymer electrolytes with simultaneous improvement of ion transport and mechanical strength [J]. ACS Applied Energy Materials, 2019, 2 (3): 1608-1615.

[45] PAN C, ZHANG Q, FENG Q, et al. Effect of catalyst on structure of $(PEO)_8LiClO_4$-SiO_2 composite polymer electrolyte films [J]. Journal of Central South University of Technology, 2008, 15: 438-442.

[46] MA Q, XIA Y, FENG W, et al. Impact of the functional group in the polyanion of single lithium-ion conducting polymer electrolytes on the stability of lithium metal electrodes [J]. RSC Advances, 2016, 6 (39): 32454-32461.

[47] MA Q, ZHANG H, ZHOU C, et al. Single lithium-ion conducting polymer electrolytes based on a superdelocalized polyanion [J]. Angewandte Chemie, International Edition, 2016, 55 (7): 2521-2525.

[48] ZHANG J, ZHAO J, YUE L, et al. Safety-reinforced poly (propylene carbonate)-based all-solid-state polymer electrolyte for ambient-temperature solid polymer lithium batteries [J]. Advanced Energy Materials, 2015, 5 (24): 1501082.

[49] BAE J, LI Y, ZHANG J, et al. A 3D nanostructured hydrogel-framework-derived high-performance composite polymer lithium-ion electrolyte [J]. Angewandte Chemie, International Edition, 2018, 57 (8): 2096-2100.

[50] HU Y S. Batteries: getting solid [J]. Nature Energy, 2016, 1 (4): 16042.

[51] 冯昊亮, 王飞, 周星, 等. 固态电解质与电极界面的稳定性 [J]. 物理学报, 2020, 69 (22): 131-143.

[52] CAO D, ZHANG Y, NOLAN A M, et al. Stable thiophosphate-based all-solid-state lithium batteries through conformally interfacial nanocoating [J]. Nano letters, 2019, 20 (3): 1483-1490.

[53] WANG L P, ZHANG X D, WANG T S, et al. Ameliorating the interfacial problems of cathode and solid-state electrolytes by interface modification of functional polymers [J]. Advanced Energy Materials, 2018, 8 (24): 1801528.

第 9 章

新型电化学储能电源

9.1 多电子反应储能电源

9.1.1 锂硫电池体系的演进与发展

1. 锂硫电池早期技术突破与瓶颈

在过去几十年里，研究人员致力于开发具有高能量密度和低成本的电池技术，以满足不断增长的能源需求和环保要求。锂硫电池作为一种高能量密度电池体系，备受基础研发与电池产业的关注。每摩尔单质硫能与 2mol 的锂离子（电子）反应，生成硫化锂，是典型的多电子转移反应体系。锂硫电池早期的突破主要集中于硫正极材料的制备与发展。

典型的瓶颈和挑战是硫正极的寿命问题和副反应产生的安全性隐患。由于硫正极是典型的多电子转移电化学反应，多硫化物的溶解、穿梭，及其与金属锂负极发生的不良副反应，都限制了锂硫电池的循环稳定性与使用寿命，这一问题在锂硫电池产业化方面表现得更为突出。同时，硫正极与锂负极之间的反应引起的锂负极沉积不均一的问题，加剧了金属锂枝晶化生长的趋势，增加了电池安全隐患与不可控内短路、热失控等问题，这不利于电动汽车等高安全性要求的应用。

2. 锂硫电池体系的概述

随着对锂硫电池体系失效机制的深入研究、高性能电池技术的日益增长，锂硫电池体系的技术演进涵盖了从材料设计、电解质优化到结构工程等多个维度，极大地克服了锂硫电池的技术瓶颈，提升了电池性能。

在材料设计方面，通过引入多孔炭复合材料、纳米结构材料等，有效暴露硫的反应活性位点，提高了锂硫电池的正极利用效率和循环性能。此外，利用纳米材料的独特性质，如高比表面积、小尺寸效应和纳米限域效应，可实现更高的正极硫载量和更快的电极电化学过程，从而进一步提升锂硫电池的实际能量密度与倍率性能。在电解质优化方面，采用具有高锂离子电导率或具备抑制多硫化物溶解穿梭的新型电解质等，显著降低多硫化物穿梭效应，提高电池的安全性和循环性能。通过优化电解质的组成和配比，也可减少界面不良副反应，抑制锂枝晶的形成，从而降低电池内部锂的不断损耗，延长电池的使用寿命。在结构工程方面，通过界面工程、涂层技术等手段，优化硫正极与电解质之间的相互作用，可进一步实现对多硫化物溶解的抑制作用、控制金属锂枝晶的生成等。此外，优化电池的结构设计和制备工艺，采用固态电池新结构、干法电极制备工艺等，进一步提高电池的能量密度、循环稳定性和电化学性能，拓展了锂硫电池的应用深度与广度（图9-1）。

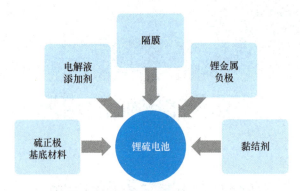

图9-1 针对锂硫电池问题改进方案示意图

3. 锂硫电池的工作原理及基本问题

（1）锂硫电池工作原理 <u>锂硫电池的工作原理是基于锂离子在硫正极的电化学合金化过程和金属锂界面的沉积/溶解过程</u>。在放电过程中，锂离子从金属锂负极处溶解并迁移到硫正极，与单质硫发生合金化反应，生成硫化锂（Li_2S）。在充电过程中，锂离子从硫化锂中脱出，在金属锂负极界面沉积，正极重新恢复至单质硫（图9-2）。锂硫电池可实现两电子的可逆电化学转移过程。由于单质硫质量较轻且能实现两电子转移反应，硫正极具有较高的理论比容量和比能量（1675mA·h·g^{-1}和2567W·h·kg^{-1}）。

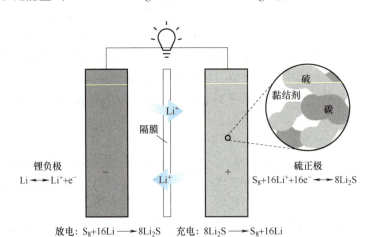

图9-2 锂硫电池工作示意图

（2）锂硫电池的基本问题 除了高能量密度优势，硫正极中主要包括的单质硫，是一种资源储量丰富的元素，来源广泛，具备成本优势，提高了商业化应用的可行性。硫是一种无毒、无害的元素，并且在生产和回收过程中产生的环境影响相对较低。与此同时，锂硫电池中不含重金属等有害物质，符合现代社会对环境友好型能源技术的追求。然而，硫正极的电化学特性也为其应用带来了一定挑战：①由于硫的电子电导率较低，硫正极的反应活性不足，存在活性物质利用率低的问题，电池的实际能量密度低于预期；②在循环过程中，锂硫电池容量易发生快速衰减，这通常与多硫化物的穿梭效应和活性物质的损失有关；③锂金属负极侧的电化学稳定性同样制约着锂硫电池的发展，锂枝晶的生长及其界面的衰变、电池库仑效率的降低、锂的不可逆损失等，都会影响锂硫电池的电化学稳定性。

4. 锂硫电池典型的多硫化物穿梭问题

（1）多硫化物穿梭的基本电化学过程　伴随单质硫的电化学还原过程，单质硫与锂离子可形成一系列含硫化合物（多硫化物）。依据还原程度不同，多硫化物呈现多种形态与组成，如 Li_2S_8、Li_2S_6、Li_2S_4、Li_2S_2。基于锂硫电池常用的醚基电解液体系，这些多硫化物极易发生溶解现象。溶解后的多硫化物，理论上无法参与到后续的电化学氧化还原过程中，无法持续提供可逆的电池比容量。多硫化物的形成与溶解都会伴随正极活性物质的丢失；这些多硫化物会随着电化学过程扩散至负极金属锂侧，并电沉积到负极表面，产生负极界面的不均一与恶化。上述过程产生的最终结果是正负极界面的协同失稳、正负极活性物质的损失、界面副反应的加剧，并最终体现在电化学性能的衰变。多硫化物穿梭过程受多种因素的影响：

1）正极材料的化学稳定性、导电性，多孔正极材料对多硫化物的吸附和空间限域等起到关键作用。例如，采用氮掺杂的碳材料可以提高对多硫化物的化学吸附能力。

2）负极材料的选择和表面处理也会影响多硫化物的沉积和溶解行为。例如，锂金属负极由于其高反应活性，更容易与多硫化物发生副反应。

3）隔膜的孔隙结构和化学稳定性对多硫化物的穿梭也有重要作用。通过在隔膜上涂覆特殊材料或设计新型隔膜，可以有效地阻挡多硫化物的迁移。

4）电池的几何结构和操作条件（如充放电速率、温度等）也会影响多硫化物的穿梭行为。例如，快速充放电可能会导致更多的多硫化物的生成和穿梭。

5）随着电池循环次数的增加，正极材料可能会发生结构变化，如活性物质的脱落和电解液的分解，这些都可能加剧多硫化物的穿梭问题（图9-3）。

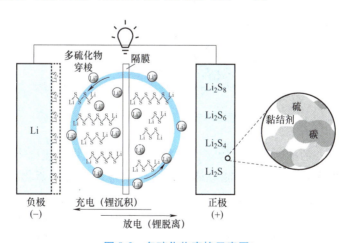

图 9-3　多硫化物穿梭示意图

（2）针对多硫化物穿梭问题的材料与结构设计　针对多硫化物穿梭问题，研究人员致力于探索多硫化物穿梭的机理以及针对性的解决方案，通过实验和理论模拟深入了解多硫化物的形成、扩散和沉积机制，及其与电极材料、电解液和隔膜之间的相互作用。在此基础上，科研人员提出了一系列针对性的材料设计和工程调控策略。

电极材料的特性对多硫化物的吸附和扩散具有重要影响。高表面积和活性位点的电极材料有利于多硫化物的吸附，并能减缓其在电解液中的扩散速率。

物理限制是锂硫电池中用于抑制多硫化物穿梭问题的一种策略，主要通过物理屏障或结构来限制多硫化物的迁移。采用多孔碳材料的高比表面积和孔结构，如活性炭、介孔碳、碳气凝胶等，能有效吸附硫和多硫化物，减少其在电解液中的溶解和迁移。碳纳米管（CNTs）和石墨烯可以通过范德华力吸附多硫化物。此外，它们的一维和二维结构有助于构建稳定的导电网络，提高硫正极的电子传输性能；碳纳米纤维（CNFs）具有高长径比和优异的力学性能，可以作为硫的宿主材料，通过物理缠绕和化学吸附限制多硫化物的迁移；也可以将硫与导电聚合物或碳材料复合，形成纳米复合材料，提高硫的分散性与载量（图 9-4）。物理限制策略的优势在于它不依赖于化学组成的变化，而是通过物理方式稳定硫和多硫化物，从而提高锂硫电池的循环稳定性。然而，这种策略也需要考虑结构的机械稳定性、导电性和与电解液的相容性。此外，物理限制材料的设计和合成需要精确控制，以确保其在电池中的有效性和长期稳定性。

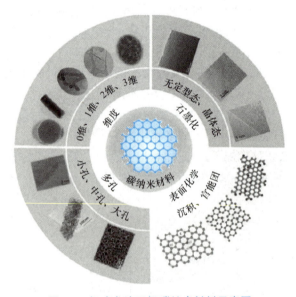

图 9-4　锂硫电池正极碳纳米材料示意图

化学固定也是重要的抑制多硫化物穿梭的方式。金属氧化物、硫化物、氮化物、磷化物或金属有机框架（MOFs）等材料，能够通过强化学吸附作用与多硫化物形成稳定的化合物，从而减少多硫化物在电解液中的溶解度和迁移率。例如，金属氧化物如 TiO_2 和 MnO_2 因其高吸附容量和良好的电化学稳定性而被广泛研究，它们可以有效地捕获多硫化物并促进其转化为不溶性或低溶解度的硫物种。化学固定策略不仅提高了硫的利用率和电池的循环稳定性，而且也为锂硫电池的商业化提供了潜在的解决方案。

电解液优化是锂硫电池中抑制多硫化物穿梭问题的重要策略。例如，使用高浓度电解液，如 $12mol \cdot L^{-1}$ 的 LiFSI/1,3-二氧戊环（DOL）电解液，可以显著提高锂硫电池的循环稳定性。高浓度锂盐减少了自由溶剂分子的数量，从而降低了多硫化物的溶解度。另外，向电解液中添加特定的添加剂也是一个常用的策略。例如，氟代溶剂如1,1,2,2-四氟乙基-2,2,3,3-四氟丙基醚（TTE）作为电解液添加剂，由于其高电负性和低极性，可以与多硫化物形成较弱的溶剂化作用，从而抑制多硫化物在电解液中的溶解和迁移。

优化电池的结构设计也是解决多硫化物穿梭问题的有效途径之一。合理设计的分隔膜结构和电极组装方式，能够减少多硫化物穿梭现象的发生，提高电池的性能和循环稳定性。例如，采用具有良好隔离性能和较高机械强度的分隔膜材料，可以有效阻止多硫化物的穿梭，保护电池内部结构不受破坏。同时，优化电极的组装方式和结构设计，可以最大限度地减少多硫化物与电极之间的接触，减缓穿梭现象的发生，提高电池的循环稳定性和使用寿命。

5. 锂硫电池正极材料的设计与性能

锂硫电池正极材料的设计与性能是影响电池性能和可靠性的关键因素。正极材料的演进、制备、硫化物化学反应机理以及结构与性能优化等方面的研究对于锂硫电池技术的进步至关重要。

（1）传统正极材料的演进　锂硫电池的正极材料在其发展历程中经历了多次演进，从最初的硫粉末到如今的复合材料和纳米结构材料。这一过程中，研究人员不断探索新的材料、改进制备工艺，以提高电池的能量密度、循环稳定性和安全性。

传统锂硫电池最早采用的正极材料是硫粉末，其高比容量和丰富的资源使其成为理想的候选材料。然而，硫粉末存在团聚和容量衰减的问题，这导致电池的循环稳定性较差。为了克服这些问题，研究人员开始探索将硫粉末与导电碳材料复合的方法。碳材料具有良好的电导率和结构稳定性，可以缓解硫粉末的团聚现象，并提高电池的循环性能。因此，硫/碳复合材料成为传统锂硫电池的主要正极材料之一。随着对高能量密度电池需求的不断增加，传统硫/碳复合材料仍然存在一些限制，如低电导率、极化效应等。为了进一步提高电池性能，研究人员开始探索引入新型材料和结构设计。例如，一些研究着眼于使用纳米材料作为载体，以增加硫的包覆量和提高电极的比表面积。

除了硫/碳复合材料，还有一些新型复合材料被提出并得到了广泛研究。例如，一些研究人员尝试将硫与导电聚合物复合，以提高电池的电导率和结构稳定性。另外，还有研究团队将硫与导电纳米材料（如碳纳米管、氧化物纳米颗粒等）复合，以提高电极的导电性和化学稳定性。这些新型复合材料的提出为锂硫电池正极材料的设计提供了新的思路和可能性。

（2）硫化物正极材料的设计原则　锂硫电池正极材料的设计集中于提升电池的能量密度、循环稳定性，并解决硫正极的穿梭效应等问题。首先，选择高能量密度的活性物质是关键。硫因其极高的理论能量密度（$2600W \cdot h \cdot kg^{-1}$）成为锂硫电池的首选活性物质。例如，2009年Nazar等人提出介孔碳-硫正极材料，通过将硫封装在介孔CMK-3中，显著提升了锂硫电池的放电容量和循环稳定性。载体材料设计至关重要，它需要与多硫化锂（LiPS）有强化学作用力，以实现高效锚定和快速催化转化。此外，通过三维集流体、优化静电纺丝参数、3D打印技术等手段，可以构建高负载、贫电解液的硫正极，从而实现高容量和实用化。例如，3D打印技术允许精确控制电极材料的厚度，进而实现高载量硫正极的制备（图9-5）。

6. 锂硫电池负极材料的限制与挑战

锂硫电池通常采用金属锂作为负极材料。金属锂具有理论比容量高、反应活性高等优势；然而，锂离子在金属锂界面电化学沉积的过程中，通常会产生锂枝晶。随着枝晶的不断

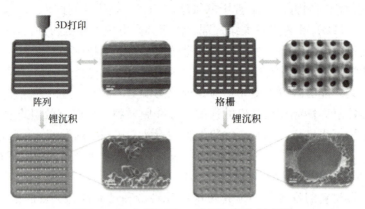

图 9-5 3D 打印 MXene 阵列和晶格示意图

生成，电池内部容易短路，造成安全隐患。此外，金属锂与电解液的高反应活性，会引起"死锂"的生成、SEI 膜破裂等，降低金属锂的利用率与电极反应稳定性。

7. 锂硫电池电解液的设计与优化

（1）锂硫电池电解液的基本功能与要求　锂硫电池电解液在硫正极材料的溶解和反应中发挥着关键作用。硫是锂硫电池的活性材料，其溶解和反应直接影响着电池的性能和循环稳定性。良好的电解液应具有良好的溶解硫能力，能够稳定硫的循环反应并防止硫的析出。通过控制电解液的成分和性质，可以调节硫在电池中的溶解度和反应速率，从而实现对电池性能的优化。

此外，电解液还需具有良好的化学稳定性和热稳定性，以确保电池在高温环境下的安全运行。高温环境下，电解液容易发生分解和氧化反应，导致电池性能下降甚至发生安全事故。因此，稳定的电解液配方和性能对于保障电池的安全性至关重要。

除了性能方面的考虑，电解液的成本和环境友好性也是需要考虑的因素。电池工业追求成本效益和环境可持续性，因此，开发成本低廉、资源丰富且对环境友好的电解液是锂硫电池技术发展的重要方向之一。合理选择成分和制备工艺，可以实现电解液的成本控制和环境友好性。

锂硫电池电解液在电池性能和循环稳定性中起至关重要的作用。电解液需具备良好的离子传输性能、溶解硫能力、化学稳定性和热稳定性，同时还需考虑成本和环境友好性等因素。因此，对电解液的设计与优化是锂硫电池技术发展的重要课题，将为电池技术的进步和应用提供重要支撑。

（2）锂硫电池电解液的性能调控　为了满足锂硫电池电解液的要求，研究人员通过调控电解液的成分、添加剂和结构来改善其性能。一种常见的策略是优化溶剂和盐的选择，以提高电解液的溶解性和离子传输性能。具有较高溶解度和稳定性的溶剂对于电解液的性能至关重要。例如，二甲基碳酰胺（DMC）和乙烯碳酸酯（EC）等溶剂能够有效溶解锂盐类，提高电解液的离子传输效率。此外，选用具有高离子导电率的锂盐类（如 $LiPF_6$、LiTFSI 等）也能增强电解液的离子传输性能，从而提高电池的功率密度和循环性能。另一方面，电解液中的添加剂也能对电池性能产生重要影响。例如，添加锂硫化物、碳纳米管等材料作为硫载体，可以提高硫的稳定性和电极的导电性，从而增强电池的循环性能和安全性。新型电解液，如固态电解质、离子液体等的使用，进一步增强了电池的安全性和循环稳定性。锂硫电池电解质的发展总结如图 9-6 所示。

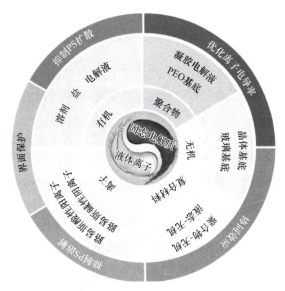

图 9-6　锂硫电池电解质发展总结

8. 锂硫电池其他关键材料的研究与发展

（1）集流体材料　集流体的主要功能包括提供电子传输的通道以及支撑正极材料的载体。良好的导电性是集流体材料的重要特征之一。优异的导电性能够有效促进电子在电池内部的快速传输，从而提高电池的功率密度。其次，化学稳定性也是集流体材料需具备的重要特性之一。在电池运行过程中，集流体直接与电解液和活性物质接触，因此需具备良好的化学稳定性以抵抗化学腐蚀和氧化反应。此外，足够的机械强度也是集流体材料需要考虑的重要因素。集流体需要具备足够的机械强度来支撑正极材料的结构，防止变形、断裂或脱落。同时，集流体还需抵抗电池充放电过程中产生的机械应力，确保电池组件的稳定性和可靠性。

（2）隔膜材料　首先，隔膜有效地防止了正极和负极之间的直接接触，从而避免了短路情况的发生。这种隔离作用是保障电池安全性的基础，可以有效防止电池在使用过程中发生意外事故，如过充、过放等。其次，隔膜在电池中促进离子的传输。良好的离子传输性能是隔膜的重要特性之一，它有助于锂离子在正极和负极之间的快速传输，降低电池的内阻，提高电池的功率密度和充放电效率。另外，隔膜也需具备良好的化学稳定性。在电池运行过程中，隔膜需要能够抵抗电解液的侵蚀和硫的渗透，以延长电池的寿命并保持电池的稳定性。

（3）导电剂　导电剂可以有效地提高电极材料的导电性，降低电池的内部电阻，提高电池的功率密度和充放电效率。此外，导电剂还可作为电极材料的导电网络，提供更多的导电通道，促进电子在电极中的扩散和传输，从而进一步提高电池的性能表现。优化导电剂的配比和形貌也是提高锂硫电池性能的重要策略之一。合理的配比和形貌可以实现导电剂与电极材料的良好结合，提高导电剂在电极中的分散性和均匀性，从而提高电极的导电性和稳定惟。通过对导电剂的优化设计，可以实现电极材料的高效导电，提高电池的充放电效率和循环稳定性，推动锂硫电池技术的进一步发展和应用。

9.1.2 钠硫电池

1. 概述

硫基金属电池以其高能量密度、硫资源的丰富性、原材料的低成本以及环保特性，展现出作为下一代高能量密度储能器件的巨大潜力。为满足未来大规模储能应用的需求以及锂资源的储量，研究人员开发了一系列碱金属二次电池体系（图9-7）。钠离子电池因其潜在的经济效益，逐渐成为科研工作者研究的焦点之一。将金属钠（作为负极）与硫（作为正极）相结合，构建低成本的钠硫电池，不仅继承了硫基金属电池高能量密度的优势，还进一步降低了生产成本。这种新型电池体系有望在未来成为极具应用前景的电池储能系统，为大规模储能技术的发展提供有力支持。

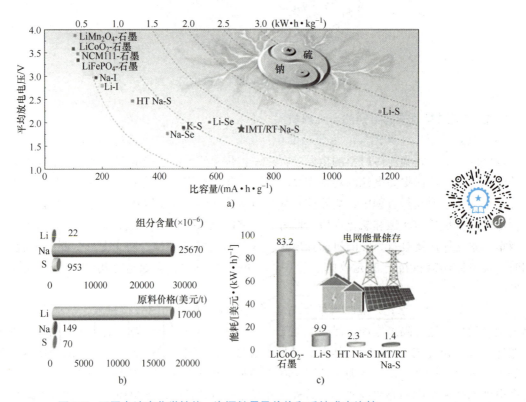

图 9-7 不同电池电化学性能、资源储量及价格和系统成本比较
a）不同碱金属二次电池的理论电化学性能比较　b）地壳中元素 Li、Na 和 S 的储量以及相应原材料价格的对比　c）电池系统成本分析

（1）高温钠硫电池的发展历程　20 世纪 60 年代，科研工作者涉足高温钠硫（HT Na-S）电池的研究领域。Kummer 课题组报道了高钠离子电导率的材料，推动了固态离子领域和钠硫电化学领域的快速发展。1968 年，美国福特公司报道了高温钠硫电池，其实际工作温度高达 300~350℃。迄今，商业化的高温钠硫电池比能量可达 150W·h·kg⁻¹。钠硫电池研发

历程如图9-8所示。

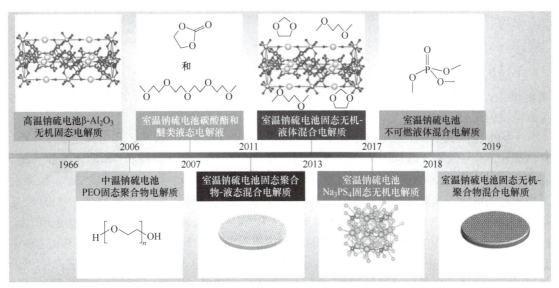

图9-8 钠硫电池研发历程图

（2）高温钠硫电池的工作原理 图9-9清晰展示了高温钠硫电池的充放电机理。放电过程中，电池负极端的熔融钠转变为钠离子（Na⁺），这些离子随后通过固体电解质（β-Al₂O₃）向正极迁移。在正极，钠离子与硫发生反应，形成多硫化钠（Na₂Sₓ）。与此同时，电子通过外部电路从负极流向正极，形成闭合的电流回路，从而驱动外部设备工作。

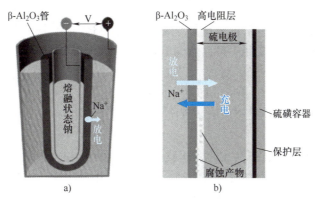

图9-9 高温钠硫电池示意图

固体电解质在高温钠硫电池中扮演着至关重要的角色。它因其优异的钠离子电导率特性，不仅确保了钠离子在正负极之间的高效传输，还避免了电池自放电过程的发生，从而提高了电池的能量效率和循环寿命。

负极反应：

$$2Na \underset{充电}{\overset{放电}{\rightleftharpoons}} 2Na^+ + 2e^- \tag{9-1}$$

正极反应：

$$2\mathrm{Na}^+ + x\mathrm{S} + 2\mathrm{e}^- \underset{充电}{\overset{放电}{\rightleftharpoons}} \mathrm{Na}_2\mathrm{S}_x \quad (x = 3 \sim 5) \tag{9-2}$$

总反应：

$$2\mathrm{Na} + x\mathrm{S} \underset{充电}{\overset{放电}{\rightleftharpoons}} \mathrm{Na}_2\mathrm{S}_x \quad (x = 3 \sim 5) \tag{9-3}$$

上述化学反应在充电过程中是可逆的。电池充电时，正极的多硫化钠会分解，释放出钠离子和电子，钠离子再次通过固体电解质回到负极，而电子则通过外部电路回到负极，从而完成电池的充电过程。

不同电压区间下钠硫电池的电化学反应过程不同，如图9-10所示，当电压达到2.075V时，硫和$\mathrm{Na}_2\mathrm{S}_5$两相区域同时出现。这是因为在这个工作温度下，硫和$\mathrm{Na}_2\mathrm{S}_5$是不相容的，它们各自保持着独立的相态。随着电池继续放电，未完全反应的硫和已经生成的$\mathrm{Na}_2\mathrm{S}_5$都会与负极的钠继续发生化学反应。在这个电压区间内，它们会进一步转化为$\mathrm{Na}_2\mathrm{S}_4$。当放电过程进行到电压为1.74V时，$\mathrm{Na}_2\mathrm{S}_4$会进一步转化为$\mathrm{Na}_2\mathrm{S}_3$。当电池达到完全放电状态时，正极最终形成的是固态的$\mathrm{Na}_2\mathrm{S}$。需要注意的是，这里形成的是$\mathrm{Na}_2\mathrm{S}$而非其他硫化物。这种固态的$\mathrm{Na}_2\mathrm{S}$不仅导致正极电阻的增加，从而影响电池内部的电子传导效率，还可能降低正极材料的容量，进而降低电池的比能量。因此，在实际应用中，需要合理控制放电过程，以避免形成过多的固态$\mathrm{Na}_2\mathrm{S}$，从而保持电池的高性能。

经过对高温钠硫电池广泛而深入的研究，可以总结出该电池具备以下显著优势：

1）理论比能量高达$760\mathrm{W} \cdot \mathrm{h} \cdot \mathrm{kg}^{-1}$，即使在实际应用中也能达到$150\mathrm{W} \cdot \mathrm{h} \cdot \mathrm{kg}^{-1}$。

2）在高温工作环境下（350℃），电池的开路电压可达到2.076V。

3）由于高温钠硫电池在无自放电和无副反应方面具有显著优势，因此其充放电效率几乎可以达到100%，这大大提高了能量利用效率。

4）充电速度快，仅需20~30min即可完成充电过程。

5）电池寿命长，可以连续充放电2万次左右，预计使用寿命长达15年。

6）结构紧凑，容量大，使其在储能领域具有广阔的应用前景。

然而，高温钠硫电池也面临着一些挑战。首先，工作温度高，故需要额外的加热设备才能保障正常运行，这无疑增加了整个电池系统的能量损失。其次，对保温材料的高要求增加了额外的制造成本，形成了技术上的屏障。在运行过程中，固体电解质可能逐渐变脆并最终破裂，而熔融多硫化物也可能对电极集流体产生腐蚀性，可能导致熔融状态的钠渗透入电池，从而引发电池短路、剧烈反应甚至火灾和爆炸的风险。这些高的运行成本和潜在的安全隐患限制了高温钠硫电池在电动汽车等领域的进一步发展和应用。因此，科研工作者正致力于研究室温钠硫电池系统，以期克服这些挑战，推动钠硫电池技术的进一步发展。

（3）室温钠硫电池发展历程　2006年，科研人员首次在室温条件下利用凝胶聚合物电解质成功制备了固态钠硫电池，这一突破性的研究为室温钠硫电池的可行性提供了有力证明。相较于高温钠硫电池，室温钠硫电池在能量密度、安全性和成本方面展现出更为优越的

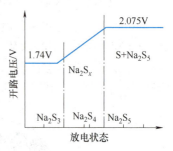

图9-10　高温钠硫电池在不同放电阶段下的相位电压曲线

应用潜力。首先，理论比容量达到了 $1675mA \cdot h \cdot g^{-1}$，这使得它在储能领域具有更大的潜力。其次，室温钠硫电池的原料成本较低。单质硫和金属钠在地壳中的储量丰富，这有助于降低生产成本，为实现大规模应用奠定了坚实基础。最后，室温钠硫电池还具备绿色环保的特点。其对环境的污染程度较低，符合"绿色可持续发展"的理念。图 9-11 展现了室温钠硫电池 2014—2023 年里程碑式工作。

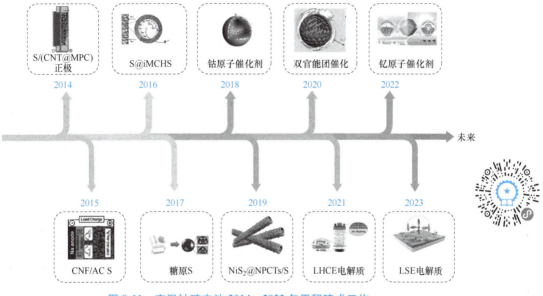

图 9-11　室温钠硫电池 2014—2023 年里程碑式工作

（4）室温钠硫电池工作原理　室温钠硫电池的充放电机理与锂离子电池有差异，前者是根据单质硫和金属钠之间的多电子参与、分步进行的氧化还原反应，通过 S—S 键的断裂与再生，伴随一系列多硫化钠中间体的产生来实现化学能与电能间的相互转换。

图 9-12 为室温钠硫电池的充放电反应机理图。根据电池在充放电过程中不同硫元素价态、相变以及电压曲线的变化，电池放电反应过程可以大致分为四个阶段。

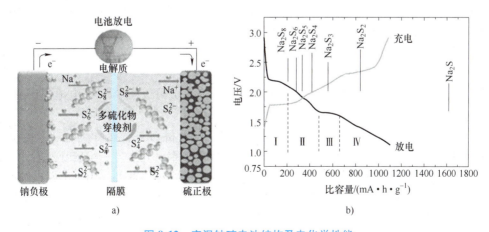

图 9-12　室温钠硫电池结构及电化学性能

a）结构示意图　b）工作电压和容量曲线图

1）**阶段 I 代表固-液转变反应**。在高于 2.20V 电压区域，对应于单质硫还原成可溶性长链 Na_2S_8 的反应，具体涉及的反应过程如下：

$$S_8 + 2Na^+ + 2e^- \longrightarrow Na_2S_8 \tag{9-4}$$

2）**阶段 II 代表液-液转变反应**。在 2.20~1.65V 电压区间内，代表着长链可溶的 Na_2S_8 继续与钠离子反应，进一步还原成短链可溶的 Na_2S_4，反应过程如下：

$$Na_2S_8 + 2Na^+ + 2e^- \longrightarrow 2Na_2S_4 \tag{9-5}$$

3）**阶段 III 代表液-固转变反应**。在低压平台为 1.65V 时，归属于可溶的长链 Na_2S_4 还原成不溶的 Na_2S_3、Na_2S_2 或 Na_2S 的反应，涉及以下反应过程：

$$Na_2S_4 + \frac{2}{3}Na^+ + \frac{2}{3}e^- \longrightarrow \frac{4}{3}Na_2S_3 \tag{9-6}$$

$$Na_2S_4 + 2Na^+ + 2e^- \longrightarrow 2Na_2S_2 \tag{9-7}$$

$$Na_2S_4 + 6Na^+ + 6e^- \longrightarrow 4Na_2S \tag{9-8}$$

4）**阶段 IV 代表固-固转变反应**。在 1.65~1.20V 范围内的第二个倾斜区域，对应于不溶性 Na_2S_2 和 Na_2S 之间转变。由于 Na_2S_2 和 Na_2S 是不导电的，这个区间的电化学反应最为迟缓，极化严重。具体反应过程如下：

$$Na_2S_2 + 2Na^+ + 2e^- \longrightarrow 2Na_2S \tag{9-9}$$

充电过程则恰恰相反，放电产物 Na_2S 和 Na_2S_2 逐步从固相转变为液相的长链多硫化钠 $N_2S_x(4 \leqslant x \leqslant 8)$，最后进一步转变成单质硫和金属钠。室温钠硫电池基于硫与钠之间的氧化还原反应，因而具有高的理论比容量，其数值为 1675mA·h·g^{-1}，这为低成本和大规模储能提供了最佳的选择。

尽管室温钠硫电池在能量密度和成本方面展现出显著优势，然而，在实际应用过程中仍面临一系列关键性问题，如图 9-13 所示，这些问题主要包括以下几个方面。放电过程中产生的长链多硫化钠易溶于电解液，并穿过隔膜从正极迁移至负极，与金属钠发生反应，生成短链多硫化钠甚至绝缘的 Na_2S_2 和 Na_2S。充电时，这些低阶多硫化钠又会回到正极被氧化。由于电池的可逆容量取决于多硫化物的氧化还原反应，因此较高的 Na_2S 的形成将导致更高的容量。只有当所有长链多硫化物完全转化为 Na_2S，才能获得理论容量 1675mA·h·g^{-1}。不幸的是，长链多硫化物是可溶的，很容易扩散到有机电解质中，导致活性硫的损失并形成"穿梭效应"。Na_2S 的形成也受到慢动力学和高极化的阻碍。长链多硫化物未在 S 正极处完全转化为 Na_2S，可逆容量低。

2. 钠硫电池正极

由于 Li-S 电池的工作机制与 Na-S 电池相似，研究人员可以借鉴 Li-S 电池的研究成果，设计更有效的解决方案，解决 Na-S 电池的问题。

在现有的研究中，Li-S 电池一般采用三维（3D）碳材料复合硫作为正极。首先，硫在三维碳骨架的帮助下可以更快地转移电子，提高反应速率。其次，三维碳骨架还能有效限制硫的溶解，并提供一定的非极性吸附，限制多硫化物的穿梭。此外，为了更好地解决多硫化物的穿梭效应，极性材料被引入来提供额外的极性吸附。因此，Na-S 电池正极系统主要包括碳材料（多孔炭、掺杂碳）、金属硫化物/氧化物、金属/单原子以及其他材料等。

（1）**硫/碳复合材料** 碳材料的加入提高了硫/碳复合材料的电子电导率，所形成的三维结构网络也可以协同提高电极反应的动力学性质。Xin 等人制备了外包裹一层含硫微孔碳

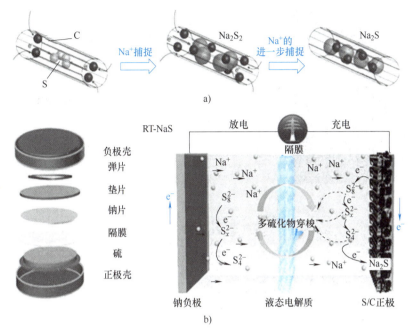

图 9-13　室温钠硫电池放电过程示意图及室温钠硫电池存在的问题
a）放电过程中的电化学反应　b）纽扣电池结构和穿梭效应示意图

管（MPC）的碳纳米管（CNT）［S/（CNT@MPC）］，形成了类似于电缆的同心圆形结构（图 9-14）。经过 2~3 次充放电循环后，电池容量保持在 900mA·h·g^{-1} 和 800mA·h·g^{-1} 左右。

（2）硫/杂原子掺杂碳　杂原子可以提供极性吸附来抑制多硫化物的穿梭，并催化 NaPSs 的转化。例如，Qiang 等利用多孔酚醛树脂与三聚氰胺和二硫化苯碳化制备了 N、S 共掺杂高杂原子含量的层次化多孔炭（N，S-HPC）。在大电流（4.6A·g^{-1}）下实现了长循环稳定性（图 9-15）。

（3）硫/纳米金属颗粒掺杂碳　纳米粒子分散在导电纤维网络中，可以暴露更多的反应活性位点并为体积变化提供缓冲。Wang 等人采用静电纺丝工艺将 SnS 纳米粒子嵌入 S 和 N 共掺杂的导电碳纤维中。通过这种方法制备的 SnS@SNCF 复合材料在 0.1A·g^{-1} 下的容量约为 300mA·h·g^{-1}（图 9-16）。

（4）其他纳米复合材料　更新颖、结构更复杂的纳米复合材料也被应用到正极的构建与优化。这些材料结合了多孔结构、空心结构、核壳结构等，加强了与单质硫的相互作用和多硫化钠的吸附性，改进了钠硫电池的电化学性能。例如，Guo 等人采用静电纺丝方法合成了 Ni 掺杂碳纤维和 Ni 空心球三维结构（S@NiNCFs）。Ni 原子降低了多硫化钠还原的活化能，加速了多硫化钠中间产物的电化学转化（图 9-17）。

3. 电解质材料

（1）液态电解质　Na-S 电池溶剂选择，一般要考虑溶剂的介电常数、黏度和溶剂的给电子性能。一般来说，高介电常数有利于钠盐的解离，强给电子能力有利于电解质盐的溶解，低黏度可以增加离子的迁移率并有助于电导率。选择钠盐时，一般要考虑在电池系统中

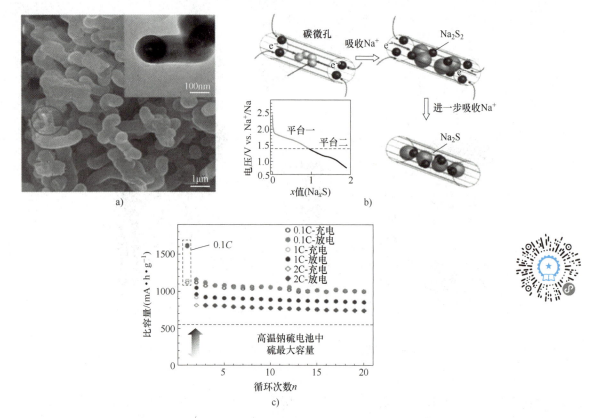

图 9-14   S/（CNT@MPC）显微结构及电化学性能
a）S/（CNT@MPC）的 SEM 和 TEM 图像   b）放电过程中的机制图   c）不同电流下的循环性能

稳定存在的能力、低自放电率、高导电性、低欧姆压降溶液、安全、无毒、无污染等几个方面。在 Na-S 电池中，使用较多的钠盐有 $NaPF_6$、$NaClO_4$、$NaCF_3SO_3$ 等。目前 Na-S 电池主要使用有机电解质，但也会带来安全隐患，包括 Na 枝晶问题和正极内复杂的副反应，（这些副反应促使 NaPSs 的产生，产生的 NaPSs 将在电解质的帮助下到达负极，导致硫的损失）。因此，为了促进钠硫电池的商业化，需要对电解质进行大量的研究。

酯类电解质溶剂，包括线性碳酸盐［如碳酸二乙酯（DEC）、碳酸二甲酯（DMC）、碳酸甲酯乙酯（EMC）］和环状碳酸盐［如碳酸乙烯（EC）、碳酸丙烯（PC）］，由于其高电化学稳定性和对钠盐的良好溶剂化性能，是 Na-S 电池液态电解质的主要溶剂。常用的钠盐有 $NaPF_6$、$NaClO_4$、$NaCF_3SO_3$、三氟甲基亚砜胺（NaTFSI）等。此外，利用 $NaNO_3$ 和 FEC 作为电解质添加剂，能有效提高 Na-S 电池的循环稳定性，构建更优异的 SEI 膜（图 9-18）。

（2）固态电解质   用于钠金属电池的固态电解质（SSE）分为两类：固态无机电解质（SIE）和固态聚合物电解质（SPE）。SSE 需满足以下主要特性，以便在钠金属电池应用中与其他电解质系统竞争：①高离子电导率（$>10^{-3}S \cdot cm^{-1}$），阴离子和电子贡献较小；②高机械强度以抑制钠枝晶生长；③与电极优异的界面接触；④制造简单且廉价；⑤优异的电化学和热稳定性。

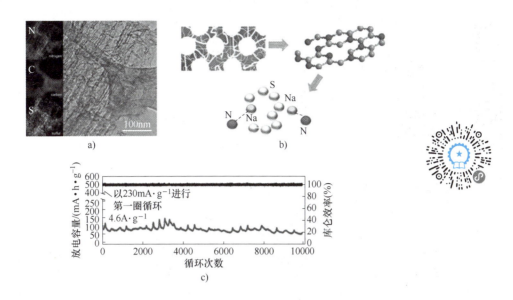

图 9-15   N、S-HPC 显微结构、制备过程及电化学性能

a）N、S-HPC 的 TEM 图像及其相应的 EDAX 元素映射   b）N、SHPC 的合成示意图   c）长循环性能

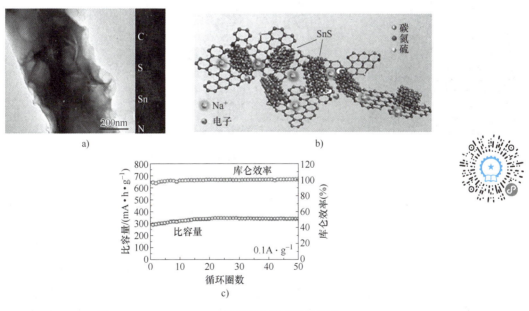

图 9-16   SnS@SNCF-55 显微结构及电化学性能

a）SnS@SNCF-55 的 SAED 模式和元素映射结果   b）SnS@SNCF-55 中的钠存储图   c）循环性能

　　用于钠金属电池的 SIEs 主要包括钠超离子导体（NASICON）电解质、β-氧化铝（β-Al_2O_3）固态电解质和硫化物基电解质。NASICON 内部的八面体 ZrO_6 和四面体（Si，P）O_4 通过它们的顶角连接以构建 3D 网络。由于 ZrO_6 八面体和（Si，P）O_4 四面体形成的瓶颈大于 4.8Å（1Å＝1×10^{-10} m），3D 网络间隙位置的 Na^+ 离子可以穿过瓶颈并扩散在这种材料中。β″-Al_2O_3 属于六方晶系。作为铝酸钠的一种，β″-Al_2O_3 具有层状结构，由紧密堆积的 Al-O

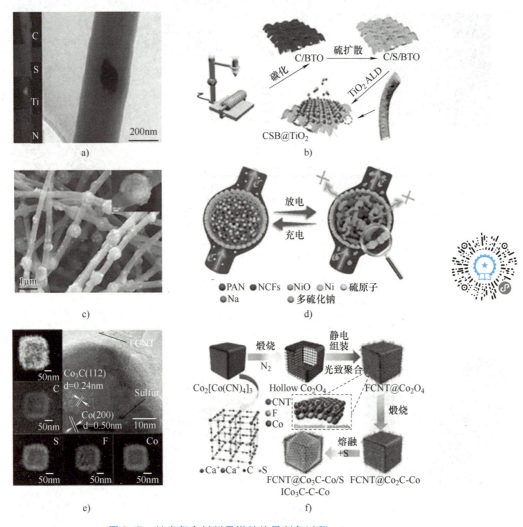

图 9-17 纳米复合材料显微结构及制备过程

a）CSB@TiO$_2$纳米纤维的 SEM 和相应的元素映射图像 b）CSB@TiO$_2$纳米纤维制备过程示意图

c）S@ Ni-NCFs 复合材料的表征 d）S@ Ni-NCFs 充电和放电示意图

e）FCNT@ Co$_3$C-Co/S 的 HRTEM、STEM 图像 f）FCNT@ Co$_3$C-Co/S 结构示意图

尖晶石块和松散堆积的钠传导平面组成，允许 Na$^+$ 离子扩散。硫化物基电解质（如 Na$_3$SbS$_4$）属于四方晶系。Na$_3$SbS$_4$ 内部的四面体 SbS$_4^{3-}$ 通过 Na$^+$ 离子与相邻的四面体相连。根据键价和映射（BVSM）关系，由四面体 SbS$_4^{3-}$ 构建的 3D 框架在所有三个维度（沿 a、b 和 c 轴）提供 Na$^+$ 离子传导路线，这种类型的结构意味着固态电解质具有良好的离子电导率。（注：NASICON 电解质、β-氧化铝和 Na$_3$SbS$_4$ 晶体结构示意图见 8.4.1 节，图 8-11、图 8-17 和图 8-20）

　　SPEs 通常是在聚合物基体中溶解金属盐来形成的。SPEs 可以很容易地通过使用热成型、溶剂铸造或挤出技术来实现，而不需要液体溶剂作为增塑剂。对于 SPEs 中的聚合物基体，聚环氧乙烷（PEO）是研究最广的材料，它是一种同时具有结晶区和非晶态区的半晶聚合物（图 9-19）。稳定的界面接触和对钠盐的良好溶解度，使其在钠金属电池的研究中颇

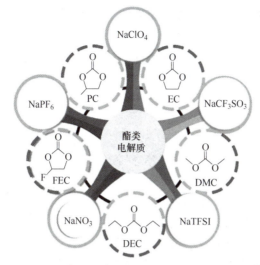

图 9-18　**Na-S 电池酯类电解质常用钠盐、溶剂和添加剂**

具吸引力。然而，PEO 的工作温度范围非常有限，因为 PEO 的结晶区域提供非常有限的离子电导率（PEO 基质的非晶区域是主要的离子传输途径）。一方面，温度低于 65℃时，PEO 链会结晶并提供非常差的离子电导率（$10^{-8} \sim 10^{-7} S \cdot cm^{-1}$）。另一方面，当温度高于 80℃时，PEO 的力学性能可能会下降，并限制固态电解质的电化学稳定性。

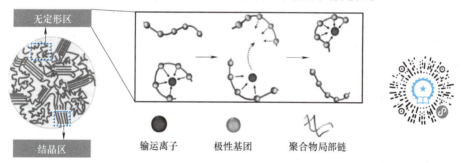

图 9-19　**基于 PEO 的 SPE$_s$ 无定形部分的离子传输机制示意图**

因此，通常需采用改性策略，包括使用优化的浓钠盐、引入无机填料以及在 PEO 中采用新型正极材料，以确保令人满意的力学性能、良好的离子电导率（$>1.0 \times 10^{-4} S \cdot cm^{-1}$）和宽电压窗口。Park 等人将 NaCF$_3SO_3$ 盐嵌入 PEO 基质中，并首先在全固态室温 Na-S 电池系统中测试。PEO/NaCF$_3$SO$_3$ 电解质在 90℃时具有 $3.38 \times 10^{-4} S \cdot cm^{-1}$ 的高离子电导率，并且组装的 Na-S 电池提供了约 $505 mA \cdot h \cdot g^{-1}$ 的高初始容量。

4. 钠金属负极

钠金属反应活性高，容易与电解质发生副反应，消耗电解质形成 SEI 膜而损失部分容量。此外，由于钠金属质地较软，更容易发生金属裂纹，暴露更多新鲜的钠金属，加剧电解质的消耗。而这也会带来 Na 的不均匀沉积，导致枝晶更加严重。多硫化物的穿梭效应导致 Na-S 电池中金属钠负极的腐蚀，进一步降低电池的性能。上述问题降低了 Na-S 电池的循环性能，甚至会导致严重的安全问题。因此，Na 负极的稳定性是钠硫电池实际应用的关键。人们提出多种方法来解决这些问题：①选择合适的电解质和相关添加剂，在金属钠负极表面形成稳定的 SEI 保护层；②通过预处理，对 Na 负极表面进行额外的化学或物理改性，形成稳定的人工 SEI 保护层；③构建三维电极结构，促进 Na 离子均匀沉积并转化为 Na 金属，抑制 Na 枝晶的生长（图 9-20）。

9.1.3 镁离子电池

1. 镁离子电池的发展

相较于金属锂（表 9-1），金属镁具有多个优势。首先，镁资源丰富，在地壳中占 2.9%，比锂资源储量高三个数量级。此外，金属镁在空气中更为稳定，不会发生剧烈的反应，熔点更高，比锂更安全。作为电池负极，由于镁离子呈现正二价，可实现多电子转移反应，理论上能够提供更高的体积比容量（3833mA·h·cm^{-3}）。

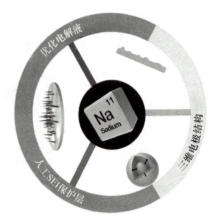

图 9-20　负极保护改进方向示意图

表 9-1　锂和镁元素各项性质比较

项目	Li	Mg
离子半径/Å	0.76	0.72
相对原子质量/(g·mol^{-1})	6.94	24.31
电极电势/(V vs. SHE)	−3.05	−2.35
地壳中含量（%，质量分数）	0.0022	1.35
质量能量密度/(mA·h·g^{-1})	3861	2205
体积能量密度/(mA·h·cm^{-3})	2262	3833
价格（美元/吨）	16500	4600

20 世纪 90 年代初，Aurbach 及其合作者提出了镁电池原型，并于 2008 年探索出具有宽电位窗口的全苯复合物（APC）电解质。自 2010 年以来，镁基电池的发展经历了爆发式增长，一系列与硫正极、氧化物正极等兼容的非亲核电解质、高电压电解质相继被开发研究（图 9-21）。2019 年，Davidson 及其合作者在特定电解质中发现了镁金属负极的枝晶现象。

正极材料是阻碍镁离子电池发展的主要原因之一。Mg^{2+} 带有两个电荷且离子半径小，导致电荷密度高、与宿主阴离子的相互作用强，影响 Mg^{2+} 在正极晶格中的扩散速率。此外，Mg^{2+} 在宿主内的电荷再分配困难，使得平衡时难以维持局部电中性。另一个主要问题源于镁负极与传统电解液兼容性的问题。不同于锂金属电极上形成的 SEI 膜，镁负极生成的致密表面膜（MgO）既是电子绝缘体又是离子绝缘体，Mg^{2+} 不能在材料中迁移，使得镁负极钝化。而在锂电中适用的大多数传统非水系电解液都会在镁负极表面形成钝化层，限制了镁离子电池电解液的选择。

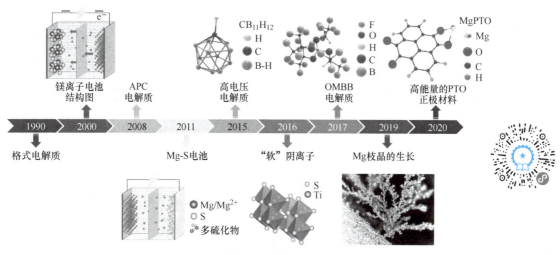

图 9-21 镁离子电池发展历程

2. 镁离子电池的工作原理

与其他二次电池类似，镁离子电池主要由正极、镁负极、电解液、集流体、隔膜以及电池壳组成。相应的电解液一般为醚类电解液或高氯酸镁电解液，常用的集流体为不锈钢箔，隔膜为玻璃纤维。镁离子电池的工作原理如图 9-22 所示。在充电时，金属镁负极发生氧化反应，释放镁离子和电子。镁离子在电解质中迁移至正极，而正极材料（如硫化物或氧化物）嵌入这些镁离子。在放电过程中，正极材料中的嵌入镁离子释放电子，发生氧化反应，重新生成镁金属。

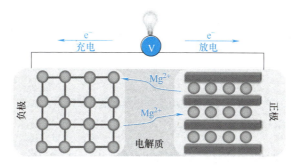

图 9-22 镁离子电池工作原理示意图

目前，镁电池主要有镁锰干电池、储备型镁电池、镁离子二次电池等，反应机理见表 9-2。

表 9-2 不同种类镁离子电池的构造

电池类型	正极	电解质溶液	反应机理
镁锰电池	MnO_2	$Mg(ClO_4)_2$ 或 $MgBr_2$	$Mg+2MnO_2+H_2O \longrightarrow Mg(OH)_2+Mn_2O_3$
镁海水电池	AgCl CuCl	海水（$MgCl_2$ 和 $NaCl$）	$Mg+2AgCl \longrightarrow 2Ag+MgCl_2$ $Mg+2CuCl \longrightarrow 2Cu+MgCl_2$

（续）

电池类型	正极	电解质溶液	反应机理
镁空气电池	空气电极	$Mg(ClO_4)_2$ 或 $MgBr_2$	$2Mg+O_2+2H_2O \longrightarrow 2Mg(OH)_2$
其他电池	间二硝基苯（m-DNB）	$Mg(ClO_4)_2$	$6Mg+8H_2O+m\text{-}DNB \longrightarrow 6Mg(OH)_2+m\text{-}DNB$（胺）

3. 正极材料的发展

（1）嵌入脱出型正极材料　镁离子插层动力学本质上取决于材料中离子的迁移率，而迁移率主要受三个因素影响，即嵌入位点间的连通性、扩散路径的大小和长度，以及嵌入的 Mg^{2+} 与宿主材料之间的相互作用。

Chevrel 相正极材料 Mo_6S_8 是首个成功实现镁离子插层的正极材料。Mo_6S_8 拥有独特的晶体结构，8 个硫阴离子形成一个 S_8 立方体，6 个钼原子构成 Mo_6 八面体（图 9-23），该结构最多可容纳两个 Mg^{2+}。Mg^{2+} 的嵌入经历两个过程：$Mg^{2+}+2e^-+Mo_6S_8 \longleftrightarrow MgMo_6S_8$ 和 $Mg^{2+}+2e^-+MgMo_6S_8 \longleftrightarrow Mg_2Mo_6S_8$。这两个反应在室温下具有快速的反应动力学，因此，$Mo_6S_8$ 被认为是具有前景的镁离子电池正极材料。除了支持 Mg^{2+} 的快速扩散，Chevrel 相的独特结构还促进了界面上的电荷转移，从而促进了去溶剂化过程。

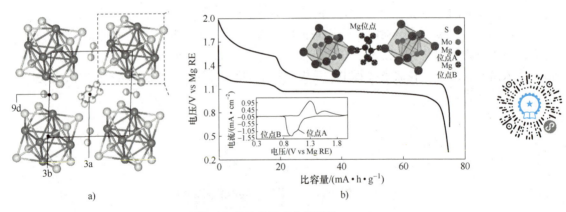

图 9-23　Mo_6S_8 晶体结构及电化学性能

a）晶体结构示意图　b）充放电曲线和 CV 曲线

在格氏试剂和路易斯酸（$AlCl_3$）镁离子电解液中，Mg 以络合阳离子 $Mg_2Cl_3^+$ 形式存在。Mg^{2+} 嵌入到正极材料需要先从络合阳离子中剥离，而表面的 Mo 原子作为催化剂，能够促进解离过程（Mg—Cl 键的断裂）。当镁离子嵌入到正极材料中，留在表面的氯离子与 $MgCl^+$ 成键形成 $MgCl_2$。Mo_6S_8 是迄今为止在室温条件下最成功的镁离子电池正极材料，表现出良好的插层动力学和可逆性（图 9-24）。然而，Mo_6S_8 也存在嵌入脱出电压较低（约 1.1V vs. Mg^{2+}/Mg）、Mg^{2+} 不完全脱出等问题，仍需进一步的改性和优化。

V_2O_5 是另一种代表性的镁离子电池层状过渡金属氧化物正极。晶体结构由层状的 V_2O_5 多面体基元组成（图 9-25）。V_2O_5 储镁的开路电压为 3.06V，在镁离子可逆的嵌入脱出过程中发生相转变。最初研究发现，尽管 Mg^{2+} 可以在 V_2O_5 晶体结构中嵌入，但扩散过程非常缓慢，且循环稳定性差。随后，Novak 和 Desilvestro 等人发现，只有在电解液中含有水分子时，

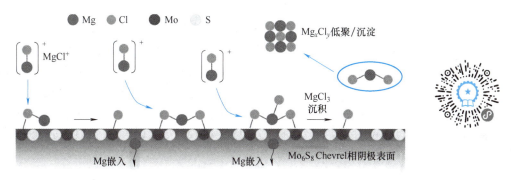

图 9-24　在卤化物电解液中 Mg 在 Mo_6S_8 表面的去溶剂化和插层过程示意图

才能在 V_2O_5 晶体结构中实现可逆的 Mg^{2+} 嵌入。这是因为水分子与 Mg^{2+} 形成水合镁离子，产生屏蔽作用，大大减小了 Mg^{2+} 与 V_2O_5 之间的相互作用，在 $1mol \cdot L^{-1}$ $Mg(ClO_4)_2 + 1mol \cdot L^{-1}$ H_2O/AN 溶液中，可以实现 $170mA \cdot h \cdot g^{-1}$ 的比容量。V_2O_5 纳米管、V_2O_5 凝胶、V_2O_5 与碳复合材料等的合成与应用进一步提高了循环稳定性和电极反应动力学。

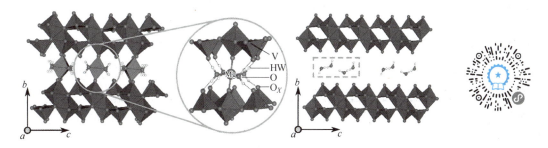

图 9-25　V_2O_5 的晶格结构图

（2）转换型正极材料　转换型正极材料利用转换型电化学反应，充分利用充放电过程中化学键的断裂与重组，提供多电子转移的能力，一般具有较高的理论容量和能量密度。降低颗粒尺寸，可以提供更大的反应位点和更短的扩散路径，从而显著提高转换反应的动力学性质。这类材料主要涵盖一些过渡金属氧化物、硫化物等。锰氧化物是研究较多的转换型镁离子电池正极材料之一。锰原子通常与 6 个氧原子结合形成 MnO_6 八面体。Arthur 等人观察到，随着离子的嵌入，α-MnO_2 在界面处被还原为 Mn_2O_3 和 MnO，最终完全放电时生成 α-MnO_2@（Mg，Mn）O 核壳结构的产物，并提出了转换反应的机理。此外，硫化铜（CuS）、硒化亚铜（Cu_2Se）也被应用到镁离子电池正极材料中（图 9-26）。

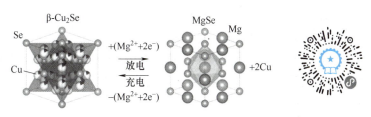

图 9-26　β-Cu_2Se 的反应机理图

（3）**有机正极材料**　有机材料具有更丰富的有机官能团，结构灵活可调，逐渐受到关注。有机材料的分子间作用力较弱，有利于 Mg^{2+} 快速扩散。然而，有机正极通常含有亲电中心，而格氏试剂具有亲核特性，二者相容性差。一系列非亲核特性电解液的开发，使得更多的有机材料应用到镁离子电池的构建。Wang 团队首次报道了一种低成本、环保的共价有机框架（COF）作为存储 Mg 的正极材料。独特的多孔结构以及大比表面积对循环过程中体积变化具有足够的适应能力。结果表明，将 COF 作为镁离子电池正极材料，能够获得高功率密度（$2.8kW \cdot kg^{-1}$）以及高比容量（$146W \cdot h \cdot kg^{-1}$），且具有较长的循环寿命（图 9-27）。

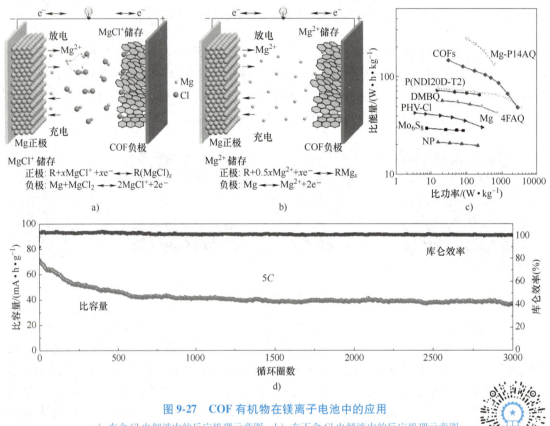

图 9-27　COF 有机物在镁离子电池中的应用

a）在含 Cl 电解液中的反应机理示意图　b）在不含 Cl 电解液中的反应机理示意图
c）与几种具有代表性的有机正极材料的能量密度对比　d）在 5C 电流下的超长循环性能

4. 负极材料

按照反应机理，镁离子电池负极材料可分为以下几类：

（1）**修饰的镁金属负极**　金属镁负极的失效主要有三个原因：枝晶的形成和生长、Mg 对污染物的高敏感性以及配位溶剂/阴离子的分解（图 9-28）。钝化膜的反复断裂/再生导致金属 Mg 生长不均匀，不仅消耗大量的 Mg^{2+} 离子和电解液形成"死 Mg"，还会导致内部短路，从而导致循环稳定性差。污染物（如水、二氧化碳和氧气）可以诱导在 Mg 表面形成含有电阻性无机成分的阻塞层。此外，Mg^{2+} 有很强的与电解质中聚阴离子配位的倾向，导致负极侧形成不良的钝化产物（氯化镁、氟化镁、碳酸镁等）。

对于金属镁负极的优化，主要是通过合适的溶剂、盐或添加剂，在镁金属表面形成 Mg^{2+} 传导的保护膜，又被称为人工 SEI（solid-electrolyte interphase）膜。例如，利用钛络合物 $[Ti(TFSI)_2Cl_2]$ 对镁金属表面进行预处理，可以大大降低 Mg 和 O 之间的结合力，再通过电化学过程将 $Li[B(HFIP)_4]$ 电解液部分分解，即可在镁金属表面形成稳定的 Mg^{2+} 传导的 SEI 膜；在镁金属表面构建电子绝缘但 Mg^{2+} 传导的 MgF_2 层或自愈的 Ge 基保护层等。这些方法都能有效避免镁金属与传统电解液之间的副反应。

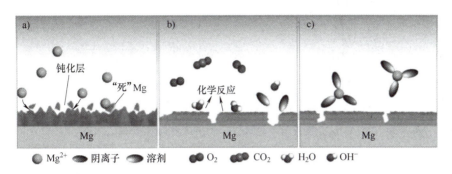

图 9-28　镁负极的失效机制

（2）嵌入型负极　常见的 $FeVO_4$、Li_3VO_4、TiO_2-B 以及层状的 $Na_2Ti_3O_7$ 等材料，在实验中均已被证实为可行的嵌入型镁离子电池负极。二价 Mg^{2+} 与周围阴/阳离子之间强烈的静电相互作用，会导致这些嵌入性负极材料出现扩散动力学缓慢的问题。此外，嵌入型负极材料较高的反应电势、较低的比容量也是镁离子电池能量密度不高的主要原因。

（3）合金型负极　处于ⅢA、ⅣA 和ⅤA 主族的金属，如 Bi、Sn、Ga、Pb 和 In 等，理论上能够与镁离子发生合金化反应生成 Mg_xM，在较低的反应电位下提供高的理论比容量。此外，由于不同金属之间的协同效应，它们的衍生合金（如 BiSn、BiSb、SnSb 和 InSn 等）往往能表现出更好的储镁性能。但是，合金型负极材料在充放电过程中巨大的体积变化导致了一系列问题，如内部压力、活性物质的粉化脱落、储镁的可逆性差以及比容量的快速衰减等。

5. 电解质

在传统的非质子溶剂中镁金属会在负极表面形成钝化层，这对镁离子的电化学迁移和可逆的沉积、溶解不利。因此，开发一种既可以实现镁的可逆沉积又不会产生钝化层的电解液对于镁离子电池的发展十分重要。目前，镁离子电池电解质材料按照相态可分为液态电解质和固态电解质。

（1）液态电解质　液态电解液是当前镁离子电池体系最适合的电解液之一，具备较高的离子电导率、可逆性以及循环性能，更容易制备且黏度更低。镁离子电池体系的液态电解液主要包括无机电解液、硼基电解液、镁有机卤铝酸盐基电解液、酚盐或醇盐基电解液和非亲核电解液。

（2）固态电解质　固态电解质具有安全性能好、力学性能优、电压窗口宽及能量密度高等优点。根据组成的不同可将电解质分为无机固态电解质、有机固态电解质和有机无机复合固态电解质。目前，对镁固态电解质的研究处于初步阶段。镁固态电池所使用的固体电解质基本分为无机体系（磷酸盐、硼氢化物、硫族化合物、金属有机框架材料）、有机聚合物体系（添加镁盐、无机填料）和有机-无机复合固态电解质等。

例如，采用溶胶-凝胶法合成的无机固态电解质 $MgZr_4(PO_4)_6$（MZP），在 725℃的电导率为 $7.23×10^{-3}S·cm^{-1}$。将不同尺寸的 MgO 颗粒分散到 PVDF-HFP 基聚合物电解质中，其电导率可达 $8×10^{-3}S·cm^{-1}$。以 Mo_6S_8 为正极组装的固态电池在 100℃循环 150 次后容量几乎不变（图 9-29）。

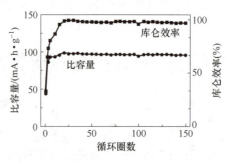

图 9-29　以 Mo_6S_8 为正极组装的固态电池 100℃循环性能

9.1.4　钙离子电池

1. 钙电池体系发展

利用二价或三价离子（如 Mg^{2+}、Ca^{2+}、Al^{3+}）的多价离子体系，有望实现更高的质量能量密度或体积能量密度。钙元素在地壳中含量丰富，标准还原电位是 $-2.87V$（vs. SHE），理论能量密度为 $2.06A·h·cm^{-3}$；除此之外，Ca^{2+} 的极化特性（电荷/半径比）比 Al^{3+} 和 Mg^{2+} 都要小，因此，Ca^{2+} 在液体电解质的流动性较大。钙的上述优点引发了人们对钙离子电池（CIBs）越来越大的兴趣，与 LIBs 相比，CIBs 有可能提供更长的循环寿命、增强的安全性和更高的能量密度。

20 世纪 90 年代，Staniewicz 提出了 $Ca-SOCl_2$ 原电池的前瞻性概念。之后在 2000 年，开始了钙离子和有机电解质的首次研究。研究人员发现，钙离子在传统电解液中很难穿透钙金属负极表面的钝化层，导致钙离子无法像锂离子一样发生可逆的氧化还原反应。2016 年，MIT 的 Sadoway 等人采用熔融态的 $CaCl_2$ 和 LiCl 作为电解质，同时利用熔融的 Ca-Mg 合金和 Bi 金属分别作为负极材料和正极材料，研发出了一种新型钙离子液态电池，其工作电压虽然不高（<1V），但在高温下（550~700℃）表现出良好的循环稳定性。随后，该团队研究出以锡箔作为负极与钙离子发生可逆合金化反应，同时采用活性材料与集流体的一体化设计，以石墨作为正极实现阴离子（PF_6^-）的可逆插层/脱嵌反应，以溶有六氟磷酸钙、具有 5V 耐高压特性的碳酸酯类溶剂为电解液。该钙离子电池具有优异的电化学性能，平均放电中压高达 4.45V，在室温下循环 350 次后的容量保持率大于 95%（图 9-30）。

2. 工作机理及特点

与锂离子电池原理相仿，充放电过程中，Ca^{2+} 在两个电极之间往返嵌入和脱嵌。充电时，Ca^{2+} 从正极脱嵌，经过电解质嵌入负极；放电时则相反。特别的，当石墨用作正极材料，可与 Ca 形成合金的箔材作为负极材料时，其充放电过程略有不同。充电时，电解质中的阴离子 PF_6^-［来自 $Ca(PF_6)_2$ 盐］插入石墨正极，而 Ca^{2+} 同时沉积，在负极并与金属负极（例如 Zn、Na 和 Sn）反应。在放电过程，阴离子 PF_6^- 和阳离子 Ca^{2+} 分别从石墨正极和金属负极脱嵌和脱合金，并扩散回电解质中（图9-31）。

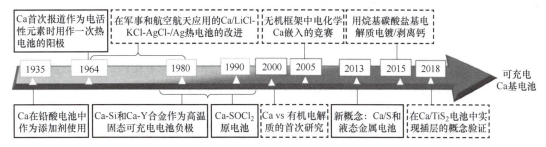

图 9-30　钙离子电池发展历程

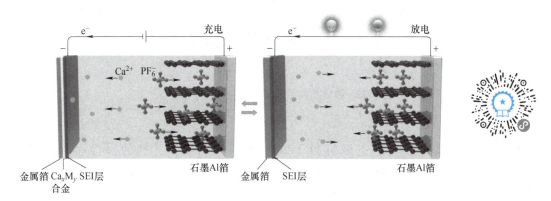

图 9-31　钙离子电池工作原理

3. 正极材料

虽然研究人员对钙离子电池的正极材料进行了大量的研究，但是目前只有少数正极材料在电化学测试中表现出良好的性能。目前，已经发现的几种适合钙离子电池的正极材料根据组成成分主要分为两种：①层状金属氧化物，如 V_2O_5、$CaCo_2O_4$；②普鲁士蓝类似物，如 K_2FePO_4F 和 $MnFe(CN)_6$ 等。这些材料都可以让钙离子可逆地插入和脱出。除此之外，研究人员还发现了一些潜在适合钙离子电池的正极材料，如聚合物、石墨等。

（1）层状金属氧化物　层状金属氧化物主要包括 Ca_xCoO_2、$Mg_{0.25}V_2O_5 \cdot H_2O$ 和 V_2O_5，这些材料都具有显著的离子存储能力和较大的层间距。

V_2O_5 作为锂离子电池中的嵌锂材料，因其具有电压平台高、比容量高的优点，是目前研究最多的钒氧化物，其晶体结构如图 9-32a 所示，蓝色金字塔表示 VO_5 多面体，灰色球体表示插层原子。V_2O_5 属于正交相的晶体结构，在常温常压的条件下，V_2O_5 会结晶成为由共享棱角的 VO_5 方形金字塔组成的层状结构。由于层状结构有利于插层反应且 V^{5+}/V^{4+} 对的氧化还原电位较高，V_2O_5 是最早用于钙离子电池的正极材料之一。与 V_2O_5 晶体相比，非晶相因其各向同性的结构而具有更大的容量和更低的过电位。DFT 计算还揭示了不同 V_2O_5 多晶的热力学稳定性和钙离子迁移能垒。δ 相（200mV）中的钙离子扩散势垒远低于 α 相（1700~1900mV），这表明，在实际电流下，$δ\text{-}CaV_2O_5$ 比 $α\text{-}CaV_2O_5$ 更有可能可逆地存储钙离子。进一步 DFT 计算发现，亚稳多晶的钙离子扩散势垒（$δ'\text{-}V_2O_5$ 为 0.56~0.65eV，$γ'\text{-}V_2O_5$

为 0.59~0.68eV）明显低于热力学稳定的 α-V_2O_5（1.76~1.86eV），这意味着亚稳 V_2O_5 正极具有更好的倍率性能。然而，由于较大半径的钙离子与 V_2O_5 之间的库仑力较大，其插层动力学比 Li、Na 甚至 Mg 更缓慢，并且 V_2O_5 的波纹层状结构会随着半径较大的钙离子的嵌入和脱出而发生较大的体积变化，从而引发结构坍塌，导致电池循环性能下降。目前针对 V_2O_5 作为钙离子正极材料的研究主要集中在通过扩层改性等方法来提高钙离子的储存能力和对其进行纳米化来降低钙离子的扩散距离。

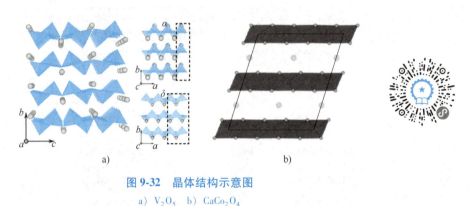

图 9-32 晶体结构示意图

a）V_2O_5 b）$CaCo_2O_4$

与商业化的锂离子电池正极材料 $LiCoO_2$ 和 $LiMnO_2$ 类似，钙的过渡金属氧化物（Ca_xMO_2）也可作为钙离子电池中的正极材料。钴酸钙化合物（Ca_xCoO_2，$0.26<x<0.50$）是由在三角棱柱层之间有钙离子的共边 $[CoO_2]_n$ 八面体片组成（图 9-32b），并已成功通过与层状 Na_xCoO_2 进行低温离子交换的方法合成。正极为 $Ca_{0.5}CoO_2$，负极为 V_2O_5，电解质为 $1mol \cdot L^{-1}$ 的 $Ca(ClO_4)_2$，电解液为 AN 的钙离子全电池，能够在不同的实验条件下（电流密度为 30~100mA $\cdot$ g^{-1}，电压范围为 2.3~1.2V）提供高达 100mA $\cdot$ h $\cdot$ g^{-1} 的可逆容量。

2019 年，Mai 等人使用一种层间距为 10.76Å 的双层 $Mg_{0.25}V_2O_5 \cdot H_2O$ 材料作为高性能钙离子电池正极，其晶体结构如图 9-33 所示。大的层间距为钙离子的扩散提供了充足的空间。基于原位/非原位表征证明镁离子在层间是稳定的，而钙离子在充放电过程中是扩散的。在钙离子的插入脱出过程中，这种材料的结构稳定性极高，层间间距变化极小，约为 0.09Å。$Mg_{0.25}V_2O_5 \cdot H_2O$ 材料能够实现 500 次循环，容量保持率为 86.9%。

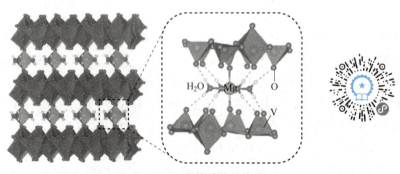

图 9-33 $Mg_{0.25}V_2O_5 \cdot H_2O$ 晶体结构示意图

（2）普鲁士蓝类 普鲁士蓝类似物拥有典型的金属有机框架结构，近年来被作为电池的插入电极得到了广泛的关注。这类材料的通式为 $A_xMFe(CN)_6 \cdot nH_2O$，其中，A = Li、Na、Mg、Ca 等，M = Ba、Ti、Mn、Fe、Co 或 Ni，相应的晶体结构描述见 4.3.3 节，晶体结构示意图如图 4-27 所示。使用普鲁士蓝类似物 $K_2BaFe(CN)_6$ 作为正极，$Ca(ClO_4)_2$ 作为电解质，在有机电解液体系下使用三电极的测试方法，可得到 $55.8mA \cdot h \cdot g^{-1}$ 的放电容量，在 30 个循环后库伦效率可以保持在 93.8%。虽然普鲁士蓝类似物已被证明能够在非水电解质中存储钙离子，但其较差的电化学性能和较低的充放电容量限制了它们在高能量密度电池中的应用。

（3）转换型正极　受 Li-S 电池系统快速发展的启发，通过促进双电子的转换反应 Ca+S⟷CaS，钙也可以与硫形成钙离子电池，其理论体积能量可到达 $3202W \cdot h \cdot L^{-1}$。2019 年科研人员首次报道了一种可逆的 Ca-S 电池，该电池采用硫/碳纳米纤维为正极。电池在第一个循环中的放电容量超过 $1200mA \cdot h \cdot g^{-1}$，放电平台为 1.2V。使用 $Ca(BH_4)_2$+ $LiBH_4$/THF 作为电解液，转换型正极材料 FeS_2 和金属 Ca 负极可组成具有高容量和长循环寿命的钙离子电池。$Ca(BH_4)_2$+$LiBH_4$/THF 混合电解液确保了动力学上有利的 FeS_2 驱动转化，从而避免正极晶格中缓慢的钙离子扩散。同时，它增强了钙离子的去溶剂化动力学性能，从而在长期循环中具有优异的可逆性。FeS_2-Ca 电池的放电容量为 $303mA \cdot h \cdot g^{-1}$，200 次循环库伦效率为 96.7%，优于其他转换正极和钙负极组成的全电池。

4. 负极材料

钙离子电池的负极材料主要包括金属钙、合金化材料和嵌入脱出型材料等。目前，钙离子电池负极材料还存在界面稳定性、体积膨胀、形成的 SEI 不稳定等问题需要解决，因此，想要实现高性能的钙离子电池体系，还需进一步开发稳定性高的负极材料。

（1）金属钙　金属钙的体积比容量和质量比容量（分别为 $2072mA \cdot h \cdot mL^{-1}$ 和 $1337mA \cdot h \cdot g^{-1}$）远高于目前商用锂离子电池中的石墨负极（$300 \sim 430mA \cdot h \cdot mL^{-1}$ 和 $372mA \cdot h \cdot g^{-1}$），并且在钙离子电池中，金属钙负极拥有最低的电化学势。若要实现金属钙可逆的沉积/剥离，必须满足以下条件：①钙离子能够在电解液中自由移动；②在电解液和 SEI 之间，降低钙离子的去溶剂化所需的能量；③降低钙在电极表面的成核能垒及生长能垒。

在早期尝试中，Staniewicz 等人研究了 Ca-So$_2$Cl$_2$ 体系的电化学性能，由于在钙金属上形成了离子绝缘的 $CaCl_2$ 钝化层，该体系无法实现钙的沉积和剥离。2015 年，Ponrouch 等人报道了在 EC/PC 电解液中，以 $0.45mol \cdot L^{-1}$ 的 $Ca(BF_4)_2$ 为钙盐，钙负极在高温（$75 \sim 100℃$）下展现出了可逆的氧化还原反应。100℃ 循环 30 次后，电化学循环伏安曲线中的氧化还原峰依旧存在。对电极的沉积物进行分析后，证实了发生氧化还原反应的是金属钙沉积的过程，但同时还有 CaF_2 副产物的生成，降低了钙沉积的效率。目前，在 $Ca(BF_4)_2$-EC/PC、$Ca(BH_4)_2$-THF、$Ca[B(hfip)_4]_2$-DME 和 $Ca(BF_4)_2$-ILs 等非水系电解液体系中，钙金属负极已经成功实现可逆沉积。在 $Ca[B(hfip)_4]_2$-DGM 电解液中，钙离子电池表现出最好的循环性能（100 周）。SEI 在钙剥离/电镀过程中起关键作用。在许多电解液体系中，SEI 的化学结构已被逐一解释，但这些 SEI 的成分（如 CaF_2 和 CaH_2）是否有利于钙的可逆沉积还需进一步研究。

（2）合金负极　合金负极可通过形成 M 合金（M 为金属阳离子）化合物容纳大量的 Li^+、Na^+ 或 K^+，因其拥有较高的比容量和较低的反应电势，被认为是可能替代金属钙作为钙离子电池负极的另一选择。合金负极的使用最初是由 Lipson 等人报道的负极为钙化的锡、正极为脱酸六氰酸锰的钙离子电池，该电池的容量为 $40mA \cdot h \cdot g^{-1}$。此外，Tang 等人发现金属锡作为电池负极、石墨作为电池正极、$0.8mol \cdot L^{-1}$ 的 $Ca(PF_6)_2$ 钙盐溶于 EC：PC：DMC：EMC（体积比为 2：2：3：3）溶液作为电解液的钙离子电池，工作电压到达了 4.45V，且容量保持率在 350 圈后仍有 95%。合金负极的发现为钙离子电池提供了新的可能，解决了电解液与钙金属负极不兼容的问题。但合金材料自身也存在问题，合金化反应会引起材料发生较大的体积膨胀，在一定程度上会影响电池的循环稳定性。

5. 电解液

电解液作为电池的重要组成部分，其作用主要是在两个电极之间高效传输离子载流体。由于 Mg^{2+} 和 Al^{3+} 有硬酸碱的性质，其对应的多价电池需要用到特殊的电解液成分，才能实现阳离子在电极和电解液界面间的去溶剂化反应。而钙离子电池的电解液与锂离子电池和钠离子电池更相似，使用类似的钙盐溶于标准的溶剂即可，制备过程更简单。钙离子电池的电解液按溶剂种类不同可分为有机电解液和水系电解液。

（1）SEI 钙离子电池的电解液可通过体相和界面快速高效地传输钙离子，电池的功率性能不再受限，且能可逆循环。但由于钙的电化学势很低，与锂接近，所以当金属钙作为电池负极时，电解液还需要与负极有良好的兼容性。目前应对电解液与负极不兼容的主要策略是通过电解液的有限分解形成一层亚稳态的 SEI。碱金属和碱土金属电极在非水系电解质中的性能主要由 SEI 控制。理想情况下，SEI 具有固态电解质的特性，它允许离子扩散，但阻断电子的转移，且只传输阳离子。然而，早期对亚硫酰氯钙电解液和相应金属负极的电化学行为研究发现，对于二价碱土金属，SEI 是阴离子和阳离子的混合导体，钙离子通过 SEI 的扩散性很差。这导致放电时阴离子会注入 SEI，使其厚度增加，从而增加极化作用且阻断钙离子的迁移。SEI 的离子电导率可以决定金属在负极的沉积是否为可逆反应。在电池循环过程中，SEI 形成和反应的动态过程是持续存在的，其形成与金属电沉积存在动力学竞争。钙盐的解离在很大程度上依赖于溶剂的溶剂化能力，溶剂化能力低的电解液不仅会阻碍钙离子的溶解，也会限制钙离子在 SEI 中的扩散。目前可用在钙离子电池中合适的电解质盐十分有限，大多数的研究工作都使用了以下五种简单钙盐中的一种或多种：硝酸钙 $[Ca(NO_3)_2]$、硼氢化钙 $[Ca(BH_4)_2]$、（三氟甲烷磺酰）亚胺钙 $[Ca(TFSI)_2]$、四氟硼酸钙 $[Ca(BF_4)_2]$ 和高氯酸钙 $[Ca(ClO_4)_2]$。ClO_4^- 阴离子由于存在安全性问题，在实际研发过程中很少使用。含 $Ca(TFSI)_2$ 的电解液，虽然具有较高的氧化稳定性，但由于 $Ca(TFSI)_2$ 与钙离子配位性较强，会阻碍钙离子在负极的沉积/剥离。在这五种常见的盐中，使用 $Ca(BH_4)_2$ 的电解液可以在负极形成可以传输钙离子的氢化钙 SEI，促进钙在负极的沉积/剥离。相反，由 CaO、CaF_2 和 $Ca(CO_3)_2$ 组成的 SEI 会阻碍钙离子通过，从而影响电池的循环性能。电解液拥有稳定的电解质成分、能够改善界面性能、优化溶剂与钙离子之间的配位是提高钙离子电池性能的关键。

（2）有机电解液 水系电解液可以改善钙离子在电解液/电极界面的嵌入动力学性能，但非水有机溶剂基电解液仍是钙离子电池的主流选择。目前可用于钙离子电池的有机电解液体系主要包括乙腈（ACN），四氢呋喃（THF），γ-丁内酯（gBL），聚碳酸丙烯酯（PC），二甲醚（DME），碳酸乙烯酯（EC）等。

和其他电解液相比，EC：PC 基电解液有更宽的电化学稳定窗口（4V），因此更适配中高压正极材料。2017 年，Ponrouch 等系统地研究了在 EC/PC 基电解液中，$Ca(TFSI)_2$ 和 $Ca(ClO_4)_2$ 浓度的变化，对电解液的物理化学性质（如离子电导率、黏度、溶剂和阴离子对 Ca^{2+} 阳离子的溶剂化）的影响。结果表明，在低盐浓度下（$0.1mol \cdot L^{-1}$），离子几乎全部解离时，电解液的离子电导率更高；而在 $1.0mol \cdot L^{-1}$ 的高盐浓度下，电解液的黏度和离子对的数量更多，离子电导率下降。此外，不同钙盐的阴离子的种类和性质对电解液的影响也不同，当钙盐浓度为 $1.0mol \cdot L^{-1}$ 时，使用 $Ca(TFSI)_2$ 的电解液比 $Ca(ClO_4)_2$ 的离子电导率更高，使用 $Ca(TFSI)_2$ 可以减少离子配对。

（3）水系电解液 尽管有机电解液具有较宽电化学稳定窗口，但它较低的离子电导率限制了钙离子的传输。因为钙离子在水系电解液中的离子电导率更高，水系电解液体系更具动力学性能的优势。此外，当金属钙做负极时，使用水系电解液的钙离子电池可以形成氢氧化钙膜，从而钝化钙金属负极，因此水系钙离子电池不涉及电解液和负极的界面稳定性问题，这也是水系电解液的另一大优势。除了直接使用水作为电解液，水也可作为添加剂，以改善有机电解液体系的性能。六氰高铁酸盐用作负极时，在非水电解液体系中加入水作为添加剂，电池的充放电容量得到了提升并且展现出了良好的电化学性能。除此之外，在电解液为 ACN、电解质为 $Ca(ClO_4)_2$ 的有机电解液体系中加入了 17% 的水，由于溶剂化效应，电池的氧化还原活性得到了增强。但目前水在这些电解液体系中的作用机理尚未完全阐明。为了探究水系电解液体系的基本电化学性能，Lee 等人使用了高浓度的 $Ca(NO_3)_2$ 水系电解液，发现增加 $Ca(NO_3)_2$ 电解质的浓度可降低水合数目，使更多的阴离子能够与阳离子结合成键，减小嵌入所需的活化能，从而提升电池的循环性能。这种钙盐浓度高的电解液被称作 water-in-salt 电解液，这个概念由 Wang 等人在水系锂离子电池体系中首次提出。通过采用 water-in-salt 电解液，水系电解液较窄的电化学稳定窗口成功从 1.23V 提升到了 3V，组装的水系锂离子全电池可达到 2.3V 的高电压，极大地提升了水系锂离子电池的能量密度。但这种研究思路目前还没有在钙离子电池中报道。Lee 等人使用的高浓度 $Ca(NO_3)_2$ 水系电解液的工作也未提及 water-in-salt 电解液能否拓宽原来的电化学稳定窗口。因此，对解决水系钙离子电化学稳定窗口较窄的问题，还需进一步研究。

9.1.5 锌离子电池

1. 锌离子电池发展历程

1800 年，意大利科学家 Volta 及其团队发明了伏打电堆，这是首次将金属锌作为电池负极。自此，各式各样的锌基一次电池如 Zn-Ag、Zn-Cu、Zn-Mn 电池纷纷涌现（图 9-34）。直至今日，锌锰一次电池仍广泛服务于我们的日常生活。尽管如此，一次电池无法充电和重复使用的特性限制了其应用范围。尽管可充电的锌基电池早在 19 世纪就已问世，但受当时技术和更为成熟的铅酸电池、锂离子电池等二次电池技术的共同影响，它们并未得到足够的关注。直到 20 世纪 60 年代，人们才开始研究使用碱性溶液作为电解液的可充电 $Zn-MnO_2$ 电池。然而，这种电池系统存在可逆性差、稳定性不高和副反应多的缺点。直到 1986 年，日本科学家 Yamamoto 等人首次使用弱酸性 $ZnSO_4$ 电解液实现了 $Zn-MnO_2$ 电池的可逆充放电，为水系锌离子电池的发展开辟了新的道路。2011 年，Kang 团队提出了水系锌离子电池（AZIBs）的概念，并详细说明了 MnO_2 正极的电荷储存机制是基于 Zn^{2+} 离子的迁移。随后，研究者们致力于开发在中性或弱酸性水系电解质中工作的 AZIBs。

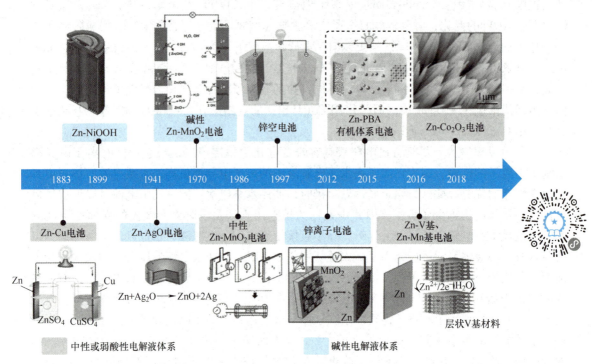

图 9-34　不同类型的锌基电池发展时间线

2. 锌离子电池的结构及工作原理

锌离子电池由正极、电解液、隔膜以及负极四个基本组成部分构成。目前报道的正极材料有锰基氧化物、钒基氧化物、普鲁士蓝类似物和有机化合物等，正极集流体一般采用钛箔、不锈钢网、碳布、炭纸等高导电性材料。负极一般采用高纯锌箔，电解液的主要成分为 $ZnSO_4$、$Zn(CF_3SO_3)_2$ 等。锌离子电池的工作原理与锂离子电池相似，均采用"摇椅式电池"设计，其充电和放电过程都依赖于离子在正负极之间的传输流动性（图 9-35）。在过去十年的时间里，科研人员对锌离子电池的正负极材料以及电解液进行了广泛的研究，不断优化锌离子电池体系，使其储能机制更明晰，这为锌离子电池的商业化应用奠定了坚实的基础。

目前，正极材料的储能机理主要可分为离子插入机理（包括 Zn^{2+} 插入、Zn^{2+}/H^+ 共插入、阴离子插入）和化学转化反应机理。

（1）离子嵌入/脱出机理　Zn^{2+} 在正极中可逆地嵌入/脱出。研究报道的 $Zn \parallel ZnSO_4 \parallel$ α-MnO_2 电池就是通过 Zn^{2+} 在隧道型 α-MnO_2 正极和 Zn 负极之间的可逆迁移实现能量储存的。在放电过程中，由于 Zn^{2+} 的嵌入，会生成 $ZnMn_2O_4$ 相；充电过程中，随着 Zn^{2+} 的脱出，α-MnO_2 结构恢复，证明了 Zn^{2+} 的可逆嵌入/脱出过程。其他晶相的 MnO_2（如 β、γ、λ 和 δ 型）也存在相似的机理。

除了被广泛研究的 Zn^{2+} 的嵌入和脱出机制，关于 H^+ 和 Zn^{2+} 共同嵌入的机制也经常被报道。相较于 Zn^{2+}，H^+ 由于其较小的离子半径和小的质量，通常扮演着更关键的角色，作为主要的电流载体被嵌入到宿主材料中。

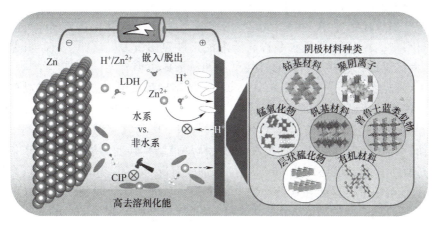

图9-35 锌离子电池原理图

（2）化学转化反应机理 化学转化反应机理指在电池的充放电过程中常伴随新物质的生成。Liu 研究团队揭示了 $Zn \parallel \alpha\text{-}MnO_2$ 电池系统的储能机理。在系统的充放电过程中，H^+ 与 $\alpha\text{-}MnO_2$ 发生化学反应，生成了 $MnOOH$ 相，同时 Zn^{2+} 与电解液中的 OH^- 反应，形成了层状的碱式硫酸锌，这样的反应确保了电解液中的电荷平衡。因此，其能量储存机理表示如下：

正极反应：

$$H_2O \longleftrightarrow H^+ + OH^- \tag{9-10}$$

$$MnO_2 + H^+ + e^- \longleftrightarrow MnOOH \tag{9-11}$$

$$\frac{1}{2}Zn^{2+} + OH^- + \frac{1}{6}ZnSO_4 + \frac{x}{6}H_2O \longleftrightarrow \frac{1}{6}ZnSO_4\left[Zn(OH)_2\right]_3 \cdot xH_2O \tag{9-12}$$

负极反应：

$$\frac{1}{2}Zn \longleftrightarrow \frac{1}{2}Zn^{2+} + e^- \tag{9-13}$$

3. 正极材料

正极材料扮演着关键角色，它不仅是锌离子的储存室，也是其释放的场所。挑选适宜的正极材料时，需考虑几个关键因素。首先，材料应具备一个适当的锌储存电位，这一电位需高于锌负极的标准氧化还原电位，同时也要与电解液的电位窗口匹配。其次，正极材料应具有开放式的晶格结构，这样的结构能够在放电过程中容纳离子嵌入时引起的体积膨胀。理论上，晶格空间越大，越有利于离子的嵌入和脱出。最后，由于存储过程中水系锌离子电池会经历复杂的结构变化，因此，正极材料必须具备良好的晶格稳定性，以适应这些变化而不发生破坏。

（1）锰基材料 锰基材料因其丰富的自然资源、低成本、无毒性等优点，在能量储存领域得到了广泛的应用。在中性电解液环境下，锰基氧化物展现出了高达 $308mA \cdot h \cdot g^{-1}$（$Mn^{4+}/Mn^{3+}$）的理论比容量和约 1.4V 的工作电压，实现了较高的能量密度。虽然在充放电过程中，锰基材料存在锰离子溶解导致容量衰减的问题，但通过适当的改性处理，可以有效减缓这一问题，进而提升其循环性能。考虑到能量密度、成本和生产工艺等因素，锰基材料作为水系锌离子正极材料的潜力股，在未来大规模储能应用中前景可期。

锰基材料涵盖了金属氧化物（如 MnO_2、Mn_3O_4、MnO）和金属盐类（如 $ZnMn_2O_4$）等多种形式。在这些材料中，MnO_2 无疑是水系锌离子电池正极应用最为广泛的一种，其基本结构单元由 MnO_6 八面体组成，这些八面体通过共享边和角形成了多种不同的晶体结构。常见的二氧化锰晶体类型包括 α、β、γ、λ 和 δ 型，每种晶体结构都赋予了二氧化锰独特的空间特性。理论上，这些不同类型的二氧化锰都可以为 Zn^{2+} 提供储存空间。特别是 α-MnO_2，其具有的 2×2 隧道结构使其成为理想的锌离子电池正极材料，因为其宽敞的隧道有利于离子的快速迁移。然而，其在反应过程中，插入 Zn^{2+} 时会从隧道结构转变为层状的 Zn 布鲁塞尔矿结构。在放电过程中，Mn^{4+} 被还原为 Mn^{3+}，由于 Jahn-Teller 效应，Mn^{3+} 会发生歧化反应，生成 Mn^{2+} 并溶解到溶液中，这会导致活性物质的损失，从而引起容量的快速衰减。相较之下，β-MnO_2 虽然具有最稳定的晶体结构，但其 1×1 的隧道结构限制了 Zn^{2+} 的嵌入，导致其电化学性能不尽如人意。不过，通过对 β-MnO_2 进行纳米化改性，可以增加 Zn^{2+} 与晶体的接触点，从而提升其可逆容量。

锰基正极材料改性有以下几种方式：

1) 缺陷工程。缺陷工程一种能显著增强晶体材料电化学活性的手段。特别是，氧缺陷能转变晶体材料的表面特性和构造组成，这一点吸引了众多研究人员的兴趣。在锰基氧化物中引入氧缺陷，能够实现热力学平衡，使得 Zn^{2+} 的吸附自由能在此缺陷周围达到平衡，有利于 Zn^{2+} 的插入脱出过程。同时，氧缺陷减少了参与 Zn^{2+} 键合的电子云，导致更多的电子云呈现非局域化状态，提升了理论比容量。此外，向晶体结构中引入异质原子也是形成晶体缺陷的一个有效策略，这些异质原子的引入会因为其与原有元素的种类、尺寸和价态的不同，导致晶体结构、体积和化学性质的改变，这些晶格缺陷通常会对材料的电化学性质产生显著影响。Fang 团队通过巧妙地在 MnO_2 晶格中引入 K^+ 离子，成功创造出了氧缺陷，缺陷极大地促进了离子在材料内部的扩散。同时，它也有效遏制了 Mn^{3+} 的 Jahn-Teller 效应，材料展现出了卓越的电化学性能。

2) 表面包覆修饰。锰基氧化物自身导电性能较弱，电子传输慢，影响离子在晶体结构中的嵌入与脱出。为了克服这一难题，研究者们通常通过调节合成过程的条件，将锰基氧化物与具有高导电性的碳基质材料结合，从而增强复合材料的电子导电性。在复合材料中，常用的碳基质材料包括多种类型的碳材料，它们的高导电性能可有效地优化电子的传导，并且有助于提高材料的比容量。此外，锰基氧化物表面形成的优良封装层也有助于缓解材料的溶解。在 $66mA \cdot g^{-1}$ 的电流密度下，经过碳包覆的 α-MnO_2 纳米颗粒展现出了令人瞩目的可逆容量，高达 $272mA \cdot h \cdot g^{-1}$。更为可观的是，50 次充放电循环后，其容量保持率为 69%，这一数据显著超越了未经改性的 MnO_2。

3) 晶体结构设计。材料结构设计领域的重点在于晶体结构的精心设计和电极基体结构的巧妙安排。在锰基材料的结构设计中，纳米技术是一种常见的策略，通过创建纳米棒、纳米片等形态来优化材料的结构。纳米化处理不仅增加了材料的反应活性位点，而且由于其高比表面积，能显著提升离子扩散的效率，从而在大电流密度操作条件下显著改善材料的电化学反应性能。

(2) 钒基材料　钒作为一种具有多种氧化态的过渡金属，在地壳中储量丰富，电子排布为 $3d^3 4s^2$，常用作各类电池的电极材料。钒基氧化物，如 VO、VO_2、V_2O_3 和 V_2O_5，是常见的钒基材料。在这些氧化物中，V_2O_5 因其独特的层状结构，有助于 Zn^{2+} 的存储，因此受到了广泛关注。在 V_2O_5 的结构中，钒和氧原子构成了 VO_5 的四方锥结构，这些四方锥通过共享边和角形成 V_4O_{10} 层，层间距为 0.55nm，这一特性有利于 Zn^{2+} 的快速充放电过程，并且 V_2O_5 在钒基氧化物中拥有较高的理论容量（$589mA \cdot h \cdot g^{-1}$）。然而，其较大的层间距允许更多的 Zn^{2+} 嵌入，这也容易导致结构崩溃。为了提升其电化学性能，常需要对 V_2O_5 进行改性。金属离子插层是一种常见且有效的改性方法。插入的金属离子不仅充当了晶体结构的"支柱"，还能与 V_2O_5 晶格中的氧原子形成静电作用，从而稳定晶体的结构。除了通过金属离子插层来改善性能，引入结构水分子到层间也是一种有效的策略。这种方法可以重塑层状结构，减少 Zn^{2+} 离子嵌入时的电荷密度，同时降低其在水中的水合程度，并促进离子的扩散速率。

尽管钒基材料以其高理论容量和出色的循环稳定性而受到青睐，但其较低的工作电压（大约 0.75V）成为提升电池整体能量密度的显著障碍。此外，这些材料的溶解性、高昂的成本以及潜在的毒性也对其广泛应用造成了制约。

（3）普鲁士蓝类似物 在 AZIBs 中，PBAs 通常被用作正极材料，它们展现出了卓越的倍率性能和高工作电压（大约 1.7V vs. Zn^{2+}/Zn），然而，由于其导电性能较差且活性位点较少，它们的比容量通常较低（一般不超过 $70mA \cdot h \cdot g^{-1}$），这直接影响了能量密度。此外，在循环过程中，电极的相变也可能导致比容量的衰减，从而进一步削弱了循环性能。

（4）有机材料 相较于无机材料，有机材料展现出其独特的优势，如资源丰富、质量轻以及分子层级的精准可控。在此背景下，羰基化合物以其小的分子量成为当前备受瞩目的一种有机材料，它能够为材料提供更高的理论容量。在化学反应中，羰基主要通过还原反应释放电子，生成阴离子自由基，这些自由基随后与嵌入的阳离子配位，从而实现电荷的储存。醌类有机物 C4Q 拥有敞开的碗状结构，并含有八个羰基，其分子间的连接主要是通过微弱的范德华力，这种结构特征有利于离子的快速迁移。

尽管有机材料在理论上拥有较高的容量潜力，但它们在实际应用中却面临着一系列挑战。这些问题主要源于材料的溶解性较强，导致活性物质容易溶解，以及电极结构的稳定性较差，容易遭受破坏。这些因素共同作用，使得有机材料的利用率不尽如人意，实际比容量低于预期，循环性能也较差。因此，为了充分发挥有机材料的潜力，迫切需要进行进一步的优化研究。

4. 负极材料

金属锌是目前应用最广的负极材料之一，金属锌具有较低的氧化还原电位（-0.76V vs. SHE）、较高理论容量（$820mA \cdot h \cdot g^{-1}$）以及良好的稳定性。在锌负极的循环使用过程中，枝晶的生长以及不可逆的副反应对其使用寿命造成了显著的影响，这些问题成为水系锌离子电池实用化的主要障碍。锌负极面临锌枝晶生长、钝化、析氢反应和腐蚀问题，这些问题的改性策略介绍如下：

（1）锌枝晶生长 在锌离子电池运行中，锌枝晶的不规则生长是锌金属负极面临的一项重大挑战。锌离子在沉积和剥离过程中受到不均匀电场分布和二维扩散的控制，导致 Zn^{2+} 离子的不规则沉积，从而形成锌枝晶。在沉积阶段，锌离子倾向于在能量较低的区域形成核心，进而催生微小的枝晶。一旦形成这些微小的枝晶，电荷便会在这些位置积聚，形成一个强大的电场。在静电力的作用下，锌离子会被吸引到枝晶的尖端，形成新的核心并持续生长，进而加快了锌枝晶的形成速度。随着时间的推移，锌枝晶的不停增长会导致电池存储容量的下降，甚至在极端情况下，它们可能会刺穿电池隔膜，使负极和正极直接接触，最终导致电池失效。如果锌枝晶从负极表面脱落，会形成所谓的"死锌"，导致电池活性物质的损失。

（2）钝化　　在碱性锌电池的构造中，电荷的载体并非传统的锌离子或其水合物，而是锌酸盐离子。锌酸盐离子的热力学不稳定性导致在该电池系统中不可避免地形成绝缘的ZnO，这不仅降低了离子的扩散速率，也影响了氧化还原反应的效率。因此，锌负极不得不经历从固态到液态再到固态的转化过程〔Zn-[Zn(OH)$_4$]$_2$-ZnO〕。这一过程中的三相转化电阻、ZnO的导电性差以及锌酸盐浓度的波动，导致部分Zn金属转化为ZnO，使其成为电化学上的惰性物质。结果是，在放电过程中，锌负极表面可能被锌酸盐离子沉淀形成的电化学惰性ZnO覆盖，这增加了锌负极的界面和离子扩散阻力，进而导致充电/放电过程中的库仑效率衰减，包括放电时电位的下降和充电过程中的电势波动。此外，在锌负极表面形成的ZnO也阻碍了电极孔隙体积的利用，拦截了OH$^-$离子、锌酸盐离子和放电产物的迁移。总的来说，碱性电解液中锌负极的表面钝化严重阻碍了可逆锌负极的开发，并导致碱性锌电池容量的衰减。在中性电解液中，电化学惰性的ZnO不再是问题。然而，在放电过程中，惰性物质仍可能沉积在锌负极表面。以ZnSO$_4$电解质为例，放电过程中锌金属会被氧化成Zn^{2+}，并吸引负极离子（SO$_4^{2-}$和OH$^-$）生成钝化物质［Zn$_2$SO$_4$(OH)$_6$·xH$_2$O］。反应方程式如下：

$$Zn \longrightarrow Zn^{2+}+2e^- \tag{9-14}$$

$$4Zn^{2+}+6OH^-+SO_4^{2-}+xH_2O \longrightarrow Zn_2SO_4(OH)_6 \cdot xH_2O \tag{9-15}$$

因此，不溶性的Zn$_2$SO$_4$(OH)$_6$·xH$_2$O沉淀物会对锌的沉积和剥离过程的可逆性造成重大影响，同时也会降低锌负极的整体利用率。因此，在中性电解液中，锌负极表面的钝化认为是对中性锌离子电池性能的显著削弱因素。

（3）析氢反应和腐蚀　　在水性锌离子电池中，电极与电解质之间的界面区域会遭遇剧烈的析氢反应。锌的沉积过程会受析氢反应的干扰，同时还伴随腐蚀反应的产生。特别是在中性或微酸性电解质溶液环境中，Zn^{2+}/Zn的标准电极电位（-0.76V vs. SHE）低于H$^+$/H$_2$的电位（0V vs. SHE），这使得锌与水的共存变得不稳定。在这种不稳定的共存中，水会被自动还原，从而释放出氢气。在碱性电解质环境中，锌负极的电化学反应主要取决于Zn和ZnO之间的相互转化。锌的标准还原电位是-1.26V vs. SHE，这比析氢电势（-0.83V vs. SHE）更低，意味着在热力学上，析氢反应是不受控制的。因此，在氧化锌被还原之前，析氢反应就会发生。这种反应不仅影响了锌的沉积，还可能对电池的性能产生不利影响。相关的反应如下：

析氢反应：

$$2H^++2e^- \longrightarrow H_2 \tag{9-16}$$

$$2H_2O+2e^- \longrightarrow 2OH^-+H_2 \tag{9-17}$$

腐蚀反应：

$$Zn+2H_2O \longrightarrow Zn^{2+}+2OH^-+H_2 \tag{9-18}$$

$$Zn+2OH^- \longrightarrow Zn(OH)_2+2e^- \longrightarrow ZnO+H_2O+2e^- \tag{9-19}$$

自放电反应：

$$Zn+2OH^-+2H_2O \longrightarrow Zn(OH)_4^{2-}+H_2 \tag{9-20}$$

电池在运行过程中，会遭遇析氢反应带来的自放电问题，这无疑加剧了电池库仑效率的降低。由于析氢反应的不断进行，锌材料的消耗日益严重。为了确保电池循环的稳定性，人们往往不得不添加超出理论需求的锌量。另一方面，气体产物的形成对封闭式电池系统产生了不良影响，电池内部压力的增加会引发电池的膨胀甚至损坏。因此，探究如何有效解决析氢及其引起的腐蚀问题，对于电池的长期稳定运行至关重要。

（4）锌金属负极改性策略　在水系锌离子电池的实际应用过程中，锌金属负极所面临的界面稳定性问题引起了研究人员的广泛关注。他们提出了多种方法和策略，旨在抑制锌枝晶的过度生长和析氢等不利的副反应，从而提升电池的稳定性和可逆性。这些方法主要围绕两个核心展开：①对锌负极本身进行设计和优化，②对电解液进行改进。这些方法都是为了增强锌负极与电解液之间的界面稳定性，确保电池能够在复杂的环境中保持良好的性能。

1）电解液组分优化。Zn^{2+}在电解液中通常以溶剂化离子的形态存在，其特定的配位环境由电解液的组成成分决定，这包括电解质、溶剂以及添加剂。因此，通过精心设计电解液，可以间接地调控和优化锌的沉积过程。在常见的弱酸性水系电解液中，Zn^{2+}的溶剂化层几乎完全由H_2O分子构成，这些水分子会随着Zn^{2+}向负极表面的扩散以及电子的获得而不可避免地发生析氢副反应。然而，Zn^{2+}的溶剂化结构在一定程度上会受电解液中阴离子的影响。例如，三氟甲基磺酸根阴离子（$CF_3SO_3^-$）由于其较大的尺寸，能有效减弱溶剂化作用并减少Zn^{2+}周围的H_2O分子配位数，这有助于促进Zn^{2+}的传输以及界面处的电荷转移。同样，含有$Zn(TFSI)_2$的电解液体系也显示出类似的效果。

2）功能界面层修饰。负极与电解液之间的界面是锌沉积及其伴随副反应发生的主要地点，因此，开发一种功能性涂层直接修饰这一界面，被视为一种既简洁又有效的方法。理想的界面涂层应具备以下特性：①对电解液保持化学和电化学的稳定性；②具备足够的机械强度来应对循环过程中发生的体积变化和枝晶生长；③对电解液具有良好的润湿性，并含有丰富的离子传输通道，以促进Zn^{2+}的快速扩散。这样的致密涂层能作为物理隔离层，分隔锌负极和水分子的直接接触，从而减少锌的腐蚀和析氢等不利的副反应，提高界面稳定性。

3）电极结构设计。电极界面上电场和浓度场的分布可通过精心设计的电极结构得到改善。由于表面尖端效应和杂质的干扰，纯净锌电极的界面电场分布通常不均匀，特别是在高电流密度下，局部电场强度显著增强，导致Zn^{2+}更倾向于在这些特定位置聚集并沉积。同时，水合离子的迁移速度减慢，这进一步加剧了浓差极化，并最终导致锌沉积的不均匀。制备三维结构的电极被证实是一种提升界面电场分布均匀性的有效手段。这种三维结构能够大幅提高电极的比表面积，尤其在高电流密度下效果更为显著，它有助于减少局部电荷密度，使电场分布更均匀。此外，三维结构增加了电解液与电极的接触面积，这有助于平衡Zn^{2+}的通量并减少浓差极化，进而有助于解决枝晶生长的问题。

5. 电解液

目前，锌离子电池普遍采用水系液态电解液，液态电解液具有良好的浸润性，高电导率及强溶剂化效应。锌离子电池电解液大致可分为水系液态电解液、有机系电解液、凝胶和固态电解质等类型。

（1）液态电解液　将锌盐溶解到去离子水中即可得到水系电解液。与有机电解液相比，水系电解液展现出更卓越的离子电导率（水系的离子电导率大于$10^{-2}S \cdot cm^{-1}$，远大于有机系的$10^{-4}S \cdot cm^{-1}$）。文献中已经详细研究了多种锌盐，包括$ZnSO_4$、$ZnCl_2$、$Zn(NO_3)_2$、

$Zn(CF_3SO_3)_2$、$Zn(TFSI)_2$等。SO_4^{2-}离子以其稳定的分子结构和对 Zn 负极的良好相容性，成为使用最为普遍的锌盐之一。但尚未彻底解决析氢反应和副产物的问题，促使了人们对电解液的进一步改性或材料的升级研究。

在水系液态电解液中，一旦锌盐溶解到体系中，Zn^{2+}就会与六个水分子形成溶剂化鞘结构，这一结构可被描述为 $[Zn\text{-}(H_2O)_6]^{2+}$。该溶剂化结构对溶液 pH 值极其敏感，在碱性溶液中容易被强的氢氧键吸附并形成 $Zn(OH)_2$络合物。类似于溶剂化的锂离子，溶剂化的水合锌离子由于与水分子之间的强相互作用，导致离子在锌负极表面沉积和剥离时形成较高的能垒，进而增加离子迁移阻抗，最终导致充放电过程中显著的电荷转移阻抗变高和反应动力变慢。这种情况还可能加剧 Zn 负极侧的锌沉积过电位和极化现象，从而在锌沉积过程中引发更多的副反应。

因此，对液态电解液进行改良变得格外关键。优化电解质的组分和引入具有特定功能的添加剂，是既简便又高效的电解液改良策略。研究指出，引入还原电位低于主体离子的离子添加剂时，充电过程中添加剂离子积聚在电极的尖端附近，形成静电屏蔽效应，从而有效遏制枝晶的生长。这类添加剂因而被称为静电屏蔽功能性离子。

(2) 凝胶电解质　凝胶电解质的特点在于含有复杂的溶剂成分，通常这类电解质被称作有机聚合物骨架，它们是由锌盐溶液与各种有机聚合物分子相互作用而形成的。这些有机聚合物不仅种类繁多，而且具备较高的机械强度和出色的加工及调控性能。通过精细调控，可以实现更稳定的离子流动性和更均匀的电沉积过程。此外，凝胶状或固态电解质被广泛认为是解决锂、钠、镁、锌、铝等金属基二次电池电极材料的腐蚀和枝晶问题的关键策略，它们能有效减少甚至抑制金属与电解液之间在固液界面发生的副反应。

9.1.6　铝二次电池

1. 电池体系发展

可充电铝二次电池（rechargeable aluminum batteries，RABs）因其高比容量、高能量密度、高安全性、低成本和低毒性而被认为是下一代最有前途的大规模储能系统之一。铝二次电池通常使用金属铝为负极材料，金属铝拥有最高的体积能量密度（8046mA·h·cm^{-3}）和仅次于锂的质量能量密度（2980mA·h·g^{-1}），铝离子具有最小的阳离子半径（0.535Å），可实现良好的动力学传输特性。在可持续发展方面，与其他金属相比，铝不仅成本最低（仅为金属锂价格的 1/150），而且是地壳中含量第三丰富的元素。尽管铝相较其他金属具有较高的标准还原电位（-1.66V vs. SHE），不利于提高器件的能量密度，然而由于可能存在三电子转移过程，可充电铝二次电池仍有潜力实现比锂离子电池更高的能量密度。与其他金属（尤其是金属锂或钠）相比，铝的电负性更高，在空气和水中的反应性更低，安全性更高。

近年来，基于电极材料的深入研究和电解质组成的持续优化，铝二次电池发展迅速，循环寿命和充放电性能逐渐提升。图 9-36 所示为铝二次电池的发展历程。最早的铝基电池可以追溯到 1850 年，当时首次使用铝金属作为负极，即 Buff 电池。1980 年后出现了基于离子液体（IL）电解质的铝二次电池，但锂离子电池的出现迅速吸引了全世界研究者的注意力，并成为广泛使用的能量存储系统。直到 2010 年后，金属锂资源的短缺和难以提升的能量密度迫使研究方向转向具有高能量密度和资源广泛的多价离子电池体系。2015 年，Dai 等人提出了以石墨为正极和铝为负极的铝二次电池，具有高电压（接近 2V）、高安全性和低成本的特点，可以实现超过 7000 次充放电循环的稳定性和优秀的充放电性能。随后，铝二次电池受到全世界的高度重视，研究工作呈现井喷式增长。

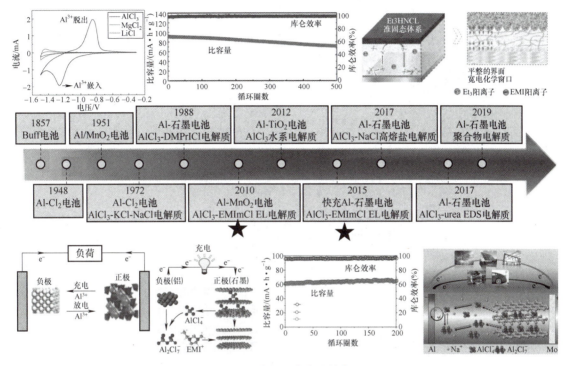

图 9-36　可充电铝二次电池的发展历程

2. 工作机理

铝二次电池的工作机理取决于电极材料及电解质的组成。充放电过程中，基于金属铝的负极发生铝的可逆沉积/溶解反应，正极处发生含铝离子的嵌入/脱嵌反应或转化反应，具体嵌入离子的种类则由电解质的类型和组成决定。铝二次电池中常见的反应机制如图 9-37 所示。

（1）阴离子嵌入/脱出机理　铝二次电池的电解质分为非水系电解质和水系电解质。非水系电解质又分为离子液体、无机熔盐和类离子液体等。离子液体电解质是铝二次电池中最常见的电解质之一，其特殊的离子组成会影响铝二次电池的储能机制。例如，氯铝酸盐（$AlCl_3$）与咪唑盐形成的离子液体中的电解质（$AlCl_3$-EMImCl），电解质中的异裂解反应会形成不同离子，包括 $AlCl_4^-$、$AlCl_2^+$、$AlCl^{2+}$ 等，可以发生涉及 $AlCl_4^-$ 和 $Al_2Cl_7^-$ 参与的电荷转移过程和电化学反应。无机熔融盐的物质的量之比变化时也会影响组成，其离子组成的变化情况与离子液体中的变化相似，例如，当 $AlCl_3$ 与 NaCl 两盐的物质的量之比大于 1.0 时，混合溶液中同时存在 $AlCl_4^-$ 和 $Al_2Cl_7^-$ 阴离子，在基于该种电解质的铝二次电池中也普遍存在 $AlCl_4^-$ 嵌入/脱嵌机理。

阴离子嵌入/脱出反应广泛存在于碳基、硫基和金属氧化物等的正极材料中。阴离子嵌入/脱出机理显示出优异的循环性能、倍率性能和较宽的工作电压。

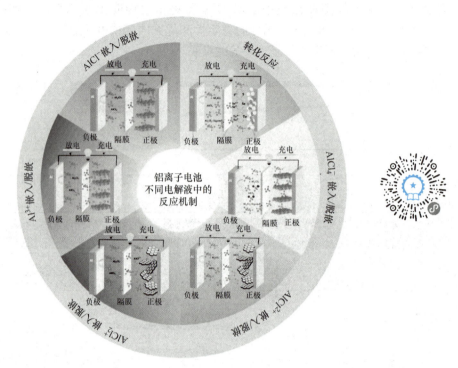

图 9-37　铝二次电池的反应机制

$AlCl_4^-$ 阴离子嵌入/脱嵌的储能机理总结如下：

负极反应：

$$4Al_2Cl_7^- + 3e^- \longleftrightarrow 7AlCl_4^- + Al \tag{9-21}$$

正极反应：

$$Host + 4nAl_2Cl_7^- + 3ne^- \longleftrightarrow Al_n[Host] + 7nAlCl_4^- \tag{9-22}$$

（2）阳离子嵌入/脱出机理　阳离子类型取决于电解质的种类与浓度，基于离子液体、无机熔盐、水系电解质、低共熔电解质的阳离子存在明显不同，包括 Al^{3+}、$AlCl_2^+$、$AlCl^{2+}$ 等都被证实可通过嵌入/脱出的反应来实现储铝。

1）Al^{3+} 嵌入/脱出机理。Al^{3+} 可以可逆地嵌入到基于水系电解质和离子液体电解质的金属氧化物或硫化物中，如 $\alpha\text{-}MoO_3$、TiO_2、V_2O_5、VO_2、AlV_3O_9、Li_3VO_4、SnO_2/C、MoS_2、Sb_2Se_3、TiS_2、$VOCl$ 等。通过飞行时间二次离子质谱（TOF-SIMS）、X 射线光电子能谱（XPS）、透射电子显微镜结合能量色散 X 射线能谱（TEM-EDX）等多种材料表征方法，证实 Al^{3+} 阳离子插层的反应机理。基于 Al^{3+} 嵌入/脱出机理的正极材料的理论比容量明显高于阴离子嵌入的理论比容量。然而，Al^{3+} 嵌入后的强静电相互作用很容易破坏材料的晶格结构，导致材料的库仑效率和容量保持率显著降低。在离子液体中，Al^{3+} 向正极材料中的扩散不可避免地伴随着 Al—Cl 键的脱溶和断裂，Al—Cl 键的高断裂能使得电荷转移困难。

2）$AlCl_2^+$ 嵌入/脱出机理。在离子液体电解质中，除了上文提到的阴离子 $AlCl_4^-$ 储铝机制，通过异裂反应形成的 $AlCl_2^+$ 阳离子也被证明在某些材料中可发生嵌入/脱嵌储能。$AlCl_2^+$ 阳离子嵌入/脱出机制出现于具有不同苯环数的四氰基有机化合物中［即四氰基乙烯（TCNE）、四氰基醌二甲烷（TCNQ）和四（4-氰基苯基）甲烷（TCPM）］。DFT 计算模拟了 TCNQ 与 $AlCl_2^+$ 阳离子的两步结合过程：第一个 $AlCl_2^+$ 阳离子与氰基结合生成 $TCNQ-AlCl_2$，由于能量最低，随后便于第二个 $AlCl_2^+$ 阳离子结合生成 $TCNQ-2AlCl_2$。此外，聚酰亚胺/金属有机框架杂化材料（PI/MOFs）和聚苯胺/单壁碳纳米管（PANI/SWCNTs）复合膜中也观察到这类型储能机制。PANI/SWCNTs 储铝机制如下：

$$nPANI(—NH^+\!\!=\!\!Cl^-)+2ne^-+nAlCl_2^+\Longleftrightarrow PANI(—NH—)_n\big[AlCl_3\big]_n \tag{9-23}$$

$$nPANI(—NH^+\!\!—\!\!Cl^-)+ne^-+nAlCl_2^+\Longleftrightarrow PANI(—NH—)_n\big[AlCl_3\big]_n \tag{9-24}$$

3）$AlCl^{2+}$ 嵌入/脱出机理。除了单电子阳离子 $AlCl_2^+$，双电子阳离子 $AlCl^{2+}$ 的嵌入/脱出机制也得到了证实。目前，在基于蒽醌正极（AQ）和四氢二酮大环正极（TDK）的铝二次电池中发现了这种机制，其充分利用活性分子中的自由基去稳定化效应优先诱导二价离子存储。

（3）**转化反应机理**　与嵌入/脱出机制相比，转化反应会提供更高的理论容量，通常硫族材料（硫、硒和碲）为正极时会出现这类储能机制。以硫单质正极为例，通常认为，转化型正极材料会经历以下反应过程：

1）元素硫转化为长链多硫化物 S_6^{2-}，随后溶解在酸性电解质中，该过程对应铝硫电池中高压下的短平台（约 1.1V）。首次放电时，恒流充放电曲线上的电化学平台和循环伏安曲线上与此相对应的峰明显，但在随后的循环中消失，表明元素硫的转化不可逆。该过程反应式如下：

$$\frac{1}{8}S_8+\frac{1}{3}e^-\longrightarrow\frac{1}{6}S_6^{2-} \tag{9-25}$$

2）长链多硫化物 S_6^{2-} 转化为短链多硫化物，对应在低电压下的宽放电电压平台（约 0.6V）。短链多硫化物不溶于酸性电解质中。该过程在随后的充放电循环中是可逆的，但由于多硫化物的穿梭效应，反应的可逆程度似乎相当低。基于转化型正极的铝二次电池在几次循环后容量迅速下降。该过程反应式如下：

$$\frac{1}{6}S_6^{2-}+\left(\frac{2}{x}-\frac{1}{3}\right)e^-\Longleftrightarrow\frac{1}{x}S_x^{2-}\ (1\ll x<6) \tag{9-26}$$

3. 正极材料

正极材料研究制约着铝二次电池的快速发展。高电荷密度的 Al^{3+} 与正极材料晶格之间较强的静电相互作用，不仅导致 Al^{3+} 扩散动力学缓慢，还可能使正极材料中原本的金属离子被取代，造成严重的结构崩溃或相变。此外，Al^{3+} 具有更大的水合半径（0.475nm）和更高的脱水溶剂化能（4525 kJ·mol^{-1}）。离子液体中的电荷通常以含铝阴离子或含铝阳离子的形式转移，其有效半径比常见碱金属（如 Li 和 Na）的有效半径大得多。理论上，电极材料需要更大的存储空间来容纳这些离子，可能会引起材料结构变化，进而影响电池的循环稳定性。由于这些特性，必须对电极材料的设计提出更严格的要求，以确保有效储铝。

（1）**碳基材料**　碳基材料是铝二次电池中研究最广的一类材料，包括石墨、石墨烯和碳纳米管在内的材料都被用作正极。碳基材料结构稳定性高，循环性能优异，同时生产成本低并且容易获得。几乎所有的碳材料的储能机制为阴离子嵌入/脱出（$AlCl_4^-$），充电时 $AlCl_4^-$ 阴离子嵌入碳基正极中形成 $C_n(AlCl_4)$，放电是相反的过程。因为只能发生单离子嵌入反应，所以碳基材料的放电比容量通常低于其他类型的材料。这种嵌入过程发生在高电位下，因此可以获得相应的高工作电压，这有利于提高能量密度。使用离子液体电解质时，碳基材料在高电流密度下能够实现稳定的循环，同时，$AlCl_4^-$阴离子可以在碳基材料层中实现快速扩散。

石墨具有独特的层状和多孔结构，其更适合 $AlCl_4^-$ 的嵌入和脱出，从而实现高电导率和良好的化学和电化学稳定性。1988 年，石墨首次作为铝二次电池的正极材料，2015 年，Dai 等人再次关注石墨材料。基于采用化学气相沉积法制备的三维石墨泡沫作正极、铝箔为负极、$AlCl_3$/1-乙基-3-甲基咪唑氯化物（[EMIm]Cl）离子液体的铝二次电池实现了优异的循环稳定性和倍率性能。

石墨烯是理想的新型电极碳材料，其碳原子紧密堆叠成 2D 蜂巢晶格结构的单层，完美的 π—π 键耦合使载流子迁移率高达 $2 \times 10^5 cm^2 \cdot (V \cdot s)^{-1}$，有利于电子和离子的传输，石墨烯的层间空间可以容纳 $AlCl_4^-$ 的脱嵌。碳纳米管是典型的一维碳材料，其储铝机制存在分歧，即通过吸附机制储存电荷或使 $AlCl_4^-$ 可逆脱嵌。富勒烯表面的笼状空腔不允许大体积的 $AlCl_4^-$ 通过，因此富勒烯混合物被认为是通过吸附机制储铝，但其较小的比表面积导致比容量非常有限。

（2）金属氧化物　在铝二次电池中，金属氧化物作为正极材料具有显著的优势，包括理论容量高、资源丰富以及环境友好，因此引起了广泛关注，如 MnO_2、VO_2、V_2O_5、TiO_2 等。MnO_2具有多种晶型，其开放式结构适合作为铝二次电池的正极材料，具有稳定的化学性质和较高的理论比容量，但电导率相对较低，可能限制其在高功率应用中的性能；同时其容易发生 Jahn-Teller 相变，结构稳定性和循环性能差。V_2O_5的层状结构提供了含铝离子嵌入和脱出的通道，具有较高的理论比容量，但在循环过程中容易发生结构崩塌，影响长期性能。TiO_2表现出优异的化学稳定性、低成本及环境友好性。TiO_2存在多种晶型，包括锐钛矿（anatase）、金红石（rutile）和板钛矿（brookite）等。其中，锐钛矿和金红石因其较高的电化学稳定性和良好的离子传导性，更适合用作铝二次电池的正极材料。锐钛矿 TiO_2 的层状结构可以为铝离子的嵌入和脱嵌提供路径，从而保障了电池良好的充放电性能。但 TiO_2的电子导电性相对较低，理论比容量也相对较低，限制其作为高能量密度电池正极材料的潜力。为了克服上述问题，研究人员正探索通过纳米化金属氧化物、引入导电基质、表面改性等方法来提高其性能。选择合适的金属氧化物作为正极材料对电池性能，包括电池的能量密度、充放电效率、循环寿命及安全性等，有着决定性影响。

（3）金属硫化物　金属硫化物作为铝离子电池正极材料，近年来受到了广泛关注。金属硫化物因其独特的电化学性能、高比容量以及良好的循环稳定性而成为一种有广阔前景的电池材料。与金属氧化物相比，金属硫化物在铝二次电池中展现出一些独特的优势。首先是高理论比容量。金属硫化物由于其与含铝离子间强烈的化学亲和力，能够提供较高的理论比容量。其次，金属硫化物具有较高的电化学活性，在电池反应中能够更快地进行电荷转移，有利于提高电池的充放电效率。常见的金属硫化物正极包括 MoS_2、CoS_2、FeS_2、VS_4 等材料。MoS_2具有层状结构，层与层之间通过范德华力连接，含铝离子可以在这些层间进行嵌入和脱嵌，具有高理论比容量（$670mA \cdot h \cdot g^{-1}$）和良好的循环稳定性，但在充放电过程中，层间距的变化可能导致体积膨胀和结构稳定性问题。CoS_2表现出高电导性和良好的化学稳定性，具有较高的电化学活性，能够提供较快的离子传输速率和电荷转移速率。然而 CoS_2 的电化学稳定性和循环性能需进一步提高，以满足长期使用的需求。FeS_2因其丰富性、低成本以及高理论容量（约$890mA \cdot h \cdot g^{-1}$）而备受关注，但在高电流密度下的性能衰减问题需要解决，以提高其实际应用的可行性。

为了解决这些问题，研究人员正探索多种策略，如通过复合材料的形式引入导电剂、采用纳米工程技术优化金属硫化物的结构和形貌，以及开发新型硫化物材料，以期在保持高容量的同时提高其稳定性和电导率。纳米结构设计指通过纳米技术，优化金属硫化物的粒度和形貌，以提高其电导率和缓解充放电过程中的体积膨胀问题。复合材料的开发即将金属硫化物与导电材料（如碳材料）复合，以提高电极的整体电导性，同时增强结构稳定性。最后，通过表面修饰或掺杂其他元素，进一步改善金属硫化物的电化学性能和稳定性。通过这些策略，金属硫化物正极材料的性能得到了显著提升。

（4）有机正极材料　有机材料在离子液体电解质中的可逆氧化还原反应出现于 1984 年，证明有机材料作为铝二次电池正极的可行性。近年来，基于有机正极材料的铝二次电池的研究引起了越来越多的关注。有机正极材料应用于铝二次电池时，通常具备以下优点：

1）多价阳离子参与的储能机制，如 $AlCl^{2+}$ 或 Al^{3+}，结合有机电极材料质量小的特点，呈现出高能量密度。

2）独特的配位反应机理，避免了多价载流子嵌入引起的高静电排斥，提高了反应动力学。

3）高度可设计的分子结构，实现物理和电化学性质定制。

4）柔性结构，减轻电极结构在连续充电/放电过程的应变，有助于增强稳定性。

5）资源广泛与可再生。有机电极材料主要由可持续的 C、H、O 和 N 元素组成，不依赖于有限的矿物资源，可以人工合成或从天然可再生资源中大量获得。

6）合成节能且易于回收。有机材料的合成不需要高温烧结，有效地减少了能源消耗和温室气体排放。此外，与多种过渡金属无机材料相比，有机化合物更容易处理和回收。

尽管有机正极材料具有以上优点，但也存在难以解决的问题。首先，有机正极的放电电压相对较低，降低了铝二次电池的能量密度。其次，由于有机化合物的绝缘性质，需要大量的导电剂（质量分数为 30%～60%）来增加有机电极的电子电导率，增加电池的制造成本。再次，有机化合物在路易斯酸性的电解质中的严重溶解性，会导致大部分容量损失，降低电池寿命。最后，轻组成元素（C、H、O、N 和 S）造成低振实密度和低体积能量密度。这些问题都困扰了有机正极在铝二次电池中的发展。

活性官能团在电荷存储特性中起决定性作用。即有机正极材料的氧化还原化学性质影响其电化学性能，包括容量、工作电压、倍率性能和稳定性。最近，已经研究了多种有机材料，包括羰基化合物、亚胺化合物、邻苯二酚衍生物、氰基化合物、多环芳烃和导电聚合物等，作为铝二次电池的正极材料。有机正极材料的储能机制是通过氧化还原活性中心电荷状态的变化来实现的。根据充放电过程中氧化还原基团的电荷状态变化，有机电极材料可分为 n 型、p 型和双极型，如图 9-38 所示。n 型有机正极包括羰基化合物和亚胺化合物等，其活性官能团在初始放电过程中被还原并获得负电荷，然后与带正电的载流子（如 Al^{3+}、$AlCl^{2+}$、$AlCl_2^+$、H^+ 等）配位，充电过程则相反。配位阳离子与分子结构和电解质体系密切相关，n 型有机正极在充放电过程中经历反复的键断裂和恢复，导致分子结构退化和连续的容量衰减。相反，p 型有机正极先被氧化并转化为阳离子，随后与阴离子配位（$AlCl_4^-$），该过程不需要键重排，因此，p 型有机正极具有比 n 型更高的电压和更快的氧化还原动力学。然而，p 型正极材料通常具有较少的氧化还原位点，比容量较低。双极型有机材料含有双氧化还原活性基团，可以从中性状态转化为氧化或还原状态。由于分子结构中存在长程离域 π 键，双极性导电聚合物在倍率性能方面优于 n 型和 p 型有机化合物，能加速电子转移过程。

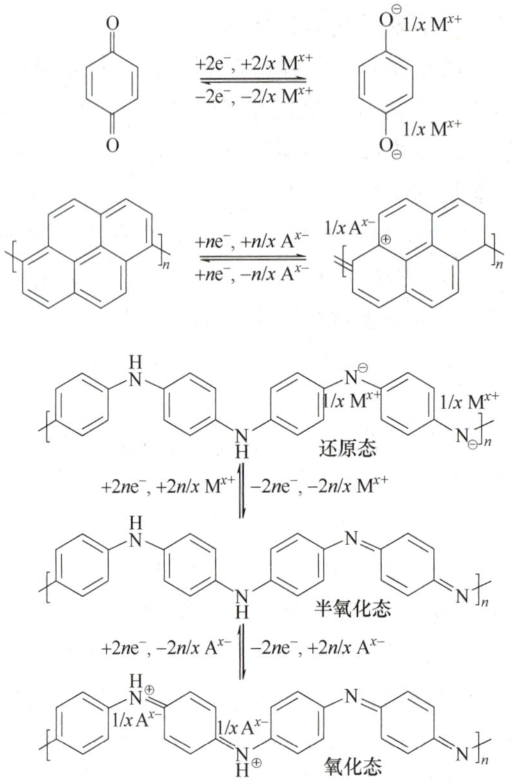

图 9-38　铝二次电池中 n 型、p 型和双极性有机正极

虽然有机化合物以其固有的优点在铝二次电池中显示出巨大的应用潜力，但有机正极材料的研究还处于初级阶段。有机分子导电性差，在电解质中溶解严重，这限制了电化学性能。初始快速容量衰减可归因于放电状态下的短链低聚物被溶解，而随后的逐渐容量衰减可归因于不同效应的相互作用，例如负极钝化、聚合物和/或电解质的分解等。有机化合物需利用改性手段进行优化，即通过分子结构修饰、聚合、形态调控、材料复合、隔膜改性和电解质优化等方法进一步增强电化学性能。

（5）其他材料　硫族单质材料因其独特的电化学性质和高理论容量而在铝二次电池正极材料中受到关注。例如，硫在铝离子电池中的理论容量可以达到 $1672mA \cdot h \cdot g^{-1}$，这是基于硫与铝形成 Al_2S_3 的反应。硒和碲作为正极材料也显示出高理论容量和良好的电化学性能。硫族单质材料具有理论容量高、资源丰富、成本较低、环境友好的特点，但硫族单质也存在很多难以解决的问题。首先，在充放电过程中，硫族单质可能会经历显著的体积膨胀，导致电极结构破裂和循环稳定性下降；其次，相较碳基材料，硫族单质的本征电导率低，限制了电池的功率密度和充放电速率；最后，硫族单质的化学稳定性较差，容易与电解液发生副反应，影响电池的性能和寿命。

普鲁士蓝正极材料（PBAs）具有开放的三维骨架结构和宽敞的间隙位点以容纳 Al^{3+} 的

嵌入/脱出，正极中的水分子还可以屏蔽骨架与 Al^{3+} 之间的静电相互作用，从而保持结构稳定性。然而，由于氧化还原位点不足，其容量有限。

4. 负极材料

金属铝因其高地壳丰度、成本极低、安全性高、理论比容量高（$2980mA \cdot h \cdot g^{-1}$）和体积容量高（$8046mA \cdot h \cdot cm^{-3}$）等显著优点，成为铝二次电池负极的首选。充放电过程中金属铝表面是否会发生不均匀沉积并形成枝晶，目前仍存在争议。这是由于金属铝表面的 Al_2O_3 膜可能会限制铝枝晶的生长。金属原子自扩散势垒理论为无枝晶铝沉积提供了科学依据。许多研究工作观察了恒流充放电过程后的铝表面，结果表明，电极表面没有形成堆叠或沟壑，没有铝枝晶。但是在充放电循环过程中，可以观察到沉积的铝和由铝溶解引起的小孔，即发生了铝的腐蚀。也有很多研究工作认为在铝沉积过程中发现枝晶生长：通过比较电化学反应过程中电极和隔膜发生的形态变化，循环后正负极几乎没有变化，但在玻璃纤维隔膜中可以观察到密集的金属枝晶。此外，也有研究直接在负极金属铝表面发现了严重的枝晶生长。

除了枝晶生长，析氢反应的存在也使铝沉积/溶解过程不可逆，导致库仑效率低和循环寿命短。金属铝负极的发展方向在于避免金属铝上的副反应和提高铝离子在沉积/溶解过程中的可逆性。相关研究通过选择不同的保护层（如 Al_xO_y、SnO_2 和 Al@ a-Al）进行了大量的实验工作，结果表明，这些保护层都能改善循环稳定性。

5. 电解液

按电解质溶剂的不同，铝二次电池中的电解质可分为非水系电解质和水系电解质。非水电解质主要包括熔盐电解质和有机电解质，其中，熔融盐电解质根据温度不同可以分为室温熔融盐（即离子液体、低共熔溶剂）和高温无机熔融盐。

（1）离子液体电解质　离子液体电解质是铝二次电池中最常见的电解质之一。离子液体指完全由离子组成的液体，即在室温范围内能以稳定液态形式存在的熔盐。离子液体具有优异的物理和化学性质，如低可燃性、可忽略的蒸气压、高离子电导率、良好的电化学稳定性和较宽的电化学窗口，在二次电池电解质领域引起了广泛的关注。此外，离子液体具有独特的可设计性，即通过调整有机熔盐和含铝盐的类别、组成与比例，实现离子类型和数量的巧妙调控，有助于离子液体电解质匹配不同的正极材料，并实现优异的化学和电化学性能。

尽管离子液体具有上述优点，但仍然存在许多问题，阻碍了其作为铝二次电池的电解质的实际应用：① 高黏度，离子液体电解质都具有高黏度，在室温下约为数十厘泊，导致较差的离子传输性能和电极润湿性；② 高成本，离子液体使用高纯铝盐和有机盐，需要在严格的无水条件下混合，以避免水解反应，这提高了制造成本。此外，离子液体电解质的大规模生产和应用还有一些潜在问题待解决，如环境毒理学、纯度问题和污染问题等。

（2）低共熔溶剂　考虑到成本因素，低共熔溶剂（DES）逐渐引起研究者的关注。这类液体最早由 Abbott 等人于 2003 年提出，是指两种或两种以上不同的氢键受体和氢键供体以一定的物质的量之比混合而形成的液体。低共熔溶剂通常需要在一定温度下生产，在室温下呈液体形式。低共熔溶剂具有与离子液体电解质相似的优点，如高热稳定性、低挥发性、低蒸气压和可调极性。与离子液体完全由离子组成不同，低共熔溶剂存在中性物质。

（3）水系电解质　水作为最理想的电解质溶剂，具有储量丰富、不易燃、环境友好等优点，水系电解质具有高离子电导率、环境友好、易于合成和成本低等优势。由于固有的低黏度，水性电解质具有比有机电解质更高的电导率。水系电解质可以按照无机溶盐和有机溶盐来区分。常见的无机溶盐包括 $AlCl_3$、$Al_2(SO_4)_3$、$Al(NO_3)_3$、$Al(ClO_4)_3$ 等，有机熔盐包括三氟甲磺酸铝［$Al(OTf)_3$］、双（三氟甲磺酰基）酰亚胺铝［$Al(TFSI)_3$］等。但 Al^{3+} 嵌入主体材料后会发生析氢反应。高的析氢过电位是 Al^{3+} 离子在水溶液中的强溶剂化作用所致。

　　水系电解质存在一些不可避免的缺点，如窄电化学窗口、钝化氧化膜形成、析氢副反应和负极腐蚀反应，这限制了铝二次电池的发展。到目前为止，研究人员已经做出了许多努力来开发具有宽电化学窗口的水性电解质，如高浓度水系电解质、盐包水（WIS）电解质和水合低共熔电解质。在 WIS 电解液中，几乎所有的水分子都参与了 Al^{3+} 的溶剂化构型，电解液中游离水分子的含量可以忽略不计，从而增加电解质的析氢过电位。虽然 $AlCl_3$ 基 WIS 电解质可以实现 4V 的宽电化学窗口，但其高腐蚀性限制了电池集流体的选择。相比之下，$Al(OTf)_3$ 的水溶液腐蚀性低，基于 $5mol \cdot L^{-1}$ $Al(OTf)_3$ 的 WIS 电解质具有 2.65V 的宽电化学窗口，但其价格相对较高。

　　（4）无机熔盐电解质　无机熔盐具有温度范围宽、热导率高、黏度低、与金属材料相容性好、电极动力学快且极化小的特点。现有铝二次电池的电解质主要由无机金属氯化物组成，具有制备成本低、安全性高、在熔点范围以上稳定性好的特点。单组分熔盐的熔点很高，然而，通过与其他金属盐形成二元熔盐和三元熔盐，可以显著降低熔点温度。与其他金属电池系统相比，采用无机熔盐电解质的铝二次电池可以在 $100\sim200℃$ 的温度范围内工作，这取得了很大的进步。即便如此，金属铝在无机熔盐中的沉积/剥离温度仍高于离子液体和低共熔溶剂。此外，受环境（密封装置、保护气体、脱水）的限制，基于无机熔盐电解质的铝二次电池不容易工业化生产。

　　无机熔融盐的物质的量之比不同会影响离子组成。高温无机熔盐中离子组成的变化与离子液体中的变化相似。以二元无机熔盐体系 $AlCl_3$ 和 NaCl 为例，当 $AlCl_3$ 与 NaCl 的物质的量之比恰好等于 1.0 时，电解液可保持中性，此时只有 $AlCl_4^-$ 离子存在；当物质的量之比大于 1.0 时，$Al_2Cl_7^-$ 离子或更大的配位阴离子出现并逐渐增多，电解液的酸度显著增加。随着 $AlCl_3$ 在混合熔盐中比例的增加，高阶配位离子的峰强度增加，这与形成氯铝酸络合物的阴离子的量增加相对应。大多数报道的高温无机熔盐基铝二次电池具有氯铝酸阴离子的嵌入/脱出机理。

9.2　金属空气电池

9.2.1　金属空气电池概述

　　金属空气电池（metal-air battery）是一种以金属作为负极，空气中的氧气作为正极活性物质的电池。其工作原理类似于传统的二次电池，即在负极和正极之间通过化学反应来产生电能。金属空气电池是以轻质金属单质作为活性物质的一类绿色能源技术。此外，由于采用空气作为活性物质，理论上可以源源不断提供能量。金属空气电池的容量主要由金属负极决定，理论容量可达到锂离子电池容量的几倍以上。金属空气电池结构简单、原料丰富易得，且成本更低，因此具有容量大、能量密度高、放电平稳、成本低等优点，引起新能源领域科研工作者的广泛关注。金属空气电池未来有望在新能源汽车、便携式设备、固定式发电装置等领域获得广泛应用。同时，金属空气电池绿色环保、结构简单、安全可靠，也是应对当前日益严峻的能源问题和环境问题的优选方案。本章主要针对金属空气电池的结构组成、工作原理、主要特点、发展历史、主要分类等方面做介绍。

1. 金属空气电池的结构组成

金属空气电池的结构组成简单，主要由金属电极，能够支持氧气反应的空气电极，以及可以承受所对应的电压和含有相关反应活性离子的电解质三大主要部分。其中，金属电极一般为具有良好电化学反应活性的碱金属（例如 Li、Na 和 K）、碱土金属（例如 Mg）或其他过渡金属（例如 Fe 和 Zn）。电解质可以是水性或非水性的，这取决于所用金属电极的性质。空气开放式电极通常具有开放的多孔结构，允许从周围环境中连续进行氧气的供给。

在金属空气电池中，空气电极作为正极，主要由催化层、集流体和防水扩散层组成。其中，防水扩散层是由炭黑和黏结剂组成的透气疏水膜，这种膜既能保证气体扩散，又能防止电解质渗漏。催化层由黏结剂、导电剂和催化剂组成，对于可充电金属空气电池，催化剂不仅具有氧化氧离子的功能，还具有还原氧气的性能。正极参与反应的活性物质为空气中的氧气，在充电过程中，电解质中的氢氧根离子在气-液-固三相界面上被催化剂催化为氧气。空气电极是金属空气电池中最重要和最常见的部件之一。电池性能在很大程度上取决于能够促进电化学反应的有效空气电极。目前的大量工作集中在开发金属空气电池的空气电极上。良好的空气电极一般应具有以下特点：①高表面积，具有电化学活性，可促进氧气还原；②合适的孔隙率和气体扩散通道；③电子导电性，能够最大限度地降低电极中的电压降；④重量轻，最大限度地减轻整个电池的重量；⑤低成本的催化剂，促进电极还原和氧化反应。

金属空气电池的负极活性物质为相对应的金属，在放电过程中，金属不断溶解，即金属空气电池的理论能量密度只取决于负极（图9-39）。金属材料的能量密度越高。则电池的能量密度也越高。负极的放电反应主要取决于所使用的金属和电解质。

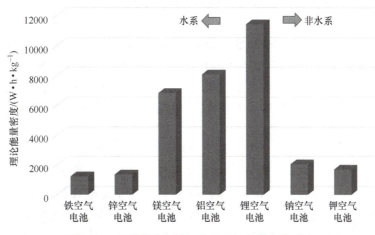

图9-39 典型的金属空气电池理论能量密度对比

2. 金属空气电池的工作原理

金属空气电池可细分为水系与非水系两部分，主要取决于所用金属电极的性质。水系与非水系的电化学反应过程存在一定的区别，工作原理如下：

水系金属空气电池，主要指以 Zn、Fe、Al 和 Mg 等金属为代表电极的电池系统。此类金属在水性介质中热力学不稳定，在某些情况下，金属表面可以被相应的氧化物或氢氧化物钝化，从而使其在一定程度上与水性电解质相容。水系金属空气电池的反应过程见式（9-27）和式（9-28）。在放电过程中，金属在负极发生氧化反应生成金属离子并迁移到空气正极。同时，来自周围空气的氧气通过接受来自外部电路的电子，与金属离子结合，并与水反应，在空气正极处所负载的催化剂颗粒上被还原，并形成放电产物 OH^-，如图 9-40a 所示。

负极反应：

$$M \longleftrightarrow M^{n+} + ne^- \tag{9-27}$$

正极反应：

$$O_2 + ne^- + 2H_2O \longleftrightarrow 4OH^- \tag{9-28}$$

式中，M 表示金属；n 代表金属离子的氧化数。上述电化学反应可以在充电过程中发生转换，在负极处重新镀覆金属并在正极侧析出氧气。

水系金属空气电池一般认为是一种使用金属燃料的特殊类型的燃料电池，主要是基于在空气正极处发生的还原反应与氢燃料电池中发生的氧还原反应（ORR）。因此，这两个电化学系统有类似的设计原则和标准。以锌空气电池为例，空气催化剂对提高电池性能起决定性作用。因为 ORR 是一种高度缓慢的反应。在空气正极侧，该反应主要发生在三相边界处，固体电极同时与液体电解质和气体 O_2 接触。因此，开发高性能空气催化剂可以加快 ORR 的反应动力学，提高电池的放电性能。对于充电过程，空气正极应能有效催化 ORR 的反向反应，即析氧反应（OER）。因此，许多研究人员专注于开发双功能催化剂或对 ORR 和 OER 催化剂进行单独优化后组合。然而，即使对催化剂进行最大程度的优化，在电池系统交替的放电-充电循环期间产生的氧化环境仍会对催化剂的活性组分以及载体造成损害以及电化学腐蚀，造成电池循环稳定性下降。目前研究人员考虑将 ORR 和 OER 催化剂在物理空间上解耦，并分别负载在两个单独的正极上进行放电和充电。这种设计在以增加电池尺寸、降低电池的体积/质量能量密度的代价下亦可实现循环性能的提高。

对于非水系金属空气电池，典型的金属电极为 Li、Na、K 等在水溶液中会发生剧烈反应的金属。此类金属必须在离子导电膜（例如，NASICON 型玻璃陶瓷，允许离子在金属负极和水性电解质之间传输）的密切保护下才能在相应的水系电解质中使用。然而，此类电池系统的制造工艺复杂，制造成本过高，难以实现大规模应用。对于绝大多数的锂、钠和钾的金属空气电池，所使用的为非质子型电解质。非质子型电解质中的 ORR 反应机制与水系电解质截然不同，见图 9-40b 及反应式（9-29）和式（9-30）。目前普遍认为，该反应涉及催化剂表面 O_2 的初始单电子还原，形成超氧化物阴离子 O_2^-，然后与碱金属阳离子反应，形成过氧化物 MO_2。对于锂离子，由于其体积小无法稳定 O_2^-。LiO_2 随后歧化形成过氧化物 Li_2O_2 作为放电产物。而较大的阳离子（Na^+ 和 K^+）可以更有效地稳定超氧阴离子。因此，钠空气电池的放电产物通常是 Na_2O_2 和 NaO_2 的混合物，而钾空气电池的放电产品主要是 KO_2。这些超氧化物或过氧化物在电解质中的溶解度有限，并沉积在空气正极上。它们的积累导致可用正极表面逐渐堵塞，并最终导致电池失效。因此，非水系金属空气电池的放电容量由空气正极对放电产物的存储容量决定，并且远小于理论值。

负极反应：

$$M \longleftrightarrow M^+ + e^- \tag{9-29}$$

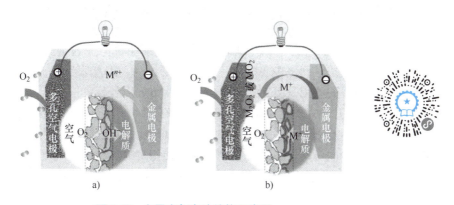

图 9-40　金属空气电池结构示意图
a）水系金属空气电池　b）非水系金属空气电池

正极反应：

$$xM^+ + O_2 + xe^- \longleftrightarrow M_xO_2 \quad (x = 1 \text{ 或 } 2) \tag{9-30}$$

与水系金属空气电池相比，非水系金属空气电池仍处于起步阶段，面临更为严峻的挑战。以锂空气电池为例，锂空气电池在实际应用中仍存在一些问题，如能源效率低、循环寿命短、电化学性能差等，这主要是由于正极上的氧还原反应、析氧反应的动力学以及物质输运缓慢造成的。因此，为了加快动力学速度，许多研究人员致力于寻找具有氧还原反应和析氧反应活性的新型正极。而对于正极缓慢的物质传输问题，需要制作具有足够孔隙结构的正极来解决。不只是正极会影响锂空气电池的性能，负极、电解质和相关部件也会影响电池的性能，除此之外，环境空气中 CO_2、H_2O 和 N_2 等组分对电池也会有一定的影响。

3. 金属空气电池的优缺点

相比于传统锂离子电池、铅酸电池等系统，金属空气电池作为新一代储能与转化装置具备以下优点：

1）**比能量高**。由于空气电极的正极所使用的活性物质氧气来自于空气，理论上具有无限大的正极容量，因而空气电池的理论比能量比一般的金属氧化物电极要大得多，属于高能化学电源。此外，由于活性物质采用的多为空气和轻质金属元素。即使在相同容量规格下，金属空气电池的质量也比锂离子电池、铅酸电池等更轻，这使得它们在需要轻便性能的设备中更为适用。

2）**性能稳定**。金属空气电池的工作电压平稳，安全性好。以锌为代表的金属空气电池可以在较高的电流密度下正常工作，如果采用纯氧代替空气还可大幅提高电池系统的放电性能。

3）**制造成本低**。金属空气电池的电极以及构成电池的其他材料均为常见的材料，不使用昂贵的贵金属，价格便宜。正极处的材料主要是游离的氧气以及多孔炭材料，相比于锂离子电池中使用的钴酸锂、三元等正极材料的成本更低。

4）**环保性强**。金属空气电池在使用过程中仅产生水和一些金属氧化物，不排放其他有害物质。其正极消耗空气，负极消耗金属，放电后负极金属可通过电解还原再利用。正负极材料在使用后容易分离，回收方便，且不对环境造成污染。

金属空气电池的主要优点来自其开放式结构，即可以从周围环境中吸收正极活性材料（氧气），而不是将其携带在电池内。然而，金属空气电池的开放式结构也导致了一些缺陷，具体如下：

1）**功率限制**。与如锂离子电池等系统相比，现有的金属空气电池通常具有较低的功率水平。氧气通过液体电解质扩散到电极表面是一个缓慢的过程，因此限制了金属/氧气反应的速率。造成扩散速率缓慢的原因是氧在液体电解质中的溶解度较低。

2）**电池使用寿命短**。开放式电池结构的电池不能密封，因而容易造成电解液干涸或满溢。电解质蒸发（即干涸）会过早地使这些电池失效，而电解质溢流（通过水扩散）会降低多孔电极中气体扩散通道的可用性。最终影响电池的使用寿命。金属空气电池的寿命受到空气中氧气的限制，因此需要定期更换。相比之下，锂电池可通过充放电循环使用，寿命更长。

3）**副反应严重**。氧气以外的气体从周围环境扩散到金属空气电池中会不可避免地发生副反应，对使用寿命造成影响。二氧化碳的进入可能会反应形成固体碳酸盐。此外，当使用金属锂等活泼金属作为负极时，空气中扩散的水分也会腐蚀未受保护的金属负极。

4. 金属空气电池的发展历程

金属空气电池的研究比锂离子电池更早。1878 年，法国工程师 L. Maiché 报道了一款带有多孔空气正极的锌基电池，其采用镀铂碳电极以代替勒克朗谢电池中的二氧化锰电极进行相对稳定地放电。但当时采用的是微酸性电解质，电极性能极低，因而限制了锌空气电池的使用范围。尽管如此，第一个锌空气电池的开发证明了金属和空气电极作为负极和正极应用于电化学储能的潜力，更为接下来近百年的金属空气电池技术的迭代开辟了道路。

1932 年，Heise 和 Schumacher 制成了碱性锌空气电池。它以汞齐化锌作为负极，经石蜡防水处理的多孔炭作为正极，20% 的氢氧化钠水溶液作为电解质，使放电电流有了大幅提高，电流密度可达到 $7 \sim 10 mA \cdot cm^{-2}$。这种锌空气电池具有较高的能量密度，但输出功率较低，主要用于铁路信号灯和航标灯的电源，由此开始进入市场。随后，国外研究人员相继开发了水系铝空气电池、铁空气电池和镁空气电池等。1962 年，Holzer F 在实验中设计出铝空气电池。1979 年，A. R. Despic 等使用海水作为铝空气电池的电解液并应用于电动汽车。20 世纪 80 年代，日本从美国引进了铁空气电池技术，并在此基础上不断改进和创新，使得铁空气电池的性能得到了较大的提高。进入 21 世纪以来，锌、铝为代表的水系金属空气电池相继实现了一定程度的规模化商业应用。

对于非水系金属空气电池，研究最早的是锂空气电池。1996 年，Jiang 等用聚合物电解质建造了第一个室温锂空气电池的原型。钠空气电池以及钾空气电池的起步稍晚。2011 年，Peled 等人采用液态熔融钠替代金属锂作为负极，聚合物作为电解质，设计制造出了一款在 $105 \sim 110 ℃$ 范围内工作的钠空气电池。2013 年，Hartmann 等人利用金属钠负极，醚基电解质构建出可以在室温下正常工作的钠空气电池，并进一步明确了钠空气的放电产物为 NaO_2。基于这些工作，钠空气电池以及钾空气电池的研究在近几年也取得了不错的发展态势。

尽管金属空气电池起步较早，但其发展一直受到与金属负极、空气催化剂和电解质相关问题的阻碍。目前都不处于大规模工业部署的阶段，在未来电动汽车应用中取代锂离子电池的可行性尚未可知。

5. 典型的金属空气电池简介

（1）锂空气电池　锂空气电池的能量密度是标准锂离子电池的 5～10 倍。这是基于仅计算包括 Li 金属、空气电极和电解质等活性材料在内而得出的理论数值。在实际的电池体系中，为了在整个放电过程中提供离子导电介质，电池中必须有一些过量的电解质。此外，其他必要的材料，包括集流体、薄膜和封装材料等也将占据较大的质量/体积比，导致实际电池的能量密度降低约 20%～30%。锂空气电池是一种典型的非水系金属空气电池（使用有机液态电解质）。在有机溶剂（醚、酯等）中溶解有机碳酸盐、锂盐（如 $LiPF_6$、$LiAsF_6$、$LiSO_3CF_3$ 等）。近年来，研究人员开发出使用水系电解质的锂空气电池，其电池结构与非水系锂空气电池相同。但考虑到锂作为金属负极会与水发生反应，因此，研究人员在锂的表面设计一层人工固体电解质界面（SEI），通常使用锂离子导电陶瓷或玻璃作为 SEI。目前已进行了几种尝试来引入这种有效的 Li^+ 导电固体电解质界面。此外，还有一种采用固态电解质的锂空气电池，通常使用具有 Li^+ 导电功能的聚合物陶瓷或玻璃等作为电解质膜，该膜将正负极分隔开。该类电池可以在 30～105℃ 的范围内表现出优异的热稳定性和可再充电性。

（2）锌空气电池　锌空气电池也是由作为负极的锌金属，作为正极的空气电极、电解质和隔膜组成，空气电极分为催化活性层和气体扩散层，锌空气电池的理论比能量密度为 $1350W \cdot h \cdot kg^{-1}$。大气中的氧气扩散到多孔炭电极，然后催化剂利用锌金属产生的电子，在碱性电解质中促进氧还原反应为 OH^-。这个过程是一个三相反应：催化剂（固体）、电解质（液体）和氧气（气体）。生成的 OH^- 从空气正极迁移到锌金属负极，并完成电池反应。由于锌在碱性电解液中会发生腐蚀产生潜在的爆炸性氢气，因此，抑制析氢过程对于锌空气电池是必要的。由于电池的内部损耗，锌空气电池的实际工作电压小于 1.65V。锌空气电池的使用寿命短，主要由两个原因：一是空气电极的稳定性差，二是锌电极上树枝状枝晶的形成会导致电池短路以及锌的脱落。目前的研究工作主要集中于解决上述问题。

（3）镁空气电池　在众多金属空气电池中，可充电镁空气电池表现出较高的理论电压（3.09V）、理论比容量（$2205mA \cdot h \cdot g^{-1}$）、能量密度（约 $6800W \cdot h \cdot kg^{-1}$），且具有低成本、重量轻、环保等特点。镁空气电池由镁作为负极、空气中的氧气作为正极。正极表面含有活性炭的催化剂和疏水添加剂与内部的电解质接触。正极的外部防水层由疏水性乙炔炭黑制成，对空气可渗透，对电解质不可渗透。电极由金属格栅加固，以赋予机械强度，金属格栅也可作为集流体。镁空气电池的主要问题是传统镁板作为电极的库仑效率低、放电过程中不可逆的极化特性和高的自放电率。此外，放电产物容易沉积在镁负极的底部，在碱性电解质中镁放电后难以及时更换。镁负极还存在放热严重等问题。目前研究主要集中在通过优化镁负极的三维结构等手段来实现镁空气电池的应用。

（4）铝空气电池　铝空气电池的结构与其他金属空气电池类似。然而，铝空气电池是不可充电的。当铝金属在电解质中被氧气反应消耗以形成水合氧化铝时，电池则停止发电。铝空气电池的理论能量密度高达 $8100W \cdot h \cdot kg^{-1}$ 左右，其电势是锂离子电池的八倍，显示出其潜在的高效能。铝作为负极材料，其成本极低，使得铝空气电池在经济性上具有优势。然而，铝在放电过程中存在不可逆反应，其燃料效率在循环使用中只能达到内燃机的 15%。此外，铝空气电池的自放电速度较快，影响其使用寿命。该电池使用碱性或盐水电解质，铝金属在电解质中会腐蚀，形成凝胶状的水合氧化铝，这会降低电池的容量。当前，主要通过回收水合氧化铝制造的新铝负极进行机械充电，以提升电池性能。同时，铝空气电池在工作时会产生大量热量，可能导致安全隐患和失控，这也是亟待解决的主要问题之一。

9.2.2 锌/铝空气电池

1. 锌空气电池工作原理

锌空气电池是利用金属锌作为电池负极材料，空气中的氧气作为正极，通常采用高浓度碱性溶液作为电解液。图 9-41 为碱性锌空气电池的工作机理示意图，其电极反应原理如下：

负极反应：

$$Zn+4OH^- \longrightarrow Zn(OH)_4^{2-}+2e^- \tag{9-31}$$

$$Zn(OH)_4^{2-} \longrightarrow ZnO+H_2O+2OH^- \tag{9-32}$$

正极反应：

$$O_2+2H_2O+4e^- \longrightarrow 4OH^- \tag{9-33}$$

总反应：

$$2Zn+O_2 \longrightarrow 2ZnO \tag{9-34}$$

锌空气电池通过锌和环境中的氧气发生电化学反应产生电能。因为正极直接采用空气中的氧气作为活性物质，所以其能量主要由负极金属锌决定。负极上，金属锌发生电化学氧化反应，产生电子，从而形成电流。

在正极侧，氧气作为活性物质。外界空气中的氧气率先透过空气电极的透气层、扩散到催化层，然后在催化剂所处的催化层与电解液的相接触的界面上发生三相电化学还原反应。空气中的氧在正极侧转化为氢氧根离子，氢氧根离子迁移到负极侧与锌发生反应。放电过程中，金属 Zn 被氧化成 Zn^{2+}，然后在强碱性溶液中转化为锌酸盐。锌酸根离子饱和后，ZnO 将作为最终放电产物沉淀。此外，锌酸盐离子在电解液中的扩散使得 ZnO

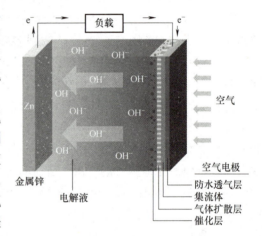

图 9-41 锌空气电池结构示意图

不仅沉积在锌电极，还沉积在空气电极和电池壳的内侧。未沉积在锌电极上的 ZnO 可能导致容量损失和库仑效率降低。

2. 气体扩散电极

在锌空气电池的发展历程中，气体电极的研究和发展对锌空气电池的性能起至关重要的作用。锌空气电池的空气电极主要由集流体（如泡沫镍和不锈钢）、气体扩散层（提供氧气通道）和催化剂层组成。气体扩散层作为催化剂的基底，并为氧气通过它提供扩散路径。扩散通过作为基材的活性炭和 CNT（碳纳米管）等碳衍生材料的孔进行。除了碳材料，疏水性黏合剂类聚四氟乙烯也广泛用于将碳纤维黏合在一起。疏水性气体发射层保持空气渗透性。在放电过程中，空气电极作为正极，氧气扩散到电极内部，在催化剂的作用下发生氧还原反应（ORR）。对于可充式的二次锌空气电池，在充电过程中，空气电极作为负极，在电极表面发生析氧反应（OER）。ORR/OER 发生在活性层中，活性层涂覆在集流体表面并与电解质接触，而气体扩散层位于集流体的另一侧，与大气接触，形成类似三明治的结构。为了提高催化活性、催化剂层利用率和寿命，通常使用具有高表面积和丰富活性侧链的载体材料。此外，优异的导电性、稳定性和抗氧化性是载体材料在长期苛刻的电化学过程中所需的关键特性。

在水性锌空气电池中，空气正极发生三相（固-液-气）边界反应。该反应区有两个相互渗透的子系统：疏水子系统和亲水微通道。氧在前者中扩散，金属离子在后者中迁移，从而形成反应场所，发生氧还原反应。因此，氧-KOH 电解质-催化剂三相界面处形成的高表面积对空气电极至关重要。为了满足三相 ORR 反应的严格要求，需要考虑氧气与催化剂表面电解质的有效接触，以及空气电极和电解质组分的润湿性（疏水性/亲水性）。通常，与电解质接触的一侧（活性催化剂层）是亲水的，而与空气接触的一侧（气体扩散层）是疏水的。锌空气电池对环境湿度敏感，良好的润湿性可以减轻电解液蒸发损失和润湿。

3. 锌空气电池负极

锌空气电池采用金属锌作为负极，金属锌价格低廉、储备丰富，并且锌拥有较小的电阻率（$5.91\mu\Omega \cdot m$）和离子半径（0.74Å），具有较低的电化学电位（$-0.762V$ vs. SHE），及较高的理论容量（$820mA \cdot h \cdot g^{-1}$或$5855mA \cdot h \cdot cm^{-3}$）等特性。然而，金属锌负极因其热力学不稳定，反应过程中易发生枝晶生长、析氢、腐蚀和钝化等副反应，极大地影响了电池的性能。

锌枝晶的形成是锌基电池失效的主要问题。随着连续循环，锌枝晶的不断生长影响了电池容量，甚至尖锐的锌枝晶刺穿隔膜，使负极与正极直接接触发生短路，使电池损坏。

另一个问题是锌电极上的析氢。析氢反应（HER）是水系锌空气电池锌电极上的主要副反应。充电所提供的能量将部分被析氢反应消耗，导致库仑效率低。此外，由于析氢和锌氧化的耦合，锌电极在非工作状态下也可能发生腐蚀。这种自放电过程也是容量衰减的重要原因。析氢反应、腐蚀和自放电涉及的反应式见式（9-16）~式（9-20）。

4. 电解质

（1）水系电解液　水系电解液是锌空气电池中最常见的电解液。在可充电锌空气电池中，中性电解质可防止电解质碳化和减少枝晶形成，因此相对于碱性电解质，其可能会延长循环寿命。电解质的中性 pH 值（$pH \approx 7$）有助于降低锌的溶解度，并减少 CO_2 的吸附，从而改善电池性能。在电解液制备中使用 KCl、KNO_3、Na_2SO_4 和 K_2SO_4 溶液可将 pH 值调节至 7 左右，此外，使用铵盐也可将 pH 值调节至接近中性或弱酸性，从而有效维持电极-电解质界面 pH 值的稳定性。由于酸性电解质，如磷酸、盐酸、硫酸和硝酸，寿命短，需要适当的载体和催化剂来克服其与空气电极催化剂活性相关的困难，因此它们很少用于制造可充电锌空气电池。

虽然中性和酸性电解质可以减缓锌枝晶的形成，但碱性电解质有利于氧反应动力学和锌的稳定存在。对于锌空气电池，氢氧化钾（KOH）和氢氧化钠（NaOH）溶液是最常用的碱性电解质。氢氧化钾具有较高的离子传导性、较大的氧扩散系数、较低的黏度和较高的锌盐溶解度，因此备受青睐。虽然锌放电产物在 KOH 溶液中的高溶解度抑制了锌表面的钝化，从而提高了锌的容量，但由于电解液中形成了过饱和的 $Zn(OH)_4^{2-}$，也导致了锌枝晶的生长。目前，解决这些问题的有效方法是优化电解质成分（如使用添加剂），这可以显著降低充放电循环过程中负极的极化，提高库仑效率。

（2）固态聚合物电解质　锌空气电池中，传统的水性电解质会带来一些问题，例如水的蒸发和环境水分的吸收、碳酸氢盐的形成、电池的保质期短以及电化学窗口有限。这些问题需研究可替代的非水电解质。在锌-空气电池系统中，薄膜或固体聚合物电解质可以提高使用寿命、工作温度及充放电能力。与液态电解质相比，固态聚合物电解质的优点是：易于操作，可用于薄膜制造；高变形能力和机械强度；低对流，可减少电极腐蚀并延长电池寿命；减少电池漏液。

固态聚合物电解质的主要缺点是固态聚合物电解质和电极之间容易形成钝化层且离子电导率低。目前，改善固态电解质与空气电极之间的界面接触仍是固态锌空气电池的一大挑战。在水性电解质中，空气电极上具有高比表面积的催化剂可以与电解质充分接触，促进三相反应位点的氧的电化学反应。相比之下，固态电解质的润湿性较差，大大限制了三相界面反应。因此，催化剂表面的OH$^-$传输界面阻力远远大于水电解质中的界面阻力。在电池运行过程中，巨大的界面电阻会导致低电流密度和高过电位。

（3）离子液体电解质　离子液体是由离子组成的盐，熔点温度较低。这些离子主要是有机/无机阴离子和有机阳离子。离子液体电解质具有不挥发、不易燃和物理化学性质稳定等优点，是未来水溶性电解质的潜在替代物。离子液体的极低挥发性确保了电解质的充足供应。离子液体能够保证锌的可逆沉积和溶解，减少枝晶的形成，使其适用于二次锌空气电池。研究发现，合适的离子液体用作电解质时，可通过不同的电极-电解质界面改善催化剂性能，削弱电催化剂表面对非活性氧的吸附，从而确保反应物的快速质量传输。对于需要质子的反应过程，如ORR反应，质子可以从离子液体的阳离子中提取；因此，在实际操作中，通常会引入质子添加剂。在可充电锌空气电池中，室温离子液体电解质中的水含量也影响负极和正极的电化学反应及其物理性能。因此，要进一步提高锌空气电池的性能，还有许多工作要做。

5. 铝空气电池

金属铝的反应很活泼，拥有-1.66V的较高电极电位，而且一个铝原子可以提供3个电子，可以释放更多的能量，是具有潜力的金属电极之一。因此铝空气电池具有高达8.1kW·h·kg^{-1}的理论能量密度，仅次于锂空气电池的13kW·h·kg^{-1}，其理论电压为2.7V。此外金属铝是地壳中储量最大的金属元素（约8.1%），具有廉价、轻质等特点，同时铝空气电池还具有无毒、无污染、安全性好等特点，因此，铝空气电池具有非常好的发展前景。

铝空气电池以金属铝为负极，空气电极为正极，使用碱性或中性物质为电解质（图9-42），电池工作时，铝负极失去电子不断被消耗生成氢氧化铝［Al（OH）$_3$］，空气电极上的氧气得到电子生成氢氧根离子。反应过程中，通过消耗铝负极、空气中的氧气和电解质中的水来提供电能，其为燃料电池，主要作为一次电池来使用，近年也有对可充电铝空气电池方面的研究。

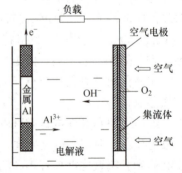

图9-42　铝空气电池结构示意图

铝空气电池具体放电反应如下：

负极反应：

$$Al+3OH^- \longrightarrow Al(OH)_3+3e^- \tag{9-35}$$

正极反应：

$$O_2 + 2H_2O \longrightarrow 4OH^- \tag{9-36}$$

电池总反应：

$$4Al + 3O_2 + 6H_2O \longrightarrow 4Al(OH)_3 \tag{9-37}$$

伴生析氢反应：

$$Al + 3H_2O \longrightarrow Al(OH)_3 + \frac{3}{2}H_2 \tag{9-38}$$

铝负极发生的主要反应是铝的氧化反应。需要注意的是，在碱性电解质中，铝负极附近由于氢氧根的过量首先生成偏铝酸根，但当偏铝酸根达到一定浓度过饱和后，会生成氢氧化铝。从热力学角度看，铝负极在中性电解液中的电位为$-1.66V$ vs. Hg/HgO，在碱性电解液中为$-2.35V$ vs. Hg/HgO，然而铝的实际电位很低，原因主要为：①铝电极表面易形成三氧化二铝（Al_2O_3）钝化膜且易被反应产物氢氧化铝覆盖，使得负极极化，进一步阻止负极氧化反应的继续进行，电极所能提供的电子数量锐减；②铝在电解质中非常不稳定，反应过程中当钝化膜破裂后，铝会发生自腐蚀并析出氢气，且负极消耗速率很快，导致负极利用率降低。在碱性电解质中，析氢腐蚀尤为强烈，电池的容量和放电效率显著降低。常规的解决办法为设计优化材料，以活化负极钝化膜并抑制自腐蚀。例如，利用 Ga、In、Mg、Zn、Sn、Mn、Bi、Pb、Ce、Ti 等元素与铝进行合金化来解决铝的活性和耐腐蚀性问题。热处理可以影响铝内微量元素的分布及铝合金的微观结构，进而影响铝合金的性能。在电解质中加入铝腐蚀抑制剂也是一种常见的方法。通过添加绿色、廉价的铝腐蚀抑制剂也可一定程度上提升负极的效率，同时可以有效地降低铝空气电池的成本，为进一步商业化提供思路。

9.2.3 锂空气电池

1. 锂空气电池简介

在众多金属空气电池中，锂空气电池在理论上具有最高的能量密度，因而受到研究人员的广泛关注。锂空气电池有两种类型，一种基于水性电解质，另一种使用非水性电解质。非水系锂空气电池具有不同的理论比能量，主要取决于放电过程中形成的锂的氧化产物。例如，氧化产物 Li_2O_2、Li_2O、$LiOH$ 的理论比容量分别为 $1165mA \cdot h \cdot g^{-1}$、$1787mA \cdot h \cdot g^{-1}$ 和 $1117mA \cdot h \cdot g^{-1}$。假设工作电压约为 3V，相应的比能量将分别为 $3495W \cdot h \cdot kg^{-1}$、$5361W \cdot h \cdot kg^{-1}$ 和 $3350W \cdot h \cdot kg^{-1}$。对于水系锂空气电池，其放电产物为 $LiOH \cdot H_2O$，相应的比能量较低。因此，目前的研究仍集中于非水系锂空气电池。

锂空气电池的发展历史可追溯至 20 世纪 70 年代，当时，锂空气电池被提出在理论上可作为电动汽车的潜在储备电源。1996 年，Jiang 和 Abraham 试图通过凝胶聚合物电解质将 Li^+ 嵌入石墨中，实验存在一些空气泄漏情况，因此偶然发现了基于 Li_2O_2 的 Li-O_2 电化学反应机制。自此之后，研究人员使用各种电解质试图研究锂空气电池具体的放电反应过程。2006 年，Bruce 及同事证明了 Li_2O_2 可以在充电时分解，这是生产可逆的锂空气电池的重要步骤。自 Bruce 等人的工作以来，在材料科学进步和可再生能源需求增加的推动下，锂空气电池的研究大幅增加。

研究人员普遍认识到开发实用性的非水系锂空气电池面临许多技术挑战。主要在于锂空气电池的倍率能力较差，导致实际比能较低。循环过程中的电压滞后较大，导致能效较低。这些高过电位反过来又导致显著的电极和电解质分解，因此，电池寿命非常有限。锂金属电极的使用也涉及安全问题。此外，空气中的其他成分（如 CO_2 和 H_2O）会干扰 Li-O_2 的电化学反应，并引起进一步的寄生反应。

非水系锂空气电池主要由锂金属负极、浸泡在隔膜中的非水电解质（包括有机溶剂和含锂盐）和多孔碳基正极组成（图 9-43）。碳正极不是用于储能的活性材料，而是简单地作为容纳活性材料的多孔框架。碳是一种常用的正极主体，因为它重量轻、成本低、导电性好、化学稳定性相对较高。放电时，空气中的氧分子与正极表面的锂离子和电子发生反应。形成固体反应产物，通常是 Li_2O_2，并沉积在多孔碳框架内。充电后，Li_2O_2 分解，O_2 释放回大气。

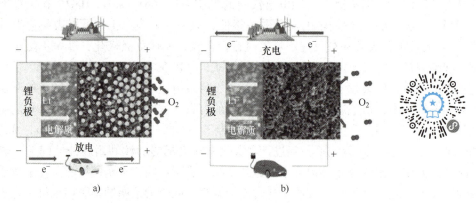

图 9-43　锂空气电池工作示意图
a）放电过程　b）充电过程

对于锂空气电池，充放电反应过程尤其是放电反应与其实际能量密度密切相关。研究人员通过实验技术研究发现，正极处的放电反应可以通过表面机制或溶液介导的途径进行，见式（9-39）~式（9-43），其中"ads"和"sol"下标分别指吸附在表面和存在于溶液中的物质。在表面机制［式（9-39）和式（9-40）］中，超氧化物锂（LiO_2）由单电子还原得到，其中，电子转移和与 Li^+ 的缔合发生在电极表面。表面结合的 $LiO_{2(ads)}$ 经历另一个单电子电化学还原以形成 $Li_2O_{2(ads)}$。在溶液介导的机制［式（9-41）~式（9-43）］中，$LiO_{2(sol)}$ 的形成通过两个步骤发生：首先，O_2 的单电子电化学还原在表面形成超氧化物锂，然后扩散到溶液中［式（9-41）］；$LiO_{2(sol)}$ 物质溶解在电解质中（处于平衡状态），其 Li^+ 和 O_2^- 离子被溶剂化［式（9-42）］。溶液中生成的 $LiO_{2(sol)}$ 可发生歧化反应，生成 $Li_2O_{2(sol)}$ 和 $O_{2(g)}$［式（9-43）］。由于在有机电解质中的低溶解度，Li_2O_2 迅速从溶液中沉淀［式（9-43）］成核并生长为 Li_2O_2 晶粒。这两种机制之间的关键区别在于，大量的还原氧（超氧化物和过氧化物）是否从表面转移到电解质溶液中，以促进较大尺寸 Li_2O_2 晶体的形成。反应过程会因电解质和电极材料不同而产生主导性的差异。例如，对于一些具有较高的 O_2 和 LiO_2 吸附能的电极材料，在电极表面会形成 $O_{2(ads)}$ 和 $LiO_{2(ads)}$。$LiO_{2(ads)}$ 和 $LiO_{2(sol)}$ 之间的平衡仍允许电解质溶液中歧化过程的进行，但此时表面反应机制将占主导地位。此外，电化学工作参数、工作温度、O_2 压力等也会影响放电反应机理和电池容量。较低的电流倍率、较低的放电过电势以及较高的电池温度和压力都倾向于促进更大的 Li_2O_2 的形成和更高的放电容量。但 LiO_2 或 Li_2O_2 在电解质中的溶解度过高也会导致还原氧物种向隔膜和 Li 金属负极的严重穿梭，从而影响电池使用寿命。因此，优化锂空气电池的性能需考虑所有电池组件的整体参数。

$$O_{2(g)} + e^- + Li^+_{(sol)} \longrightarrow LiO_{2(ads)} \tag{9-39}$$

$$LiO_{2(ads)} + e^- + Li^+_{(sol)} \longrightarrow Li_2O_{2(ads)} \tag{9-40}$$

$$O_{2(g)} + e^- + Li^+_{(sol)} \longrightarrow LiO_{2(sol)} \tag{9-41}$$

$$LiO_{2(sol)} \longrightarrow O^-_{2(sol)} + Li^+_{(sol)} \tag{9-42}$$

$$2LiO_{2(sol)} \longrightarrow Li_2O_{2(sol)} + O_{2(g)} \tag{9-43}$$

与放电相比，充电是通过不同的反应机制发生的，而不仅是放电反应的镜像过程。早期的研究人员使用电化学方法和原位拉曼光谱揭示了 Li_2O_2 的氧化需要高的过电位，并且基于 ACN 的电解质中充电时没有观察到 LiO_2 中间体。因此，提出 Li_2O_2 的氧化是直接的两电子电化学反应〔式（9-44）〕。后来的研究表明，充电过程可能涉及混合固溶体分解和液相介导的过程，这取决于电解质的溶剂化性质，见式（9-45）~式（9-48）。式（9-45）和式（9-46）是固相过程，式（9-47）和式（9-48）涉及溶解在溶液中的物质的形成。每个 Li_2O_2 在充电时仍有两个电子分解。值得注意的是，一些溶剂和添加剂可以显著增加 Li_2O_2 在电解质中的溶解度，从而在充电时实现溶液相介导的反应路线，使得充电反应变成一个三步过程：固体 Li_2O_2 在电解质中的溶解、溶剂化过氧化物物种扩散到表面，以及溶剂化过氧化物在电极表面的分解。

$$Li_2O_{2(s)} \longrightarrow O_{2(g)} + 2e^- + 2Li^+_{(sol)} \tag{9-44}$$

$$Li_2O_{2(s)} \longrightarrow Li_{2-x}O_{2(s)} + xe^- + xLi^+_{(sol)} \tag{9-45}$$

$$Li_{2-x}O_{2(s)} \longrightarrow O_{2(g)} + (2-x)e^- + (2-x)Li^+_{(sol)} \tag{9-46}$$

$$Li_{2-x}O_{2(s)} \longrightarrow LiO_{2(sol)} + (1-x)e^- + (1-x)Li^+_{(sol)} \tag{9-47}$$

$$2LiO_{2(sol)} \longrightarrow Li_2O_{2(s)} + O_{2(g)} \tag{9-48}$$

2. 锂空气电池电解质

锂空气电池由于其超高的理论能量密度，是很有前途的电化学储能设备。然而，锂空气电池仍处于起步阶段，各方面的研究还远未完善，如严重的容量衰减和较差的倍率能力。锂空气电池中的电解质相当于人体的血液，通过影响电池的放电容量、倍率能力、往返效率、循环稳定性等，对电池性能起决定性的作用。锂空气电池使用多种电解质，其中包括有机电解质和固体电解质。有机电解质常见于液态电解质，而固体电解质则代表一种新兴技术。有机电解质具有高导电性和较好的溶解性，但固体电解质在稳定性和安全性方面表现更为出色。

3. 锂空气电池正极材料

在锂空气电池的设计中，正极材料往往也承担了催化剂的角色，尤其是使用碳基材料、金属氧化物或导电聚合物作为正极材料时。这些材料不仅提供了电化学反应所需的电子和离子传输通道，还通过其表面的活性位点直接参与催化反应，提高了电池的放电和充电效率。

（1）碳基材料 碳基材料以其卓越的导电性和较大的比表面积，在锂空气电池的正极应用中占据重要位置。这类材料，如石墨烯、碳纳米管及活性炭等，不仅为电化学反应提供了广阔的平台，还因其独特的结构特性，如石墨烯的二维平面和碳纳米管的一维管状结构，促进了电子和锂离子的高效传输。此外，碳基材料的化学稳定性确保了电池在长期运行中的性能保持，使其成为锂空气电池研究的热点。

1）石墨烯。石墨烯是一种由单层碳原子以蜂窝状排列形成的二维材料，以极高的电导性、超高的比表面积以及优异的机械强度而闻名。石墨烯的这些特性使其在锂空气电池中，特别是作为正极材料时，能够提供大量的活性位点和快速的电子传输通道，从而提高电池的充放电效率和能量密度。Luo 等人发现，具有独立大孔结构的无黏结剂 G@CN 电催化剂电极，其反应产物的沉积位点密度大，因而表现出优异的性能。石墨烯纳米片上附着的 g-C_3N_4 纳米片对 ORR 和 OER 起关键的催化作用，因此具有良好的可充电性和电催化性能。

2）碳纳米管（CNTs）。碳纳米管是具有独特一维管状结构的碳基材料，包括单壁碳纳米管（SWCNTs）和多壁碳纳米管（MWCNTs）。它们因其卓越的导电性、良好的化学稳定性和较高的比强度而在电池技术中的应用尤为重要。碳纳米管能够作为电极材料提供快速的电子传输路径和较高的结构稳定性，有助于提升锂空气电池的循环寿命和功率密度。Pan 等通过使用离子液体和排列的碳纳米管，开发了一种新型的锂空气电池，可在 140℃ 下以 $10A \cdot g^{-1}$ 的高比电流稳定工作 380 次，具有良好的高温稳定性和倍率性能。

3）活性炭。活性炭是一种多孔碳材料，其以广泛的来源、低成本和高比表面积而著称。活性炭的多孔结构为氧气扩散和电化学反应提供了充足的空间，从而增强了电池的呼吸性和反应效率。尽管活性炭的电导性可能不及石墨烯或碳纳米管，但其经济性和良好的吸附性能使其成为锂空气电池中受欢迎的正极材料选择之一。Vai 等以废纸杯为原料，采用碳化热解的方法合成了一种无金属、经济高效的电催化剂 C800。材料表征证实其形成了具有高表面积的活性炭，促进了优异的 ORR/OER 催化。采用 C800 电催化剂制备的 CR-2032 纽扣电池，就是一种具有 3.2V 稳定开路电压和 $1035mA \cdot h \cdot g^{-1}$ 的高放电容量的锂空气电池。

4）石墨及其他碳材料。在锂空气电池的研究与开发中，石墨及其他碳材料因其独特的电化学性质、良好的电导性和高比表面积等特点而广泛应用于正极材料。这些碳基材料不仅能提供稳定的电子传输路径，而且还能通过其多孔结构促进氧气的扩散和反应，从而提高电池的能量密度和充放电效率。其中，石墨是一种六边形层状结构的碳材料，以其优异的电导性和化学稳定性在锂空气电池正极材料中占据一席之地。石墨的层状结构有助于电子的快速传输，并且可以为氧气提供充足的扩散通道，这对于提升电池的放电性能尤为重要。

（2）贵金属基材料　在锂空气电池的正极材料研究中，贵金属及其化合物也是重要的一环，尽管它们的成本较高，但由于其出色的电化学性能和催化效率，仍然吸引了大量的研究者关注。贵金属，如铂（Pt）、铑（Rh）、铱（Ir）等，因其优异的催化活性，尤其在促进氧还原反应（ORR）和氧释放反应（OER）方面的能力，被认为是提高锂空气电池性能的潜在材料。

贵金属催化剂能够显著降低电化学反应的过电势，提高反应的动力学速率，这对提升电池的能量效率和功率密度至关重要。例如，铂（Pt）和铱（Ir）基催化剂被证明在氧气电极反应中具有非常高的效率，能够显著提高锂空气电池的充电和放电性能。

（3）过渡金属及其氧化物基材料　过渡金属及其氧化物由于其优异的催化活性，特别是在氧还原反应（ORR）和氧释放反应（OER）中的表现，成为另一类重要的正极材料。例如，二氧化锰（MnO_2）和四氧化三铁（Fe_3O_4）等材料通过提供有效的催化位点，显著提升了锂空气电池的充放电效率。金属氧化物的种类繁多，不同材料因其独特的电子结构和催化机制，展现出不同的电化学性能，使其在优化锂空气电池性能方面扮演了关键角色。

Xu 等采用两步法在氮掺杂石墨烯基体上制备了超小钴纳米颗粒，作为碱性锂空气电池中氧电化学反应的双功能电催化剂（Co-NGS）。在 $0.1mA \cdot cm^{-2}$ 电流密度下，过电位仅为 $0.739V$，比容量为 $1878mA \cdot h \cdot g^{-1}$。

（4）过渡金属碳化物 在锂空气电池的正极应用中，过渡金属碳化物主要通过提供高效的催化位点来促进氧还原反应（ORR）和氧释放反应（OER），这两个反应是锂空气电池充放电过程的关键步骤。与纯金属催化剂相比，过渡金属碳化物因其独特的电子结构和表面性质，能够提供更高的催化活性和更好的化学稳定性。例如，钛碳化物（TiC）因其优异的导电性和化学稳定性，被认为是锂空气电池正极的有效材料。TiC 的高电导性可以减小电池内部的电阻，提高电池的功率输出。同时，TiC 的稳定化学性质有助于减少正极在循环过程中的材料损耗，延长电池的使用寿命。

（5）导电聚合物 导电聚合物具备优异的导电性、可控的电化学性质以及与锂空气电池化学环境的良好兼容性而受到重视。在锂空气电池的研究与应用中，导电聚合物不仅作为电极材料本身，还能通过各种方式来改善电池的电化学反应过程，包括提高催化效率、改善电子和离子的传输以及增强电极的结构稳定性。导电聚合物因其聚合物链中包含具有导电性的共轭系统，而具有金属和半导体的一些电学性质。这些聚合物如聚吡咯（PPy）、聚苯胺（PANI）、和聚噻吩（PTh）等，因其独特的电导机制，较轻的重量，以及在室温下的稳定性，广泛研究用于锂空气电池的正极材料。

9.2.4 其他金属空气电池

1. 钠空气电池

由于金属锂和钠的物理和化学性质，钠空气电池和锂空气电池在反应机制和电池配置方面非常相似。研究最多的钠空气电池是有机电解质钠空气电池和混合电解质钠空气电池，它们在结构上略有不同（图9-44a、b）。图9-44c 描述了与钠空气电池研究和开发相关的时间顺序。

对于有机电解质钠空气电池，负极是钠金属，正极是具有多孔结构的双功能催化剂，隔膜浸入有机电解质中以防止短路。在早期的钠空气电池中，使用碳酸盐基电解质，但超氧阴离子（O_2^-）会亲核攻击 CH_2 基团中的 C 原子，产生碳酸钠（Na_2CO_3）。目前，通常选择醚类作为电解质溶剂，包括二甲醚（DME）、二乙二醇二甲醚（DEGDME）和四乙二醇二甲醚（TEGDME）。常用作电解质盐的化合物包括六氟磷酸钠（$NaPF_6$）、高氯酸钠（$NaClO_4$）、三氟甲基磺酸钠（$NaSO_3CF_3$）和双（三氟甲磺酰基）亚胺钠（NaTFSI）。二甲醚溶剂中的阴离子对放电产物的形成没有显著影响，然而，电解质盐的类型和浓度会影响 $Na-O_2$ 电池的性能。例如，PF_6^- 会形成稳定的固体电解质界面（SEI），而 $TFSI^-$ 形成的 SEI 随着循环过程逐渐增加，从而增大电池阻抗。同时，增加电解质盐浓度会增加电解液黏度，导致氧溶解度和离子电导率均下降，对电池的电化学性能产生负面影响。混合电解质钠空气电池包含两种电解质，负极和正极分别浸入有机电解质和水电解质中。电池中间的隔膜是钠离子导电固体电解质膜，可防止氧气和湿气扩散到负极室中。这仅允许钠离子单向传输至负极室，从而防止负极发生不需要的氧化反应。固体电解质主要成分为 $Na_3Zr_2Si_2PO_{12}$（NASICON），正极室中的电解质与有机 $Na-O_2$ 电池的电解质相同，而负极室通常采用以 NaOH 为溶质的水性电解质。两种储能机制是充电和放电期间空气正极处的吸收和气体释

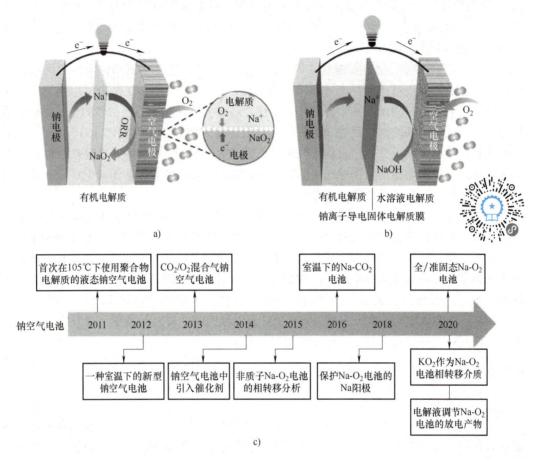

图 9-44　钠空气电池结构及发展历程

a）有机钠空气电池　b）混合钠空气电池　c）过去十年有关钠空气电池发展的主要事件的时间顺序的示意图

放，分别对应于氧还原反应（ORR）和析氧反应（OER）。

（1）有机钠空气电池　由于金属 Li 和 Na 的化学性质相似，有机钠空气电池在储能方面与 $Li-O_2$ 电池具有相同的反应机制。$Li-O_2$ 电池放电时产生的 Li^+ 不能稳定高活性的 O_2^-，因此形成的过氧化锂是 $Li-O_2$ 电池的主要放电产物。这是因为 Na^+ 比 Li^+ "软"并且具有更高的极化率，可以有效稳定 O_2^-。因此，$Na-O_2$ 电池的主要放电产物是 NaO_2。然而，在不同实验条件下的研究过程中，发现了多种放电产物，包括 Na_2O_2、$Na_2O_2 \cdot 2H_2O$ 或混合物，并显示了它们相应的化学反应式。

负极反应：

$$Na \longrightarrow Na^+ + e^- \tag{9-49}$$

正极反应：

$$Na^+ + O_2 + e^- \longrightarrow NaO_2 \tag{9-50}$$

总反应：

$$Na + O_2 \longrightarrow NaO_2 \quad E^{\ominus} = 2.27V \tag{9-51}$$

或者

负极反应：

$$Na \longrightarrow Na^+ + e^- \tag{9-52}$$

正极反应：

$$2Na^+ + O_2 + e^- \longrightarrow Na_2O_2 \tag{9-53}$$

总反应：

$$2Na + O_2 \longrightarrow Na_2O_2 \quad E^{\ominus} = 2.33V \tag{9-54}$$

式中，$E^{\ominus}$ 是标准电极电势。两种钠氧化物形成的电位接近，因此有机 Na-O$_2$ 电池放电过程中形成 NaO$_2$ 和 Na$_2$O$_2$ 的竞争非常激烈。到目前为止，对钠空气电池放电过程中形成的主要产物的讨论尚无定论，这是由于这些产物形成的自由焓值接近。在 298K 时，NaO$_2$ 自由形成焓（-437.5kJ·mol^{-1}）略小于 Na$_2$O$_2$（-447.9kJ·mol^{-1}），后者在热力学上比 NaO$_2$ 更稳定。然而，两种钠氧化物之间的自由焓差仅为 12.2kJ·mol^{-1}，很难区分超氧化物和过氧化物是否是实践中的主要放电产物，因为局部成分不均匀性是决定因素。

（2）混合钠空气电池　图 9-44b 为混合钠空气电池的示意图。放电过程中，负极处的金属钠被氧化为 Na$^+$，同时 Na$^+$ 从阳极通过固体电解质和水性电解质迁移到空气正极，从而在空气正极发生氧化反应，获得放电产物 NaOH。在随后的充电过程中，在空气正极发生析氧反应，电子通过外电路从阴极移动到阳极，而钠金属则沉积在负极。放电过程涉及的化学反应方程如下：

负极反应：

$$4Na \longrightarrow 4Na^+ + 4e^- \quad E^{\ominus} = +2.71V \tag{9-55}$$

正极反应：

$$O_2 + 2H_2O + 4e^- \longrightarrow 4OH^- \quad E^{\ominus} = +0.40V \tag{9-56}$$

总反应：

$$4Na + O_2 + 2H_2O \longrightarrow 4NaOH \quad E^{\ominus} = 3.11V \tag{9-57}$$

混合钠空气电池在储能过程中反应相对简单，仅出现一种放电产物（NaOH），显著减少了副反应，提高了循环寿命。同时，放电过程中产生的 NaOH 可以溶解在电解液中，避免放电产物在空气正极表面积累，提高循环效率。混合钠空气电池中的正极室电解质是 NaOH 溶液，因此可通过调节溶液的 pH 值来控制电池的输出电压。输出电压可由能斯特方程得到：

$$E = E^{\ominus} - \frac{RT}{nF} \ln \frac{[Red]}{[Ox]} \tag{9-58}$$

式中，E 为电池输出电压；$E^{\ominus}$ 为标准条件下电池的输出电压；R 为气体常数；T 为温度（K）；n 为电子转移数；F 为法拉第常数；$[Red]$ 是还原物质的浓度；$[Ox]$ 是氧化物质的浓度。当 pH 值改变 1 个单位时，电压改变 59mV。与需要干燥氧气防止副产品产生的有机 Na-O$_2$ 电池相比，混合钠空气电池无需纯氧即可使用。此外，混合钠空气电池可以提供更高的理论电压并涉及 4 电子转移反应，这使得它们成为合成高能量密度和高功率密度可充电电池的理想选择。然而，混合钠空气电池的循环稳定性、过电位、功率密度和能量密度主要取决于电解质中 NASICON 的性质。

2. 镁空气电池

镁在地壳中储量丰富（约 2%），价格相对较低。其理论容量密度为 2189mA·h·g^{-1}，仅略低于锂（3860mA·h·g^{-1}）和铝（2980mA·h·g^{-1}），是一种理想的轻质（1.74g·cm^{-3}）电极材料。相较于锂，在自然环境中，镁更容易保存，并且更易在中性溶液中活化。以镁及其合金作为阳极材料的镁空气电池具有成本低、清洁、安全的特点。其理论放电电压为3.1V，能量密度高达6.8kW·h·kg^{-1}，电化学当量为2.29A·h·kg^{-1}，在潜在的绿色清洁能源中具有广阔的应用前景，例如，用于便携式电子设备、海洋水下仪器、智能自主式无人潜艇以及后备能源等领域。

一般而言，镁空气电池以镁或其合金作为负极，以空气为正极。常见的MnO$_2$体系镁空气电极利用MnO$_2$收集氧气作为电池的正极材料。镁在中性或弱碱性电解液中具有电活性，因此，可以采用中性盐或弱碱性盐作为电解液，以提高镁空气电池的化学活性，制造出性能优良的镁空气电池。一般采用浓度为3.5%（摩尔分数）的NaCl水溶液作为电解液。常见的镁空气电池反应如下：

负极反应：

$$Mg \longrightarrow Mg^{2+}+2e^-$$ (9-59)

正极反应：

$$O_2+2H_2O+4e^- \longrightarrow 4OH^-$$ (9-60)

总反应：

$$2Mg+O_2+2H_2O \longrightarrow 2Mg(OH)_2$$ (9-61)

镁空气电池的充电与放电反应过程如图9-45所示。在放电过程中，负极发生氧化反应，镁转变成Mg^{2+}并释放电子；而在正极，氧气与电解液和电子发生还原反应，产生OH$^-$。在充电过程中，镁沉积在镁电极上，而氧气释放到空气电极上。镁空气电池的标称电压一般为3.1V，理论比能量密度为6.8kW·h·kg^{-1}。因此，与锂离子电池等常见电池系统相比，镁空气电池具有更高的理论比能量密度。

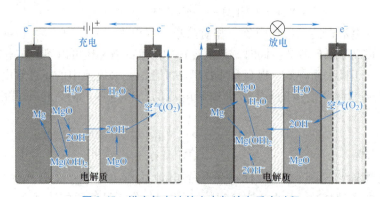

图9-45 镁空气电池的充电与放电反应过程

3. 铁空气电池

铁空气电池是一种新型金属空气电池，它利用铁和空气中的氧气之间的电化学反应来产生电能。Fe资源丰富、廉价、无毒，环境友好，比金属Li、Na更安全，Fe具有多电子的高储电能力（转移3个电子），比单电子存储的锂离子电池储电能力还高。用铁作电极材料的空气电池，是一种极具发展前景的新型绿色电池。

铁空气电池采用廉价的铁作为电极材料，与其他金属燃料电池相比，铁空气电池不采用贵金属铂作为催化剂，而采用少量的镍、钴、银作为催化剂，相比其他金属电池具有极大的成本优势。金属空气电池结构如图9-46所示。可充电金属空气电池由金属阳极、电解质和气体扩散电极三大部分构成。

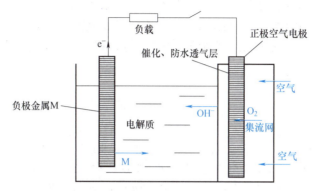

图 9-46　金属空气电池的充电与放电反应过程

铁空气电池的工作原理类似于其他金属空气电池，但其独特之处在于使用铁作为阳极和空气中的氧气作为阴极。在充放电过程中，铁阳极会氧化成铁离子，同时空气中的氧气还原成氢氧根离子，这种反应释放出电能。

正极反应：放电过程中，铁空气电池的正极反应是在空气中氧气还原成氢氧根离子（OH^-）。这个过程可以表示如下：

$$O_2 + 2H_2O + 4e^- \longrightarrow 4OH^- \tag{9-62}$$

负极反应：铁空气电池的正极反应中，铁作为阳极，在放电过程中会被氧化成铁离子（Fe^{2+}或Fe^{3+}）。这个过程可以表示如下：

$$Fe = Fe^{2+} + 2e^- \tag{9-63}$$

电池整体反应：通过上述正负极反应，铁空气电池在释放电能时，铁氧化成铁离子，同时氧被还原成氢氧根离子，放出电子，电池产生电流供应外部电路使用。在充电时，这些反应过程逆转。

除了研究较多的铁空气电池，近年来，我国和美国科学家研发出了一种新型可充熔盐Fe空气电池。熔盐Fe空气电池工作原理如图9-47所示。

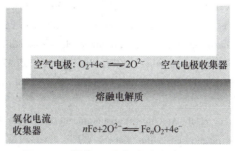

图 9-47　熔盐 Fe 空气电池工作原理图

空气阴极：

$$O_2 + 4e^- \Longleftrightarrow 2O_2^- \tag{9-64}$$

铁电极：

$$n\mathrm{Fe}+2\mathrm{O}_2^- \Longrightarrow \mathrm{Fe}_n\mathrm{O}_2+4e^- \tag{9-65}$$

熔盐 Fe 空气电池可以直接在空气环境下工作，空气中的水分子对电池性能影响微乎其微；不需要特殊的贵金属催化剂来促进 ORR 和 OER，也不用任何电池隔膜，简化了电池构造技术，熔盐 Fe 空气电池在未来能源存储应用中极具发展前景，有望成为一代新型高能可充金属空气电池。它与传统燃料空气电池的原理一样，利用空气中的自由氧和多电子存储分子存储电能。

参 考 文 献

［1］ 吴川，吴锋. 轻元素多电子二次电池新体系［M］. 北京：北京理工大学出版社有限责任公司，2022.

［2］ 郭炳焜，李新海，杨松青. 化学电源-电池原理及制造技术［M］. 长沙：中南大学出版社. 2000.

［3］ CHEN C, MISTRY A, MUKHERJEE P, et al. Probing impedance and microstructure evolution in lithium-sulfur battery electrodes［J］. The Journal of Physical Chemistry C：Nanomaterials and Interfaces，2017，121（39）：21206-21216.

［4］ HUANG J, XU Z, ABOUALI S, et al. Porous graphene oxide/carbon nanotube hybrid films as interlayer for lithium-sulfur batteries［J］. Carbon，2016，99：624-632.

［5］ RAZA H, BAI Y, CHENG Y, et al. Li-S batteries：challenges, achievements and opportunities［J］. Electrochemical Energy Reviews，2023，6：29-94.

［6］ XU Z, KIM K, KANG K. Carbon nanomaterials for advanced lithium sulfur batteries［J］. Nano Today，2018，19：84-107.

［7］ ZHANG S, YAO Y, YU Y. Frontiers for room-temperature sodium-sulfur batteries［J］. ACS Energy Letters，2021，6（2）：529-536.

［8］ ENG S, KUMAR V, ZHANG Y, et al. Room-temperature sodium-sulfur batteries and beyond：realizing practical high energy systems through anode, cathode, and electrolyte engineering［J］. Advanced Energy Materials，2021，11（14）：2003493.

［9］ LI D, GONG B, CHENG X, et al. An efficient strategy toward multichambered carbon nanoboxes with multiple spatial confinement for advanced sodium-sulfur batteries［J］. ACS Nano，2021，15（12）：20607-20618.

［10］ LEI Y, WU C, LU X, et al. Streamline sulfur redox reactions to achieve efficient room-temperature sodium-sulfur batteries［J］. Angewandte Chemie，2022，61（16）：e202200384.

［11］ MA D, LI Y, YANG J, et al. New strategy for polysulfide protection based on atomic layer deposition of TiO_2 onto ferroelectric-encapsulated cathode：toward ultrastable free-standing room temperature sodium-sulfur batteries［J］. Advanced Functional Materials，2018，28（11）：1705537.

［12］ AURBACH D, LU Z, SCHECHTER A, et al. Prototype systems for rechargeable magnesium batteries［J］. Nature，2000，407：724-727.

［13］ DU A, ZHANG Z, QU, H, et al. An efficient organic magnesium borate-based electrolyte with non-nucleophilic characteristics for magnesium sulfur battery［J］. Energy & Environmental Science，2017，10（12）：2615-2625.

［14］ TUTUSAUS O, MOHTADI R, ARTHUR T, et al. An efficient halogen-free electrolyte for use in rechargeable magnesium batteries［J］. Angewandte Chemie，2015，54（27）：7900-7904.

［15］ MUKHERJEE A, SA N, PHILLPS P J, et al. Direct investigation of mgintercalation into the orthorhombic

V_2O_5 cathode using atomic-resolution transmission electron microscopy［J］. Chemistry of Materials，2017，29（5）：2218-2226.

［16］ KIM H, JEONG G, KIM U, et al. Metallic anodes for next generation secondary batteries［J］. Chemical Society Reviews，2013，42（23）：9011-9034.

［17］ LE Z, LIU F, NIE P, et al. Pseudocapacitive sodium storage in mesoporous single-crystal-like TiO_2-graphene nanocomposite enables high-performance sodium-ion capacitors［J］. ACS Nano，2017，11（3）：2952-2960.

［18］ DAWSON J A, TANAKA I. Li intercalation into a β-MnO_2 grain boundary［J］. ACS Applied Materials & Interfaces，2015，7（15）：8125-8131.

［19］ LIN M, GONG M, LU B, et al. An ultrafast rechargeable aluminium-ion battery［J］. Nature，2015，520：324-328.

［20］ TAGHAVI-KAHAGH A, ROGHANI-MAMAQANI H, SALAMI-KALAJAHI M. Powering the future：A comprehensive review on calcium-ion batteries［J］. Journal of Energy Chemistry，2024，90（3）：77-97.

［21］ GUMMOW R J, VAMVOUNIS G, KANNAN M B, et al. Calcium-ion batteries：current state-of-the-art and future perspectives［J］. Advanced Materials，2018，30（39）：1801702.

［22］ CHEN C, SHI F, XU Z. Advanced electrode materials for nonaqueous calcium rechargeable batteries［J］. Journal of Materials Chemistry，2021，9（20）：11908-11930.

［23］ DOMPABLO M A, PONROUCH A, JOHANSSON P, et al. Achievements, challenges, and prospects of calcium batteries［J］. Chemical Reviews，2020，120：6331-6357.

［24］ LI H, MA L, HAN C, et al. Advanced rechargeable zinc-based batteries：Recent progress and future perspectives［J］. Nano Energy，2019，62：550-587.

［25］ XU C, LI B, DU H, et al. Energetic zinc ion chemistry：the rechargeable zinc ion battery［J］. Angewandte Chemie，2012，51（4）：933-935.

［26］ BLANC L E, KUNDU D, NAZAR L F. Scientific challenges for the implementation of Zn-ion batteries［J］. Joule，2020，4（4）：771-799.

［27］ WANG S B, RAN Q, YAO R Q, et al. Lamella nanostructured eutectic zinc-aluminum alloys as reversible and dendrite-free anodes for aqueous rechargeable batteries［J］. Nature Communications，2020，11（1）：1634.

［28］ WANG S, HUANG S, YAO M, et al. Engineering active sites of polyaniline for $AlCl^{2+}$ storage in an aluminum-ion battery［J］. Angewandte Chemie，2020，59（29）：11800-11807.

［29］ GUO F, HUANG Z, WANG M, et al. Active cyano groups to coordinate $AlCl^{2+}$ cation for rechargeable aluminum batteries［J］. Energy Storage Materials，2020，33：250-257.

［30］ YANG H, YIN L, LIANG J, et al. An aluminum-sulfur battery with a fast kinetic response［J］. Angewandte Chemie，2018，57（7）：1898-1902.

［31］ RU Y, ZHENG S, XUE H, et al. Different positive electrode materials in organic and aqueous systems for aluminium ion batteries［J］. Journal of Materials Chemistry，A：Materials for Energy and Sustainability，2019，7（24）：14391-14418.

［32］ CHEN Y, XU J, HE P, et al. Metal-air batteries：progress and perspective［J］. Science Bulletin，2022，67（23）：2449-2486.

［33］ 温术来，李向红，孙亮，等. 金属空气电池技术的研究进展［J］. 电源技术，2019，43（12）：2048-2052.

［34］ HAN X, LI X, WHITE J, et al. Metal-air batteries：from static to flow system［J］. Advanced Energy Materials，2018，8（27）：1801396.

[35] LU J, LI L, PARK J B, et al. Aprotic and aqueous Li-O$_2$ batteries [J]. Chemical Reviews, 2014, 114 (11): 5611-5640.

[36] HARTMANN P, BENDER C L, VRAČAR M, et al. A rechargeable room-temperature sodium superoxide (NaO$_2$) battery [J]. Nature Materials, 2013, 12 (3): 228-232.

[37] LI F, ZHANG T, ZHOU H. Challenges of non-aqueous Li-O$_2$ batteries: electrolytes, catalysts, and anodes [J]. Energy & Environmental Science, 2013, 6 (4): 1125-1141.

[38] KUMAR B, KUMAR J, LEESE R, et al. A solid-state, rechargeable, long cycle life lithium-air battery [J]. Journal of the Electrochemical Society, 2009, 157 (1): A50.

[39] LIU J N, ZHAO C X, WANG J, et al. A brief history of zinc-air batteries: 140 years of epic adventures [J]. Energy & Environmental Science, 2022, 15 (11): 4542-4553.

[40] LIU X, JIAO H, WANG M, et al. Current progresses and future prospects on aluminium-air batteries [J]. International Materials Reviews, 2022, 67 (7): 734-764.

[41] RAHMAN M A, WANG X, WEN C. High energy density metal-air batteries: a review [J]. Journal of the Electrochemical Society, 2013, 160 (10): A1759.

[42] WANG Z L, XU D, XU J J, et al. Oxygen electrocatalysts in metal-air batteries: from aqueous to non-aqueous electrolytes [J]. Chemical Society Reviews, 2014, 43 (22): 7746-7786.

[43] BRUCE P G, FREUNBERGER S A, HARDWICK L J, et al. Li-O$_2$ and Li-S batteries with high energy storage [J]. Nature Materials, 2012, 11 (1): 19-29.

[44] LAI J, XING Y, CHEN N, et al. Electrolytes for rechargeable lithium-air batteries [J]. Angewandte Chemie, 2020, 59 (8): 2974-2997.

[45] BAI P, LI J, BRUSHETT F R, et al. Transition of lithium growth mechanisms in liquid electrolytes [J]. Energy & Environmental Science, 2016, 9 (10): 3221-3229.

[46] XU K. Electrolytes and interphases in Li-ion batteries and beyond [J]. Chemical Reviews, 2014, 114 (23): 11503-11618.